SV

Viktor von Weizsäcker
Gesammelte Schriften

Herausgegeben von
Peter Achilles
Dieter Janz
Martin Schrenk
Carl Friedrich von Weizsäcker

Viktor von Weizsäcker

5

Der Arzt und der Kranke
Stücke einer medizinischen Anthropologie

Bearbeitet von
Peter Achilles

unter Mitwirkung von
Dieter Janz
Mechthilde Kütemeyer
Wilhelm Rimpau
Walter Schindler
Martin Schrenk

Suhrkamp Verlag

Foto: Viktor von Weizsäcker, um 1930

Erste Auflage 1987

Druck: Wagner GmbH, Nördlingen
Printed in Germany

CIP-Kurztitelaufnahme der Deutschen Bibliothek
Weizsäcker, Viktor von:
Gesammelte Schriften / Viktor von Weizsäcker.
Hrsg. von Peter Achilles ...
Frankfurt am Main : Suhrkamp
NE: Weizsäcker, Viktor von: [Sammlung]
Bd. 5. Der Arzt und der Kranke :
Stücke e. med. Anthropologie
Bearb. von Peter Achilles.
Unter Mitw. von Dieter Janz ...
1. Aufl. – 1987.
NE: Achilles, Peter [Bearb.]
ISBN 3-518-57783-2 kart.
ISBN 3-518-57785-9 Gewebe

Inhalt

Stücke einer medizinischen Anthropologie

Der Arzt und der Kranke

In dem Wortkampfe zwischen Sokrates und Thrasymachos, mit dem Platon seine Politeia eröffnet, zeigt sich, wie das Wesen eines bestimmten Berufes durch eine Definition nicht zu fixieren, nicht zu erschöpfen ist. Es gelingt zum Beispiel nicht, die Heilkunst und die Erwerbskunst anders als nur rein abstrakt zu sondern, und die Dialektik der konkreten ärztlichen Situation reißt das, was definitionsgemäß klar gesondert scheint, doch in dem Wirbel der menschlich-gesellschaftlichen Beziehungen und Verstrickungen wieder zusammen. Solange man nur das Einzelne, den Einzelnen betrachtet, und von ihm aus zur Norm kommen möchte, gelingt es nicht festzustellen, was Rechtens ist; und der Begriff der Dikaiosyne scheitert von Stufe zu Stufe des Gesprächs an solcher Partikularität der Betrachtungsform und drängt zum Kollektivwesen als dem allein rechten Grundbegriff. Nur von einem Gemeinwohl aus läßt sich ein einzelnes Gutes bestimmen, und damit ist auch die Richtschnur für den einzelnen, etwa den ärztlichen Beruf gegeben: ein jedes Privatverhältnis ist ausgeschlossen, und nicht von der kleinsten, sondern von der größten Zahl der vereinigten Personen her ist das Wesen und das Maß des Einzelnen zu bestimmen.

Indem wir dieses Bild einer antiken Auflösung des Problems voranstellen, gewinnen wir einen Hintergrund, auf dem sich die Verinnerlichung und die Intimität alles modernen ärztlichen Berufslebens deutlich und gegensätzlich abhebt. Arzt sein heißt jetzt und ist hier nicht Staatsdienst, sondern Privatdienst, und zwar auch im Sinne einer normativen Betrachtung des Seinsollenden, nicht nur des leider Tatsächlichen. Die ärztliche Diskretion, gesetzlich geboten und geschützt, psychologisch geradezu eine Existenzfrage des modernen Menschen, hüllt die Krankheit, ihre Erscheinungen, ihr Bekenntnis ein und schließt sie ab gegen die Schaulust und Wißlust, schützt sie gegen den Trieb der Neugierde, der eben das notwendige psychische Korrelat der so ganz individuell gewordenen Schamgefühle wurde. Schon die Zurückverlegung aber der Berufsantinomien aus der politisch-sozialen in die persönlich-*psychologische* Sphäre ist ein weiteres Kennzeichen dafür, daß das Verhältnis von Arzt und Patient nicht allein ein nur mehr privates, sondern überdies ein »freies« wurde (Psychologie setzt jedenfalls die freie Beweglichkeit des Psychischen gegenüber dem materiellen Umweltgeschehen voraus): als Vertreter eines »freien Berufs« bleiben die Ärzte ohne Kontrolle berufsständischer oder bürokratischer Art (bis auf die allgemein-bürgerliche Schranke des Strafgesetzbuches), wie auch umgekehrt die »freie Arztwahl« dem Patienten als einem völlig Einzelnen die Entschließung zu einem Arzt in die Hand gibt. Man wird kaum bestreiten, daß dies jedenfalls die moderne Idee des Arztes ist und daß diese Idee des privaten und überdies freien Arztes durch Institute wie Krankenhaus, Krankenkasse, Impfzwang nur praktisch gehemmt, nicht aufgehoben oder relativiert ist. Die soziologische Auswirkung in Konkurrenzkampf, Preisbildung, Haftpflicht, Boykott usw. rückt denn auch die ärztliche Berufsübung in die nächste Nähe der freien Güterproduktion und des freien Handels – nicht trotz des ärztlichen Ideals als eines nur-persönlichen, sondern *wegen* desselben. Alle Versuche zu »ständischer« Organisation in unserer Zeit haben immer den Zweck, diesen privatpersönlichen Charakter der Berufsfreiheit zu schützen, nicht ihn durch ein institutionelles Organ aufzuheben. So kommt es auch, daß die moderne Kritik des Arztes nicht in der Politik oder in dem Hervortreten öffentlicher Instanzen sich vollzieht, sondern in der – selbst wiederum freiberuflich dastehenden – Literatur oder, und dies eben nur im extremen Fall, vor dem Zivil- oder Strafrichter. Diesen beiden Regulativen gegenüber fallen jedenfalls die ganz unbedeutenden Kurpfuschereigesetze gar nicht ins Gewicht. Die Kritik des Arztes und die Deutung der Krankheit im Roman und auf der Bühne müssen es ja sein, welche die Aufgabe lösen, da die Berufshandlung, wie eben auseinandergesetzt wurde, den Schutz der Freiheit, nämlich der Freiheit *gegen* eine institutionell-öffentliche Normierung und Kritik genießt.

Materiell also durch den Konkurrenzkampf, geistig durch die Literatur kritisiert, werden die Ärzte als Gattung von außen begrenzt und geformt, ohne dadurch aber organisiert, geschweige denn zu einem wirklichen *Stand* zu werden. Jene negativen Kräfte sind dazu unvermögend. So bleiben hier die entscheidenden und geistig jedenfalls immer viel interessanteren Bildungskräfte diejenigen, welche im Werkzeug, in der τέχνη des Arztes selbst liegen.

Und so weist die zeitgeschichtlich ganz reale Unmöglichkeit, den Begriff und die Kritik der Medizin von einem staatlichen, ständischen oder soziologischen Oberbegriff, vom Wesen einer Gesellschaft oder Gemeinschaft aus näher zu bestimmen, ganz von selbst auf andere Seinsschichten oder -sphären hin, wenn es sich nämlich darum handelt, zu gültigen und verbindlichen Sätzen über die Berufsaufgabe des Arztes zu gelangen. Die hier in der Regel verfolgten Möglichkeiten sind im wesentlichen nur drei: die Idee einer Wissenschaft, die Idee einer Humanität und die Idee der Caritas. Als Kulturwerk, als Ausdruck allgemeinen Menschentums und als religiös verpflichtendes Hilfs- und Heilswerk kann Sinn und Pflicht der ärztlichen Handlung bestimmt, Mittel und Weg zu ihrer Erfüllung aufgezeigt werden. Aber diese drei Kategorien sind doch zunächst von außen herangebrachte. Sie klären uns nicht auf über die Frage, ob ohne sie und vor ihnen es eine rein und nur ärztliche Sache, ein ursprüngliches Wesen der ärztlichen Situation gibt, welches selbst Quelle einer eigentümlichen Erkenntnis werden kann; eine Sache, welche nicht durch die Kultur, durch das Menschentum, durch eine religiöse Botschaft erst erzeugt wird, sondern von der aus vielmehr Antrieb und Hinweis zur Tätigkeit von Kultur, Humanität und Religion erst erfolgen. So gewendet wird die Frage nach dem Ärztlich-Eigentümlichen zugleich eine Frage nach dem Wesen der Krankheit, nach dem Wesen des Krank-Seienden. Also nicht nach Anwendung und Folge einer jener drei genannten Sphären soll gefragt werden, sondern nach einem ursprünglichen, eigentümlichen, selbständigen Sein, von dem eine sachliche und eigentliche Wesenhaftigkeit und Ordnung der ärztlichen Dinge ausstrahle. Hier darf nicht übersehen werden, daß in einem solchen Suchen etwas Originelles liegt; wenn es zu einem Finden führen sollte, so läge darin ein Beispiel, dessen Wirkung nicht auf die ärztliche Sache beschränkt bliebe. Hier wird ja versucht, über die Sache des Arztes ursprünglich zu sprechen. Gelingt ein solches Unternehmen, so wird vielleicht dem Bäcker billig sein, was dem Arzte recht war. Noch brauchen wir einem solchen Verfahren keinen eigenen methodischen Namen beizulegen. Der Ort der »Kreatur« soll ja wohl mehr als ein anderer bedeuten, daß uns die »Beherrschung der Methode«, wie man sie von einem ernsten Arbeiter mit Recht zu fordern pflegt, nicht zur Knechtschaft werde. Es werden im folgenden die aus Wissenschaft, Humanität und Glaube abzuleitenden Kriterien oder Normen der Medizin und ihres Gegenstandes keineswegs außer Betracht bleiben können. Aber nur so weit wird dies geschehen, als wir unserem soeben angedeuteten Ziele damit dienen. Der Versuch, das Ziel unter dem Titel einer »medizinischen Anthropologie« zu verfolgen, darf danach nicht das Mißverständnis aufkommen lassen, als ob »das Menschliche«, »Humanitas« der Leitgedanke dabei sei oder als ob die medizinische Wissenschaft, deren methodische Beherrschung uns allein zu Herren des Stoffes macht, darum auch die methodische Leitlinie in das Thema »Arzt und Kranker« sei. Sind wir Herren der Methode einer Wissenschaft, so sind wir darum noch nicht Herren der Schöpfung – diesen Ehrennamen kann uns eine Approbationsurkunde nicht verschaffen. Arzt sein heißt aber in einem bestimmten und hier erst aufzuspürenden Sinne der Welt des Geschaffenen als Herr gegenübertreten, und dazu bedarf es denn wohl noch einer zweiten, einer nicht papierenen Approbation; sonst bleibt die erste Nur-Papier.

Es ist eine erstaunliche, aber nicht zu leugnende Tatsache, daß die gegenwärtige Medizin eine eigene Lehre vom kranken Menschen nicht besitzt. Sie lehrt Erscheinungen des Krankseins, Unterscheidung von Ursachen, Folgen, Heilmitteln der Krankheiten, aber sie lehrt nicht den kranken Menschen. Ihr wissenschaftliches Gewissen erlaubt ihr nicht, über ein so ungeheures Geheimnis zu sprechen, und so wäre es unter der Würde oder über der Demut dieses Gewissens, vom kranken Menschen etwas Wissenschaftliches sagen und lehren zu wollen. – Der Arzt am Krankenbett freilich spricht zum, redet vom kranken Menschen. Aber dann ist er ja aus der Sphäre der Wissenschaft in die der »Praxis« (herauf- oder hinab-?)gestiegen, und dort ist alles wieder ganz anders. Gerade dieser Übergang ist interessant. Er ist mehr als dies: er ist für den Jünger der Kunst, für den Arzt der Ort der Spannungen, der Notzustände, der Bildungsprobleme, der Ursprung einer spezifischen Kette von Lebens- und Denkbewegungen, die hier zu betrachten sind.
Ein zweiter Punkt, an dem jener Mangel klar wird, tritt nun eben bei der Betonung: kranker *Mensch* ins Licht. Denn für die pathologische Wissenschaft hat dieser Mensch nur Spezifität gegenüber dem Tier, gegenüber dem Lebendigen, gegenüber der Natur überhaupt: er ist Objekt unter Objekten. Auch dort, wo von der »Pathologie der Person« die Rede ist, hat der Mensch diese indifferente Objektqualität, d. h. er ist Gegenstand einer Anwendung von Erkenntnissen naturwissenschaftlicher, psychologischer Art, seine Personalität ist hier aufgefaßt als eine individuelle Ganzheit, als ein Gefüge von »Vitalreihen«, Merkmalen und Kräften; er ist hier

Spezies, nicht Persona; er ist eine Besonderheit der Erscheinungswelt, nicht der Träger des Per-sonare, d.h. nicht der, *in* dem ja diese Welt erscheint, durch den, zu dem sie spricht. Krank ist hier etwas, was man erkennen kann, nicht das, was man auch selbst *sein* kann. Auch hier wird der Mensch kritisch und anschaulich gewußt, d.h. nicht sein Sein, sondern das, was man im Verlauf kritischer Wissenschaft von ihm erfahren, demonstrieren, beurteilen kann, nur das, was diese Wissenschaft *objektiv* nennt.

Und das gerade ist nicht das Kranksein dieses Menschen. Die Physik (und Psychologie = Physik der Seele) des Kranken ist nicht seine Metaphysik, seine Erscheinung ist noch nicht sein Wesen. Wo ist es faßbar? Es liegt so *nah*, daß die mikroskopisch oder makroskopisch zu ferne Optik es übersehen läßt, daß die objektive Optik das Auge anstrengt, wo es auf das Gehör ankommt: *es tönt in der Bitte um Hilfe.*

Das wirkliche Wesen des Krankseins ist eine *Not* und äußert sich als eine Bitte um Hilfe. Ich nenne den krank, der mich als Arzt anruft und in dem ich als Arzt die Not anerkenne. Für die Urteilsaussage: »dieser ist krank« ist die bestimmende »Kategorie«: der Arzt. Sind diese Thesen Pragmatismus? Dies wird davon abhängen, ob Not, Hilfe, Arzt, Kranker nur pragmatische Instanzen oder echte und ganze Wirklichkeiten sind. Denn unsere Thesen behaupten, das Urphänomen einer medizinischen Anthropologie und der Hauptgegenstand ihres Wissens sei dies: der kranke Mensch, der eine Not hat, der Hilfe bedarf und dafür den Arzt ruft. Und, um es zu wiederholen, die Bestandteile dieses Phänomens (in dem also ein Urphänomen stecke), nämlich kranker Mensch, Not, Hilfe und Arzt, sollen, erkennbar oder nicht, ebensoviele wahrhafte Wirklichkeiten sein. Leicht bemerkt man die einfache, aus zwei Arten der Entsprechung gewobene Doppelstruktur unseres Phänomens: eine personale Entsprechung: Mensch in Not und Mensch als Helfer, und eine sachliche Entsprechung: Krankheit und Medizin. Trotz dieser Verschiedenheit der Entsprechungen liegt hier nicht gleichsam ein Aggregat, ein Molekül aus vier Atomen vor, sondern eine völlig eindeutige und unverrückbare Struktur: nur im schlichten und konkreten Urphänomen hat das einzelne Bestand, nur in ihm kann sein Wesen erkannt werden. Trotzdem ist zu erwarten, daß eine medizinische Anthropologie mindestens vier Hauptstücke im Sinne jener Gliederung enthalten wird, und der erste Gewinn, den wir aus dieser

Betrachtung ziehen, ist, daß diese Wissenschaft im Gegensatz zur »Medizin« mit ihrer Pathologie und Therapie *auch* eine Lehre vom Arzt und eine Lehre von der Not enthält. Diese beiden können jedenfalls auch dem Namen nach nicht mit etwas verwechselt werden, was die medizinische Wissenschaft etwa entgegen unserer Behauptung schon zu besitzen vorgibt.

Wir werden aber diese Aufstellungen nunmehr dazu benutzen, einige aufgegriffene, aber sachlich wichtige Grundfragen der medizinischen Anthropologie zu bearbeiten. Die erste betrifft die Art und Form des ärztlichen Wissens. Wir sahen schon: die medizinische Wissenschaft von den objektiven Erscheinungen und Vorgängen wagt nicht oder verschmäht es, die Grenze des sinnlich Gewissen oder des daraus beweismäßig Erschließbaren zu überschreiten. Sie steht unter dem Gesetz der kritischen Wissenschaft, und für diese ist Wissen soviel wie ein Gewissen: sie hat eine spezifische Sittlichkeit, derzufolge es (sittlich) weniger darauf ankommt, welche Wirklichkeit ich weiß, als wie ich zu diesem Wissen komme (es »erfahre«). Die Moral der Sache ist aus dem Inhalt in die *Produktionshandlung* des Wissens übergegangen, ja man kann sagen: Wissen ist eine Sache der Moral geworden, und der hierin liegende Primat des praktischen Verhaltens ist hier eigentlich nur eine andere Ausdrucksweise für den allgemeinen Primat der praktischen Vernunft. Im Begriff: »kritische« Wissenschaft, oder wiederum dem anderen: »Objektivität« des Erkennens liegt ein solcher praktischer Primat bereits enthalten. Eben dadurch wird die Sache selbst, der Inhalt des Wissens – amoralisch, moralisch denaturiert. Nicht die Handlungen, nur die Gesinnungen sind gut und böse, nicht die Schafe sind weiß und schwarz – am Sehen liegt es, nicht die Menschen sind gesund und krank, sondern bei der Beurteilungsart steht es, was ich gesund oder krank nenne.

Aber diese Moralität des objektiven Wissens schlägt sich selbst ins Gesicht: der Primat der praktischen Vernunft wird im Praktischen allzu praktisch; im Handeln tue ich so, als wüßte ich, was gut und böse, schwarz und weiß, gesund oder krank ist. Ich dekretiere – durch mein Handeln – einfach Inhalte, wo mir doch nur Beurteilungsweisen vergönnt sind. Ich gehe in der Handlung weiter, als ich in der Erkenntnis darf, und strafe so die Moral meiner Erkenntnis Lügen. Ich operiere, wiewohl ich doch nicht objektiv weiß, nein, objektiv *nicht* weiß, ob die Operation glücken wird. Statt in der Kategorie der Objektivität bewege ich mich in der des Glücks oder vielmehr des Risikos. Ich stütze mich dabei auf Erfahrung; aber auf was für eine Erfahrung! Gerade das Entscheidende, nämlich den Ausgang der Operation, habe ich nicht, kann ich ja nicht erfahren haben, nämlich in diesem konkreten Fall. Meine ärztliche Erfahrung besitzt für den konkreten Fall gerade das entscheidende Merkmal: durch die Sinnlichkeit empfangen und mit dem Verstande gedacht zu sein, *nicht*, und ich bewege mich also nicht in *dieser* Erfahrung, sondern in der – Vermutung, also in der Kategorie des Möglichen, nicht des Wirklichen. Ich sinke also als Handelnder unter das Niveau meiner Erkenntnis, und ich muß vorziehen – Gelehrter zu bleiben, wenn ich nämlich an mein theoretisches Ich denke. Und je mehr ich an mein theoretisches Ich denke, um so reiner bleibe ich, um so mehr kann ich das Niveau halten; meine Reinheit und meine theoretische Autonomie sind parallel geordnet. Man sage nicht, daß diese Struktur nicht die eines verbreiteten Lebenstypus sei; ja man muß sagen, daß dieser Typus in jedem ist und in solchem Betrage sein muß, als die Moralität der kritischen Wissenschaft in ihm ist. –

Der Fehler aber dieser Struktur ist, daß sie glaubt, auf ein reales Weltbild verzichten zu können, daß sie statt wirklichen Menschen, die in einer wirklichen Welt stehen und diese auch erkennen, den Unterschied von Theorie und Praxis hypostasiert: in der Theorie sollen wir erkennen können, aber nichts so, wie es an sich ist, in der Praxis sollen wir zwar handeln, aber nichts erkennen können: die Theorie sieht zwar, aber nicht das Ding selbst, die Praxis erreicht dies, aber sie ist blind. Da aber dies Tappen im Dunkeln dem Gemüte mehr zumutet, als mit dem Leben verträglich ist (»ungemütlich« ist), so entsteht die Fiktion, unser Wissen sei eine Fiktion. Der Fiktionalismus ist in diesem Betracht ein Versuch, das Leben gegen eine Philosophie zu retten, die Ungemütlichkeit der praktischen Nacht, der die Sonne fehlt, durch ein künstliches Licht zu beseitigen. Es ist ein romantisches Korrelat zu einer über unser Vermögen gehenden Härte einer Philosophie. Damit wird dann freilich diese Härte selbst wieder allzuleicht ein romantisches Vergnügen.

Der bloße Hinweis auf die Existenz des mit der »Praxis« sich vermischenden Menschen (Arztes) würde also, wie sich hier zuletzt zeigt, nicht genügen, um jene falsche Struktur zu widerlegen; denn als bloße Existenz, d. h. als Vitalexistenz ist sie möglich, ja verwirklicht, wenn auch als Kompromittierung, als Abschwächung einer zu harten Forderung. Der Fehler muß vielmehr nicht an der Vitalexistenz, sondern am Wesen der Sache, die gewußt wird, gezeigt werden: am Wesen der Welt, die der Mensch, der Welt z. B., die der Arzt wissen soll. Und hier zeigt sich, daß es eben eine theoretische Welt, eine Welt der Theorie im Gegensatz zur praktischen überhaupt nicht gibt und daß es auch nicht (wie NIETZSCHE gezeigt hat) moralisch ist, die sog. Objektivität der Welt, nämlich »sofern sie nach Gesetzen bestimmt ist«, rein zu erkennen. Wir werden das bloße Objektivitätsgewissen als ein mißleitetes Gewissen einsehen. Es wird sich als ein Irrtum erweisen, in *dieser* Wahrheitsliebe zum bloßen Objektiven überhaupt irgendeinen für *jedermann* wahren und wirklichen Wert zu erblikken, denn das Objektive ist noch nicht das Wirkliche, und die reine Vernunft ist eine bloße Vernunft, ist Nur-Vernunft. Die wirkliche Welt, in der wir leben, ist nun von der Fiktion der objektiven Naturwissenschaft in der Tat grundverschieden. Sie hat die Eigenschaften nicht, welche die logisch-naturwissenschaftliche Weltanschauung diktierte, aber darum hat sie nicht – keine anderen Eigenschaften. Auch ist sie, wie sich zeigt, nicht irrational nur darum, weil sie nicht überall rational ist. In ihr herrscht nicht die Logik, sondern in ihr kämpft Logik mit Antilogik. Die Natur der objektiven Naturwissenschaften läuft nach Gesetzen, und dies ist befriedigend. Ein kranker Mensch ist aber nicht befriedigend, und gerade das an ihm, was wissenschaftlich begreifen zu lernen den Mediziner befriedigt, ist dasselbe, was ihm als Arzt das Unbefriedigende sein muß; er müßte wünschen, das Verlaufsgesetz der Krebserkrankung brechen zu können. Daß ein Mensch in seinem Zustande unbefriedigend ist, obwohl das Naturgesetz diesen Zustand vorschreibt und beherrscht – darin entspringt offenbar ein Widerstreit zwischen unserem wissenschaftlichen Erkenntnistrieb, welcher die Bestätigung *seiner* Geltung sucht, und unserem ärztlichen Heiltrieb, welcher eine Beseitigung jenes Zustandes sucht. Dieser Widerstreit ist aber nicht nur ein begriffsdialektischer, kein Spiel mit Definitionen. Die wissenschaftlichen Ärzte wissen alle um die Berufsgefahr, daß das Forschen und Wissenwollen zum Raub am Wohl des Kranken wird. Alle kennen den gefährlichen Doppelsinn des Wortes »verstehen«. Wir verstehen die Krankheiten, aber wir verstehen *dadurch* nicht die Not der Krankheit und nicht, was dem Kranken nottut. Es bleibt in der Pathologie völlig unverständlich, warum es eine Not wird, wenn ein Schmerznerv in physiologischen Erregungszustand versetzt wird. Wir gehen also weiter und versuchen, ob man ein Verständnis der Not gewinnen kann.

Freilich wird jetzt zuweilen ein kindlicher Kampf gegen die naturwissenschaftliche und verstandesobjektive Medizin geführt. Apollon soll abtreten und Dionysos oder Magus die Stunde regieren. Man übersieht leicht, daß gegenwärtig zwar die naturwissenschaftliche Weltanschauung zusammengebrochen ist, daß aber die naturwissenschaftlich geleitete Technik auch dem dionysischen Kritiker einleuchtet, wenn er am eigenen Leibe einmal die Segnung einer schmerzlosen Operation oder einer methodischen Hypnose erfährt. Das Naturwissenschaftliche bedeutet in diesem Sinne nicht mehr Wahrheit, sondern Technik, nicht einen Inhalt, sondern einen Weg (Methodos). Wir wissen, daß wir mit einer Substanz des Fingerhutblattes wirken können, obwohl wir noch immer nicht *eigentlich* wissen, wie dies vor sich geht. Die Naturwissenschaft*lichkeit* der klinischen Pathologie bedeutet etwas anderes für uns als für ein 17. und 18. Jahrhundert, dem Natur*wissenschaft* ein Weltbild wurde. Auch die Unüberschaubarkeit der Wissensmassen und die endgültige Etablierung des Spezialismus, die Umwandlung der emphatischen Wahrheitsforschung in eine organisierte Betriebsgemeinschaft der Forschenden sind nicht mißzuverstehende Zeichen einer Entwicklung der Wissenschaften, derzufolge sie zu einem Bestandteil einer weniger auf schöpferischer geistiger Freiheit als viel mehr auf vitalen Notwendigkeiten beruhenden *Ökonomie* modernen Lebens werden. In dieser Ökonomie ist weder elektrische Beleuchtung noch Insulin, noch Psychoanalyse zu verwechseln mit der, in enthusiastischer Gleichsetzung von Wissenschaft und Wahrheit erlebten Entdeckungsfahrt der bedeutenden Ärzte des 19. Jahrhunderts, welchen die Auffindung des Tuberkelbazillus, der Asepsis, der Narkose beschieden war. Dieser Wandel nicht der Methoden, aber der Deutung der medizinischen Naturwissenschaft ist kein Rückschritt, er hat die Schlichtheit und Legitimität einer geschichtlichen Tatsache, einer Notwendigkeit. –
Was also bedeutet jene auch von uns aufgenommene Redeweise von der so wünschenswerten Hinwendung zum »kranken Menschen«? Jedenfalls nicht den Abbau der in einem sehr ernsten und wertenden Sinne zur Technik gewordenen Naturwissenschaftlichkeit der Medizin. Aber wo alles Instrument wird, was vorher

zugleich Ziel war, da muß eben dies Ziel fragwürdig werden. Hier liegt die Aufgabe. Die Undurchdringlichkeit, die Undurchschaubarkeit des kranken Menschen mit den rationalen Mitteln jener Wissenschaften ist kein Wunder, aber auch kein Schaden mehr, wenn wir einsehen gelernt, daß es zum *Wesen* der ärztlichen Sache gehört, die Grenze des rational Wißbaren und Voraussehbaren praktisch zu überschreiten, wesenhaft immer mehr zu unternehmen, als man objektiv wissenschaftlich verantworten kann, am Bett in dieser Hinsicht ein anderer zu sein als im Laboratorium. Ist dies der Fall, dann liegt hier eine *neue* Wirklichkeit vor, die wir zu kennen wünschen. Aber als Kinder einer Zeit, als Ergebnisse einer Tradition, Bildung und Schulung haben wir geistige Gewohnheiten und Prägungen, welche den Blick auf diese unsere Wirklichkeit erschweren. Hier liegt die Schwierigkeit.

Wir erlernten die Zusammensetzung des menschlichen Körpers aus Geweben, die der Gewebe aus chemischen Substanzen. Wir lernten, daß all dieses bei Krankheiten sich ändert, nach Form und nach Zusammensetzung. Wir können jetzt urteilen: dieses ist krank. – Aber der Kranke kann sagen: ich bin krank. Kann eine Zelle »ich« sagen? Kann ein Molekül, ein Atom, ein Elektron »ich« sagen? Wer ist der, welcher »ich« sagt? Wir lernten nur von Dingen, die »etwas« sind, wir lernten nichts von Dingen, die »jemand« sind. Aber die Sprechstunde beginnt damit, daß jemand sagt: ich bin krank, und wir wundern uns, daß wir nicht sogleich ratlos werden, da wir davon nichts gelernt haben; wenn wir ehrlich wären, müßten wir ratlos werden. Denn dies erste, was der Patient uns vorbringt, können wir wissenschaftlich nicht verstehen; ist es selbstverständlich? Dies wäre eine leere Auskunft; mancher sagt, er sei krank, aber er irrt sich oder er lügt.

So oder ähnlich kommt ein Gewissenhafter oder ein Nachdenkender dazu, Ausschau nach anderen Wissenschaften als den im medizinischen Hörsaal vorgetragenen zu halten. Er sucht wissenschaftliche Erkenntnisse von jenem Ich, und er findet sie: »Ich denke, also bin ich« (Descartes 1644). Ist dies richtig, vereinbar mit dem früher Gelernten? Zuerst: jemand hatte gesagt, das Gehirn denke, nicht ich. Indes wurde hinzugefügt, dies sei Materialismus und der sei überwunden. Und doch; die Paralyse des Gehirns wird erklärt als eine Vernichtung von Gewebe und sie führt zur Aufhebung des Denkvermögens. Und übrigens: ob ein Toter denken kann? Warum eigentlich soll der Materialismus unrecht gehabt haben? Wir hören auch von psychogenen Organ- und Funktionsstörungen. Was hier der Seele recht ist (auf den Leib zu wirken), warum soll das nicht dem Leibe billig sein, nämlich auf die Seele zu wirken? – »Der Satz cogito ergo sum meint aber etwas ganz anderes; er besagt, daß man ohne zu denken auch vom Sein nichts sagen kann.« Dann allerdings nützt er mir nichts für mein Problem, das doch nicht war, ob man etwas sagen kann, sondern ob man verstehen kann, wie ein Gefüge von organischen Molekülen dazu kommt, »ich bin krank« zu sagen. Wenn das Sein nur im Denken war, dann kann freilich das Denken nicht aus dem Sein herausspringen wie Athene aus dem Haupte des Zeus. Denn erst muß Zeus gedacht werden, ehe er sein kann. – So wird mir der Materialismus immer sympathischer. Ich will doch den Paralytiker heilen und sein Denken wieder herstellen, vielleicht kann ich es durch eine chemische Substanz, die auf den Hirnprozeß wirkt, so wie das Chinin auf die Malaria. Warum nicht? Ich brauche ja doch keine sittlichen Konsequenzen aus diesem Materialismus zu ziehen, es ist mein Privatmaterialismus, und wenn ich mich umsehe: die Kollegen huldigen ihm *alle*, auch wenn sie gegen den prinzipiellen Materialismus als Weltanschauung sprechen. Schließlich ist die Weltanschauung mehr eine psychologische Angelegenheit geworden, eine Privatversicherung gegen seelische Ungemütlichkeiten, und in der Wirklichkeit sehen wir doch, daß man ohne Gehirn nicht denken kann.

Leider versteht der Jünger unserer Kunst aber auch jetzt nicht, wie das Gehirn dazu kommt, zu sagen: »ich bin krank«. Was heißt dies eigentlich: verstehen? Die Erklärung, daß das »ich bin« aus dem »ich denke« hervorkomme, ist immerhin nur eine Behauptung. Verstehe ich nur dann, wenn ich gedacht habe? Weiß ich nur dadurch, daß ich gedacht habe? Und jetzt fällt mir plötzlich etwas ganz Überraschendes ein. Als der Patient mir sagte »ich bin krank«, da wußte ich ja auch gleich, was er meint; ich habe nicht verstanden, weil ich etwas gedacht hatte, sondern weil ich *ihn* verstanden habe. Der Ursprung dieses Verstehens war gar nicht der, daß ich durch Denken Etwas verstand, sondern der, daß ich Jemand verstand; ganz ungedacht, ganz unbedacht verstand ich ihn, und ich sah ihm auch gleich an, daß er leidend aussah, auch ohne vorher oder dabei etwas zu denken. Mein Satz muß also wohl besser lauten: ich verstehe jemanden, also ist er. Was heißt aber hier verstehen? Von dem Jemand wissen, daß er krank ist? Nein es heißt etwas ganz anderes: es heißt wissen, daß jener Andere meint oder denkt oder fühlt oder weiß, er sei krank. Verstehen heißt also hier gar nicht das wissen, was ich weiß, sondern wissen, daß und was ein *anderer* weiß. Ich merke jetzt, meine Grübelei darüber, wie der Patient, der doch wissenschaftlich betrachtet ein anatomisch-physiologisches Gebilde ist, dazu kommt, so etwas zu sagen wie »ich bin« – diese Grübelei fördert etwas noch Unerwarteteres zutage als die Möglichkeit jenes »ich bin«; nämlich die Tatsache eines Verstehens, welches nicht nur kein Denken ist, sondern auch kein Denken von Etwas ist und welches überdies gar nicht *mein* Verstehen ist, insofern gar nicht *ich* das verstehe, *was* gedacht wird, sondern nur verstehe, daß ein *anderer* das denkt, was er denkt. Wie paradox! Ich verstehe; aber wo ist das Subjekt, wo eigentlich das Objekt dieses Verstehens *als Verstehens.* Das Subjekt ist das Ich des anderen, nicht meines, und das Objekt ist sein Objekt, nicht meines. Ich weiß hier nicht mehr, ob ich dieses mein Verstehen eines Anderen objektiv nennen soll oder subjektiv. Denn es zeigt sich, daß Jemand verstehen und Etwas verstehen zwei ganz unvergleichbare Fälle sind. Weil mein Verstehen gleichsam in den anderen hinüberschlüpft, so wollen wir, um einen Terminus technicus zu besitzen, dieses Jemand-Verstehen ein *transjektives* nennen.

Wir werden uns nicht fürchten vor einer solchen neuen, weder subjektiven noch objektiven Verstehensart und die Frage offenhalten, ob man sie wissenschaftlich entwickeln könne. Fürs erste kann uns in dieser Hinsicht beruhigen, was Max PLANCK (1926) als Sprecher der Physik kürzlich schrieb: »Aber nach der Relativitätstheorie darf es (der Beobachter) nicht als selbstverständlich voraussetzen, daß ein anderer relativ zu ihm bewegter Beobachter sich die beiden Ereignisse auch als gleichzeitig denken muß. Denn die Gedanken und die Anschauungen eines Menschen sind nicht immer die Gedanken und die Anschauungen eines anderen Menschen. Wenn nun die beiden Beobachter sich über den Inhalt ihrer Gedanken und Anschauungen auseinandersetzen, so wird ein jeder sich auf seine Messungen berufen, und da wird es sich herausstellen, daß die beiden bei der Deutung ihrer Messungen von ganz verschiedenen Voraussetzungen ausgegangen sind. Welche Voraussetzung aber die richtige ist, wird sich ebensowenig entscheiden lassen, wie die Meinungsverschiedenheit darüber, welcher von den beiden Beobachtern sich in Ruhe und welcher sich in Bewegung befindet. Auf diesen Punkt kommt es aber wesentlich an; denn der

Gang einer Uhr wird, wie jedenfalls nicht verwunderlich ist, von der Geschwindigkeit beeinflußt, mit der die Uhr von der Stelle bewegt wird, und daraus folgt, daß die Uhren der beiden Beobachter verschieden gehen. Das Schlußergebnis ist also, daß ein jeder der beiden mit gleichem Recht von sich behaupten kann, daß er selber sich in Ruhe befindet und daß seine Zeitmessung die richtige ist, während doch der eine Beobachter zwei Ereignisse für gleichzeitig hält, die es nach dem anderen nicht sind. Derartige Gedankengänge sind gewiß eine harte Zumutung für unser Vorstellungsvermögen, aber das geforderte Opfer an Anschaulichkeit erweist sich als verschwindend geringfügig gegen die unschätzbaren Vorteile einer großartigen Verallgemeinerung und Vereinfachung des physikalischen Weltbildes.«
Wir dürfen daraus entnehmen, daß eine Aussage wie »ich ruhe« oder »ich bewege mich« für einen Menschen zutreffend und für einen anderen, ihn beobachtenden unzutreffend sein kann. Jeder kann für sich recht haben, auch wenn beide vom gleichen Vorgang Widersprechendes aussagen. Man kann den anderen aber (wenn auch nicht immer vollständig) verstehen, wie er zu seiner Aussage kommt, daß er und was er sagen will. Freilich, wenn wir zusammen *leben* wollen und nicht nur jeder für sich denken will, dann muß ein modus vivendi gefunden werden; eben dies wird durch transjektives Verstehen möglich, und nicht durch objektives. Wenn wir uns zu einem Spaziergang verabreden wollen, dann müssen wir uns über den Gang unserer Uhren »verständigen« und die »harte Zumutung für unser Vorstellungsvermögen« würde eine noch härtere für unser Stelldichein sein; wenn der eine dasselbe Bewegung *nennt*, was der andere Ruhe *nennt*, so würden die beiden nicht zusammenkommen. Auf welche Weise aber solche Verständigung (durch ein den anderen wechselseitiges Verstehen) eigentlich erfolgt, dies ist jetzt *auch* ein wissenschaftliches Problem geworden, da die Physik selbst die *physikalische* Möglichkeit verschiedener Aussagen über denselben Vorgang zugesteht.
Es leuchtet sogleich ein, daß damit die Identität des anschaulichen Weltbildes mit sich selbst zerfällt. Es ist nicht länger gesagt, daß, was der eine sieht, um wahr zu sein, dasselbe sein müßte wie das, was der andere sieht. Mit der Identität des Anschaulichen zerfällt auch seine Allgemeingültigkeit. Ein Naturgesetz gilt nicht »immer und überall«, wenn die Zeit und der Ort eines Naturvorganges nicht objektiv-identisch, sondern persönlich durch einen Beobach-

ter determiniert sind. Statt dieser raumzeitlichen erscheint eine unanschaulich funktionale, mathematische Allgemeingültigkeit. Und zugleich erhebt sich eine neue Aufgabe: die wissenschaftliche Herstellung der *Gemeinschaftlichkeit*, die nicht länger durch anschauliche Allgemeingültigkeit zu erhalten ist. Wir können auch sagen: hier erscheint der Schnitt zwischen »ich« und »es« in einer anderen, neuen Ebene durch den Kosmos gelegt; die Welt des Ich wird wieder anschaulich und eine Welt der personalen Iche; die objektive Natur dagegen verliert das Merkmal der Anschaulichkeit; aus der raumzeitlichen Allgemeingültigkeit wird eine unanschaulich-mathematische. Hieraus folgt aber sogleich, daß auch das Verstehen von Ich zu Ich weder als eine Abart des objektiven Erkennens von geringerem Gewißheitsgrad noch als eine solche des Gewißheitsgrundes ist. Man hat die Erkenntnis des Fremdichs teils als eine solche aufgefaßt, bei der eine zwar objektive, aber doch relativ unsichere, geringwertige Erkenntnismethode gebraucht werde, z. B. die des Analogieschlusses vom eigenen auf das fremde Erleben; oder man nahm an, daß nicht die diskursive, logische, sondern die intuitive, unmittelbar greifende Methode uns das Objekt vermittelte.

Keine dieser Theorien wird aber dem gerecht, daß das Verstehen von Jemand kein objektives sein *kann*, weil und sofern dieser Jemand selbst ebenso ein Ich hat wie ich, und weil gerade das, was, weil es ebenso wie ich Subjekt ist, kein Objekt »werden« kann; und doch kann man *ihn* (nicht es!) verstehen. Wie also?

Es ist nicht immer nötig zu wissen, *wie* man den Anderen verstehen kann, *wenn* man ihn verstehen kann. Man kann auch logisch denken, ohne die Logik zu wissen, man kann sehen, ohne physiologische Optik zu können; aber man kann Denken und Sehen steigern, wenn man, Logik und Optik kennend, diese Instrumente vorsetzt. Darum war es sehr irrig, die Intuition oder den unbewußten Gebrauch der natürlichen Gaben höher zu stellen als den bewußten. Die Verehrung des Instinkts, des Genies, des Tiers und der Vorstufen der Geschichte geschieht als Äußerung des ruhenden, lesenden, ermatteten, reflektierenden, genießenden Menschen; dies alles sind keine Haltungen, innerhalb deren die gegenwärtig hier gestellte Aufgabe: Bestimmung der ärztlichen Sache, Verstehen des kranken Menschen, lösbar ist.

Es ist aber auch kein Verlaß auf die Intuition. Sie ist trügerisch; sie kann viel mehr leisten als zehn Reflexionen, aber sie kann trotzdem trügen. Im Sektionssaal wird die intuitive Diagnose zuschanden. Sie kann sich dort besser halten, wo es nicht zur Sektion kommt. Sie ist als Methode zu weich gegen die Ratio, sie muß nachgeben, wenn das rationale Erkennen gegen sie vordringt. Intuition ist Gabe und Gnade, und wohl dem Begabten und Begnadeten; in der Nachahmung wird Intuition zum Betrug. Man kann sie nicht lehren, und sprechen soll man vom Lehrbaren.

Eine Lehre vom ärztlichen Verstehen ist also nicht überflüssig, wenn das Verstehen mehr und anderes als Intuition ist. Das Jemand-Verstehen müßte auch dann gelehrt werden, wenn es nur eine eigenartige und besondere Zusammenstellung, Verwertung, Auswahl des objektiven Etwas-Verstehen der Krankheitslehre wäre. Denn auch dann bedürfte es einer eigenen geistigen Disziplin. Es ist nicht wahr, daß das ärztliche Jemand-Verstehen sich dem Arzte nach Maßgabe seiner »natürlichen Gaben« von selbst ergibt. Die natürlichen Gaben sind in hohen Beträgen dann die unkultivierten Gaben, und was dem Sachwissen recht ist – die Aus-Bildung – das muß dem Mensch-Wissen billig sein. Und es ist das gedrillte Sachwissen im Leben ein großer Verdränger des Mensch-Wissens.

Wie also kann man Jemanden verstehen, der sagt »ich bin krank«. Wir sahen: der Anfang war, ich *habe* ihn verstanden; nicht: ich dachte etwas, wodurch ich ihn verstand. Die Analyse der *logischen* Voraussetzung nützt mir nun nichts, um im Verstehen weiterzukommen. Im Gegenteil, die logische Voraussetzung des Verstehens von »ich bin krank« ist, daß ich den Satz »ich bin« verstehe; logische Voraussetzung, dieses »ich bin« zu verstehen, ist, daß ich verstehe, was »ich« bedeutet. Aber in der Sprechstunde ist es umgekehrt. Wenn der Klient sagt »ich bin«, dann verstehe ich weniger, als wenn er sagt »ich bin krank«. Der inhaltärmere Satz ist der unverständlichere, und das Zurückgehen auf die logische Voraussetzung oder das logische Element verarmt das Verstehen. Unser Ziel ist also nicht ein Verstehen der Voraussetzung, sondern es ist die Bereicherung des Verstehens. Wir wollen weiterkommen, nicht zurückgehen, und diese Bewegung ist also nicht die logische Bewegung, sondern eine antilogische Bewegung. Eben weil sie antilogisch ist, so ist sie nicht alogisch, prälogisch oder unlogisch. Es handelt sich nicht um einen Inhalt, sondern eine Bewegungsrichtung in Beziehung auf Inhalt. Wenn wir also logisch nicht weiterkommen, dann wollen wir es doch als Gewinn festhalten, daß wir, um weiterzukommen, antilogisch uns bewegen müssen, und dies ist also bereits eine Richtung. Wir müssen vom Anfang nicht zur Abstraktion, sondern zum Konkreten fortgehen, welches weniger Logizität zeigt als das Abstrakte. Und dieser Fortgang fällt glücklicherweise mit der Gewohnheit des guten und nicht des schlechten Arztes zusammen. Denn auf die Bemerkung »ich bin krank« folgt beim schlechten Arzt die Untersuchung der Zunge, der Lunge, des Herzens, des Urins. Diese Untersuchung ist aber nicht der antilogische Schritt zur Konkretheit, sondern er bedeutet eine Abstraktion von allen den Krankheiten, die nicht in den vier genannten Körperphänomenen lokalisiert sind, die mit Hörrohr, Klopfhammer und Reagenzglas nicht erfaßbar sind. Überdies bedeutet diese Untersuchung eine Abstraktion vom »Ich« der ersten Aussage des Kranken, oder vielmehr eine Ignorierung seiner Aussage. Denn er sagte nicht »eine Lunge ist krank«, sondern »ich bin krank«. Die Untersuchung ist ein Ersetzen des »Ich« durch ein »Es« und ist daher *zunächst* eine Verfälschung der Beobachtung, ein Abirren vom Gegebenen, von der Erfahrung. –

Dieser Weg würde also dieselbe Einengung bedeuten, wie der vorhin als logisch bezeichnete. Beim guten Arzt folgt vielmehr nicht eine Untersuchung, sondern eine *Frage*: »Wo fehlt es dir?« Diese Frage ist für uns grundlegend. Sie bleibt in der Richtung auf die Konkretheit: sie fragt »wo«. Sie konserviert das im »ich« statuierte Persönliche in dem »dir«. Und sie ist keine objektive Untersuchung, sondern eine Frage und konstituiert damit ein Gespräch. Sie ist auch nicht Reflexion oder Intuition, überhaupt kein Greifen nach etwas Vorhandenem, sondern eine Frage. Mit dieser ersten Frage ist endlich ein Schritt vorwärts getan dadurch, daß der Frager sich in ihr als der Arzt erschließt. Mit der Frage: wo fehlt es dir? ist die Sachlichkeit und das Urphänomen des Arztseins in die Wirklichkeit eingeführt. Dieses Alltäglichste verdient mit Ernst, ja mit Feierlichkeit betrachtet zu werden.

Wir suchten ja das Wissen des Arztes zu bestimmen und finden, da wir uns nicht an das Theoretisch-, sondern an das Biographisch-Wirkliche wandten, daß der Anfang nicht Wissen, sondern Fragen ist. Schon daraus ergibt sich, daß wir nicht zu entscheiden haben, ob der Anfang das Denken oder das Sein sei. Denn der Anfang ist biographisch gar nicht da: alles ist, und wir alle sind schon angefangen. Der Anfang der biographischen Szene, die wir betrachten, ist aber eine Klage, und die zweite Phase der Szene bringt eine Frage. Wir haben jetzt auch eine Methode einer medizinischen Anthropologie gefunden, es ist eine biographische. Sie ist freilich typisch, eine Art von methodischer Urszene, und sie ist auch prägnant, denn sie gestattet eine kritische Absonderung von anderen methodischen Prozeduren. Es ist das Biographische also hier ein zugleich Typisches, eine Art von Mythos, der gegenüber der zufälligen und individuellen Biographie die gleichsam ewige Biographie beschreibt. Die Untersuchung des ärztlichen Wissens beschreitet hier also nicht den kritischen Weg: es wird nicht die logische oder erkenntnistheoretische *Voraussetzung* des Wissens betrachtet (wie von KANT); es ist auch nicht die genetische Methode (wie KANT sie nannte), welche die psychologische oder mechanische oder organische *Entstehungsweise* des Wissens betrachtet; weder kritisch noch genetisch wird das ärztliche Wissen untersucht. So kommt es z. B. gar nicht darauf an (was »genetisch« entscheidend wäre), daß die Aussage des Patienten das erste, die Frage des Arztes das zweite war. Der biographische Sachgehalt bliebe derselbe, wenn der Arzt zuerst gesprochen, die Sätze in der Zeit umgekehrt gesagt worden wären. Das Urphänomen bliebe dasselbe. Auch transzendentallogisch wäre diese Umstellung von Aussage und Frage *nicht* gleichgültig, wie jeder Logiker zugeben wird. Und ebenso ist es psychologisch ein bedeutsamer Unterschied, ob ein Kranker von selbst spricht oder ob er ausgefragt werden muß. Gerade diese Differenz ist für unsere Bestimmung der ärztlichen Sache irrelevant.

Werden diese Abgrenzungen auch erst später schärfer und bedeutsamer erscheinen, so dürften sie doch schon klar genug das drohende Hauptmißverständnis sichtbar machen: als sei die ärztliche Menschenkunde beschlossen in *Psychologie*. Sie ist es nicht und ist es auch nicht in »einfühlender« und »verstehender« Psychologie. Psychologie steht zur ärztlichen Aufgabe in keinem anderen Verhältnis als Chirurgie, pathologische Anatomie, klinische Physiologie: ein Mittel, nicht die Sache selbst.

Unsere Frage, die Frage des grübelnden Jüngers der Kunst, wie ein Molekül-Aggregat »Ich« sagen konnte, ist ungelöst. Die Hoffnung ist gering, darüber je etwas zu erfahren. Der Verlust dieser Hoffnung wird nach allgemeiner Erfahrung leicht ertragen. Statt eines solchen Wissens erschließt sich ein anderes, das den Verlust mit einem Gewinn belohnt. Wir wissen jetzt, daß der Anfang nicht eine Reflexion ist, daß der Anfang auch nicht von mir gemacht wird, sondern daß er kommt – wie der Patient kommt. Dieser Anfang ist eine biographische Szene und ist zuerst ein Gespräch. Wir wissen auch schon die richtige Richtung des Gesprächs, sie muß auf ein Konkretes gehen und die erste ärztliche Handlung muß eine Frage sein. Der Anfang ist also nicht Wissen, sondern Fragen. – Trotzdem ist das Problem des »Ich« nicht verloren, sondern verändert. Das Erste ist nicht, daß ich das Ich erkennen muß, sondern daß ich mit ihm sprechen muß. Jetzt ist das Ich gar kein Ich mehr: es wird ein Du für mich. Das Ich, wir haben es gesehen, kann ja, da es das Subjekt für alles Objekt ist, eben darum niemals selbst Objekt »werden«, auch nicht für mich. Aber es kann doch »für mich« werden, nur nicht »Etwas«, sondern »Du«.

Die Voraussetzung ist also weder eine wissenschaftliche noch humanitäre, noch caritative, sondern eine eigensachliche. Jene drei Instanzen sind für diese Sache nicht nähere und nicht sachlichere Bedingungen als die geschäftliche, daß der Arzt bezahlt werden muß. Man kann aus ihnen so wenig wie aus der Honorarhöhe den guten Arzt erkennen und ableiten. Dieser hat vielmehr seine eigene Wirklichkeit, die aus wissenschaftlicher Instanz nicht erhellt, nicht ursprünglich erkennbar ist. Sie muß Schritt für Schritt vielmehr sichtbar werden aus den biographischen Szenen der ärztlichen Handlung – dies ist die Methode der medizinischen Anthropologie. Daß ihr Weg weit ist, ist leicht zu vermuten, da dieser erste Schritt so kurz und noch fern vom Ziel ist.

Die Schmerzen

Urszene

Wenn die kleine Schwester den kleinen Bruder in Schmerzen sieht, so findet sie vor allem Wissen einen Weg: schmeichelnd findet den Weg ihre *Hand*, streichelnd will sie ihn dort *berühren*, wo ihm weh tut.
So wird die kleine Samariterin zum ersten Arzt. Ein Vorwissen um eine Urwirkung waltet unbewußt in ihr; es leitet ihren Drang zur Hand und führt die Hand zur wirkenden Berührung. Denn dies ist es, was der kleine Bruder erfahren wird: die Hand tut ihm wohl. Zwischen ihn und seinen Schmerz tritt die Empfindung des Berührt-werdens von schwesterlicher Hand, und der Schmerz zieht sich vor dieser neuen Empfindung zurück. Und so entsteht auch der erste Begriff des Arztes, die erste Technik der Therapie.
Eigentlich steckt hier das Arztsein ganz in der kleinen Hand, das Kranksein ganz in dem schmerzenden Glied, und das wird immer so bleiben; auch wenn die Hand größer wird und sich mit Instrumenten bewaffnen oder ihre Kraft ausleihen wird an heilsame Gifte oder den sprechenden Mund, immer bleibt sie, diese zum Tasten und Greifen, zum Schmiegen und Kühlen gleich Geschickteste, ein *Wesen* auch des späteren ärztlichen Tuns. Und auch dem kleinen Patienten wird später nie etwas anderes widerfahren: immer wird sein Schmerz darin bestehen, daß ihm *etwas* weh tut, das der ärztliche Helfer wegtun soll. Auch wo der Schmerz hinunter reicht bis in sein innerstes Herz, immer wird seine Krankheit eigentlich etwas an ihm sein, nicht ganz und gar er selbst. Nicht der Kopf, sondern die Hand macht den Arzt, nicht mein Schmerz, sondern etwas, das schmerzt, macht meine Krankheit.
Aber dies ist schon ein Stück Deutung. Zuerst müssen wir den Tatbestand der kindlichen Szene noch näher bezeichnen, das Bleibende im Wandel der ärztlichen Szene umschreiben. Die Heilhandlung besteht ja nur in einer Berührung zweier Menschen, und wie viele solcher Berührungen gibt es in Spiel, Streit und Liebe. Keine von diesen ist dieselbe, wie die dem Heiltrieb entsprossene Berührung. Die schmerzlindernde Berührung ist eine unvergleichbare, ganz in sich beruhende; sie hat freilich unzählige Voraussetzungen, ohne die sie nie zustande käme; aber noch in viel höherem

Grade ist sie selbst Voraussetzung dafür, daß jemand überhaupt helfen kann. Es ist ein ungeheures Rätsel, daß die berührende Hand den Schmerz verdrängen kann, aber die Tatsache, daß sie es kann, begründet fast die ganze Heilkunst. Vielleicht ist es darum kaum möglich, über diese »erste Heilhandlung« noch irgend etwas zu sagen, zu erfahren. Sie ist in solchem Maße Taterfahrung, daß ich sie immer nur so weit begreife, als ich sie tue, und nur in dem Augenblick ganz verstehe, wo sie an mir getan wird. Jene erste Heilhandlung ist freilich ganz primitiv, auch das Tier kennt sie schon, und es ist nur eine oberflächliche Ausdrucksweise, wenn eben gesagt wurde, man könne die ganze Medizin aus ihr ableiten. Aber sie ist eine Taterfahrung, welche zugleich richtungweisend für spätere Verstandeserfahrung ist, geeignet, den schweifenden Verstand ins gleiche mit dem Ziel zu bringen; daher ist die erste »Heilhandlung« nicht nur primitiv, sondern mehr; sie ist dem Ursprung, dem Wesentlichen nahe. Darum steht sie am Anfang nicht in naturgeschichtlicher Hinsicht, sondern als Repräsentant des Wesens der Sache.
Mitnichten ist die erste Heilhandlung ein bloßer Reflex. Ganz wesentlich ist sie entstanden aus der Wahrnehmung des Schmerzes. Daß sie kein Reflex ist, wird dadurch bewiesen, daß sie eine Entscheidung bedeutet: im Anblick des Schmerzes kann man nicht bewegungslos bleiben, man muß sich entweder ihm zuwenden oder sich von ihm abwenden. Das ist eigentlich der *Sinn* der Berufswahl zum Arzt, daß man sich dem Schmerz zuwendet. Es ist hier nicht die Rede von *Motiven* dieser Wahlwendung. Die Motive sind vielleicht ohne Ausnahme nur abfallende Blätter am Baum der Persönlichkeit. Jemand kann die zufälligsten, die gemeinsten oder frömmsten Motive haben, als er sich zum Arzt entschied. Aber das *Faktum* seiner Zuwendung zum Kranken wird dadurch nicht berührt; daß er sich nicht abwandte, sondern zuwandte, bleibt nicht minder wirkliche Entscheidung. Ein ruhiges Schauen im Anblick des in Schmerzen sich Krümmenden ist ja nicht möglich. Ich muß ihn fliehen, oder mein Haupt verhüllen, mich schämend, daß dies Furchtbare geschehen kann, gleichsam Schuld empfindend, daß meinesgleichen solches zustößt – oder ich muß mich hinwenden und muß etwas tun, und sei es das Zwecklose und Untaugliche. – Arzt-werden ist also *Hinwendung* zum Akt des Schmerzes. Ist Arzt-sein auch noch Unzählbares dazu, so ist es doch immer diese Hinwendung, die anders ist als die zum marmor-

nen Bildwerke des Laokoon; diese kann ruhiges Schauen sein, vor dem lebenden Schmerz müssen die abstoßenden Kräfte des Ekels, der Angst, der Scham, des Grauens überwunden, durch anziehende der Neugierde, des Vorteils, des Mitleids, des Heiltriebs, oder welche es seien, besiegt sein, soll Hinwendung erfolgen. Das wahre Geheimnis dieser Hinwendung ist damit nicht entschleiert, und wir ahnen nur, daß hinter den seelischen Motiven eine bewegende Kraft da ist. Welche Kraft dies sei, kann nicht durch ein einzelnes Wort gesagt werden, aber die Geschichte der ärztlichen Entdeckungen ist auch die Geschichte der Kraft der Hinwendung. Nur soviel ist hier klar: nicht Motive sind die Kraft, welche die Heilhandlung eigentlich hervorbringt, sondern es ist ein ursprünglicheres Geheimnis da, das sich uns in Heilhandlungen, in Wegfindungen der Heilhand selbst offenbaren kann. Auch Grausamkeit, Quälsucht, Schmerzgenuß, Schadenfreude können zum Schmerze hinziehen, und sie sind vielleicht die nächtlichen Schatten, die in gleicher Richtung flattern wie der Heiltrieb – weg von der gesunden, hin zur kranken Hälfte des Daseienden. Der ärztliche Bautrieb hat einen zerstörerischen Bruder, der dieselben Stätten der Not aufsucht wie er selbst. Aber gerade dieses gefährliche Schwanken der Motive, der Interessen, der psychischen Triebe, gerade diese bedenkliche Bruderschaft der seelischen Kräfte beweist: nicht *sie* konstituieren die ärztliche Hinwendung, nicht sie bedeuten die Entscheidung; vielmehr offenbart gerade die Nachbarschaft von Sadismus und Chirurgie, von Vampirismus und Psychoanalyse, daß nicht im Triebhaften die Entscheidung fällt, sondern –? Hier liegt die Aufgabe.

Es gibt also wohl einen Heiltrieb, ein seelisches Bedürfnis zur Hinwendung, aber daß dieses Bedürfnis und dieser Trieb siege, dies kann ja der Trieb selbst nicht erklären. Und überdies ist das Vorhandensein eines solchen wie jedes anderen Triebes gleichsam ein stummes Faktum, das nicht sinnvoll spricht, sondern eben *da* ist. Warum ist es da? Offenbar könnten wir bei solchen Fragen von dem Schmerz ausgehen und fragen, was *er* sei. Man kann ihn so als eine Erscheinung nehmen und ihn analysieren. *Diese* Hinwendung zum Schmerz ist dann freilich eine völlig verschiedene von jener des »kleinen Arztes«; die Analyse wird uns nicht die Taterfahrung, sondern die *Geisterfahrung* des Schmerzes bringen.

»Ich habe Schmerzen«. Was ist das? Den, der so spricht – kann man ihn eigentlich verstehen? Kann man das Schmerzenhaben verstehen? Die Aktualität ist *eigentlich* immer unverständlich. Man kann erinnern, vorstellen, wie es tut, wenn es einem weh tut; was es aber eigentlich ist, das weiß man nur, wenn man die Schmerzen selbst *hat*; sind sie vorbei, so wird man wieder ein anderer. Nicht als ob man das Erlittene vergäße, aber irgend etwas Unübersteigliches trennt mich jetzt von dem, was wirklich war, solange ich Schmerzen hatte. Geistiger Besitz kann aufbewahrt werden; aber über den Schmerz hat die Natur den Zauber gebreitet, daß er, einmal beendet, auch unkräftig wird; der Schmerz ist vergänglich, nicht immerwährend. Man kann ihn haben und dann erzählen; aber man kann ihn nicht deutlich vorstellen und noch weniger beweisen, erkennen. Er ist nur etwas, wenn er da ist, Präsens ist; wenn er nicht da ist, ist er ein Gespenst, ein fürchtbares, keine Realität mehr. Weil man durch seine Gegenwart ein Anderer wird, kann man in seiner Abwesenheit diesen Anderen kaum mehr begreifen. Er ist ein Bewirker, ein Verwirklichung Antreibender, ein die Motorik gewaltig Auslösender. Wer sich in Schmerzen krümmt, spannt jeden Muskel wie sonst kaum. Aber ungeheurer Schmerz kann auch vollkommen lähmen, äußerste Erschlaffung bewirken, und auch dann ist er ein großer Umordner, ein Revolutionär. In der Erinnerung ist er dunkel, bildlos, wie das Gedächtnis der Augen und Ohren hell und bildhaft ist.

Ich kann also den Schmerz dessen, der ihn hat, nicht eigentlich wissen und erkennen. Seine Art aber, gestaltlos zu sein und doch Gestalten zu wirken, kann sich an mir bewähren: es kann geschehen, daß der Trieb und Drang, ihn zu überwinden, auf mich übergreift, auch mich ergreift. Ich muß im Anblick des in Schmerzen sich Windenden mich abwenden oder etwas tun: die Aktualität des Schmerzes ist geistfeindlich, ist hinziehend zu tiefer natürlicher Daseinswelt. In der Grausamkeit wie im Mitleid ist der Schmerz ohne Weisheit, ohne Frömmigkeit, ohne Ruhe; er, der Schmerz selbst, ist unverrückbar ernsthaft, wirklich und ideelos, er ist gemein, so daß man ihn nicht leicht vergeistigen kann. Der Schmerz will herrschen; man kann, wenn er herrscht, nicht denken, nicht arbeiten, nicht empfangen, nicht genießen. Hingabe und

Handlung verjagt er in gleicher Weise, es sei denn, daß diese beiden seiner eigenen Verjagung dienen, also *ihm* jetzt dienen.
Nochmals also: kann man ihn, den gestaltlosen, geistlosen, unvernünftigen, den eigentlich nicht zu verstehenden, nicht zu erkennenden, gar nicht fassen? wo nicht begreifen, so doch ergreifen?
Nicht ergreifen, aber von ihm ergriffen werden. In der Sympathetik alles Lebendigen ist ja der Schacht vorgebildet, auf dem die Ansteckung von Einheit zu Einheit sich ausbreitet, so daß *ein* Gefühl alles Lebendige als *ein* Strom durchwaltet. Ein zerspringendes, ja schon ein fallendes Glas tut auch *mir* weh, schmerzlich bin ich mit allem verbunden, was zerspringt, zerreißt, zergeht, zerstäubt. Nicht anders vor der Gebärde des Verwundeten, der Kachexie des Kranken, der Verdüsterung des Melancholischen. Freilich ist auch diese ganz vitale Sympathetik nicht Ursache jener Hinwendung; ich kann taub sein gegen springendes Glas, blind sein gegen fremdes Leiden, und ich kann das, was ich nicht bin, doch machen: mich taub und blind machen gegen dieses alles. Der sympathetisch erfahrene Schmerz ist auch nicht wie der eigene, der wirkliche, oder besser: seine Wirklichkeit ist der Art nach eine andere als die dessen, der den Schmerz hat. Er entspringt ja, kritisch gesprochen, nicht der Wahrnehmung des Schmerzes selbst, sondern nur der seines Ausdrucks. Er ist wohl ein Schmerz von mir, aber er ist unfehlbar als einer in mir, dem ich mich nun entweder zuwenden oder von dessen Anblick ich mich entfernen werde.
So ist in der Tat eine zwiefache Erfahrung des Schmerzes schon in der Urszene gegeben, die sich aber nicht als Intensitätsunterschied begreifen läßt, sondern als Doppelbewegung zweier Lebewesen.
Der andere nämlich, der den Schmerz hat, ist im Besitze seiner Wahrnehmung selbst. Er hat die Wahl der Hinwendung nicht, sein Schmerz ist gegenwärtig, er kann sich nicht durch die Motorik seiner Muskeln von ihm entfernen, der kranke Zahn, das böse Leiden geht ja dahin mit, wohin er sich bewegt. Er kann nicht wählen, denn über ihn ist verfügt, über ihn ist verhängt. Daß der Schmerz mit ihm geht, zeigt, daß der Schmerz einen Sitz hat, nämlich an ihm, an seinem Körper, in seiner Seele. Schmerz ist nie abstrakt vorhanden, sondern nur lokalisiert, konkret, im Raum, in der Zeit und da am Körper, hier in der Seele.
Ganz bestimmt wissen wir, daß der Schmerz gerade »dort« ist; er hat nicht immer einen deutlichen »Ort« im optisch vorstellbaren

Raum, aber immer hat er einen präzisen *Sitz*, eine genaue Beziehung zu etwas in uns, zu einem Punkt an uns, einem Stück von uns. Ist er, der Schmerz, ein Ich-Zustand oder ein Es-Zustand? Gehört er mir oder der Umwelt? Bezeichnet er mich oder ein Nicht-Ich? Sicher gehört er nicht einem Außending an wie die Farbe, die Form, die Elastizität jenem Gummiballe. Aber er gehört auch nicht so nur zu mir wie meine geheimen Gedanken. Sondern er hat von beiden etwas, er scheint der deutlichste Vertreter der Affektion des Ichs durch das Es, der Eigenheit durch Fremdheit; nichts ist bezeichnender für die *Entwindung* des Ichseins von einem Nichtich-Seienden als der Schmerz; ja, wir möchten sagen, er sei recht eigentlich der Ursprung und Vater dieser Entwindung, der Anfanger aller Entdeckung der Umwelt, der Wecker aus dem Traum unserer ungestörten Identität mit der Welt. Er zeigt mir das Es, aber er *verbindet* mich zugleich mit ihm: er verlötet mein Sein mit dem der Welt *ebenso* stark wie er mich von ihr trennt. – Der Schmerz ist zugleich ein Zustand und ein Vorgang, ein Beharrliches, aber auch zu seiner Beseitigung Drängendes. Dieser beharrliche Drang, dies etwas Haben und zugleich etwas Wegdrängen, dieser dynamische Schwebezustand im Schmerz kann auch analysiert werden als Resultante zweier Kräfte, einer verbindend-vereinheitlichenden und einer trennend-vervielfältigenden. Dann sagen wir: im Schmerz will ein Sein sich spalten in ein Ich und ein Es und will zugleich dies Sein seine Einheit bewahren. So ist der Schmerz ein durchaus polares Phänomen, und es ist eine nachträgliche Konstruktion, wenn wir (physiologisch, naturwissenschaftlich) sagen, er sei die »Folge« der Trennung, oder der Schnitt ins Gewebe sei die »Ursache« des Schmerzes. Wer sich so ausdrückt, hat bereits den Schmerz hinter sich, hat bereits die Trennung anerkannt, welche ihn von seiner Umwelt scheidet, und seine Ausdrucksweise ist eine denkende Abstraktion von dem, was im Urphänomen geschah; aus dem polaren Phänomen wird so durch Denken die kausale Reihe, in welcher die abstoßende Kraft über die zusammenhaltende bereits triumphiert hat. Der Physiologe nämlich hat vergessen, daß im Schmerz ursprünglich die Zweiheit von Ich und Es zwar schon sich ankündigt, aber noch nicht vollzogen ist: noch ist mein Zahn der *meine*, solange er schmerzt, ich habe seine pure Es-Qualität noch nicht vollzogen, und noch sind zwei Möglichkeiten offen: er heilt und wird wieder ganz mein »Eigentum«, oder »er muß heraus« und ist dann nur noch ein

»Besitz«, der den Besitzer wechseln kann – selbst im juristischen Sinne. Gerade, daß diese Unterscheidung noch schwebt, zeigt deutlich die Unfähigkeit des rein objektiven Es-Denkens (welches das naturwissenschaftliche ist), den Schmerz *richtig* zu denken, nämlich eben als *schwebende* Entscheidung zwischen Ich und Es.

Als schwebender Kampf um die Zertrennung eines Lebendigen ist der Schmerz also Ursprung und Zwang zu einer Entscheidung: entweder Vollzug und Verewigung dieser meiner Trennung von meinem Teil oder Wiederherstellung meiner Einheit, d. h. Verheilung. Das abgetrennte Glied wird sterben, das angeheilte wird leben. Diese vom Schmerz erzwungene Entscheidung zwischen Trennung und Verheilung ist so auch ein Gleichnis der Entscheidung zwischen Tod und Leben. Gleichnis aber bedeutet hier nicht luftiges Symbol, nicht phantasieartige Entfernung von der Wirklichkeit, sondern Gleichnis bedeutet hier, daß an einem Teil geschieht, was einstmals am Ganzen geschehen wird: Entscheidung zwischen Tod und Leben. *Jeder* Schmerz ist so vielleicht eine Vorahnung des Todes, aber lieber möchte man sagen, eine nahende Entscheidung über den Teiltod eines meiner Glieder.

Nicht aller Schmerz aber verkündet Teiltod, nicht alle Trennung zieht ein Sterben nach sich. Daß die Jungfrau verletzt, das wartende Ei vom vordringenden Samen geschürft, die umschließende Erde vom Schößling aufgebrochen, die schützende Hülle von der Knospe gesprengt, daß die Kinder mit Schmerzen geboren werden – all dieses zeigt den Schmerz in seiner Umschlingung mit dem *Werden*, in seiner Umarmung mit der *Lust*. Nicht aus dem Chaos schafft ja der *Mensch* die Form, sondern von gestalteter alter Form löst er sich zu neuer Form, zwingt er sein Dasein zur Wandlung. Und dies Lösen von alter Form, dies Hineindrängen zu neuer Form geschieht unter Lust und Schmerz, ja unter Schmerzlust. Schöpferisch geschieht es ihm, der er, nicht selbst Erschaffender, sich doch im Wandel entscheiden muß. Nicht jeder Geschundene wird auch erzogen, aber jeder Erzogene ward auch geschunden. Der Erziehungsschmerz, der im Erziehenden gleichwie im Erzogenen waltet, ist Anzeichen zerbrechender Form, Vorzeichen werdender Form *oder* der Vernichtung. Zeugungsschmerz und Erziehungsschmerz aber stehen in der Phase des Wandels, darin ein Vergehen oder ein Sein werden soll.

Und die Erfahrung dieser Paradoxie und dieser Wirklichkeiten macht alles bisher Gesehene und Gesagte zu einer bloßen Vorstufe der Erkenntnis; Phänomenologie, Physiologie und Biologie stehen unwissend vor der Verkettung der Zeugung und Erziehung mit dem Schmerz. Und so muß endlich ganz klar werden, daß wir nicht nur sagen müssen, was der Schmerz eigentlich ist, sondern auch fragen, was eigentlich er wirkt. Und hier dürfen wir auch nicht allein vereinfachen: »der« Schmerz, sondern müssen scheiden: »die« Schmerzen. Anders schmerzt der Zahn als die Zehe, anders das Messer als das Feuer, anders der Leib als die Seele. Ja sogar: verschieden schmerzt mein Daumen von meinem Zeigefinger, mein linkes und mein rechtes Auge. Die Schmerzen des Kindes sind anders als die des Alters, die des Mannes anders als die der Frau, die meines Bruders anders als die meinen. Anders der Schmerz des Kriegers als der des Kranken, anders der des Gefolterten als der der Gebärerin. Ein Unterschied ist auch zwischen dem Schmerz und der Qual, der Qual und der Pein. So ist an seinen Früchten zu erkennen, was er ist; aber auch aus der Mannigfaltigkeit seiner Arten stammt ein Hinweis, wohin er wirkt. Er kann zwar als eine Affektion des Ich durch ein Es, aber auch mit ebensoviel Recht als ein Erzeuger eines Es durch ein Ich bezeichnet werden. Beides sind uneigentliche Ausdrucksweisen. Wohin also wirken die Schmerzen?

Zum ersten dahin, daß ich durch den Schmerz erst erfahren kann, was mein ist und was ich alles habe. Daß meine Zehe, mein Fuß, mein Schenkel und von der Erde, auf der ich stehe, bis herauf zu meinem Kopfhaar alles *mir gehört*, erfahre ich durch Schmerzen, und durch Schmerzen erfahre ich auch, daß ein Knochen, eine Lunge, ein Herz und ein Mark da sind, wo sie sind, und jedes von allen diesen führt seine eigene Schmerzsprache, spricht seinen eigenen »Organdialekt«. Daß ich sie alle habe, kann ich freilich auch sonst bemerkt haben, aber der Schmerz lehrt mich allein, wie teuer sie mir sind; den Preis und Wert von jedem einzelnen für mich erfahre ich allein durch Schmerzen, und dieses Gesetz der Schmerzen durchherrscht in gleicher Weise den Preis der Welt und ihrer Dinge für mich. Auch von der Welt kann man fast alles haben, »besitzen«, aber die Entscheidung, was mein *Eigentum* ist, diese große Jurisdiktion der wahren Einverleibung spricht wieder nur das Schwert der Schmerzen. Sie sind der trennende Kitt, der verlötende Spaltraum, der die Welt zusammenhält und auseinanderhält; nicht nach der Ordnung der chemischen Verbindung, der molekularen Kohäsion, dynamischen Attraktion der Naturkräfte, sondern nach der Ordnung des Lebens, der Ordnung der lebendigen Aneignung und Enteignung, der Ordnung der Wahrhaftigkeit des Zu-eigen-seins.

Und hier ist ein neuer Schritt zum Begreifen der Schmerzen getan: nicht die Wahrnehmung, nicht die Phänomenologie, nicht die Analyse der Psychologie allein gestattet zu sagen, was eigentlich ein Schmerz sei, wenn nicht zuvor gesagt ist, *wo*, an welcher Kittlinie der *Lebensordnung* er auftaucht, diese Linie grell beleuchtend. Dem Sitz des Schmerzes in der Lebensordnung müssen wir also nachspüren oder: am Ariadnefaden der Schmerzen ist ein Gefüge der Lebensordnungen aufzuspüren, derer nämlich, welche eine fleischgewordene Wahrheit, die *Fleischwerdung einer Wahrheit* anzeigen, nämlich einer Lebenswirklichkeit; denn ein Schmerz kann nur dort auftauchen, wo eine *echte* Zugehörigkeit bedroht, ein *echtes* Zeugungsopfer gespendet wird. So wird die Wahrnehmung des Schmerzes verwandelt in eine Kritik der Wirklichkeit, in ein Instrument der Scheidung von echt und unecht in der Erscheinung des Lebendigen.

Da ist die Trennung von mir und meinem Zahn, von meinem Finger und meiner Hand, die Trennung zwischen mir und meinem Kind, zwischen einem König und seinem Volk, Trennung von meiner Jugend, von Haus und Hof, von Gewohnheit, von Glauben, die Trennung von Gott. Wo diese Trennungen schmerzen, da waren die Bindungen echt und Fleisch geworden. Und dort, wo ein Mensch Schmerzen leiden kann, dort ist er wirklich da, dort hat er – wissend darum oder nicht wissend – auch geliebt. So öffnet sich ein Blick ins Weltgefüge: wo Seiendes schmerzfähig ist, da ist es wirklich gefügt, nicht nur ein mechanisches und räumliches Nebeneinander, sondern ein wirkliches, d. h. lebendiges Miteinander. Und so kommt es zur neuen Stufe unserer Schmerzerkenntnis: es ist ein Gefüge da, eine Ordnung, die nicht schmerzlos gestört werden kann. Ist es die Ordnung der Natur, des Geistes, der Seele? Ist sie Gesetz oder Person? Notwendig oder frei? Läßt sich die Antwort auf diese Fragen denkend ergründen?

Es muß die Ordnung des lebendigen Zusammenhanges alles Lebendigen sein; das Leben ist gegliedert in seine Schmerzfähigkeit, hängt mit den Gelenken einer *Schmerzordnung* in sich zusammen. Und ein zweites bleibt bestehen: es gibt einen Zerstörungsschmerz, aber auch einen Werdeschmerz; wie die Vernichtung eines Gliedes weh tut, so kann auch sein Wachstum weh tun. Und wieder ist hier Entscheidung möglich und dem Arzte notwendig. Er muß ein Schmerzkundiger sein und muß die Schmerzen recht unterscheiden können. Denn hier wird ja seine Lage kritisch, seine Hinwendung zum Schmerz zwiespältig, da er den Zerstörungsschmerz lindern, den Werdeschmerz aber bestehen lassen muß. Die Doppelordnung des Schmerzgefüges führt zur Doppelordnung der ärztlichen Handlung. Denn darf er den Geburtschmerz durch Hypnose, den Schmerz seelisch-sittlichen Konfliktes durch Psychotherapie beseitigen? Sicher nicht. Und wenn es wahr ist, daß wirklicher Schmerz echte Fleisch gewordene Lebensbindung und damit Wahrheit einer Ordnung anzeigt, ist diese Ordnung in jedem Falle zu erhalten ärztliches Gebot? Ist *Lebens*ordnung letzte, wahre Ordnung und ist *Ordnung* letzte wahre Pflicht? Brauchen wir hier nicht ein System der *Werte*? So daß wir etwa meinen, daß geistige Werte höher als vitale, Gemeinschaftswerte höher als individuelle stünden, und also ein Wertsystem, eine Hierarchie des Seins zu zeigen wäre, in der man dem Arzte seine rechte Stelle anzuweisen hätte. Eine derartige Rangordnung der Werte ist dem Philosophen Bedürfnis, im ärztlichen Sein zerbricht sie. Ein Arzt, der zwischen Freund und Feind, zwischen Herr und Knecht, zwischen Mutter und Kind, zwischen Tugendhaften und Verbrechern, zwischen Wertvollen und Wertarmen unterscheidet und vorzieht, zerbricht die ärztliche Eigenordnung. Als Bürger, Patriot, Geistmensch, Sozialpolitiker, Philosoph durchbricht er die Hinwendung, unterbricht er die Eigensache des Arztes und dieses unendlich ernstlicher und bedenklicher, wenn er aus Grundsatz auf dem Schlachtfeld den Freund dem Feind, bei der Geburt die Mutter dem Embryo, bei der Begrenzung seiner Praxis den wertvollen Führer dem wertlosen Psychopathen vorzieht. »Kleine Tiere haben kleine Schmerzen« ist nicht bloß ein infames, sondern auch ein falsches Sprichwort der Laboratorien und NIETZSCHES (1887) Wort von der Fernstenliebe nicht nur ein adliges, sondern auch ein wahres Bild von der Wirklichkeit der großen Liebe, die nicht groß ist, weil sie das Große liebt, sondern wenn sie auch das in der Perspektive der Werte Kleinste liebt. Ist ein Arzt also ein zu den Schmerzen sich Hinwendender, dann ist seine Ordnung die Ordnung der Schmerzen und nicht die Ordnung der Größen oder der Werte.

Aber die Ordnung der Schmerzen geht überdies quer durch die der

Natur, des Geistes, der Werte hindurch. Sie ist eine Ordnung in allem Sein, aber sie ist so lange *unsichtbar*, als der Schnitt nicht trennt, als der Schmerz nicht entbrannt ist: diese Ordnung ist eine *schlafende* Ordnung. So spüren und entdecken wir ja unser Organ, sei es Magen oder Herz, oft erst, wenn es schmerzt, so wissen wir um den vollen Sinn und Wert eines Gliedes erst, wenn es amputiert wird. So holt der Schmerz ein Inneres und Unteres erst herauf ans Licht des Bewußtseins, und jene unsichtbare schlafende Ordnung ist also eine geheime und eine innere Tiefe des Daseins, die aber sichtbar werden kann; aufgebrochen, bloßgelegt wie im Sektionssaal wird ein Inneres, und ebenso heißt Arzt-sein Hinein-und-herabsteigen-Können zu dieser Region. Die Hinwendung zum Schmerz bedeutet jetzt noch dies weitere: ein Eindringen hinter das, was die schützende und rundende Haut bedeckt, ein Durchblicken durch sie zu dem, was sie versteckt und verschweigt. Das Weltbild des Arztes muß ein indiskretes, muß ein gleichsam verzerrtes sein; denn blickt er nicht hinter die Kulisse, so sieht *er* – *falsch*, wie der ästhetische Zuschauer falsch sieht, wenn er die Szene durch die Kulisse betrachtet. Möge der Arzt doch nie vergessen, daß er mit *seinem* richtigen Weltbild zum künstlerisch falschen Weltbild *verurteilt* ist, daß seine »Kunst« nicht Kunst ist.
So wird er aber auch nicht durch die Geisterfahrung allein die Schmerzerkenntnis gewinnen, die *ihm* nottut.

Erzählung in Begriffen

Nichts von alledem war der kleinen Hand bewußt, als sie die Wange des Bruders streichelte. Anderes braucht der Kandidat der Medizin und der Arzt. Er braucht die Anatomie der Schmerznerven, braucht die Theorie und Praxis der Lokalanästhesie und Narkose, braucht die Verordnungslehre von Morphium und Aspirin, die Technik der Suggestion, der Hypnose, der Psychotherapie; er braucht die Klinik der Schmerzsymptome, die Typik der Organschmerzen, und seine Lebens-Erfahrung als Arzt wird ihn den Gebrauch und die Grenzen von allem diesem Wissen lehren – und doch nie genug lehren. Aber trotz der Grenzen wird er seinen Kranken und sich selbst genugtun, sein Wissen wird längst genügen, wo er nur ein geschickter, ein gewissenhafter, ein treuer Arzt ist. Längst, so meint er, fand er, daß Philosophie am Krankenbett nichts nützt. Längst auch, daß eine gute Technik viel nützt, eine falsche Physiologie oft wenig schadet. Er ist auch kein Grübler; nicht die Frage, nicht der Zweifel, nicht das Denken, nicht der Geist sind seine Sache. Ein technisch gestimmtes Zeitalter gibt ihm recht und vereinfacht diese Sache, die im Aufbau des ärztlichen Studiums noch so kompliziert erschien. Es gibt Methoden, um Schmerzen zu beseitigen: z. B. beim Magengeschwür durch Operation, bei der Hysterie durch Hypnose. Manchmal auch umgekehrt: beim Magengeschwür durch Hypnose, bei der Hysterie durch Operation. Warum nicht? Freilich, hier keimt eine Sorge, ob die Fahrt noch sicher sei bei solcher Auswechselbarkeit der Methode? Und nun kommt die Meinungsverschiedenheit der Ärzte untereinander und schlimmer noch die Unzufriedenheit der Kranken. Und es zeigt sich, daß die Beruhigung in der Methodenwahl gestört ist. Konkurrenz, Kurpfuscherei, Gebetsbehandlung sind da. Die Gesellschaftsordnung ist gestört, die bürgerlichfreie Existenz des Arztes in Verfall, die akademische Medizin angefochten, mit der äußeren Sicherheit schwindet die innere und mit dieser wieder jene. Es zeigt sich: die Welt ist *doch* komplizierter als gedacht, aber die Kompliziertheit ist jetzt eine andere als die, welche im Studium sich zeigte. Alle Sachen stehen in einem rätselvollen, halb chaotischen, halb zwangläufigen Gefüge! Dieselbe Neuralgie, die unter der einen Behandlung nicht weicht, tut es unter einer ganz anderen, und dieselbe Behandlung, die hier half, tut es dort nicht! Und wie unsäglich kompliziert ist die Beurteilung, *was* denn nun eigentlich den Ausschlag gab: das Mittel, das Klima, der Bankkrach, die Verliebtheit, die Diät, die Persönlichkeit des Arztes? Ja, die Sachen sind kompliziert! Sie sind noch unzählige Male komplizierter als es hier gesagt ist, ja als man es überhaupt sagen kann. Unzählige Faktoren sind aufzuzählen, Konstitution, Vererbung, Infektion, Reaktion, Disposition, Lokalisation; aber sie bilden kein deutliches System zusammen, und man kann nicht gut abmessen, wie groß das Gewicht dieser Faktoren im Einzelfalle ist. Immerhin beherrschen wir durch sie die Struktur des Falles. Aber wir kennen nicht die Prinzipien, nach denen jene Faktoren ihre Kräfte miteinander messen, wir kennen nicht gut das Verlaufsgesetz eines Kampfes zwischen Infektion, Disposition, Reaktion. Es ist im Verlauf einer Krankheit etwas *Unberechenbares* mit dabei, und es gehört zum Wesen der Krankheiten, daß es mit dabei ist. Es kann nicht ein logisches, nicht ein mathematisches Gesetz sein, welches diesen Verlauf bestimmt; wie lautet dieses nichtlogische und nichtmathematische Gesetz aber? Woher kommt denn z. B. der Schmerz?

Es ist ein ungeheures Vorurteil, daß ein Schmerz überhaupt von *etwas* kommt. Wir wissen freilich, daß, wenn ich dort die Haut steche, es weh tut. Aber lange nicht immer. Wenn ich abgelenkt bin, wenn ich in Hypnose bin, tut es nicht weh. Und wenn ich krank bin, kann schon die Berührung weh tun. Es kommt also vieles, sicher der Zustand, vielleicht der Gesamtzustand meiner Person zusammen, um zu entscheiden, ob »etwas« weh tut oder nicht. Das »Etwas« ist also »Nichts«, es sei denn in Beziehung auf den Zustand einer Person. Wenn also das Etwas immer dasselbe (z. B. der Nadelstich) ist, dann ist es jedenfalls immer so lange nichts, als die Gesamtperson nicht empfänglich für Schmerz ist. Da die Gesamtperson überdies auch ohne diesen Nadelstich Schmerz haben kann, so ist die Nadel gar nicht obligatorisch. Es ist also keine logische Notwendigkeit aus der Natur der Beobachtungen abzuleiten, daß Schmerzen überhaupt von »Etwas« kommen. Es könnte so sein, aber man kann es nicht beweisen, ja man kann nicht einmal eine überwiegende Wahrscheinlichkeit beweisen.

So stößt die Praxis auf die Regellosigkeit, mit der Schmerzen kommen und gehen, und die Theorie hilft sich damit, daß sie etwas sehr Kompliziertes annimmt. Die Regellosigkeit wäre dann scheinbar, indem nur wir nicht imstande sind, die Kompliziertheit zu übersehen; könnten wir es, dann fänden wir statt scheinbaren Zufalles nur Notwendigkeit. Ein anderer Ausdruck für die Kompliziertheit wäre dann nur, wenn wir dafür sagen: ganze Person. So kann man sagen, die ganze Person bedinge oder bilde den Schmerz. – Aber man kann dann auch umgekehrt sagen, der Schmerz wirke und bilde die ganze Person. Heftiger Schmerz kann die gesamte Muskulatur und vielleicht sämtliche Sinne in Mitleidenschaft ziehen (es wird grün und blau vor den Augen und wir »hören die Engel singen«); Schweiß und Röte des Gesichts, Beschleunigung von Puls und Atmung, lauter Schrei und Verwünschung und Hilferuf sind allein die äußerlich sichtbaren Zeichen organischen Aufruhrs. Sie sind zugleich Zeichen der Schmerz*arbeit*.

Es ist aber doch nicht wahr, daß die ganze Person jetzt vom Schmerz gebildet wird. Die Schmerzarbeit ist zwar ein persönliches Produkt, aber, wir sahen schon, zugleich Entwindung von einem Es im Schmerz. So wird jetzt die Schmerzarbeit wesentlich solche »Verarbeitung«. Es ist aber gar nicht erwiesen, daß diese Verarbeitung eine Umwandlung des Schmerzes selbst sei. Es ist eine analytische Hypothese, daß hier eine Energiemenge in eine andere Form verwandelt werde, etwa eine Affektmenge in eine motorische Menge, wenn der Leidende sich austobt und sich ausschreit. Die Energiemengen können dabei auch aus ganz verschiedenen Quellen stammen und ganz unvergleichbarer Art sein. Vielmehr ist die Schmerzarbeit nicht wesentlich Umwandlung von Energie, sondern wesentliche Entscheidung. In ihr wird entschieden, welcher *Art* die Entwindung sein wird, und so ist die Schmerzarbeit eigentlich eine Entscheidungsarbeit, die energetisch nicht ausdrückbar ist. So sagt z. B. MARK AUREL vom Schmerz: »Ist er unerträglich, führt er auch den Tod herbei; ist er anhaltend, so läßt er sich auch ertragen. Wenn nur die Seele dabei an sich hält, bewahrt sie auch ihre Ruhe und leidet keinen Schaden. Die vom Schmerz getroffenen Glieder mögen dann, wenn sie können, sich selbst darüber aussprechen.«

Die stoische Schmerzarbeit ist hier deutlich eine Objektivierung: man sieht von seinem Schmerz nicht weg, sondern man rückt ihn von sich ab und sieht ihm gleichsam zu, wie man einem Vogel im Käfig zusieht, einem Wasserfall zuhört. – Eine ganz andere Haltung ist dagegen diese: man sieht ihm »ins Auge«, wie man einem Feind oder einer Geliebten ins Auge sieht; dies ist dann nicht Objektivierung, sondern Kampf, der mit Aneignung oder Vernichtung enden wird. Denn entweder wird dann mein Schmerz mich überwältigen und ich werde von ihm wie ausgegossen, bis zum Rande von ihm gefüllt, ihm völlig übergeben sein, oder er wird mein Bruder und Geselle werden, mit dem ich wandle und der mein Leben bewegt und erregt, mein Stachel und so mein Kraftspender, den ich nicht lassen mag. Und eine dritte Form der Entscheidung wird diese sein, ob ich den Schmerz haben oder beseitigen *will*: durch Trieb bestimmt, kann ich ihn selbstquälerisch erzeugen und halten, durch Trieb bestimmt auch auf keine andere Stimme hörend ihn mit allen Mitteln verdrängen und verjagen. Schmerz zwingt aber noch zu einer wesentlichen Entscheidung: Zeigen oder Verbergen. Er macht aufschreien, aber auch verstummen, macht rasen oder erstarren; man klagt oder man zieht sich zurück, sucht Gesellschaft und Sympathie oder Einsamkeit und Nichtbeachtung. So entspricht dem Zwang zur Hinwendung oder Abwendung hier ein Zwang zu Zeigen oder zu Verbergen.

Objektivierende, hingebende und triebgewollte Haltungen also sind es, zwischen denen die Schmerzarbeit entscheidet und von deren Polarität der Schmerzzustand weiterführt zur Ent-Scheidung der Person. Denn das Ergebnis der Schmerzarbeit ist Ent-Scheidung: Wiederherstellung der Einheit des Selbst mit sich nach Ausstoßung eines Es. Die Art des Es ist nun charakteristisch, denn es ist ein Negativ, eine abgelegte Haut des Charakters, und so sein Weltbild. Es ist nicht gleichgültig, es ist bestimmend für jemand, wie er mit seinen Schmerzen gelebt hat, und dies ist nun die andere Ansicht, die wir von der Schmerzordnung des Lebens gewinnen. Wie man sagen kann: wo Schmerz auftaucht, da ist ein lebendig-wahres Gefüge, so auch kann man sagen: wo Schmerz vergeht, da hinterläßt er eine unauslöschbare Spur davon, *wie* er verging: er hinterläßt ein steinern Bild, wo vordem Lebendiges war.

Es muß wohl die Tatsache der Entscheidung sein, wodurch der Schmerz zur *Qual* wird. Der erzogene Mensch spürt auch schon eine Forderung, die der Schmerz bringt, die Ahnung eines »du sollst«. Die Qual der *Wahl* aber zwischen Starksein und Schwachsein gegen den Schmerz ist von früh an im Schmerz enthalten. Starksein oder Schwachsein wird nicht als Pflichtwahl zuerst erlebt, sondern als ein Sein im Schicksal, als ein unauflösbares Zueinander von Begegnung und Entschluß, als zwiespältige Einheit von dem, was mir geschieht, und dem, was ich tue. So ist die Qual älter und göttlicher als der Schmerz, wenn das Schicksal älter und göttlicher ist, als das bloße Geschehen. Wie auch, wenn jemand sagt »du tust mir weh«, er nur hinnimmt oder kämpft, wogegen jemand, der sagt »du quälst mich«, schon anfängt zu hadern und zu hassen. – Und so entspringt ein neues Wissen um die Schmerzen: der Schmerz ist mitnichten nur eine Empfindung; er ist mitnichten nur ein Gefühl; mitnichten nur ein Affekt der Unlust. Nein, der Schmerz ist auch etwas, was nicht sein *soll*, er ist etwas *Böses*, und er *kommt* von etwas Bösem. Wir fanden es schon, er kommt nicht nur von außen, er kommt ja auch von innen; es ist nicht wahr, wenn man sagt, er komme von der Brennessel, der feindlichen Kugel, vom Zufall, sondern er kommt auch vom Ich her. Da er aber so *mein* Schmerz ist, so steckt sein Böses auch – in mir?! So schwebend in der Entwindung zwischen Ich und Es muß sich auch entscheiden, auf welche Seite dieses Böse fallen wird: »in schwebender Pein« wird das Böse noch unentschieden erfahren, und so wird uns der Schmerz zur *Pein*; so ist Pein also ein Böses in statu generandi: noch nicht ein Es, auch noch nicht nur ein Ich, aber auch noch nicht ein – Er. *Der Böse* – war er hier schon anwesend in diesem status generandi? War *er* der Mittler zwischen Ich und Es? – –

Wir wissen wohl, daß es böse Schmerzen gibt, aber es will uns nicht in den Sinn, daß ein Etwas oder ein Es ein Böses sein soll; es will uns wohl in den Sinn, daß Jemand böse ist. Die mythische Personifizierung bezeichnet die Stelle, wo eine neue Wahrheit über die Wirklichkeit steckt, in der wir uns in Schmerzen befinden. Ob das »Böse« zuletzt im Ich oder in Andern hängen bleiben wird, ist zunächst noch in unentschiedener Schwebe; aber in diesem Schwebezustand besteht nun etwas, was man nicht besser ausdrücken kann als mit dem Ausdruck: *sinnlicher Zweifel.* Es gibt eine ganze Reihe von Zuständen der Sinnlichkeit, welche sich von anderen Sinneseindrücken dadurch unterscheiden, daß sie mit sinnlichem Zweifel einhergehen, so das Gefühl des Schwindels, der Schwäche, der geschlechtlichen Erregung. Der Zweifel in allen diesen ist nichts anderes als jene peinvolle Unentschiedenheit, die, weil sie ein Böses oder Gutes enthält, zugleich eben persönlich wird. Die Erfahrung der Seelenerforschung aber zeigt nun die Tatsache, daß Schuldbewußtsein so oft ein Schatten des Krankheitsbewußtseins ist. Bewußtseinspsychologisch ist der Zusammenhang konstatierbar; aber diese bloße Konstatierung der Schuld ohne schuldhafte Tat ist eigentlich Konstatierung von etwas Unverständlichem und vor der Vernunft Sinnlosem; sie gilt dem Psychologen als sinnlos, dem Psychiater als pathologisch. Der »Kranke« ist für ihn dann nicht bloß krank, weil er Schmerzen hat, sondern überdies weil sie zu »krankhaftem« Schuldgefühl ohne Realschuld »führten«. Aber diese Darstellung ist vom Kranken aus gesehen eine Deutung, ja sogar eine Umdeutung. Er macht sich die Auffassung vielleicht, wenn er kann, zu eigen, daß das Schulderlebnis *nur* krankhaft sei. Aber ursprünglich ist diese Deutung falsch, er hatte und wußte für sich Schuld, er »empfand« nicht nur Schuld. Wirkliche Schuld haftet an seiner Person selbst, nicht an Gefühlen der Person, die nicht sie selbst, sondern etwas von ihr wären.

Hier wird nun sehr deutlich, wie wir hoffen, daß die Erzählung eines solchen Kranken, »ich habe Schuld und werde durch Schmerzen bestraft«, wahrer *ist* als die objektive Konstatierung: »er fühlt

Schuld und urteilt, sie werde durch Schmerzen bestraft«; die Konstatierung deutet die Erzählung um vom Standpunkt eines anderen als »normal« bezeichneten Menschen aus. Die Erzählung des Kranken kann der Psychologe einen Wahn nennen; er ist dann ein naher Verwandter des Mythos. Aber der Mythos hat die Besonderheit, als Erzählung wahrer zu sein als die Psychologie, wenn er statt von dem normalen Anderen von dem leidenden Selbst ausgeht. Von diesem Selbst aus ist der »Mythos« die Wahrheit, die Darstellung der Psychologie falsch.

Es ist nicht zutreffend, daß wir diese persönliche Wahrheit, die der Kranke erzählt, durch Einfühlung verstehen können. Sie ist nicht erfühlbar und sie ist auch nicht verständlich. Der Einfühlende, der sich in den Kranken hineinversetzt, kann in der Phantasie zu analogen (wiewohl nicht gleichen) Gefühlszuständen kommen, der Verstehende kann Zusammenhänge als wesentliche herausheben, die es in der Tat auch für den Kranken sind. Aber den Vollzug des Schuldbewußtseins erreicht er damit nicht, insofern die Schuld des Kranken eben gerade die des Kranken sein *muß*, um das zu sein, was sie wirklich ist. Diesen Vollzug *kann* daher der Einfühler und Versteher der Psychologie nicht vollziehen – so wenig wie beim Schmerz selbst.

Das Kranksein ist also immer ein Unentschiedensein in jedem Betracht. Die Unentschiedenheit ist weder die allein, daß die Natur noch nicht über den Ausgang entschieden hat, noch die allein, daß ich mich noch nicht zur Stärke oder zur Schwäche entschieden habe, sondern *beides in einem*. In diesem noch In-einem-sein liegt das psychologisch Geheimnisvolle, das die *wirkliche* Situation des Menschen aber allein Charakterisierende. Was hier von der Schuld gesagt ist, könnte in verwandter Weise von der Angst, der Sorge, der Not, der Melancholie gesagt werden. Sie alle existieren als selbständige Wesen und nicht nur so, daß jemand etwa Angst hat vor dem Verlust eines Auges, vor dem Tod, mit objektivem vollem Recht, wenn eine sichtbare Gefahr im Anzug ist, sondern jemand kann auch die »grundlose« und gegenstandslose Schuld, Angst usw. haben, und diese ist nicht minder real. Es liegt aber in den Erfahrungen des Schmerzes, der Schwäche, des Schwindels, des Ekels selbst schon jener ursprüngliche sinnliche Zweifel, der unsere Existenz nicht nur als Existenz, sondern als Kreatur in Frage stellt. Nicht unser Vorhandensein unter den anderen vorhandenen Dingen der Natur wird erschüttert, wenn wir Schmerzen *haben*

und also etwas haben, was wir sonst nicht haben, sondern wenn wir Schmerzen haben, so *leiden* wir, und wenn wir leiden, so ist etwas an und in uns, was nicht sein *soll*, was einer *gebotenen* Ordnung widerstrebt. Nicht Naturmächte sind im Kampfe in diesen Urerlebnissen der leidenden Kreatur, sondern das Kreatursein wird in seiner Eigentümlichkeit sichtbar eben in diesem Leiden. So ist das Leiden älter als der Schmerz, an dem wir leiden, der Schmerz älter als das Gefühl des Schmerzen-Habens, das Gefühl älter als sein empfindungsartiger Inhalt, wie ihn die Psychologie und Physiologie schließlich abstrahiert haben.
Die Lebensordnung der Schmerzen aber, die wir suchten, ist also die der Kreatur.

Geboterfüllung

Hier endet die Geschichte des Schmerzes oder – hier beginnt sie erst richtig. Es war zuerst eigentlich nur eine *Erzählung in Begriffen*. Man kann die Dinge und ihre Begriffe der Reihe nach auspakken, immer tiefer bis auf den Grund der Seele: Empfindungen und Gefühle, Erlebnisse, Bewußtseinsinhalte, unbewußte Komplexe, Affekte und Triebe – sie alle werden zu Dingen dabei (und sind auch Dinge), und zu jedem dieser Dinge gehört ein präziser klarer Begriff. Die *Analyse der Psyche* hat mit ihnen zu tun, und sie kann dies alles auspacken, bis gleichsam nichts mehr daringeblieben ist, bis gleichsam ein Hohlraum entstanden ist. Freilich kann es dann so gehen, daß in dem Hohlraum nichts mehr zu *sehen* ist, und doch ruft noch eine Stimme aus dem Abgrund. Niemand ist da, und doch ruft es. Es gibt keine Gespenster mehr, und doch ruft es? Da kann dann das Grauen kommen. Die Dinge der Seele kann man mit Begriffen wie mit der Zuckerzange fassen und *wegtun* (auch das Ich, nämlich als »Ichbewußtsein«), und trotzdem ist noch jemand da, der ruft. – Dies ist der Vorteil der Analyse der Psyche, daß sie diesen Jemand durch ein negatives Verfahren wieder sichtbar macht. Dieser Vorteil ist unermeßlich. Würden die Dinge der Seele nicht so gründlich ausgepackt, so würde man oft das Sehen der Dinge von dem Hören der Stimme nicht so deutlich unterscheiden können. Man würde ganz vergessen können, daß die Dinge und der Jemand nicht dasselbe sind. Man würde nicht erkennen können, daß das Wort älter ist als das Licht, das Ge-

spräch älter als das Dasein, die Erzählung älter als die Erkenntnis.
Es ist merkwürdig genug, daß irgend jemand es geglaubt hat, der Schmerz »sei eigentlich« eine Empfindung, die Angst »eigentlich« ein Affekt, die Liebe »eigentlich« ein Trieb, alle diese eigentlich irgend etwas anderes als sie *selbst*; das Selbstsein sei eigentlich und wesentlich offenbar erst im Anderssein (Hegel). Bis hin zu der Vermessenheit, der Mensch sei eigentlich ein Ich. Das Ich-Märchen vom Menschen wird sein Ende finden, wenn der Ich-Philosoph »endlich allein«, nämlich mit sich allein sein wird. Mächtige Menschen, auch Philosophen, haben das Märchen längst zerstört.
Vielleicht war es eine Verelendung des Wortes, daß man auch den Worten das nicht mehr geglaubt hat, was sie meinen, daß ein Schmerz eben ein Schmerz ist und nicht nur eine Empfindung. Wäre er eine Empfindung, dann wäre er alles das nicht, was hier gesagt wurde. Im Schmerz ist aber das enthalten, daß etwas nicht sein *soll*, was doch ist, und dieser Widerspruch von Sollen und Dasein ist die eigentliche Wirklichkeit des Menschen als Kreatur. Der Mensch als Kreatur hat nicht nur die kalte Existenz, sondern sein Dasein ist immer ein So-sein-Sollen: dies ist der richtige *ontologische* Begriff vom Menschen und seiner Wirklichkeit. Seine Ontologie ist daher eigentlich nicht eine Lehre vom Sein, sondern eine Lehre von Geboten. Es ist nichts Paradoxes darin, daß die Ontologie eine Tafel von Geboten ist. Vielmehr ist es paradox, wenn man etwas anderes noch als wirklich bezeichnet, außer dem Sein in den Geboten, z. B. das mit dem Verstande Erkannte (wie ja auch Kant dieses letztere als das Nichtwirkliche begriff). Es ist also etwas Paradoxes gar nicht in der Wirklichkeit des menschlichen Daseins, solange man begreift, daß dies Dasein stets ist als ein In-Geboten-Stehen. Es bedarf keiner besonderen Hingabe, Unterwerfung, Gläubigkeit, um dies einzusehen, sondern nur eines Hörens.
»Um aber zu hören, muß man schweigen.« Es ist geboten hinzuhören, wenn jemand sagt »ich habe Schmerzen«, und nicht wegzuhören. Es ist gar nicht ohne weiteres wahr und auch gar nicht verkündet, daß Schmerzen Strafe *sind*, gerechte oder ungerechte. Schmerzen sind nicht objektive Strafen (wiewohl objektive Strafen Schmerzen sein können), sondern sie sind lediglich Aufgabe. Es ist also nicht geboten, über Schmerzen etwas auszusagen, sondern sich ihnen schweigend zuzuwenden, um auf sie zu hören.

Nach der Naturordnung müssen die Lebewesen einander töten oder selbst sterben. Täglich zerfetzen und zersetzen Zähne und Fermente die zarten Gebilde organischer Leiber. Die Schmerzen der Niederen kommen zu den Höheren zurück. Bakterien rächen, was den Pflanzen und Tieren vom Menschen angetan wurde. Seelisches Sein wehrt sich gegen diese Ordnung und ist doch selbst nicht immun dagegen. Es gibt eine Anthropophagie auch in der sittlich-seelischen Gemeinschaft, die ebenso unentrinnbar ist, und Geistrache ist nicht weniger fortzeugend wie Blutrache. Nach der Ordnung müssen wir töten oder sterben, als Natur, als Seele und als Geist. *Alles* hat in diesem Sinne »Natur«, auch Seele und auch Geist, wenn Natur das Dasein ist, sofern es nach Gesetzen bestimmt ist.

Nach der Ordnung der *Gebote* aber ist die Hinwendung zum Schmerz des Anderen die Sachlichkeit des ärztlichen Berufs. Wie soll die Hinwendung sein, was soll daraus folgen? Denn offenbar ist diese Hinwendung nicht sentimental, sondern sachlich, wie die »kleine Schwester« uns deswegen so stark angeht, weil sie (auf ihre Weise) sachlich vorgeht. Wie der Schmerz nicht nur ein Gefühl ist, so ist auch die Hinwendung nicht nur Gefühl, und wäre sie nur Gefühl, so wäre sie nichts. Das Gefühl dabei ist eher zu entbehren als die Sachlichkeit.

Diese Sachlichkeit ist aber jetzt eine andere als die der Geisterfahrung und eine andere als die der Erzählung in Begriffen. Die Sachlichkeit ist jetzt die der Geboterfüllung. Die Aufgabe ist für Arzt und Kranken Bewältigung der Schmerzarbeit und ihrer Entscheidung. Sie ist nicht Beseitigung des Schmerzes, sondern Bewältigung der Schmerzarbeit, die der Einzelne, sofern er zum Arzte geht, nicht leisten konnte; sonst ginge er nicht zum Arzte. Die Bewältigung der Schmerzarbeit geht den Arzt in allen Beziehungen an, in welchen der Schmerz uns hier verknüpft erschien: keine dieser Beziehungen macht eine Ausnahme, weil sie alle einmal zu seiner Sache gehören können. Um jede von ihnen muß er wissen. – Da aber nicht die Beseitigung der Schmerzempfindung, sondern die Bewältigung der Schmerzarbeit ärztliches Ziel ist, und da in dieser Bewältigung eine Kette von Entscheidungen liegt, so ist die Arbeit ohne Ziel der Entscheidung nicht zu denken und nicht zu tun. Welches Ziel ist gemeint, und welches ist das rechte?

Es kann kein anderes sein als das Ziel des menschlichen Lebens überhaupt. Es ist von diesem Ziel nicht zu reden, ohne vom *letzten*

Ziel zu reden. Damit ist zugestanden, daß eine medizinische Anthropologie nicht in sich allgemeingültig sein kann; sie kann methodisch in sich beruhen, aber ihre Geltung hat keinen Halt in sich selbst. Damit ist ein neues Blatt für sie aufgeschlagen. Nicht, daß wir uns *überhaupt* entscheiden, ist aber das Wichtige – dies wäre ein Paradox –, sondern daß wir auf das bestimmt Gebotene hören, ist das Wichtige. Es ist gar nicht paradox, wenn die Mutter sagt: du sollst den Apfel nicht essen, und das Kind es tut oder nicht tut. Paradox wäre nur, wenn sie sagt: du sollst sollen, und nicht sagte, was es soll. Es gibt keinen Fall, wo nicht eine Mutter oder ein Vater da wäre, der hörbar sagt, was man tun soll, und das *Was* des Sollens ist also die Wirklichkeit des Menschen, der eben *wirklich ein Geschöpf* ist und wie alle Geschöpfe einen Vater hat. So ist also das letzte Ziel der Gehorsam gegen den Vater.

Krankengeschichte

Es kommt nicht ganz selten vor, daß ein Bauer zum Doktor kommt und nicht zum Arzt. Es tut ihm »da im Leibe« weh; er will wissen, »was das eigentlich ist«. Er fragt gar nicht, was man dagegen tun soll, sondern nur, was es zu bedeuten hat. Der junge Doktor untersucht seinen Leib und die anderen Organe, aber er findet nichts. Er ist unerfahren; so sagt er dem Bauern: »Es ist nichts da.« Dieser geht mit vertieftem Zweifel fort. Er hat auch recht, und der Doktor hat unrecht; es ist etwas da. Der Doktor *muß* den Namen dafür finden; nur muß es der rechte sein. Wo ein Ding den rechten Namen noch nicht gefunden hat, da irrt es durch die Welt, ruhelos, bis es ihn findet. Wie will der Bauer finden, *was* ihm weh tut? In ihm war der Drang zu wissen, »was es sei«, tatsächlich noch stärker als der Drang, den Schmerz loszuwerden. Das ist von Bedeutung; aber der Doktor hat nicht verstanden, was es bedeutet. Es bedeutet, daß der Bauer selbst einen Unterschied machen kann, den der Doktor noch nicht völlig begriffen hat, nämlich, daß etwas wehtun kann, obwohl »nichts Rechtes« da ist. Das hatte der Bauer nämlich bereits selbst dunkel erfahren, daß ihm anders zumute ist, als wenn ein Geschwür oder sonst »etwas Rechtes« da wäre. Daher war der Drang zu wissen stärker als der nach Arznei oder Messer.

Freilich kann eine solche Szene auch ganz anders aussehen, wenn nichts »Rechtes« da ist. Daß es aber überhaupt so sein kann, wie hier beschrieben, das hat seine Wichtigkeit. Wir wollen hier nicht die vielen Möglichkeiten beschreiben, sondern ein Wesentliches erfassen. Das Wesentliche ist, daß einer, der sich selbst nicht helfen kann, einen Drang haben kann, zum Doktor als dem, der ein *doctus* ist, zu gehen, und daß er um des Wissens noch mehr als um des Helfens willen geht. Er handelt so, als ob er wüßte, *daß auch das Wissen helfen kann*. Er hat einen solchen Satz nie gehört, einen solchen Gedanken nie gedacht; er hat nie sich psychologisch klar gemacht, daß auch der Zweifel *das* sein kann, was ein Leiden ausmacht; überdies tut es ihm eben weh. Trotzdem kann eine solche Szene geschehen, und darum gerade ist sie lehrreich. Sie betrifft das Wesen eines Dings.

Natürlich geht der Bauer zu einem zweiten, einem älteren Arzt. Da stellt sich heraus, daß der erste Arzt doch recht hatte; an den

Organen ist nichts zu finden. Der zweite Arzt bringt aber schnell heraus, daß der Bauer um einen Acker prozessiert. So sagt er: »Von der Aufregung kommen die Schmerzen; du darfst dich nicht aufregen.« Das leuchtet dem Bauer nicht ein, er kann nicht begreifen, wie das die Schmerzen machen soll. Er hat auch ganz recht, daß man die Schmerzen so noch nicht erklärt hat. Wie soll er sich außerdem anstellen, um sich nicht über das Unrecht aufzuregen?
Beim dritten Arzt stellt sich heraus, daß die beiden Vorgänger doch nicht ganz im Irrtum waren. Aber dieser begreift mehr: daß der Bauer um den Acker, der das Geld nicht wert ist, prozessiert, kommt aus tieferen Gründen. Er war schon als Knabe ein Rechthaber geworden, denn ein strenger Vater ließ ihn nicht aufkommen. So hat er sich an verbissene Ohnmacht gewöhnt; aber jetzt muß er sich endlich einmal beweisen, daß er auch der Stärkere sein kann; im Prozeßgegner steckt insgeheim der Vater, der Acker ist insgeheim die Mutter, die ihm der Vater schon immer wegnahm. Dieser Arzt, wir sehen es, hat analytisch denken gelernt. Er hat aber keine Zeit und findet eine analytische Seelenbehandlung nicht durchführbar. So sagt er nichts und gibt dem Bauern ein Rezept und ein Heilversprechen, daß es helfen wird. Er weiß, daß er Eindruck auf den Patienten gemacht hat, und daß ein Rezept zuweilen hilft, wenn der Patient das glaubt, was der Arzt nicht glaubt, weil der Arzt ihm der rechte scheint – nämlich, daß die Arznei die rechte für sein Leiden sei.
Der Bauer erwartet tatsächlich, daß das Rezept ihm helfen wird. Dieser Arzt hat ihm mehr imponiert als die bisherigen. Es wird auch entschieden besser, aber nur eine Zeitlang. Was war geschehen? Der Bauer hatte, als er zum dritten Arzt ging, vergessen, daß er ursprünglich nur wissen wollte, »was es eigentlich ist«. Er hat statt dessen sich einbilden gelernt, er habe ein Mittel für die Krankheit gesucht, nicht bloß den Namen der Krankheit. Darin steckt aber ein Fehler, der sich rächen wird, sich schon zu rächen beginnt, als die Schmerzen wiederkommen. Er glaubte zu glauben, das Mittel des dritten Arztes werde helfen, und hatte vergessen, daß dies gar nicht die ursprüngliche Frage gewesen, die er dem ersten Arzt gestellt hatte. Er hat das tatsächlich vergessen; daher war sein Glaube aufrichtig und doch verkehrt. Eben, weil er aufrichtig war, findet der Bauer jetzt den Weg zu seiner *ersten* Frage nicht zurück. Er ist gleichsam in einer Glaubensirrung befangen, die sich noch näher beschreiben läßt. Der Doktor ist ihm

zum Arzt geworden. Bei seinem ersten Besuch glaubte er an das Wissen, beim dritten lernte er an den Träger des Wissens, den Arzt glauben. Weil der dritte Arzt ihm doch imponiert hatte, wurde er sich und seinem Glauben ans Wissen untreu, und ohne es zu wissen, glaubte er jetzt an den betreffenden Menschen, lernte er an diesem schließlich auch zweifeln. Denn die Schmerzen wurden jetzt erst heftig. – Und so hatte er also den richtigen Arzt immer noch nicht gefunden. Er ist, sagt er sich jetzt, offenbar schwer zu finden; mein Fall muß wohl ein besonderer Fall sein und meine Krankheit eine seltene Krankheit. Drüben in der andern Stadt ist ein ganz besonderer Arzt. Er geht jetzt zu dem berühmten Homöopathen. Da ist denn freilich alles ganz anders. Hier muß sich alles entscheiden. Und in der Tat, viele haben ähnliche Irrfahrten hinter sich und endlich hier Hilfe gefunden. So geht es auch dem Bauern. Auf Monate hinaus ist er geheilt. Damals hat er auch seinen Prozeß endgültig verloren.

Wir begegnen ihm erst nach Jahren wieder. Er hat mancherlei unterdessen erlebt. Plötzlich war er an einer schweren Gallensteinkolik erkrankt; bald darauf war er operiert worden, der Chirurg fand eine Vereiterung und Steine. Man hat ihm gesagt, die früheren Beschwerden wären auch schon von den Steinen gekommen. Vater und Mutter waren inzwischen gestorben. Es ging ihm nicht schlecht, er hatte keine Schmerzen mehr, aber er war ein Unzufriedener, von Widrigkeiten Umgebener. Wir interessieren uns nicht dafür, er hat jetzt einen Arzt zu befragen die Kosten nicht mehr wert gefunden. –

Nur ein vielseitig gutgeschulter Mediziner kann alle Phasen dieser Krankengeschichte ganz analysieren und mit dem Stande unseres Wissens recht deuten. Er weiß, daß Störungen und Schmerzen der Gallenwege von psychischen Faktoren abhängen. Er weiß, daß die neurotische Einstellung sich immer auf einer frühkindlichen Entwicklung der Psyche aufbaut. Er weiß, daß »Kunstfehler« im alten Sinn von keinem aller dieser Ärzte gemacht worden sind und daß auch, wäre die Kunst von allen fünfen im ersten vereinigt gewesen, das Schicksal des Bauern vielleicht ähnlich verlaufen wäre. Denkt er modern, so wird er den ersten drei Ärzten, jedem auf verschiedene Weise, vorwerfen, daß sie keine energische Psychotherapie einleiteten und so vielleicht die Krämpfe der Gallenwege und damit die schließlich lebensgefährliche Entzündung sowie den endlosen Rechtsprozeß und die endliche Verbitterung verhinderten. Dergleichen ist möglich, aber ein exakter Beweis dessen, was geworden *wäre*, ist nicht zu erbringen. Ein moderner Arzt würde auch dazu neigen, es sei kein Zufall, daß hier gerade ein solcher Mensch gallensteinleidend wurde; beides sei vielmehr Ausdruck derselben Persönlichkeitsartung und nur nach zwei verschiedenen Richtungen gewendeter Ausdruck derselben Sache. Offenbar stammten diese Ärzte aus verschiedenen Generationen, verschiedenen Richtungen. Die Sache ist schließlich noch erträglich abgelaufen, sie hätte aber vielleicht sehr viel besser oder, bei einem schlechteren Chirurgen, noch sehr viel schlimmer ablaufen können. So wird man es von der Medizin aller Zeiten aber sagen können.

Durch unsere Geschichte geht aber noch ein roter Faden, den der geschulte Mediziner aus dem Wissenstande heraus nicht analysieren kann. Sicher war hier noch etwas nicht in Ordnung, wofür man den Arzt und seine Wissenschaft, so scheint es, nicht recht haftbar machen kann, denn man müßte den Kranken dafür anklagen. Es ist das sein Untreuwerden gegen seine erste Absicht, als er zum ersten Arzt ging: nur einmal zu fragen, »was es eigentlich ist«. Damals konnte ihm dieser Arzt freilich sagen: »Du weißt selbst was es ist, es ist der boshafte, törichte Trieb, zu prozessieren; und wenn du sofort aufhörst, bist du gesund.« Damals war noch Hoffnung, daß der Bauer merkte, er habe daran selbst schon gedacht; daß er aber zu feige, zu ängstlich und vielleicht objektiv nicht sicher genug war. Später vergaß er das, und dieser Weg war beim zweiten Arzt schon halb verbaut. Der zweite Arzt drückte sich falsch aus, als er sagte, es käme von der Aufregung des Prozesses: er hatte einen Namen, aber einen falschen. Denn der Prozeß regte ihn auf, weil er ungerecht und sinnlos war und weil er das irgendwo in einem fernen Winkel seiner Seele sogar wußte. So fand der dritte Arzt bereits die Mauer eines gänzlichen Vergessenhabens des Ursprungs: eine Verdrängung vor. Sein »suggestiv« wirken-sollendes Mittel bestätigte dem Bauern die Krankheit und verstärkte die Verdrängung: zumal das *Mittel* nützte und nicht die *Umkehr*, die hätte heilen können. So ist aus einem wesentlich moralischen Fall ein wesentlich ärztlicher Fall *geworden*.

Der Ausdruck »moralischer Fall« ist aber ein vorläufiger und nur angenähert richtiger, wie die medizinische Darstellung nur angenähert richtig ist. Die Ursprungssituation wird dadurch aber interessant, weil man beim ersten Hinsehen sie als geheimnisvollen

Übergang aus moralischer Sphäre in natürliche oder medizinische Sphäre fassen kann. Offenbar kündet sich hier ein großes Thema an, das doch zunächst schattenhaft und rätselhaft bleibt. Die Psychologie, so scheint es, darf ja erst anfangen, wenn die Moral aufgehört hat, und umgekehrt. Hier aber haben wir es mit einem wichtigen *Übergang* oder *Zusammenhang* zu tun, der, wie man bei tiefem Graben in einer Krankengeschichte bemerkt, zu jeder Krankengeschichte gehört. Um ihn überall zu finden ist nötig, daß man das Schicksal eines Menschen in allen seinen Beziehungen zur Umwelt und allen seinen Verkettungen in der Geschichte betrachtet. Man muß der *Fülle* des Wirklichen offen stehen, dann eröffnet sich dem Blick auch die sachliche und allgemeingültige Erkenntnis, daß jener Sonderfall des Bauern ein Beispiel eines Lebensgesetzes ist. Natürlich stand hier bei unserem Bauern eine spezifisch neurotische Reaktion im Beginn der *Darstellung*, und das ist ein zufälliger Umstand, der hier willkürlich gewählt wurde, weil sich die Dinge szenisch übersichtlich abspielten. Jedenfalls aber hätte nun beim zweiten Arzte eine viel gewaltigere Kraft des Bauern dazu gehört, den ursprünglichen *Wissens*zweifel aufrecht zu halten, gegen den Versuch einer Behandlung durch Mittel, die nicht ein Wissen bringen. Aber auch der zweite Arzt war bereits in schwierigerer Lage als der erste und hatte eine größere Kraft der Therapie, einen komplizierteren Schatz an Worten und Erkenntnissen nötig als der erste, um die Umkehr zu bewirken. Und dies alles gilt in noch verstärktem Grade beim dritten und vierten Arzt. Beim fünften kommt es zur lebensgefährlichen Katastrophe, und die Schicksalslinie mündet in einer Szene, die, für sich und abgelöst von der Vorgeschichte, moralisch indifferent, gleichsam endgültig naturalisiert ist. Der Historiker hat ein scheinbar gutes Recht, diese Schlußszene als eine *erste* zu nehmen. Dann begänne die Weltgeschichte gleichsam statt mit dem Sündenfall mit der Krankheit. Wir können aber einmal die mythologische Ordnung auf sich beruhen lassen und nur unseren Patienten gelten lassen.

Deutung

Es ist gewiß ein einleuchtendes Axiom der Physik, daß da, wo ein Körper ist, nicht zugleich auch ein anderer sein kann. Auch da, wo ein Mensch steht, kann nicht zugleich ein anderer sein; er steht dem anderen im Wege. Es ist aber schwerer einzusehen, daß ein dastehender Mensch auch *sich selbst im Wege* steht; und daß dies zu seinem eigentlichen Wesen als Mensch gehört, wodurch er sich von jedem Beliebigen, das *nur* Körper wäre, unterscheidet. Daß er sich selbst im Wege steht, ist vielleicht ein Geheimnis seiner Unruhe; der Mensch vermag nicht in Ruhe zu verharren. Freilich wird die Bewegung eines Menschen oft anders erklärt, nämlich so, daß er »auf einen Ruf antworte«. Er geht, weil er dazu gedrängt wird oder weil er von etwas außer ihm angezogen wird. Dabei macht er also einem anderen Platz und verdrängt ein anderes zugleich. Dabei wird aber nicht deutlich, daß er sich selbst im Wege sei. Was es damit für eine Bewandtnis habe, wird erst dann klar, wenn die Bewegung geschieht, ohne daß der Mensch dadurch von der Stelle kommt. Einen solchen Zustand nennen wir nicht böse, aber wir erfahren auch ihn als etwas, was *nicht sein sollte*, nur auf andere Weise als das »Böse«. Der tage- oder wochenlang auf der Stelle unbeweglich verharrende oder unablässig auf der Stelle tretende Mensch gilt uns als geisteskrank. Offenbar ist dies ein Mensch, der sich nicht zu etwas Neuem entschließen *kann*. Jeder motorische Akt verlangt das von ihm. Wenn er zum Beispiel dasteht und nun fortgehen will, muß er sich entschließen, ob er mit dem rechten oder dem linken Bein anfangen will; ein so harmloser Entschluß geschieht ihm mehr, als daß er ihn faßte; aber er ist auch eine Entscheidung; wenn sie sein Körper, der doch zu ihm gehört und der seinige ist, nicht treffen kann, ist er krank. Zwischen diesem Fall und dem des Bauern, der sich nicht entschließen konnte, den sinnlosen rechthaberischen Prozeß aufzugeben, gibt es viele Übergänge. Niemand vermöchte zu sagen, wo in dieser Reihe der Zwang aufhört und die Freiheit anfängt. Um zu wollen, muß er wollen können, und so steht das Wollen *unter* einer Bedingung des Könnens. Er kann nicht alles wollen. Was er nicht wollen kann, tut er unter Zwang (sei es nun ein Etwas-tun oder ein Etwas-lassen). Unzweifelhaft ist der Bauer in solchen Zwang erst hineingeraten. Es gab eine Zeit, wo er das Prozessieren lassen konnte, und dann eine Zeit, wo er *allein* es nicht mehr lassen konnte. Als er diese zweite Zeit kommen fühlte, ging er zum Arzt, um einen Wissenden zu finden. Sein Unglück war, daß er nur einen Helfenden fand. Sein Unglück war ferner, daß er weiter, statt auf ein Wissen zu bauen, auf eine Persönlichkeit zu bauen anfing – davon wird noch zu reden sein.

Von nun an steht er sich selbst im Wege, denn er verliert etwas aus seinem Bewußtsein. Er wird unwissend gegen etwas, worin er früher wissend war, und hat den Faden verloren, an dem entlang er vorwärtsgehen konnte; er tritt jetzt gewissermaßen auf der Stelle. Auch als der Prozeß verlorenging, wurde er ein anderer; nur hat er jetzt keine Schmerzen mehr, ein *Symptom* ist verschwunden. In einem anderen Fall hätte diese »Heilung« auch von einem Glücksfall kommen können. Beide kamen nicht rechtzeitig, und in gewissem Sinn kamen die Katastrophe und die Operation auch zu spät. Das Symptom ist weg, aber der bösartig-verbissene Charakter bleibt: als Charakter tritt er auf der Stelle, mit dem Wissenwollen ist auch die Veränderlichkeit verschwunden. Auf irgendeine Weise verläuft aber jedes menschliche Leben auf diese Weise, auch das von irgendeinem Urteiler als »harmonisch« bezeichnete. Das Paradoxe ist nicht, daß ein fortwährender Wissensverlust aus dem Bewußtsein stattfindet, sondern daß dieser Wissensverlust die *eine* Seite der Persönlichkeitsgestaltung *macht*. Es kommt jetzt nur darauf an, was für ein Wissen der Einzelne jedesmal verliert und was das überhaupt für eine Art von Wissen ist, die hier gemeint ist. Davon hängt ja offenbar auch ab, ob eine Not entsteht, die dem Arzt zutreibt, der vielleicht ein bestimmtes Wissen noch nicht verloren hat und der es wieder geben kann. Freilich wird auch beim Arzt derselbe Vorgang des bildenden Vergessens stattgefunden haben; es kommt also wohl darauf an, daß er etwas, was der andere verlor, noch oder wieder besitzt. Das Wort »So ihr nicht werdet wie die Kinder« hat nicht die Bedeutung, daß dem Unwissenden als solchem Hilfe kommt, sondern die, daß im Gegenteil ein verlorenes Wissen – das kindliche – wieder kommen muß, wo eine Not herrscht. Das gilt auch von der Not, die den Archäologen, den Physiker, den Biologen hintreibt zu dem Teil seiner selbst, den er »vergessen« hat. Der Drang und die Not, es *wieder* zu erfahren, ist die zu lindernde Krankheit des Daseins.
Womit der Mensch sich selbst im Wege steht, das wäre also dieser sein Wissensverlust. Durch ihn bekommt er die Unruhe, welche ihn nicht vom Flecke bringt, sondern wie die Unruhe in der Uhr pendelnde Maschine bleibt. So wird jene Ruhe des auf der Stelle Tretenden, der zwar weiß, was er weiß, aber nicht weiß, daß jedes Wissen zugleich ein Nichtwissen ist, zur Krankheit. Darum mußte der Arzt wieder ein Doktor, ja sogar ein docens, ein Lehrender werden. –

Vielleicht enthält aber der Ausdruck, daß jede Not ein Wissenwollen ist, bereits eine Korrektur der Behauptung, daß es ein Wissensverlust sei, was die Not schafft; denn: ist das Verlorene eigentlich ein Wissen gewesen? und ist das Wiedergewußte dasselbe wie das Verlorengewesene? Gewiß ist nur so viel, daß in der Not dies *Fragende* enthalten ist, daß im Wissen *Linderung* kommt und daß so in allem Leiden eine Frage an die Wahrheit, in allem Helfen eine Antwort darauf liegen kann. Unsere Krankheiten haben etwas mit unseren Wahrheiten zu schaffen. In unseren Zuwendungen zur Krankheit kann auch Neugier, also ein Spiel mit der Wahrheit, und in unsern Wegwendungen von der Krankheit kann Angst vor der Wahrheit liegen, also in jenem Spiel und in dieser Angst doch immer eine geheime Beziehung auf Wahrheit.
Hier stoßen wir also wieder auf jenes beunruhigende Thema: was ist denn dies, wodurch die Not nicht nur eine Not, sondern auch ein Wissenwollen wird, wo hängt denn das Kranksein mit dem Abgeschnittensein von Wahrheit oder Erkenntnis zusammen? Darüber kann man sich nun freilich wieder *Gedanken* machen. Man kann das Thema psychologisch oder spekulativ, man kann es moralisch, theologisch oder philosophisch behandeln. Daß man alles dies auch kann, würde aber immer nur bedeuten, daß sich die Verkettung von Not und Wissenwollen immer neu bestätigt: alle jene Gedankenbildungen würden das Geheimnis zunächst nur wiederholen, nicht aufdecken. Freilich wird man, wenn man der Not-Frage ihre Antwort auf solche Weise gibt, eine neue Erfahrung machen: jene psychologischen, moralischen oder theologischen Antworten können die Not heben – aber sie müssen es nicht. Und so wird sichtbar, daß nicht genug getan ist mit solchen Antworten; man wünscht jetzt zu erfahren, wovon es denn eigentlich abhing, ob derlei Antworten »befriedigen«, »helfen«, »lindern«, »heilen«, »befreien«, oder ob sie alles dieses nicht tun. Es zeigt sich, daß noch etwas anderes da sein muß, was darüber wacht, ob all dieses Denken, Glauben, Erkennen, Fürwahrhalten auch der *Not* gilt oder nur sich selbst.
Das freilich wissen alle, die lehren, belehren, zureden und einreden, daß der Hörende die Erkenntnis und die Wahrheit annimmt oder ablehnt; wo mehrere hören, sind fast immer solche dabei, die nicht annehmen. Aber unter den Sprechenden wissen sehr viele nicht, daß unter den Hörern, die annehmen, wiederum solche sind, von denen trotz des Annehmens die Not nicht weicht. Das wissen

auch *diese* Annehmenden selbst nicht deutlich, daß ihnen etwas anderes geschieht, als denen, die auch annehmen und die dabei eine Not verlieren. – Wenn nun alles dieses zwischen Arzt und Patient geschieht und wenn die Not also eine Krankheit ist, dann wird der Fall ein Unterfall der Therapie. Anders als in der Schule liegt ja der Akzent nicht auf dem Lehren und Wissen, sondern auf dem Helfen und dem Weggehen der Not: das ist jetzt die Hauptsache.

Die eigentliche Krankengeschichte

Jemand könnte sagen, alle jene Ärzte, außer dem ersten und dem letzten, hätten unrecht gehandelt; denn alle hätten dem Bauern sagen müssen: du bist gar nicht krank und ich bin nicht der rechte Mann für dich. Der Bauer jedenfalls sagt: Der einzige, der mir geholfen hat, war der Chirurg. Und er hat recht.
Aber der Chirurg, der in der Tat seine Pflicht getan hat und ein gutes Gewissen dabei bekommen hat, ist doch hier nur ein Funktionär, der den Wissensverlust nicht mehr herstellen kann noch will, sondern endgültig besiegelt. Diese letzte Szene ist auf einem Schlachtfeld gespielt worden, auf dem um mehr und anderes gekämpft worden war, als um die gesunden Organe, und auf dem bereits die Wissensleichen liegen, die zu überleben nicht Ruhm, sondern Beschämung für ein geschärftes Gewissen ist. Der Patient hat dabei auch ein gutes Gewissen bekommen, aber er hat ein Stück von seinem alten Wissen für immer verloren, und er kann nicht mehr zu ihm zurück – so wenig er das Organ wiederbekommt, das ihm der Chirurg entfernt hat. Man kann auch sagen: die letzte Szene, in welcher dem Kranken nun wirklich geholfen wurde, hat den Fall nur liquidiert. So gibt der Chirurg dem Kranken ein verstümmeltes Leben zurück, das so wie es jetzt ist, nicht sein dürfte. – Freilich: indem er ihm doch sein Leben erhält, erhält er ihm auch eine neue Chance: dies Leben, wenn neue Entscheidungen nahen, noch einmal zu entscheiden. Er hat als Funktionär der gesund gebliebenen Organe diesen Organen auch zu ihrem Recht verholfen: *da* zu sein bis zu einer neuen Entscheidung. Das gibt dem Chirurgen sein Recht, und das gibt auch *dem* Kranken recht, der geholfen haben will und nicht nach der Wahrheit fragt, wenn er zum Arzt geht. Was geht den Arzt die Wahrheit des Kranken an, was diesen die Wahrheit des Arztes? Wer so

spricht, entzieht sich aber der Wahrheit selbst, und wer von unserer Krankengeschichte nur die letzte Szene hören will, kann die vorhergehenden doch nicht ungeschehen machen. Der Bauer hätte beizeiten einen Wissenden, einen Doktor nötig gehabt, der ihm, anstatt ihm sein Leiden wegnehmen zu wollen, zuerst einmal das rechte Wort gesagt und den rechten Namen genannt hätte. Oder will man alle Behandlung durch Worte bekämpfen und bestreiten? So wenig hätte dies einen Sinn, daß vielmehr jeder Arzt eine Wortwirkung hat, auch wenn er dieses gerade leugnet, meidet oder gar nicht weiß. Unsere Krankengeschichte beweist es wie jede andere: die Wortwirkung ist, ob gut oder schlecht, unvermeidlich; immer ist sie da und formt am Kranken etwas zu oder weg, auch seine Schicksalslinie krümmend oder streckend, hebend oder senkend. Welcher schwere Körper vermöchte sich der gravitierenden Wirkungen auf jeden anderen zu entziehen? Nicht anders ist es mit Worten.

Jene Ärzte hatten also alle ein Recht und, da sie die Zuziehung annahmen, auch eine Pflicht, zu behandeln. Auch der erste hat eine Handlung begangen, denn die Wirkungen seiner Unterlassung sind in Schicksal und Geschichte des Kranken vielleicht unter allen Arten des Handelns die stärksten und folgereichsten gewesen. Gerade seine Handlung war die folgenschwerste, indem sie den Bauer mit dem Worte: »Es ist nichts da« zu einem Widerspruch reizte, mit dem er jetzt mehr leugnet als vor der Konsultation. Vorher leugnet er nur, daß bei ihm alles in Ordnung sei, und läßt dabei ganz offen, ob dies nicht vielleicht an ihm selbst liege; er läßt noch zu, daß der Fehler *in* und nicht *außer* seiner Willkür liege. Nach der ersten Konsultation wird das anders. Die Leugnung aber des Fehlers durch den, dem er sein Geld geben mußte, rührt eine Feindschaft, einen stillen Haß in ihm auf, denn er hatte ein Recht auf eine Hilfe. Er hat den Arzt ja bezahlt. Sein Haß leugnete bisher nur das Recht des Prozeßgegners; jetzt aber umfaßt sein Haß auch den Arzt, der ihm sein Recht nicht minder versagt, und so leugnet er auch die Aussagen des Arztes mit hinzu: es fehlt ihm ganz gewiß doch etwas im Leibe! Auf diesem Umweg über Haß und Haßgemeinschaft verdichtet er sein Leidensbewußtsein zur Feindschaft fremder Gewalt: wie Gegner und Arzt fremde Gewalten sind, so nun auch das mit jenen verbundene eigene Leiden. Und indem aus dem Innenleiden nun ein Außenleiden für ihn wird, kann es dahin kommen, daß er nun auch unfähig zur Kritik gegen den neuen

Arzt wird, der ihm sein Innenleiden nicht nimmt, sondern der sein Außenleiden statt dessen »behandelt«, damit die Frucht seines Hasses noch hegend und pflegend. Alle vernünftigen Leute sind jetzt mit ihm einig, daß er ein armer Kranker sei, dem doch etwas im Leibe fehlen muß, und der Ausgang in Vereiterung gibt ihnen recht. Die objektive Naturgeschichte ist so das, was die erzählte Wahrheit des Hergangs überkrustet und zuletzt in den Augen aller Lügen straft, welche nur etwas von der objektiven Naturgeschichte wissen wollen und blind sind gegen die Wahrheit, die in dieser Geschichte steckt oder vielmehr in ihr waltet.

Diese Wahrheit der Krankengeschichte also ist ihre *eigentliche* gewesen, bis zu dem Augenblick, da man den Chirurgen rufen mußte, da alle Realität der Situation in die leibliche Bedrohung des Lebens übergegangen war. Von den Gestalten der *eigentlichen* Krankengeschichte reden wir also im Gegensatz zur äußeren oder naturwissenschaftlichen Krankengeschichte. Der Arzt begegnet nun dem Kranken ebenso oft im »eigentlichen« wie im naturwissenschaftlichen Stadium. Besser ausgedrückt: hinter dem Naturvorgang, der mit den Mitteln objektiver Erkenntnis wissenschaftlich erfaßt und (auch vom Kranken) gegenständlich gedacht wird, spielt sich jederzeit *die* Krankengeschichte ab, in welcher dieses Erfassen und Denken unabtrennbarer Bestandteil eben der Geschichte des Kranken ist; denn sein Erfassen und Denken tritt selbst als geschichtliche Macht der Krankheit auf, verschlimmernd oder heilend, je nach der Richtung, welche es nimmt. So ist es dann ganz sinnlos, in der eigentlichen Krankengeschichte von einer objektiven Diagnose *neben* der Therapie, von einem Erkennen, abgesehen vom Behandeln, zu sprechen, da vielmehr jedes Erkennen (verschwiegenes und gesagtes) schon Behandeln *ist* (falsches oder richtiges). Freilich entsteht der Schein, als könne man erkennen, ohne schon zu behandeln, dadurch, daß man glaubt, ein Arzt könne das Erkennen durch Verschweigen zurückhalten und sein Behandeln auf hörbare, sichtbare, fühlbare Handlungen einschränken. Aber Schweigen ist ebenso wirksam wie Sprechen, Unterlassen ebenso wirksam wie Tun. Und alles dies gilt auch für den Kranken, sein Gespräch mit sich selbst, sein Handeln an sich selbst.

Welches ist nun der Weg, zur eigentlichen Erfahrung zu gelangen? Ein solcher Weg ist die Weggenossenschaft von Arzt und Kranken, und in ihrer Monographie enthüllt sich, was man niemals objektiv darstellen kann, was vielmehr Werden bleibt. Diese Monographie enthält immer nur *diese* einzelnen Krankengeschichten. Aber sie spricht nicht von der Krankheit, sie spricht nicht von der Naturgeschichte dieses speziellen Falles, sondern von seiner intensivsten, äußersten, wahrsten und wirklichsten Wirklichkeit für das Leben dieses Menschen oder den Tod dieses Menschen. Sie ist nicht die Beschreibung des Krankhaften, das objektiv passiert ist – nicht Nosographie –, sondern sie ist die Betroffenheit des Lebens selbst in dem Kranksein; dieses Leben selbst kann immer nur das Leben *dieses wirklichen Menschen* sein. Aber nicht auf seine Einmaligkeit, Unverwechselbarkeit, Individualität kommt es dabei an, sondern auf seine Wirklichkeit. Sein Individuelles, Eigentümliches, Differenziertes ist zuletzt doch immer ein viel Typischeres, Gesetzlicheres, als wir glauben möchten. Gerade seine Züge, seine Beschaffenheiten, das Datum und die ganze Kausalität an ihm ist belanglos. Und was an ihm kollektiv, allgemeingültig, natur- und seelengesetzlich ist, das hat Erkenntniswert »für uns«, aber nicht Lebenswert für ihn. Seine Wahrheit kann weder nur individuell noch nur generell sein, denn sie muß seiner Wirklichkeit gelten: muß seiner Not ein Wissen bringen, wie auch seinem Wissen die Not nehmen, ihm helfen hieße.

Jede Vorwegnahme aber einer »*Idee*« des Menschen, jedes Antreten einer Erbschaft ohne eigenes Schaffen kann hier einen Raub am Kranken bedeuten, eine bloße Fremdherrschaft oder Selbstdarstellung des Arztes und seiner Wissenschaft, keine Erzeugung der eigentlichen Geschichte des Kranken. Wir müssen so leise, wartend, aufnehmend, hinnehmend an ihn herantreten, wie sonst kein Beruf es von uns fordern würde, und wir müssen in einem noch viel eminenteren Sinne, als irgendeine Wissenschaft dies jemals tun könnte, uns erfahrend, empirisch verhalten. Jede Wissenschaft hat die gebundene Richtung einer Frage, eines experimentellen Arrangements, und jeder Beruf hat die gebotene Form einer Überlieferung, einer Tradition und Institution. Es kann daher geschehen und geschieht fortwährend, daß in dieser gebotenen Form und ihrem Lärm jene leiseste Frage, die aber die wichtigste sein kann, unhörbar wird, so daß sie weder im Kranken als Frage anklingen noch im Arzt die Antwort laut werden kann. In diesem Augenblick gleiten sie nun beide von der eigentlichen Krankengeschichte ab und machen jetzt zusammen eine künstliche. Sie exemplifizieren jetzt eine Idee des Menschen, aber nicht die richtige. Aus der eigentlichen Krankengeschichte wird jetzt eine nur schicksalhafte, sei sie nun eine rationalisierte und methodische oder eine irrationale, sprunghafte, formlose. Nicht als ob der Einsatz der Methode und der Wissenschaft, und ein andermal des Sprunges aus ihnen heraus in ein glückhaftes, unwissenschaftliches, genial oder paradox pfuschermäßiges oder intuitives Handeln eine Abirrung von der eigentlichen Krankengeschichte wäre – die methodische sowohl wie die irreguläre Therapie *gehört* notwendig *auch* zur eigentlichen Krankengeschichte. Aber dies Verschwinden der eigentlichen und wesentlichen Entscheidungssituationen aus der Krankengeschichte bedeutet in jedem Fall gesteigerte Gefahr, Unsicherheit, Mahnung zur Vorsicht und Rücksicht, Mahnung zur Rückkehr in das eigentliche Moment. Völlige Gewöhnung an Methode, völliges Sicher- und Festwerden in Handlungs- und Behandlungstypen ist für Arzt wie Kranken entscheidende Gefahr der gänzlichen Versickerung der wirklichen Erfolgsmöglichkeit. –

Wie also können sie beide sich zur Innehaltung der eigentlichen Krankengeschichte erziehen, wie ihr immer nahe bleiben, wie nach der Abirrung zu ihr zurückkehren? Die Abirrung von der eigentlichen Krankengeschichte kann gleichermaßen aus Befolgung wie aus Verletzung der ärztlichen Pflichten, aus Ermüdung wie aus Kräfteüberschuß im Tun entspringen. Weder ein ethisches noch ein energetisches Postulat ist Wegweiser zu ihr. Ein *Wirkliches* ist darzustellen und sichtbar zu machen, nicht ein Verbotenes, dies ist die erste der zu lösenden Aufgaben. Freilich: zuletzt erweist sich gerade das »Wirkliche« als ein Gebotenes. Dies Wirkliche entsteht und entschleiert sich, wie schon gesagt wurde, am leichtesten und deutlichsten in einer Genossenschaft von Kranken und Arzt. Es entsteht aber nicht in den Gesetzen von Zeit und Raum, Ursache und Wirkung, Motiv und Entschluß, sondern hinter ihnen allen. Aber nicht so hinter ihnen, wie in einer Truppe ein Mensch hinter dem anderen steht; dieser könnte ebensogut vor ihm stehen. Auch nicht so, wie jemand unsichtbar hinter einer Mauer steht, die unübersteigbar wäre; die Annahme, daß hinter allem erfaßbaren pathologischen Geschehen und hinter allem ärztlichen Handeln noch unbekannte Lebenskräfte walten, mag richtig sein, aber das meinen wir nicht. Wenn man etwa sagt, der Arzt könne nur der Natur helfen, *heilen* müsse diese sich selbst, oder wenn man meint, daß auch im Arzt außer dem Gewußten, Gelernten und Erfahrenen noch eine unfaßbare Kraft stecken müsse, so können wir alles dieses nicht geradezu widerlegen, aber doch auch nicht planlos und bloß gefühlsmäßig behaupten – welchen Täuschungen, welchen Niederlagen wären wir unterworfen, wollten wir solche dunkle Kräfte und solch unfaßbaren Drang wirklich und ernstlich *einsetzen* in das Gefüge unserer Überlegungen, unseres Handelns. Solche Annahmen von Lebenstrieben, Selbstheilungen, magischen oder dämonischen Naturkräften haben zwar auf einer gewissen Stufe der Erfahrung den Rang verbindlicher Erkenntnis. Aber sie haben, verglichen mit der naturwissenschaftlichen Erkenntnis, weder höheren noch geringeren Anspruch, die Wirklichkeit der eigentlichen Krankengeschichte auszudrücken. Wo von dieser die Rede ist, da müssen wir uns abwenden von jener magischen, dämonischen, vitalistischen, irrationalen, überhaupt von jeder substantiell und ernst genommenen Hinter- und Unterwelt, welche das Vorrecht genösse, stets und unabänderlich dem Lichte und der Vernunft entzogen zu bleiben, und so einen unberührbaren Freiplatz gegenüber den Ordnungen des Geistes besäße. Niemals kann das ungöttliche Geheimnis des Triebes oder Dranges und der losgelöst umherströmenden Schöpfungskraft eine besondere Verehrung oder Demut heischen. Wir wissen, daß Hingabe an diese puren Kräfte ebensowohl Beglückung schenkt, wie ihre Übermacht Angst bedeutet. Und wir wissen, daß Form und Gesetz sowohl ein Gebotenes wie ein Verbotenes sein können: es kann ihre Erfüllung, aber auch ihr Bruch aufgegeben sein. Das Vermögen der Erkenntnis ist den unsichtbaren Gewalten des Triebes und Dranges wie den sichtbaren der Normen und Gesetze nicht feindlich entgegen, sondern eingeboren: die wahre Intelligenz will dasselbe wie sie.

Im Gebrauch *dieser* Intelligenz erfährt der Kranke und sein Arzt nun jene *Stufen der Erfahrung*, welche die »eigentliche Krankengeschichte« aufbauen. Gewiß kann der Kranke auch ohne Arzt sie durchschreiten; dann ist er sein eigener Arzt: eine seltene, kostbare Fähigkeit zur Selbstbegegnung, an der wir für die gegenwärtige Aufgabe aber nichts wesensmäßig anderes lernen würden als an der zugänglicheren und alltäglichen Geschichtsbildung in der Beziehung zwischen Kranken und Arzt.

In einer solchen Betrachtung soll es sich aber immer von selbst verstehen, daß, was die Wissenschaft gefördert hat und die Kunst lehrt, dem Arzte auch zur Verfügung stehe; daß er gelernt habe, daß, wie und was mit den Blättern des Fingerhuts gewirkt werden kann, wann und wo eine bestimmte Operation möglich, nötig, nützlich oder wahrscheinlich das beste Mittel ist. *Über* den vorzüglichsten Bestand der Lehre *hinaus* muß dann der ärztliche Gedanke entwickelt werden, und es soll als selbstverständlich gelten, daß mit dem lehrbaren Wissen von den pathologischen Naturvorgängen und den erprobten Behandlungsmethoden nicht alles genannt sei. Mit einem Worte: die Grenze der Medizin soll so verlegt werden, daß sie auch noch das Gebiet der eigentlichen Krankengeschichte umfaßt. Es soll kein Leiden, keine Not geben, welche sie nicht umfasse, sie soll sich an diesem ungeheuren Umfang wenigstens im Geiste erziehen und ihr Auge üben an der Totalität alles dessen, was Hilfe fordert. Sie soll die Grenzen der Fakultäten für einen Augenblick niederlegen und sich öffnen für den ursprünglichen Zusammenhang aller Not des Menschen. Denn nur von hier aus kann sie ganz offen und frei werden, um die Erfahrung in sich einzulassen, welche hinter den Beobachtungen der Schule den Kern der eigentlichen, der wirklichen Krankengeschichte sichtbar, einsehbar macht. Diese Erfahrung und ihre Stufen kann sich nicht in anderen Geboten und Gesetzen bewegen als das menschliche Leben überhaupt, und man kann Gesundheit wie Krankheit nur von einer Erfahrung des Lebens aus verstehen, nicht aus sich selbst. Die Geschichte einer Gesundheit ist der einer Liebe, eines Werkes, einer Gemeinschaft oder Freundschaft ähnlicher und wesensverwandter als etwa dem Ablauf einer chemischen Reaktion oder dem Vorgang einer physiologischen Erregung. Gesundheit hat mit Liebe, Werk, Gemeinschaft und Freundschaft die Bejahung gemeinsam, die eindeutige Richtung, die nicht umgekehrt werden kann. Man darf nicht Arzt sein und irgendwo oder -wann die Gesundheit und mit dieser das hierseitige irdische Leben verleugnen oder entwerten, und es genügt nicht, die ärztliche Aufgabe negativ als Bekämpfung der Krankheiten zu umschreiben. So kann man die Fehler jener Ärzte auch ausdrücken, indem man sagt: es war kein positiver Begriff der Gesundheit da, welcher die eigentliche Krankengeschichte zu erkennen sie tüchtig gemacht hätte. Es genügte nicht zu sagen: »Es ist nichts da« oder »Es ist etwas Nervöses da« usw.

Wir können jetzt zusammenfassend auch sagen: weder der moralische Eifer noch die Fülle der Energie, noch die auf den Gebrauch der Intelligenz verzichtende Anerkennung und Verwertung anonymer vitaler oder magischer Kräfte oder Geheimnisse, noch der

intelligente Gebrauch naturwissenschaftlicher Erkenntnis kann die Erfahrung der eigentlichen Krankengeschichte herbeischaffen. Diese vielmehr beruht auf der erfahrenden Einsicht in die *geistbestimmte Wirklichkeit des Menschen*. Alle jene Mittel der rationalen oder irrationalen Heilkunde, mögen sie sich nun der Arzneien, der physikalischen Kräfte oder des Wortes bedienen, haben zwar je nach Umständen ihre unverrückbare Stelle in der Krankengeschichte, aber nicht sie als bloße Mittel machen diese Geschichte »eigentlich«, sondern die in Erfahrungsstufen vollzogene Annäherung an die Lebenswirklichkeit des *geist*begabten Menschen.
Welches diese Stufen seien, das hängt von Art und Umfang des Leidens und von Art und Umfang der ärztlichen Beziehung ab. Von der Stufe des Wissenszweifels bis zur Stufe des Wissensverlustes, von der Stufe der Lebensbeschränkung bis zur Stufe der Lebensverneinung reicht der Notstand menschlichen Wesens. Und in der ärztlichen Beziehung entstehen so die Formen des Schutzes, des Haltes, des Gegensatzes, der Ergänzung, der Liebe, der Bewährung. Auf allen diesen Stufen der Leidens-, Krankheits- und Heilerfahrung bewegt sich wie jede Krankengeschichte so auch die, welche hier nur Beispiel war.
Es sind also konkrete Gestalten der Not, denen ganz bestimmte Gestalten der ärztlichen Zuwendung entsprechen; daß diese Zuwendungen aus der Not und dem Mangel entspringen, gibt ihnen ihre eigentümliche Sonderstellung gegenüber allem, was der Fülle und der Lust entspringt. Was schenkt und schmückt, spielt und dichtet, das fordert nicht Wissenschaft und erzeugt nicht Medizin, sondern flieht diese. Nur der Mangel ruft diese beiden herbei, die damit auch in die engste Verwandtschaft kommen: alle Wissenschaft kann als eine Medizin, als Folge eines Notstandes betrachtet werden, und die Wissenschaften sind den Arzneien näher verwandt als den Künsten.
Von hier aus läßt sich unser Begriff der Krankengeschichte noch näher bestimmen. Die Fehler jener Ärzte waren Wegwendungen von der *eigentlichen* Not und damit und im gleichen Akt Zuwendungen zu notfremden Ordnungen, Werten oder Begriffen. Die Diagnose »nichts Rechtes da« bedeutet Wegwendung vom Eigentlichen *durch* Zuwendung zu einem (an sich, d. h. objektiv richtigen) Maßstab der normalen Anatomie, der in diesem Augenblick keinen ärztlichen Wahrheitsgehalt besaß. Die Diagnose »nur nervös« bedeutet Wegwendung vom Eigentlichen *durch* Zuwendung

zu einem Wertmaßstab, der politisch gültig und im Interesse eines tüchtigen Gemeinwesens richtig, aber ärztlich doch falsch war; wie Plato etwa die ärztliche Behandlung der Minderwertigen mißbilligt und damit die ärztliche Ordnung mit der politischen erschlägt. Das Urteil »bloße Einbildung« kann auch Wegwendung *zur* erkenntnistheoretischen Ordnung sein und im Munde des Arztes doch ein Abfall von *seiner* Kategorie werden; ganz ebenso wie in einem anderen Falle von organischer Erkrankung (wie etwa im chirurgischen Stadium unserer Geschichte) die Diagnose »nur nervöse Störung« der Abfall in die psychologische Kategorie und eine verhängnisvolle Wegwendung von der nunmehr ärztlich richtig gewordenen anatomischen Objektivität wäre. Wir sehen, daß die ärztliche Ordnung überall *quer* durch die Ordnungen des Staates, der Wissenschaft, der Erkenntnistheorie und der Logik gehen kann. Weil die »Not kein Gebot« kennt und weil sie die Wegwendung von anderen Werten und Interessen fordert, ist sie *unauflösbarer* Widerspruch gegen Ordnungen anderer Herkunft! Von hier aus ist allein zu verstehen, daß die eigentliche Wahrheit einer Krankengeschichte nur erfahren, nicht bewiesen, nur in einer *Deutung* ausgesprochen, nicht in einer Beobachtung nachgeprüft werden konnte; nicht in der Summe einzelner Beobachtungen oder sie verbindender Kausalurteile ist sie demonstrierbar. Denn alle einzelnen Beobachtungen und Kausalurteile gehören in andere Ordnungen der Erkenntnis, als die Noterfahrung sie erzeugt. Das gilt von dem naturwissenschaftlichen System der Medizin ebenso wie von dem psychoanalytischen; sie beide schaffen andere Ordnungen und damit auch unwillkürlich andere Bilder von der Wirklichkeit des notleidenden Menschen. Wie können sie dann aber mit dieser Wirklichkeit Berührung haben? Eben nur durch Berührung und nur durch *Nur-Berührung*: sinnlicher Kontakt mit der Natur in Raum und Zeit, seelische Berührung mit dem Menschen in Empfinden und Tun legitimiert allein ihre Einsichten. Diese *Berührung in der Erfahrung* ist also die via regia zur wirklichen Welt, und durch sie, und *nur* durch sie haben jene Wissenschaften Anteil an der eigentlichen Krankengeschichte, an ihrem wirklichen Menschen. In dem Augenblick, wo der urteilende Geist sich entfernt vom Momente der erfahrenden Berührung, wo er den Menschen bloß vorstellt im Raum, als räumliches Gebilde, in der Zeit als ablaufenden Vorgang, ihn bloß denkt als Seele, als Ich oder als Charakter – in diesem Augenblick entsteht eine falsche Lehre vom Menschen. Er wird dann gedacht als ein Wesen von Größe, Oberfläche, Gewicht, Funktion, Trieb, Bewußtsein, Eigenschaften und Fähigkeiten aller Art. Alle diese Erkenntnisformen sind, zu ontologischen Urteilen umgebildet, sogleich auch Fehlurteile, Falschbilder geworden. Nach ihnen wäre der Mensch ein Wesen in Grenzen des Raumes und der Zeit; er ist aber unbegrenzt, sowohl im Raum wie in der Zeit, und ist vielmehr selbst Grenze. Nach ihnen wäre ein Mensch auch *ein* Wesen der Zahl nach, hätte ein Bewußtsein der Identität nach – als ob er nicht sich teilte und zeugte, als ob er nicht wüchse und zerginge, als ob er sich nicht *wandelte*. Wie eine Möwe ist er zwischen den Elementen, bald in die Lüfte steigend, bald ins Wasser tauchend, eigentlich zwischen beiden nur den Spiegel streifend. Wie auch sie vielleicht, ist der Mensch Fleisch und Geist, *durch* beide, *in* keinem; überall ist eines durch das andere, nie ist eines allein. Hier also entsteht eine Lehre der Erfahrung, deren »Anfang« ein *immerwährender* in der Berührung von Hand und Auge, von Ohr und Seele sein muß; eine Lehre von der Weggenossenschaft von Arzt und Patient nicht trotz und gegen Technik und Rationalisierung, sondern durch und mit diesen. Es wird dann sichtbar das Urphänomen in allem pathologischen Geschehen: die Verknüpfung von Krankheit und Wahrheit, von Leiden und Wissen. Es wird dann zu überwinden sein die gleichsam noch immer heidnische Anschauung von der Krankheit als dem Bösen, Fremden, Zufälligen, als dem vom »Gott« der Notwendigkeit oder dem Zauberer Zufall Geschickten; statt dessen wird Krankheit nichts anderes sein als jenes »Seufzen der Kreatur«, als jener freilich »notwendige«, aber *nur* zu Gott hin gewendet, auf Gott hin gedacht notwendige, vor keiner Welt und vor keinem Gesetz der Natur notwendige Zustand seiner Geschöpfe. Nicht als ob wir krank sein *müßten*, um zu lernen, nicht als ob die Frucht vom Erkenntnisbaum die *Ursache* der Krankheit sei. Sondern: Krankheit ist wirklich die von Fall zu Fall geschehende Anerbietung eines Wissens um die Wahrheit. Von *hier* aus darf man sich wohl so ausdrücken: Krankheit ist erfahrbar als dies, daß durch ein Körpergeschehen eine Bewußtseinsentwicklung geschaffen wird. Aber man muß dazu sagen und sagt damit dasselbe, daß Krankheit als ein durch eine Bewußtseinsentwicklung geschaffenes Körpergeschehen erfahrbar sei. – Auch unsere Heilkunde ist als ein geistiges Geschehen nur dies, daß, was im kranken Menschen geschieht, im

Arzt geistig wiederholt und so seiner letzten Bestimmung zugeführt wird. Krankheit ist ein Examen, aber auch ein Unterricht; es wird geprüft, aber auch mitgeteilt.

Wissen und Wissenschaft gehören zur Medizin, weil man die Krankheiten dann besser beherrschen kann. Aber man kann sie doch nur besser beherrschen, weil sie selbst vom Geschlechte des Wissens und Nichtwissens sind, weil Krankheiten Bestandteile der Wissenswerdung, des Wahrheitsweges sind. In diesem Sinne gehört der Zustand und Beruf des Arztes mit zur Krankheit; er ist ja nur Arzt, wenn er am Patienten krankt, wenn dessen Krankheit sich in ihn hinein fortsetzt und seine Organe mitergreift.

Der »Sinn der Krankheit« ist nur vom Kranken aus realisierbar, vom Arzt aus darf er nicht gefordert werden. Dem Kranken darf dieser Sinn *nur* ein Heil, dem Arzte *nur* eine Not sein.

Moraltheologische Grausamkeiten wie die, daß Krankheiten von Gott gesandt seien, damit jemand an ihn glaube, haben wirklich nur dann eine Wahrheit, wenn der Glaube auch wirklich gesund macht, wenn ein pathologischer Organprozeß heilt oder stillesteht, indem ein Mensch seine Wahrheit findet; wenn das Wunder im eigentlichen und wörtlichen Sinn geschieht. Wenn das Geglaubte auch ein wirklich Erkanntes ist. Eine sonderbare Form des Nichtglaubenwollens besteht darin, daß man vom Wunder die Paradoxie, das Abergläubische verlangt: es soll zu den Naturgesetzen im Widerspruch stehen, es soll die geltenden Naturgesetze umstoßen – als ob die Umstürzung solcher Ordnungen göttlicher wäre als ihre Bewährung.

Seelenbehandlung und Seelenführung

Nach ihren biologischen und metaphysischen Grundlagen betrachtet

Inhalt

Vorbemerkung

In diesen Ausführungen, die rein als Bildungsvorträge für die Helmstedter Hochschultagung vom 6.-14. Oktober 1925 abgefaßt wurden, schien der Verzicht auf Quellenangaben und auf die Unterscheidung persönlicher und allgemein angenommener Auffassungen erlaubt, ja angezeigt.

Erste Vorlesung

Willensbeeinflussung durch Ermahnung. Nehmen und Geben. Bipersonalität. Vitalbindungen. Psychoanalyse als Kritik der Seele. »Degeneration.« Knüpfung, Lösung und Transformation der Vitalbindung. Übertragung und Bildung der geistigen Person.

Meine Herren! Der Augenblick, in dem ich als Arzt vor eine große Zahl von Geistlichen treten darf, bewegt mich. Ich weiß, daß solche Begegnungen jetzt häufiger sind, und es scheint, daß sie von zeitgeschichtlicher Bedeutung sind: daß darin etwas liegt, was der Heilung einer Wunde dienen kann. Wie es kommt, daß zwei Ämter, die von den Aposteln und von ihren nächsten Nachfolgern in Jesu Namen vereint, auch in späteren Epochen gelegentlich in großartiger Personalunion geübt wurden – ich erinnere aus unserem Zeitalter nur an den älteren BLUMHARDT und an Albert SCHWEITZER –, daß diese beiden Ämter heute in diametraler und oft feindlicher Entfernung zueinander stehen, dies geistesgeschichtlich begreifen heißt nichts Geringeres als den ganzen Kampf des Christentums in der Welt und seine Entzweiung mit ihrer weltlichen Wissenschaft begreifen.

Die mittelalterliche Universität läßt, wenn sie in feierlichem Aufzug sich zeigt, der theologischen Fakultät den Vortritt; ihr folgt als nächster Nachbar die medizinische. Lassen Sie mich diese Ordnung als eine nennen, zu der ich mich bekenne, und dies Bekenntnis unserer Unterhaltung vorausschicken. Indes muß, was in der geistigen Ordnung den ersten Platz einnimmt, in der zeitlichen Folge des Lebens und der Bildung an späterer Stelle stehen. So muß hier der natürliche Aufbau des seelischen Lebens seinem geistlichen Ziel vorangehen. Wir müssen aber schon jetzt dem Mißverständnis vorbeugen, als ob Gesetz und Bildung der Natur die letzte Bestimmung des Menschen erfüllen könnte.

Unsere Aufgabe wird vielmehr sein, seelisches Leiden zu betrachten im Hinblick auf Heilung, die dem Menschen gegebenen Kräfte zu prüfen, wodurch wir zuerst verstehen und dann helfen können. Ungeheure Bescheidenheit wird das Ergebnis dieser Prüfung sein; schwere Verantwortung legt sich auf den, der einmal zu wissen anfängt um die Gefahr, einzugreifen in die nachtwandlerische Bewegung der menschlichen Seele. Wer sie einmal kennt, der wird geneigt sein zu der Ansicht, daß unser Wirken nur den Sinn habe, das Schlimme und Schmerzliche zu mildern, das Allerschlimmste zu vermeiden, daß es aber nicht vergönnt sei, das eben Erträgliche noch zu übertreffen, Positives, Glück, Steigerung und Erhöhung des Menschen zu schaffen. Indes lehrt die Erfahrung der wirklichen Welt, daß es nicht gelingt, und lehrt die Ehrfurcht, daß es nicht statthaft ist, im menschlichen Schicksal zwischen menschlicher und göttlicher Wirkung zu scheiden. Daher dürfen und müssen wir zwar das, was wir anstreben und unternehmen wollen, erforschen und erdenken. Das aber, was geschehen ist, dürfen wir nur noch hinnehmen, denn in der geschehenen Wirklichkeit ist jene Scheidung hinfällig.

Ich darf Ihnen nun nicht persönliche Meinungen über das Verhältnis von Theologie und Medizin, von Arzt und Pfarrer, von Therapie und Seelenheil vortragen, und ich muß mich hüten, in irgend eine Problematik einzutreten, bevor erwiesen ist, daß diese Problematik in der Natur der wirklichen Dinge einen Grund hat. Ich darf auch nicht mit irgend einer Kampfstellung, ich darf nicht mit einer These beginnen. Der Plan dieser Vorlesung ist nicht eine Pädagogik und ihr Inhalt nicht die erzieherische Norm, sondern eine sachliche Voraussetzung für Normen, eine Untersuchung, in was für einer Wirklichkeit Normen wirken können. Ich frage also z. B. nicht nach dem Wert der Leibesübungen, sondern ich untersuche, welcher Leib überhaupt geübt werden kann und finde, daß dieser Leib – die Seele ist. Ich muß also da beginnen, wo ich bin, wenn ich in meinem sachlichen Element bin, mit einer Sachlichkeit muß ich anfangen, mit der Wirklichkeit einer Sprechstunde.

Wenn wir demnach dazu übergehen, von der Möglichkeit zu reden, wie seelische Vorgänge beeinflußt werden können, so wollen wir beginnen mit der einfachen unmittelbaren Ermahnung. Jemand kann eine Fehlhandlung nicht unterlassen, sagen wir Alkohol, Onanie, Spielen und dergleichen, oder er kann von bestimmten Gedanken, traurigen oder sinnlosen, nicht loskommen. Es ist eine der allgemeinsten Erfahrungen, daß hier das einfache unmittelbare Zureden wie etwa: du mußt das lassen, du mußt dich aufraffen, dich zusammennehmen, oder: zerstreu dich, denke an etwas anderes, sei vernünftig, gedenke deiner Familie, deines Glaubens – daß all dies vollkommen wirkungslos abprallt, selbst wenn der Betreffende völlig einsieht und voll »guten Willens« ist. Es zeigt sich, daß der gute Wille nicht genügt, oder auch, daß im

Menschen der reine gute Wille gar nicht ist oder, daß er im Besitz der Willensfreiheit sich gar nicht befindet. Ich werde versuchen, das Problem der direkten Willensbeeinflussung durch Ermahnung zu zergliedern. Dabei sei ein Hauptergebnis gleich vorangeschickt: stets werden wir erfahren, daß die Willensbeeinflussung durch Ermahnung unter allen Umständen nicht zureicht, wenn nicht noch eine andere Bedingung oder vielmehr eine höhere Vorbedingung hinzukommt.

Daß wir die Vorbedingung eine höhere nennen, beruht aber darauf: wir haben uns unter dem Einfluß der idealistischen Philosophie daran gewöhnt, die ethische Norm als etwas geistig Freischwebendes, Absolutes, von den menschlichen, ja den göttlichen Personen Ablösbares aufzufassen. So konnte der Anschein entstehen, das Sittengesetz sei als solches eine wirkliche Macht. Es ist keine und es wird nur eine solche, wo ein persönlicher Träger es im Akt des Aussprechens auch zugleich verwirklicht. Nun ist das Aussprechen: du sollst dieses nicht tun, kein sittlicher Akt, sondern es ist eine Forderung von Gehorsam. Ebensowenig aber ist das bloße Gehorchen des Ermahnten ein sittlicher Akt. Gehorsam fordern, eine sittliche Handlung fordern, ist überhaupt nur ein Nehmen und Empfangen, kein Geben, und das Geben ist auch hier seliger denn das Nehmen. Weil also die bloße Ermahnung ein Nehmen und kein Geben ist und weil es keinen sittlichen Akt darstellt, darum kann es auch nicht sittlich wirken. Ja es ist ein solches bloßes sittliches Fordern, wenn es im sogenannten Namen der Gerechtigkeit, der Moral, des Gebotes, des göttlichen Namens geschieht, unsittlich, weil es durch die Anziehung dieser Werte und Worte den Anschein erweckt, als sei es (das Fordern) darum selbst gut, weil es im Namen des Guten geschieht. Es ist darum aber noch nicht gut, sondern um dieses Scheins willen noch schlechter als ohne diesen Schein.

Dies ist nun bereits eine moralphilosophische Deutung des erlebten Tatbestandes: der Unwirksamkeit moralischer Adhortationen. Wir werden die Bedingung später kennen lernen, unter der eine solche Ermahnung legitim wird.

Wir ziehen eine zweite Folgerung. Die direkte Ermahnung steht grundsätzlich unter einem *Gesetz der Bipersonalität* oder Zweisamkeit. Darunter verstehe ich die irreduzible Zweiseitigkeit der sittlichen Wirkung, derzufolge sie nur als Verhältnis zweier Personen überhaupt der Wirklichkeit angehören kann, nur als solches

Verhältnis vollziehbar, aber auch nur als solches rational denkbar, vorstellbar ist. Jene freischwebende Absolutheit des idealistischen Sittengesetzes bewirkt daher noch einen zweiten Schein, nämlich den, als ob das sittliche Prinzip (Sittengesetz) für alle dasselbe sei und in der Wirklichkeit nur nach Individualitäten auseinandergelegt würde. Wir fanden soeben, daß es noch in einem ganz anderen Sinne ursprünglich auseinandergelegt ist, nämlich als ein Befehlen und als ein Gehorchen, als ein Nehmen und ein Geben, als ein Urteilen und ein Beurteiltwerden – sei dies nun zwischen Gott und Mensch, sei es zwischen Mensch und Mensch. Darin aber drückt sich zugleich die metaphysische Unmöglichkeit aus, das Sittengesetz von der personalen Wirklichkeit zu trennen, und die Notwendigkeit, daß es in dem Augenblick verfälscht wird, wo es abstrakt und abgesehen von dieser Wirklichkeit ausgesprochen wird; das Wegsehen von der Wirklichkeit im Aussprechen, im Denken des Sittengesetzes verdirbt es auch schon, weil es die *entscheidende* und allein wirkliche Bedingung der Personalität *nicht* mehr enthält. Nehmen wir den Satz: du sollst dich für unser Vaterland opfern, und den andern: ich will mich für unser Vaterland opfern. Hier ist leicht zu erkennen, daß das personale »ich« bzw. »du« den sittlichen Gehalt der Forderung völlig umkehrt; dieselbe sittliche Forderung an sich selbst und an einen anderen stellen ist sittlich ein Unterschied wie weiß und schwarz. Diese Wirklichkeit der sittlichen Welt schließt eine personale Spaltung urphänomenal ein und eine abstrakte Allgemeingültigkeit aus – nicht, wir wiederholen es, wegen der individuellen Verschiedenartigkeit der Menschen, sondern wegen der mindestens bipersonalen Struktur der sittlichen Wirklichkeit.

Kommen wir danach zur direkten Ermahnung zurück, so ergibt sich als reale und damit auch technische Voraussetzung, daß ein Ermahnen nur wirken kann im Rahmen und auf dem Untergrund des Personenverhältnisses. In diesem liegt jene höhere Vorbedingung zum Erfolg sittlicher und überhaupt jeder seelischen Wirkung durch Sprache und Geste von Mensch zu Mensch. Und in dieser Beziehung kann man drei Stufen unterscheiden. Die erste Stufe ist diejenige, auf der ein Mensch an einen andern *vital* gebunden ist, so wie das Kind an die Mutter, wie der Liebende an die Geliebte. Die zweite Stufe ist jene, auf der ein Mensch an einen anderen kraft eines *Amtes* (z. B. elterliches, ärztliches, priesterliches), welches jener andere vertritt, also geistig, gebunden ist. Die dritte Stufe ist die Bindung des Menschen an *Gott*. Die Kenntnis der beiden ersten Stufen ist hier unser Thema, wiewohl sie ihre letzte Bedeutung und ihren ursprünglichen Halt nur in der dritten Stufe haben.

Betrachten wir zuerst die vitalen Bindungen. Es ist diejenige Stufe des Personenverhältnisses, welche vielleicht am meisten verwandt scheint mit dem, was die materialistischen Anthropologien und Gesellschaftstheorien zu erfassen suchen. Aber es ist besonders seit der Psychoanalyse die äußere Gesellschaftsmechanik ergänzt oder ersetzt durch eine Seelenmechanik und eine Seelenkunde. FREUD hat eine Seelenmechanik geschaffen, in welcher anders als in den Mechaniken früherer Psychologien nicht Seelenelemente wie Atome sich zu Molekülen zusammensetzen und nach Gesetzen der Wahlverwandtschaft wieder auseinanderfliehen. Dieses GOETHE tief beeinflussende Bild ersetzt er vielmehr durch eine Mechanik beweglicher und umformbarer Seelenkräfte, deren wichtigste ihm die *Triebe* sind. Diese neue Lehre ist also eine Psychologie der Triebe. Diese Psychomechanik ist vitalistisch, und sie ist nicht statisch, sondern energetisch, nicht fatalistisch, sondern genetisch. Sie zeigt, daß (wie schon NIETZSCHE entdeckt hatte) der Trieb nicht das Sinnlose schlechthin ist gegenüber unseren Vorstellungen, Handlungen und Gedanken, sondern daß umgekehrt der Sinn dieser Vorstellungen, Handlungen und Gedanken gerade der Trieb sei: *er* hat sie determiniert. Er entdeckt dies gerade an solchen psychischen Dingen, welche bisher als sinnlos und unverständlich galten, nämlich an den Fehlleistungen, den Träumen und den Neurosen. Deren Sinn enthüllte sich ihm, als er sie in ihrer Triebbedingtheit erkannte. Dabei anerkannte er zuerst nur einen einzigen Trieb, nämlich den Sexualtrieb, er nannte ihn Libido. Es ist nun eine sehr schwierige und meistens von der Kritik verneinte Frage, ob diese Annahme und diese absolute Herrscherstellung des Sexualtriebes berechtigt ist oder nicht. Sie braucht uns hier nicht weiter zu beschäftigen. FREUD hat übrigens nicht behauptet, er habe eine vollständige Theorie der Seele aufgestellt, sondern nur eine Psychoanalyse; auch hat er in den letzten Jahren seine einfachen Annahmen kompliziert und mit Über- und Unterbauten versehen. Entscheidend ist bei seiner Lehre die Umkehrung des Verhältnisses von Trieb und Bewußtseinsinhalt: der Trieb ist es, welcher dem Bewußtsein bestimmte Inhalte gibt, deren Sinn durch den Trieb verständlich wird, nicht sinnlos durchkreuzt wird.

Eine zweite Entscheidung fiel dadurch, daß dieser Grundtrieb nun eben, weil er der Sexualtrieb ist, sich auf einen Geschlechtspartner richtet. Zwar kann er eine falsche Richtung auf das eigene Ich nehmen und so die Selbstliebe, den Narzißmus entstehen lassen. Aber ursprünglich ist er auf den Geschlechtspartner gerichtet und nur in diesem zu befriedigen. Nun hat sich diese Psychologie zwar vom Begriff des Individuums, von der Betrachtung der menschlichen Einzelperson eigentlich nicht entfernt; sie hält es für möglich, die Einzelperson allein aus sich heraus zu verstehen. Aber weil sie in der Libido den Grundtrieb erkannte, mußte sie doch das ganze Seelenleben nicht nur auf den in sich geschlossenen Einzelmenschen, sondern auf die Beziehungstatsachen der Menschen untereinander aufbauen. Und biologisch gerichtet, wie sie nun einmal war, konnten hier in erster Linie nur die biologisch ursprünglichen Beziehungen auftauchen: das Verhältnis zu Mutter und Vater. So wurde die Psychoanalyse eigentlich eine Psychologie, zwar nicht der Familie, aber der vitalfamiliären Beziehungen des Menschen. Es wurde die Triebanlage des Kindes bis hinab zum Säugling studiert und die erotische Bindung des Sohnes an die Mutter, sein Eifersuchts- und Haßverhältnis zum Vater herausgestellt und mit dem darwinistischen Gedankenkreis entnommenen Motiven und Menschheitserinnerungen an die Vorzeit illustriert; so war das Sexualleben des Kindes entdeckt und seine wichtigen Abweichungen von dem des Erwachsenen aufgezeigt. So wurden die Abweichungen des perversen Erwachsenen auf den Rückschlag oder das Stehenbleiben auf Kindheitsstufen verständlich.
Es ist bekannt, wie diese Einsichten und Behauptungen das Gemüt und die Scham einer ruhig dahin lebenden Generation verletzt haben, die auch auf die ernste und öffentliche Revision des Problems der Geschlechtlichkeit nicht vorbereitet war, eine Revision, die zu einer Zeit einsetzte, da sich unvermerkt eine Wandlung der geschlechtlichen Sitte und des sexualen Fühlens in der Kulturwelt bereits vollzog. Es ist ferner bekannt, wie, zumal in Deutschland, die akademische Welt die um Freud sich ausbreitende Bewegung oft weniger prüfte als verurteilte und so selbst beitrug zu einem wilden Wuchern dessen, was nicht aufzuhalten, aber doch zu disziplinieren gewesen wäre. Es waren vielerorten gerade Nichtärzte, auch Geistliche, welche die Reinigung und den pädagogischen Gewinn frühzeitiger erkannten, der in einer neuen geistigen Bewältigung der immer mehr in die private Sphäre gedrängten, ja

selbst noch aus der individuellen Psyche verdrängten sexuellen Frage erwachsen konnte. Entscheidend ist dabei, daß aber die gesteigerte Erkenntnis des menschlichen Geschlechtslebens die Waffe einer neuen *Kritik* des Seelenlebens in die Hand gibt. Zunächst halten wir daran fest, daß sie zur *Kritik der Seele* heute so notwendig ist wie das Rechnenkönnen zur Kritik einer betrügerischen Geschäftsbilanz.

Denn nun zeigt sich ja, daß die Entdeckung der Triebbestimmtheit des Seelenlebens uns gegen unser bewußtes Seelenleben, gegen seine an der Oberfläche liegenden Sinngehalte mißtrauisch macht. Eine Dame arbeitet für die Kunst oder für Wohltätigkeit, aber eine Analyse deckt ihr und uns auf, daß dieser Aufschwung die Folge einer erstorbenen Liebe zu ihrem Mann ist, die Folge einer Nichtdurchführung ihres Ehelebens. Oder sie meldet sich beim Arzte, weil aus demselben Grunde Kopfschmerzen oder Schlaflosigkeit auftreten. Oder sie meldet sich bei Ihnen, m. H., weil sie den Trost der Kirche, das gute Gewissen des Glaubens braucht, da sie den Konflikt im Herzen nicht durchkämpft, sondern ihre Ruhe auf anderen, auf Nebenwegen erschleicht. Entscheidend ist aber, daß die menschliche Seele die Fähigkeit besitzt, solche Wege zu gehen, ohne es selbst zu wissen, oder auch, wenn sie darum weiß, es nach einiger Zeit zu vergessen, wo der Ursprung lag. Dieses Verdrängen und dieses Vergessenkönnen ist die Entdeckung. Sie ist gewiß nicht von FREUD zuerst gemacht, aber sie ist von ihm neu gemacht und in einer unabsehbaren Tragweite und Tiefe erkannt worden. FREUD ist bei ihr stehen geblieben, er hat auch nur eine ganz bestimmte der möglichen Folgerungen daraus gezogen. Nun ist es meine Pflicht als Arzt zu erkennen, ob Menschen, die wegen Kopfschmerz mich aufsuchen, solche oder andere Gründe dafür haben. Darum, so scheint mir, ist die analytische Erkenntnis eine Kritik des *Seelenlebens*, wie die Kritik der praktischen Vernunft KANTS eine Kritik der Moral*begriffe* war.

Wir wollen diesem Satz der Verdrängung und des Vergessens etwas Zweites hinzufügen. Es ist das, was ich als die Vergesellschaftung der Triebe bezeichnen will. Gemeint ist Folgendes. In jedem Leben wechseln Epochen des gleichmäßigen Flusses mit kritischen Steigerungen des Erlebens, die zu Katastrophen oder Wandlungen der Persönlichkeit in mehr oder weniger explosiver Weise hinführen. Bei diesen Krisen bemerken wir besonders deutlich, daß sie häufig, wiewohl ungleich deutlich, nicht nur eines, sondern mehrere Lebensgebiete ergreifen: so können eine heftige geistige Anstrengung, eine tiefe Angst, ein gesteigertes praktisches Handeln nach außen, eine sittliche Konfliktsituation, eine künstlerische oder religiöse Ekstase, eine geschlechtliche Höchstspannung *vergesellschaftet* werden. Alle diese können untereinander so gekoppelt sein, daß nun nicht im Sinne der Verdrängung *ein* solcher Akt im Bewußtsein auftritt und einen andern vertritt, sondern mehrere in inniger Verknüpfung. Nun bestehen in den genannten Hinsichten zwar Real- und Sinnbeziehungen aller Art. Aber hiervon läßt sich ein Vitalfaktor abtrennen, der eben sich darin ausdrückt, daß die Koppelungen vielfach geistig sinnlos erscheinen. Wenn beim geistigen Arbeiter z.B. eine quälende Koppelung zwischen metaphysischer Meditation und sexueller Erregung besteht, bei anderen Menschen eine Vorliebe besteht, Dichtung mit Musik, Arbeit mit Vergnügen zu verbinden, so dürfen wir vielleicht an Triebvergesellschaftung denken. Die Gemeinschaft von übertriebenem luxuriösem Essen und Trinken mit starker vita activa auf beruflichem Gebiet und starker vita sexualis sind Anzeichen dafür, daß es so etwas gibt wie eine *allgemeine* Steigerung von Lebenstempo und -intensität, eine spezifische Simultankoppelung in der vitalen Sphäre. Hochzeits- und Begräbnisschmausereien, Kongreßfeste mit allen Begleitvorgängen sind Zeugnisse für solche vitale Krisen, die man als Synkrisen bezeichnen kann. Man hat bei diesen Dingen wohl an ein Gesetz des Kontrastes gedacht, aber es läßt sich ein Kontrast doch nur da behaupten, wo ein sinnvoller Gegensatz vorliegt, und er ist in den genannten Fällen nicht vorhanden.

Ich brauche nun gerade Ihnen nicht von den unechten Koppelungen und Vertretungen der Ethik und des Nutzens, des Geschlechtsgefühls und des religiösen Erlebens, des wissenschaftlichen Erkenntnisgenusses und der Frömmigkeit (Theologie!), von den mannigfachen Ersatzlügen auf all diesen Gebieten zu sprechen. Aber Sie wissen aus Ihrer eigenen Erfahrung, wie schwer diese Kritik bei uns selbst und bei anderen ist. Und auch in diesen Hinsichten glaube ich, ist psychologische und analytische Erkenntnisfülle und Erfahrung ein Wegweiser mancher sonst schwierigen Kritik.

Analytisch geleitete Kritik ist nun gerade in den Reihen der Psychoanalytiker allerdings soweit gegangen, die Eigenmacht des Geistes zu leugnen, die Geschichte und die Gesetze, die Gehalte und die Normen der geistigen Welt aufzulösen, vital, biologisch, psychologisch zu erklären. Sie hat sich nicht mit der Kritik der Erscheinung begnügt, nicht sie benutzt, um zum eigentlichen Wesen der zweideutigen und vieldeutigen Erscheinungen durchzudringen, sie ist von der Analyse nicht zur Wesenslehre vorgedrungen, sie ist monopsychologisch geblieben, sie ist im Sinne der rationalen und positivistischen Naturwissenschaft nicht anderen als den kausal lösbaren Fragen und puren Erklärungen nachgegangen, sie hat diesen klassisch-naturwissenschaftlichen Rahmen nur insofern gesprengt, als sie das Seelenleben in ihn zu pressen unternahm und dabei die Entdeckung machte, daß auch unser *Bewußtsein* nicht autonom, nicht »Herr im eigenen Hause« sei. Diese Verletzung des Selbstgefühls bezeichnet FREUD als den Grund seiner Anfeindung, die nicht weniger als Kopernikus und als Darwin erfahren zu haben sein offenbarer Entdeckerstolz ist.

Wir mußten auf FREUDS Lehre stoßen, weil hier eben die Sphäre der vitalen Bindungen zwischen Mensch und Mensch am schärfsten und genauesten erkannt und aufgedeckt wurde. Wir brauchen uns jetzt nicht weiter um die monopsychologische Einseitigkeit der Analyse zu kümmern, zumals sie selbst aus ihr nicht herauszutreten wünscht. Die Frage ist zunächst: gibt es noch andere Vitalbindungen von Mensch an Mensch, als die von FREUD erfaßten und im Libido-Begriff uniformierten und vereinigten. Soviel ich sehe ist dies insofern zu bejahen, als die Gefühle der *Angst*, der *Scham*, ferner der *Zwang der Gewohnheiten* und vielleicht noch andere sich der Libido-Theorie bisher nicht recht eingefügt haben.

Wir haben nunmehr von den vitalen Bindungen als der ersten möglichen Vorbedingung einer wirksamen Seelenbeeinflussung durch Ermahnung zu sprechen. Eine solche Bindung *kann* die Grundlage einer erfolgreichen direkten Willensbeeinflussung durch Ermahnung sein. Sie sehen, daß hier folgende Hauptfälle eingeordnet werden dürfen: 1. das Vitalverhältnis der Eltern zum Kinde, besonders der Mutter zu ihrem Kind, wir nennen es das *filiale*; 2. das der sexuellen Bindungen bei dem allgemein anerkannten durch erwachsenen *Geschlechtstrieb* statuierten Verhältnis; 3. das durch *Angst* erzeugte Verhältnis, wie es bei einer Drohung oder Ausübung von Strafe, Schmerzen, Vernichtung statthat; 4. die *Scham* und 5. das sich z. B. im Verlauf einer Erziehung, eines Drills einstellende Verhältnis des *Gewohnheits-* oder *Wiederholungszwangs*. Als eine der Libido-Theorie meist eingeordnete Unterform der

Vitalbindungen ist die *Hypnose* und *Suggestion* zu bezeichnen, wiewohl sie ohne Zweifel sich auch noch auf ganz anderen als den vitalen Bindungen aufbauen kann.

Wir gingen nun in unseren ersten Beispielen von Fällen wie Alkoholismus, Onanie, Spielsucht, Zwangskrankheit, Willenlosigkeit aus. Es ist ein erheblicher Unterschied zwischen einer nur augenblicklichen und einer auf Dauer nachwirkenden Willensbeeinflussung; auch von der zweiten muß hier die Rede sein. Wir kommen damit auf die Frage der Beeinflussung nicht nur einzelner Handlungen, sondern einer typischen Handlungs*weise* eines Menschen, also desjenigen Faktors, der einer der genannten Handlungsgruppen, »Gewohnheiten«, »Laster«, »Krankheiten«, oder wie immer sie genannt werden, zu Grunde liegt. Unsere Beispiele führen auf das Problem der Fixierung solcher Handlungsweise, auf ihren Ursprung, auf die Möglichkeit der Beeinflussung. Wir dürfen uns hier nun nicht in die mannigfachen theoretischen Möglichkeiten zur Erklärung der *Neurosen* einlassen, sondern müssen in der Hauptsache bei der Therapiefrage bleiben. Und so viel sei gesagt, daß eben nun die an die französischen Nervenärzte anknüpfende Wiener Schule den Begriff der Anlage und der Degeneration immer mehr aufgelöst hat.

Es sind die Confessions von J. J. ROUSSEAU, aber auch die Leiden des jungen Werther gewesen, welche die Möglichkeiten der Seelenanalyse so ungeheuer erweiterten, daß von hier aus der psychologische Roman des 19. und 20. Jahrhunderts sich entwickelte und mehr und mehr die Stelle einnahm, welche die seit HEGEL sinkende Philosophie besetzt hielt: nun wird Weltdeutung nicht mehr von der denkenden Vernunft, sondern vom in die Tiefe dringenden Auge des Seelenkenners geleistet. Aber ROUSSEAU besaß dabei jenen tiefen Kulturpessimismus, dem die menschliche Natur durch das Kulturwerk fast nur verderbt erschien; der Kulturprozeß wird fürderhin als ein notwendig tragischer und zum Niedergang hinführender erkannt. Einzige Rettung scheint in der Rückkehr zur Natur noch möglich. Aber diese Lehre vom Niedergang breitet sich bis zu dem Grade aus, daß nun auch die Natur *selbst* das Element der Degeneration aufnimmt, und wieder in Frankreich entsteht die Lehre vom degenerierten Menschen und in der Kunst die Form der Décadence. Unter der biologischen Degeneration aber verstand man den Befund, daß eine Familie, eine Generationenfolge unerbittlich dem Verfall der nervösen Kräfte, der Minderwertigkeit der Organe, der moralischen und intellektuellen Qualitäten zueilt. Wo dies biologische Gesetz waltet, da ist keine Hoffnung. Sein Zusammentreffen aber mit den durch Kultur und Gesellschaft gesetzten Schäden wird zuletzt nur ein gemeinsamer Ausdruck für schicksalhaft-unentrinnbare Mächte fortschreitenden Untergangs, gegen die kein Licht und kein Kampf etwas vermag. Die Schuld, die Sünde, das Laster, die Schwäche – sie sind ja der Ausdruck und die Folge jenes Verhängnisses, nicht seine Ursache. Ich brauche nur Thomas MANNS Buddenbrooks zu nennen, um die ungeheure von den ärztlichen Degenerationslehren mit erzeugte Wirkung jener Geistesströmung zu illustrieren: eine Strömung, die, zum Dogma »erstarrt«, zur Selbstentschuldigung, aber auch zur Selbstentwertung und Verzweiflung Unzähliger geführt hat, die sich nun ein für allemal als Degenerierte erkannten. Eine derartige Degeneration hat sich nun vom Standpunkte der Biologie aus mindestens als etwas niemals wirklich Bewiesenes, vielleicht als völliger Irrtum erwiesen. Versuche an Pflanzen und Tieren konnten immer nur zeigen, daß wo »Degeneration« auftritt, auch Regeneration besteht, und daß sie die Degeneration sogar eher überwiegt. Ein gesetzmäßig fortschreitender Niedergang aus inneren Ursachen ist weder im Pflanzen- und Tierreich noch in der Menschengesellschaft mit Sicherheit beobachtet, wiewohl Arten und Rassen aussterben können, ohne daß aber Degeneration die nachweisbare Ursache wäre. Sicher ist nur, daß freilich Gifte, Alkohol, Syphilis den Keim, das Kind schädigen können, wiewohl sie es auch nicht regelmäßig und nicht notwendig tun müssen. Von einer naturwissenschaftlichen Begründung der Degenerationslehre als eines Gesetzes fortschreitenden Niederganges kann also bisher keine Rede sein, und es ist auf der anderen Seite gewiß, daß die Geistesgeschichte seit ROUSSEAU weltanschaulich-philosophische Theoreme und Lebensgefühle als Hauptwurzeln jener Lehre aufweist. Der von SCHOPENHAUER, HARTMANN und NIETZSCHE ausgehende Kulturpessimismus hat sich aber nun deshalb auch so leicht mit den biologischen Theorien verbunden, weil jene Philosophen den Grund unserer Handlungen und Vorstellungen nicht mehr im Bewußtsein, in der hellen Vernunft und ihren Zwecken suchten, sondern im irrationalen oder unbewußten Untergrund der Welt und der Seele, in eben jener Region, wo auch die Triebe, die blinde Natur, das dem Willen entzogene Kräftespiel organischen Lebens herrscht.

Der Fatalismus der Lebensbestimmung und des vorher determinierten Schicksals sprach sich dann weiter in der Lehre von Anlage und Konstitution aus. Ebenso wie seinerzeit der Stand der Gestirne zur Stunde der Geburt das Schicksal zu bestimmen schien, so galt dies jetzt für die ererbte, die angeborene Anlage. Das Horoskop der modernen Medizin ist die Diagnose der Konstitutionen und besonders der pathologischen Konstitutionen: nervöse Anlage, angeborene Psychopathien, Minderwertigkeiten, moral insanity, Perversionen; hysterische und neuropathische Charaktere sind als Diagnosen nicht weniger Ausdruck eines Glaubens an vorbestimmte Schicksale wie die Horoskope der Astrologen; sie beginnen in ihrem Charakterdeterminismus die Lehre vom freien Willen und die darauf gebauten Rechtsbegriffe zu untergraben. Denn der Psychopath ist ja vorbestimmt, also nicht verantwortlich, und ein Psychopath ist, sieht man scharf zu, nachgerade ein jeder. Eben damit aber wird nicht nur der Begriff von verantwortlich und unverantwortlich einer Nivellierung ausgesetzt, sondern ganz ebenso der von gesund und krank. Da man den Kranken hier ganz ebenso wie den Gesunden aus seinen Anlagen zu verstehen glaubte, so waren beide vor dem Forum der Lebensgesetze gleich verständlich, und »Krankheit« erscheint jetzt nur noch als eine variierte Anwendung der normalen Gesetze – nicht als eine Gesetzwidrigkeit. – Da aber in der Praxis des Lebens, des Rechts, der Medizin, die Unterschiede der Verantwortlichkeit, der Krankhaftigkeit nicht entbehrt werden konnten, so wandte man sich rein *pragmatischen* Definitionen dieser Begriffe zu, die indes mit dem Geist der Morallehren, Rechtsbegriffe, Gesundheitsbegriffe nicht mehr übereinstimmen konnten, es sei denn, daß man sich überhaupt dem philosophischen oder religiösen Pragmatismus schlechtweg in die Arme warf. –

In alledem aber hat sich seit etwa einem Menschenalter eine wachsende Wandlung vollzogen. In die fatalistische Konstitutionslehre hat sich eine neue Erklärung der nervösen Leiden eingebohrt, um sie Schritt um Schritt zurückzudrängen: es ist die Entdeckung, daß diese Leiden auf eine bestimmte Art und Weise im Leben des Einzelnen entstehen. Zwar werden hier bestimmte Anlagen nicht etwa völlig bestritten, aber es muß noch etwas hinzukommen, was diese Anlage weiter entwickelt und in gewisse Bahnen lenkt, bald in diese, bald in jene. So wird verständlich, daß zwei Menschen dieselbe Schädigung, z. B. ein Eisenbahnunglück, ein Gefecht, ein sog. Sexualtrauma erleben können, und doch der eine die Neurose, der andere keine Neurose davon trägt. Der sie aber davon trägt, würde doch ohne solche Schädigung keine Neurose bekommen haben, und sie wird, ist sie einmal entstanden, bei geeigneter Behandlung wieder geheilt werden können. Was aber das Entscheidende war: auch in jenen Fällen, wo wir eine solche handgreifliche Schädigung, ein solches »Trauma« zunächst nicht entdecken können, auch da liegt es überall vor, wenn wir nur zu suchen wüßten. Und dieses Suchen gelingt zwar auf verschiedenste Weise, aber in den schwierigsten und unverständlichsten Fällen nur durch das Verfahren der Psychoanalyse. Hier also erfahren Sie die höchst positive Seite der Psychoanalyse: im Prinzip muß jede Neurose aufklärbar sein und in der Idee aber auch vermeidbar bzw. heilbar. Sie verstehen jetzt, wie mit der modernen Psychologie, einschließlich Analyse ein ganz neuer therapeutischer Optimismus, ja Enthusiasmus in die Medizin der Neurosen einziehen konnte.

Damit kehrt die Betrachtung zum Problem des Heilens zurück. Wir waren vom Versagen der direkten Willensbeeinflussung durch Adhortation ausgegangen und waren auf der Suche nach den Vorbedingungen ihrer Wirkung auf die Vitalbindungen: die filiallibidinöse, die Angst-, die Scham- und die Gewohnheitsbindungen gestoßen. Wir haben die weitere Frage, wie jene Vitalbindungen nutzbar zu machen seien, zunächst nicht verfolgt, sondern die biologische und psychologische Beschaffenheit der Neurose – im weitesten Wortsinn – untersucht, um festzustellen, womit wir es hier eigentlich zu tun haben. Die erste Vorfrage war zu erledigen, ob diese ihrer Natur nach überhaupt irgend eine Aussicht auf dauernde Beeinflussung bieten *kann*. Entgegen einem älteren theoretischen Pessimismus kamen wir zu einer auch theoretisch begründeten Bejahung dieser Vorfrage. Die genetische Neurosenforschung gibt uns ein Recht dazu. Die logische Folgerung für die Seelenbehandlung aus alle dem wäre bis jetzt, daß wir eine Vitalbindung haben oder schaffen müssen, ehe wir hoffen können, durch die Ermahnung oder den Befehl eine Wirkung zu üben. Und hierüber ist nun folgendes weiter zu sagen.

Die Macht des Wortes ist natürlich in den Vitalbindungen nicht erschöpft und sie ist metaphysisch durch sie auch niemals ausreichend definiert. Wir nehmen hier ja eine Analyse Schritt für Schritt vor. Wie mein Wort Bewegungsursache eines zweiten Menschen

werden kann, ist naturphilosophisch nicht erklärt damit und überdies ist das, was wir hier erfahren, eigentlich gerade nur eine Grenzsicherung: wir sagen, daß eine Vitalbindung *eine* mögliche Vorbedingung der Wortwirkung ist, nicht daß es die einzige, nicht daß es die immer nötige ist. Sie ist ein schmaler Tritt, auf dem wir jetzt Fuß fassen können. Wir sprechen als Mutter oder Vater zu unserem kleinen Kind: »komm« oder »geh«, und es tut es. Wir sprechen so zum fremden, und es tut es nicht – wir sind nicht seine Eltern. Auch das eigene Kind tut es aber nicht immer, und so erfahren wir ein Neues: die Vitalbindung ist augenblickweise aufhebbar, sie ist labil. Wir sprechen die Drohung der Strafe aus, wir zeigen ein Werkzeug der Strafe: wir setzen statt der filialen Bindung die Angst, und jetzt kommt das Kind; aber ebenfalls aus einer vitalen Vorbedingung heraus resultiert hier die Wortwirkung. Wir erleben aber auch hier einmal den Mißerfolg. Wir appellieren jetzt vielleicht an die Vorstellung »lieb sein«, zeigen Kummer über den Ungehorsam, und wir sind in die Sphäre der Scham getreten. Haben wir eine *bestimmte* Handlung nun oft wiederholt gefordert, so entsteht eine Gewöhnung *dieser* bestimmten Handlung, und so gelingt die Wortwirkung schon in all den Fällen, wo die gewohnheitsmäßige Handlung des Ankleidens, Spielens, Waschens und Essens in ihrer Zeitgesetzlichkeit abrollen: wir stehen beim Gewohnheitseffekt.
Keine dieser Formen geht im Leben des Erwachsenen völlig verloren, aber sie treten in die merkwürdigsten Verkleidungen über und gehen ungeheuer komplexe neue Verbindungen ein. Wir dürfen dabei nicht verweilen. Was uns jetzt interessiert, ist die pädagogisch-therapeutische Frage: wie und wieweit *kann*, wie und wieweit darf die Vitalbindung zur Wortwirkung ausgenützt werden. Und hier müssen wir zwei Grunderfahrungen vorausstellen. Erstens fragen wir unpersönlich, was von dem Wert und Wesen der Vitalbindungen allgemein zu halten sei, und zweitens fragen wir, welche individuellen Unterschiede vorkommen, wie bestimmte Personen dabei wirken müssen.
Zunächst die allgemeine Regel: obwohl die Vitalbindungen die frühesten, einfachsten und zugänglichsten Mittel der Verbalwirkung sind, so besteht doch das ganze Geschäft der Seelenführung darin, *sie zu knüpfen, um sie danach lösen zu können*. Es ist selbstverständlich, daß eine Erziehung durch Angst allein verderblich ist. Das Kind wird verstockt. Aber weniger bekannt ist, daß

auch Aufrechterhaltung der anderen genannten Vitalbindungen und besonders der filialen Liebesbindung (die von FREUD als libidinöse aufgefaßt wird) der Punkt ist, an welchem die neurotische Gefahr einsetzt. Man könnte vermuten, daß es sich dabei nur um ein Harmoniegesetz handelt, demzufolge das richtige Maß- oder Intensitätsverhältnis im Gebrauch von Liebe, Angst, Scham und Gewohnheit bei der Entwicklung entscheidet. Dem ist nicht so. Vielmehr müssen die Vitalbindungen in ganz bestimmter Weise *transformiert* werden, damit die unerwünschte Charakterbildung vermieden wird: die kindliche Form der Bindung muß entkindlicht werden, sollen nicht schwere Störungen der Organisation eintreten, und diese Transformation ist mit einem Schmerz verbunden, den wir als Erziehungsschmerz bezeichnen können; sie erfolgt demgemäß gegen einen sehr beträchtlichen *Widerstand*. Der Erziehungswiderstand ist verursacht durch die Transformation bzw. dadurch, daß jede Auflösung einer Vitalbindung mit Kraftaufwand und Schmerz verbunden ist. So kommt es, daß die Transformationen *Konfliktsituationen* sind. Eine der frühesten derartigen Handlungen ist es, wenn die Mutter erst ihr Kind stillt und dann entwöhnt.

Um dies noch näher zu verstehen, müssen wir noch ein Weiteres betrachten, nämlich daß jede Vitalbindung auf einer Kraft beruht, der eine Gegenkraft entspricht. So entspricht der filialen Liebe der Haß, der Angst der Trotz, der Scham die Schamlosigkeit, dem Gewohnheitszwang die Langeweile oder die Neugierde. Jeder bindenden entsteht ein Gegner mit *lösender* Tendenz, und im Augenblick des Konfliktes wird er sichtbar; man kann auch sagen: der Konflikt besteht zunächst darin, daß dieser Gegner auftaucht, und jetzt kämpft in uns Liebe mit Haß, Angst mit Trotz, Scham mit Schamlosigkeit, Gewohnheit mit Neugierde. Unsere Gefühle können dabei verstärkte Ambivalenz zeigen, sie können konträre Färbungen vereinen. Es ist absolut notwendig, daß wir diese Gegenregungen als normale kennen, daß wir in ihnen nicht etwas schlechthin zu Verurteilendes sehen. Denn sie sind die Kräfte, durch die allein sich der Fortgang der notwendigen Entwicklung abspielt, durch welche das Kind, der Mensch in *neue Altersstufen* eintritt. Der Konflikt nämlich zwischen jenen vitalen Regungen treibt eine völlig neue Kraft von ganz anderer kategorialer Stellung hervor, oder eigentlich eine neue Welt von Kräften: es sind die geistigen Kräfte. Vielleicht ist der Ausdruck »treibt hervor« nicht glücklich. Denn es ist undenkbar, die geistige Welt *aus* der vitalen abzuleiten. Aber die Konflikte der vitalen Natur müssen, wie wir bald sehen, gelöst werden. Und die entwicklungsmäßig normale Art der Lösung geschieht durch Entscheidung – die Entscheidung aber geschieht durch Mitwirkung der geistigen Kräfte. Jetzt erst haben wir eigentlich das Recht, von *Gehorsam* und *Ungehorsam* überhaupt zu reden, jetzt erst ist auch der Boden überhaupt geschaffen, auf dem eine sittliche Welt sich erheben kann. Daraus aber folgt zugleich, daß die Vitalregungen für sich nichts Sittliches an sich haben, und wir beginnen zu verstehen, warum sie mit dem sittlichen Argument gar nicht bekämpft werden *können*: eben weil sie einer vorsittlichen Sphäre angehören, an sich jenseits von Gut und Böse stehen. Unsere Sprache ist nun in der Verlegenheit, den Unterschied vorsittlicher Regungen und sittlicher, also geistiger Phänomene, nicht gut ausdrücken zu können. Liebe und Haß, Angst und Trotz, sind Worte von *zugleich* geistiger Bedeutung; wenn Sie z. B. die deutschen Worte des Neuen Testaments LUTHERS betrachten, so finden Sie dort lauter Worte, welche sittliche Begriffe ausdrücken und doch den vorsittlichen Regungen irgendwie verwandt erscheinen; aber der natürliche Sprachgebrauch erzeugt keine solchen wissenschaftlichen Unterscheidungen, wie wir sie hier brauchen.

Die Vitalbindungen der früheren Kindheit sind es aber, wie wir sahen, durch welche der Erzieher sich zuerst »Gehorsam« verschafft, ein Gehorsam, der eigentlich keiner ist, weil er nur das bloße Ausnutzen der Bindung ist. Auf diese Sphäre greifen wir aber auch im späteren Leben als Ärzte oder Erzieher fortwährend zurück, und so sind Verliebtheit und Angst zwei Hauptmittel der Psychotherapie. Sie sind, wir wissen es jetzt, zugleich die infantilen und die primitiven Mittel. Daß der Patient, das Beichtkind, sich in den Psychagogen verliebt und ihn fürchtet, dies kann natürlich auch willkürlich herbeigeführt werden. Vor allem aber kann man es nicht hindern. Aber man muß den Vorgang, sobald er eintritt, auch wieder abbauen; sobald wir Verliebtheit oder Angst bemerken, beginnt auch die Arbeit, diese Vitalbindung zu lösen. Nichts ist falscher als die Meinung, man dürfe Sexualerotik und Angst, sind sie einmal vorhanden, dauernd benutzen, um seelisch Erziehungs*werte* zu schaffen. Je geistig entwickelter die Menschen sind, umsomehr wird namentlich die erotische Bindung sich aus der sexuellen Triebsphäre in die sogenannten höheren Liebesformen kleiden und verwandeln; aber diese Transformation ist, so schön sie aussieht, rein als Phänomen genommen noch zweideutig, sie muß sich einer Kritik unterziehen lassen. Man muß wissen, daß hinter jeder sogenannten »höheren« Liebesform die »tiefere« lauert. Ich möchte die Worte höher und tiefer aber vermeiden, da die Sexualität ein vitaler, aber kein sittlich tiefer oder verworfener Bezirk ist. Es ist darum besser, nicht von niedrigen Liebesformen, sondern von vitalen zu sprechen; denn die Niedrigkeit oder Verworfenheit kommt an die vitale Sexualität aus der sog. »höheren« sittlichen und geistigen Sphäre heran und gerade die unsittlichen Sexualitäten entstammen nicht der sogenannten »niedrigen«, sondern den Vorgängen der sog. »höheren« Sphäre. Nicht der Trieb ist verworfen, sondern sein Mißbrauch in geistiger Beziehung.

Eine Anwendung von werbender Erotik und von Gewalt ist in der Psychotherapie an sich nicht schlechthin verwerflich, aber man darf das Problem nicht in allgemeiner Form aufstellen. Erstens sind Erotik und Angst sehr oft ohne unser Zutun gegeben, zweitens kann ihre willkürliche Verwendung immer nur als eine primitiven und vorläufigen Zwecken dienende gelten. Sehr beschränkten Menschen und dem Säugling gegenüber sind Vitalbindungen oft die einzigen Mittel. Die krankhaften Erscheinungen des Erwachsenen aber sind vielfach ebenfalls als Infantilismen und Primitivitäten anzusehen, und zwar gilt dies ganz besonders für die hysterischen Erscheinungen. In ihrer Behandlung sind Erotik und Angst die allerwirksamsten und durch die Natur der Personen regelmäßig gegebenen Mittel. Hier ist namentlich die Verwendung von Schreck, Angst, körperlicher Züchtigung, Überrumpelung in der Therapie oft entscheidend. Ebenso aber sind die Gebiete der Scham und der Gewohnheit mit Erfolg verwendbar, was wir im einzelnen nicht verfolgen können.

Wir haben bei der allgemeinen und unpersönlichen Erörterung der Vitalbindungen jetzt erfahren, daß sie da sind, um gelöst und transformiert zu werden. Wie und wohin diese Transformation erfolgen soll, ist nur angedeutet worden und soll das nächste Mal unser Thema sein. Wir wenden uns jetzt kurz noch der zweiten Frage zu: der Individual- und Personenfrage. Hier stoßen wir auf das Unzweifelhafte, daß die Vitalbindungen ursprünglich Bindungen zweier ganz bestimmter und gar nicht vertretbarer und ersetzbarer Personen sind. Soll dem Kind die Mutter genommen und durch die Pflegerin ersetzt werden, so muß also die Bindung zuerst

gelöst werden. Sie kann freilich für das gleiche Lebensgebiet neu geknüpft und so wiedererweckt werden, aber dies gelingt stets durch einen besonderen Vorgang, den man *Übertragung* nennt. Auch er wird uns noch näher beschäftigen. Ähnliches gilt freilich mit gewissen Unterschieden für andere Vitalbindungen. Eine schwierigere und bisher noch wenig studierte Frage ist aber die folgende: Ist die Vitalbindung einseitig oder ist sie nicht wesensmäßig etwas Zweiseitiges? Kann z. B. das Kind filial an die Mutter gebunden sein, ohne daß die Mutter auch ihrerseits an das Kind gebunden ist? Kann ein Patient an den Arzt gebunden sein, ohne daß auch der Arzt an den Patienten gebunden ist? Die nach meiner Ansicht richtige Antwort ist, daß die Bindung wesensmäßig überhaupt nicht ein statischer, sondern ein dynamischer, ein stets fließender Zustand ist. Wenn es also auch so scheint, als ob an eine »kalte« Mutter ein Kind einseitig gebunden sein könne, als ob ein Erwachsener in einen anderen verliebt sei, ohne jede Erwiderung, so sind dies doch nur augenblickhafte Zustandsbilder und ganz *unvollständige* Beschreibungen der Wirklichkeiten. Denn der *Verlauf*, die Dynamik einer Bindung, ist stets von *beiden* Partnern bestimmt. Die unerwiderte Liebe ist ja doch *wesensmäßig* eine ganz andere als die erwiderte.
Die Rolle nun der Personalität, der Persönlichkeitsfaktor, ist eines unserer weiteren Hauptthemen, und nur soviel sei schon im voraus gesagt: die Persönlichkeitsbildung beginnt eben dadurch, daß die bloß vitale Bindung zweier Wesen entzweit wird und so Übertragungen entstehen. Eben dadurch, daß eine Person, sagen wir die Mutter, aus der Bindung entfernt wird und eine andere, sagen wir die Pflegerin, mit ihr besetzt wird, eben dadurch wird die Mutter für das Kind zum erstenmal überhaupt Person, nämlich eine Person neben der anderen. Wir nehmen also an, daß der Mensch nicht dadurch Person wird, daß noch *eine* andere, sondern dadurch, daß zwei andere Personen da sind.
Aber als ein Hauptergebnis können wir heute feststellen, daß es biologische Grundverhältnisse, wir nannten sie Vitalbindungen, sind, auf denen sich die ersten Erziehungswirkungen aufbauen; unumgänglich ist es, sie als das zu erkennen, was sie sind, und sie nicht zu verwechseln mit den geistigen Begriffen der sittlichen Welt. Aber ebenso wichtig ist der andere Punkt: daß jede Seelenbehandlung und -führung nicht ein einseitiger Akt der Bewirkung ist, sondern sich auf einer urphänomenalen Zweisamkeit erhebt: bio-

logisch sowohl wie metaphysisch. Biologisch, weil jede Bindung das Schicksal hat, welches ihr die Art des Zusammenlebens zweier Personen vorschreibt; und metaphysisch, weil die sittliche Norm ihre reale Bedeutung erst dann offenbart, wenn sie im Verhältnis zweier Personen ausgedrückt wird, ohne dies bleibt sie ein wesenloser Schein.

Zweite Vorlesung

Kritik des Gefühls. Kritik der Scham; ihre Bipersonalität. Grenzen der Wirkung und des Verstehens. Geistige Kräfte. Verkleidung und Übertragung. Autonomie. Die Belehrung. Objektivation, Umdeutung, Katharsis, Plastische Aktivität.

M. H.! Wir haben versucht die Ermahnung durch das Wort zu analysieren. Unser wichtigstes Ergebnis war, daß hier kein einfacher Kausalvorgang, aber auch kein ursprünglich sittlicher Vorgang vorliegt, sondern daß wir zunächst auf eine vorsittliche Schicht von Vitalbindungen zwischen den zwei Partnern seelischer Beziehung stoßen; man kann vielleicht in biologischer Analogie von einer symbiotischen Existenzschicht sprechen, in welcher Liebe und Haß, Angst und Trotz, Scham und Schamlosigkeit, Gewohnheit und Neugierde ihr dynamisches Spiel treiben. Vergessen wir dabei nicht, daß mit diesen Worten der biologische Kern nur unbefriedigend und eigentlich metaphorisch ausdrückbar ist, und zwar eben weil die sittlichen Vorstellungen und Mächte in ihnen mit anklingen. Diese aber meinen wir hier nicht; sondern wir meinen etwas ungeistig Vorhandenes, was aber nicht leicht zu fassen ist. Unsere wissenschaftlichen Begriffe deuten auf die vorhandene Sache hin, aber sie sind nicht selbst diese Sache; dies sollten wir nie vergessen.

Alle Philosophien und Theologien haben die Stellung der Triebe und der Affekte zu bestimmen gesucht. Platon und Spinoza haben in ihrer Besiegung durch die Vernunft das sittliche Ziel gesehen, Pascal umgekehrt die den Passionen selbst innewohnende Vernunft begriffen und als »logique du coeur« erkannt. Diese Logik des Herzens, diese Vernunft der Leidenschaft bejahen oder verneinen, dies ist eine der wichtigsten Entscheidungen aller Moralphilosophie. – Auch hier darf das Ziel unserer Betrachtung nicht weiter gesteckt werden als Rahmen der Gesamtaufgabe. Wir haben die Seele zu *studieren*, nicht zu richten. Und wir haben die *Seele* zu studieren, nicht die geistigen Substanzen, nicht die Ideen. Und so sehr das Verhältnis von Seele und Geist nicht umgangen werden darf, so ist zunächst doch die Frage hier wichtiger: was geht in der Seele vor, als die Frage: welche geistige Form hat sie bestimmen helfen. Ich möchte das betonen, weil, so viel ich sehe, bei uns zumal im akademisch bestimmten Deutschland, geistige Entscheidungen zu oft diskutiert und getroffen werden ohne genügende Erfahrung der menschlichen Psychologie und daher auch ohne Wirkung auf unser Herz. Man kann dies konkreter ausdrükken, wenn man sagt: wir haben zuviel Kritik der Ideen (Weltanschauungen, Bekenntnisse u. dergl.) und zu wenig Kritik der Gefühle. Es ist ein sentimental-romantischer Zug, der sich einmal zu unmittelbar auf das Gefühl verläßt und es, einfach weil es Gefühl ist, darauf verläßt. Und auf der anderen Seite werden die geistigen Ansichten gleichsam freischwebend behandelt, als ob sie an und für sich etwas wären, als ob es so etwas wie eine rein intellektuelle Welt für sich gäbe. Man bedenkt aber nicht, daß gewisse biologische und psychologische Organisationen die Voraussetzung sind, unter der ein Mensch in der intellektuellen Sphäre allein sich bewegt. All dies läßt sich auch aus Zügen unserer deutschen Philosophie ableiten, beides ist aber nicht durch geistesgeschichtliche Einflüsse allein erklärbar, sondern beruht auf einer gemeinsamen Struktur: die fehlende Kritik der Gefühle und die Überkritik an den geistigen Wirklichkeiten hängen nahe zusammen und können als Erziehungsfehler unserer Rasse aufgefaßt werden. NIETZSCHE hat ihn zu korrigieren versucht und den Finger auf jene Hauptschwäche gelegt, welche aus dem sentimental-romantischen Auseinanderfallen von Gefühlswert und Geistigkeit entspringt: auf die Schulmeisterei der Deutschen. Daß Triebe, Affekte, Leidenschaften und Gefühle gleichsam in die geistige Sphäre aufsteigen und sie mitbestimmen – dies müssen wir zuerst im ganzen Umfang als Tatsache anerkannt haben, ehe wir darüber zu Gericht sitzen, ob es unser Glück oder unser Verderben sei, *daß* dem so ist. Daß die bloße Ermahnung so oft abprallt, daß die »Schulmeisterei« keine Meisterschaft, sondern den Dilettantismus bezeugt, dies muß auch diejenigen stutzig machen, welche von der ganzen »Wühlerei in der Seele« in Bausch und Bogen nichts wissen wollen. GOETHES Ablehnen des Forschens in der eigenen Seele hängt aufs allergenaueste mit jenem nach außen gerichteten allzu pädagogischen Hang einiger seiner späteren Jahre zusammen; aber bei ihm läßt sich dieser Zusammenhang eben nur als eine Seite, ja als nur eine Reaktion seines Lebens ansehen – er wußte gar wohl um die andere Seite; er wußte um seine Seele, und er hatte den Werther geschrieben.

Wenn wir demnach behaupten, daß vertiefte Kenntnis, ja Analyse der Seele nötig sei, um das unwirksam-schulmeisterliche in ein wirksam erziehendes Wort zu verwandeln, so ist damit eben auch behauptet, daß Wissen hier zum Wirken werden kann, daß bewußtes Hinwirken notwendig ist gegenüber instinktivem, intuitivem, unbewußtem Wirken. Ich sage nicht, daß es unter allen Umständen besser ist, sondern, daß es in vielen und namentlich den schwierigen und gefährlichen Fällen der Seelenführung unentbehrlich ist. Und es gibt einen sehr einfachen Grund, warum wir hier von den Instinkthandlungen und den glücklichen Eingebungen der Erziehungskunst nicht reden: über sie gerade kann man nicht reden, auf diesem Gebiet ist schlechthin nichts zu sagen als dies, daß man eine Gabe haben, aber nicht geben kann, daß Begabung zum intuitiv Richtigen freilich vieles Wissen überflügeln kann – aber sie ist nichts, was man machen, erzeugen, übertragen kann. Und auch der Begabteste sieht sich oft genug vor Rätsel und Unbegreiflichkeiten gestellt, sieht sich ratlos.

Vor der Seelenforschung steht die Barrikade der Scham. Der Vorhang am Beichtstuhl, der Platz des Psychoanalytikers im Rükken des Patienten legen Zeugnis ab davon. Das Auge in Auge, die Pupillensicherheit sind Ausdrucksformen einer Überwindung der Scham, wie der irrende Blick, das weggewandte Auge die unüberwundene Scham anzeigen. Wenn sich aber der Patient schämt, so schämen wir uns selbst; indem wir uns mitschämen, bekunden wir, daß wir uns der Scham als solcher schämen können, denn wir haben ja oft gar keinen Grund, uns dessen zu schämen, was der andere tat. Die Scham trägt in sich die Tendenz zu ihrer eigenen Überwindung; gelingt die Überwindung nicht, so schämen wir uns ihres Fortbestehens. Zwei Menschen erreichen eine neue Bindung, wenn die Scham zwischen ihnen fällt, und so ist auch die Scham, als Spannung oder Widerstand gegen diese Bindung aufgefaßt, wiederum nicht ein einseitiges, sondern ein gegenseitiges – ein bipersonales Phänomen. Scham wird nun (ebenso wie Keuschheit) ungeheuer überschätzt, wenn sie als ein sittliches Gefühl schlechtweg gefaßt wird. Auch sie ist eine Vitalbindung oder, wenn Sie wollen, eine Vitaltrennung, am genauesten: eine verhinderte Tendenz zur Bindung, die an sich nicht sittlich, sondern vital ist. Sittlich wird die Scham erst durch eine geistige Motivation, ganz dasselbe gilt für die Gegenkräfte der Scham, die Schaulust und Zeigelust.

Nun ist die Scham des Patienten oder Beichtkindes als etwas, was zugleich in ihm und im Arzt oder Beichtvater real vorhanden ist, doch nicht ohne weiteres einsehbar. Sie werden sagen: der psychologische Tatbestand ist doch ganz anders. Man sieht doch viel öfter, daß der Patient sich schämt, aber der Arzt sich gar nicht schämt, sondern er fragt ganz schamlos und kniet förmlich auf der Seele des Patienten. Oder auch umgekehrt: der Patient würde sich so herzlich gern dekuvrieren, wenn der Arzt nur nicht so schamhaft sein wollte und gar nicht nach dem Intimen fragte. Und hier erfahren wir nun, daß wir mit unserer bipersonalen Definition der Scham bereits über den psychischen Erlebnisinhalt hinausgegangen sind, daß wir vom Phänomen zur Phänomenologie, von der Erscheinung zum Wesen vorgedrungen waren. Sie werden vielleicht dieses zugeben: ein solcher zu wenig schamhafter Arzt oder ein solcher zu wenig schamhafter Patient sind jedenfalls gleich unerwünschte Beziehungsformen: das Mißverhältnis der Scham der beiden Partner ist das unerfreuliche. Aber wenn Sie so sprechen, so waltet eben in Ihnen wieder nichts anderes als – die Scham selbst. Das Phänomen des Mißverhältnisses und des Mißempfindens darüber läßt sich wiederum durch nichts anderes bestimmen als durch Schamgefühl. Die Lösung des Problems ist daher immer wieder diese: Scham ist ein wirkliches und Wesensverhältnis zweier Personen und ist ein Wirkliches nur als Verhältnis der Personen; und ferner: sie ist nicht als stationärer Zustand begreiflich, sondern in ihrem vitalen Grund als eine Bewegung zur Transformation einer Bindung. Wir schämen uns nicht vor unserer Badestube, aber wir bekommen eine Scham vor einem Menschen, namentlich einem des anderen Geschlechts, wenn eine seelische Bindung eintritt, wir verlieren sie vor ihm, wenn diese seelische Bindung bestimmte Wandlungen durchläuft. Wir schämen uns vor ganz unbekannten Menschen weniger als vor bekannten, vor unserem Dienstpersonal weniger als vor unseres-gleichen, vor dem Arzt weniger als vor dem, der kein Amt hat.

Wir haben nun am Beispiel der Scham unser Gesetz der Zweisamkeit um einen wesentlichen Schritt erweitert, nämlich so: die seelische Exploration stößt auf den vitalen Widerstand der Scham, und wir finden ihn in verschieden erlebter Verteilung auf beiden Seiten, der des Explorierten wie der des Explorierenden. Aber wir betrachten sie als einen in jedem Falle gemeinsamen Vorgang mit der Tendenz zur Umbildung. Daraus erfolgt das überaus wichtige Weitere: diese Umbildung, die zur Überwindung der Scham führt,

muß gleichfalls beide Partner betreffen, und eine Entwicklung des Ausgefragten bedeutet dann stets zugleich eine Entwicklung des Ausfragenden. Ja, dies ist sogar das Wesen des ganzen Vorganges, daß zwei Menschen eine Entwicklung zusammen leben. Wir haben hier nun nicht die ganze Phänomenologie der Scham zu betrachten. Man wird hier nichts von allem verstehen, wenn man die Scham nicht versteht als eine einfache, einheitliche Vitalbindung, die aber zugleich höchst mannigfaltig in der erlebten Gefühlswelt determiniert erscheint. Wir müssen hiernach imstande sein, die Arten dieser Determinationen, die Arten der Schamwandlung zu erkennen, um daraus zur Kritik der Scham zu gelangen, die uns als die Scham der ärztlichen Exploration besonders hier beschäftigt.
Und hier dürfte weitaus das Wichtigste sein, daß dasjenige, was in der Erscheinung als Scham imponiert, gar nicht als sittliche Scham determiniert zu sein braucht, sondern durch etwas ganz anderes determiniert sein kann. Erlauben Sie mir das trivialste Beispiel: eine Patientin will sich nicht auskleiden, weil sie sich der Nacktheit zu schämen scheint, wir bemerken aber zufällig, daß sie sich nicht gewaschen hat. Sie schämte sich nicht ihrer Nacktheit, sondern ihres Schmutzes, eine Scham von völlig anderem psychologischem Wertakzent; eine Täuschung, die zu einer Fehldiagnose dieser Psyche führen kann. Denn die Scham der Nacktheit ist wesenhaft anders in einer Persönlichkeit begründet als die Scham über nachlässige Reinlichkeit. Wir sehen: beides ist Scham, und doch ist beides ganz verschieden determinierte Scham. – Aber es kommt nun der Fall zur Erörterung, wo es sich überhaupt nicht um evidente Scham, sondern um Widerstand gegen die Ausfragung aus anderen Gründen als unmittelbar erlebte Scham handelt. Die Ausfragung stößt auf Widerstand oft in ganz unerwarteten Dingen. Jemand spricht nicht über ganz bestimmte Ausschnitte seines Lebens, über bestimmte Epochen, Personen, Berufsgebiete, Probleme und dergl. Ein solcher Widerstand ist immer bedeutsam, und er stellt sich mit Regelmäßigkeit dort ein, wo bestimmte Konflikte nicht erledigt sind. Aber er stellt sich auch da ein, wo ein Konflikt in neurotischer Form erledigt ist, nämlich so, daß an die Stelle einer gesunden Erledigung ein Symptom getreten ist. Wir finden z. B., daß ein Unverheirateter nicht gern von der Ehe spricht. Die nähere Kenntnis deckt dann auf, daß ein unglückliches Liebesverhältnis oder eine unnormale Form seiner vita sexualis vorliegt. Oder wir finden ein neurotisches Symptom, ein Zucken

der Gesichtsmuskeln, eine sonderbare Pedanterie, z. B. übertriebene Reinlichkeit, namentlich bei Hausfrauen. Die Analyse zeigt, daß gerade der Lebenszusammenhang, in dem das Symptom entstanden ist, dem Ausfrager zunächst völlig unzugänglich bleibt, weil der Patient ihn effektiv vergessen hat. Oder wir finden den Widerstand in der Form, daß ein bestimmtes Lebensgebiet in einer Beleuchtung von dem betreffenden Menschen erlebt und geschildert wird, welche das genaue Gegenteil der wirklichen Verhältnisse ist. Z. B. schildert ein Mensch sein Verhältnis zu seinem Beruf in leuchtenden Farben, er fühle sich wohl, glücklich, harmonisch. Aber die Analyse zeigt, daß ein schwerer Mangel an Begabung oder an Erfolg, den er sich nicht zu gestehen wagt, ihn zwingt, in das Gegenteil sich mit Phantasie und Verdrängung hineinzusteigern. Das eheliche Glück ist ein sehr gewöhnliches Terrain solcher seit Ibsen sogenannten Lebenslügen. Wir finden hier systematisierte Formen des unwahren Lebensaufbaus, und es ist gar kein Zweifel, daß es überhaupt keinen Lebensaufbau gibt, der vollkommen frei von solcher systematisierten Konflikterledigung wäre.
Hier beruht also der Widerstand gegen die Exploration nicht auf Scham – diese wird vielmehr jetzt als »Innerlichkeit«, »Verschlossenheit«, »Zartgefühl«, »Keuschheit« und dergl. vorgetäuscht. Sondern der Widerstand beruht auf der Angst vor der Zerstörung eines Systems, dessen Zusammenbruch den Konflikt mit der alten elementaren Stärke reproduzieren würde und vor dem ein zweites Mal zu kapitulieren der Betreffende nicht wagt, den zu besiegen er sich nicht mehr zutraut. Denn seine Herrschaftsstellung über sich und sein Milieu ist mit tausend Stützen und Streben in dieses System verwoben.
Endlich stammt aber ein wesentlicher Teil des Widerstands im Ausfragen aus der Person des Ausfragenden selbst, und dieser ist der meist am allerwenigsten gewürdigte. Es zeigt sich nämlich, daß die Partner einen Großteil der Konfliktgebiete teilen. Alles allgemein Menschliche, die geschlechtliche Sphäre, das Geltungsstreben in der Welt, der Trieb, zu produzieren und zu besitzen – wir teilen sie ja mit unserm Klienten. Nun ist vielfach behauptet worden, wir vermöchten in der Seele des Mitmenschen nur soviel zu verstehen und nachzuerleben, als wir selbst erlebt und verstanden haben. Die Grenze des Sich-Einfühlenkönnens sei schlechthin durch die Grenze des eigenen Wesens gezogen. Ich halte diese Behauptung für unbedingt falsch und meine, daß wir durch Studium und

Übung ganz außerordentlich viel lernen und das Einfühlvermögen mächtig erweitern können. Dagegen ist es richtig, daß eine Grenze allerdings dort gezogen ist, wo wir selbst einen Konflikt durch eine Neurose oder eine Lebenslüge erledigt haben; dort vermögen wir auch beim Fremd-Ich nicht weiter zu dringen. Nicht in bezug auf individuelle seelische Inhalte sind wir begrenzt, sondern in bezug auf das, was wir als sittliche oder geistige Lebensstufen bezeichnen können und was nur durch Konfliktbesiegung erreichbar ist. Und wir müssen ja doch neben der rein durch Individualität bedingten auch eine durch objektive Ordnungen des Wertes und Ranges statuierte Verschiedenheit der Personen anerkennen. – Auf weite Strecken sind wir also z. B. imstande, fremdes Unglück, etwa den Verlust des Kindes, der Gattin, auch wenn wir ihn selbst nie erlebt, nachzufühlen; ja wir fühlen manchmal anscheinend stärker als derjenige, welcher die Situation an sich erfährt. Wir können die Seele des Kindes, des Menschen, der älter ist als wir selbst, des anderen Geschlechtes, der historischen Persönlichkeiten u. v. a. nachempfinden, einfühlend erleben – wie wäre sonst Kunst möglich! Aber wir vermögen im eigenen Leben auf andere Menschen nicht stärker zu wirken, als wir selbst sind, nicht Konfliktsstufen zu erledigen, welche wir selbst nicht erledigt haben; das Kind kann nicht den Erwachsenen erziehen, der Kranke nicht den Gesunden heilen. Freilich bedarf dies einer wichtigen Erläuterung. Denn es bleibt zunächst mißverständlich, wenn wir sagten, wir müßten »stärker« sein als derjenige, auf den wir seelisch wirken wollen. Es fragt sich, welche Stärke gemeint ist. Und hier ist jetzt die Antwort leicht zu finden: durch vitale Stärkeüberlegenheit werden wir nie mehr erreichen als Stiftung und immer neue Stiftung vitaler Bindungen. Furcht und Schrecken können wir gegenüber dem Kind, dem Untergebenen immer verbreiten, aber wir kommen niemals zur Ablösung und Umbildung der Vitalbindung. Dazu wird eine andere Kraft erfordert, und diese muß überhaupt nicht vitalseelischer Natur – sie muß geistiger Natur sein. Es müssen also z. B. die Kräfte der Intelligenz, des Wissens, der Güte, der Liebe, der Weisheit, des Glaubens, der Beharrlichkeit sein. Ihre Ordnung und Bedeutung für unser Problem zu finden ist eine unentbehrliche Aufgabe systematischer Psychagogie.

Solange wir in der Erziehung strafen, drohen, schelten, aber auch lieben, schmeicheln und versprechen lediglich aus einem impulsiven, triebhaften Verhältnis zu dem Kinde oder Patienten, solange wir uns nicht gleichzeitig der lediglich vitalen Natur dieser Impulsiv- oder Triebhandlungen und -bindungen bewußt sind, so lange kommen wir auch im Erziehungswerk über Vitalreaktionen und Vitalkonflikte nicht hinaus: das heißt, das Kind bleibt, soviel es an uns liegt, ein Triebwesen und neigt sich, wie wir gleich sehen werden, zur Neurose. Es ist also die Erkenntnis dieser Triebnatur, welche aus dem impulsiven Menschen erst den Erzieher macht; ich möchte sagen, der Erzieher muß erst gesehen haben, daß er selbst nackt war, und für ihn ist die Frucht vom Baum der Erkenntnis der Anfang der eigentlichen Arbeit. Mit ihr wird die paradiesische Schranke vorsittlicher Vitalexistenz überschritten, und diese Befreiung aus dem Paradies ist der Anfang vom Ende des vitalen Lebens: Erkenntnis bringt Freiheit, und Freiheit bringt zuletzt den physischen Tod. Wenn wir aber sagen, der verstehende Erzieher muß stark sein, so müssen wir auch dazu sagen, er muß schwach sein. Menschen, die ihre eigenen Konflikte glatt und spielend überwunden haben, sind nicht geeignet, kranke Seelen zu verstehen. Und wer sich einmal hat brechen lassen, wer einmal gebrochen wurde und selbst erfahren hat, was Hilfe ist, pflegt leichter jenes innere Begreifen eines Kranken zu erringen.

Das Wichtigste scheint nun aber weiter zu sein, daß wir uns niemals einbilden, irgend eine Erziehung könne die Vitalbindungen durch geistige Kräfte einfach ersetzen; sondern jede Stiftung eines geistigen Einflusses bedeutet nicht Aufhebung, sondern Wandlung einer vitalen Bindung, nicht Vernichtung, sondern Determinationswandel der Triebgrundlage. Es gibt im Menschen keine freischwebende Geistigkeit, und es gehört zur Kritik der geistigen Funktion, in ihr die vitale Triebgrundlage zu erkennen. Nun sind für uns hier die wichtigsten Beispiele etwa die folgenden: Gehorsam z. B., der bloß Angst oder bloß Gewohnheit wäre, ist kein Gehorsam; es versteht sich von selbst, daß mehr als ein Konflikt oder eine Spannung da sein muß. Aber um erkennen zu können, daß ein geistiger Gehorsam wirklich vorliegt, müssen wir sicher sein, daß ein vitaler Determinationswandel auch wirklich vor sich geht. Ein Sohn verzichtet um der Eltern willen auf eine von diesen mißbilligte Heirat, auf eine Liebe. Hier müssen die Eltern klar sehen, daß zu dieser Gehorsamserfüllung etwas ganz anderes führen kann als geistiger Gehorsam oder geistiges Gefühl, nämlich ein Infantilismus des Sohnes, eine unvollkommen gebliebene Lösung der kindlichen Form der Bindung an die Eltern. Man wird in diesem Falle nicht sagen dürfen, daß der Gehorsam stärker war als die Liebe zu jenem Mädchen, sondern daß die filiale Bindung stärker war und daß darin ein Infantilismus, eine Unreife lag. Pädagogisch folgt, daß die Eltern, statt diesen Scheingehorsam weiterhin auszunutzen, auf die Reife, auf die Autonomie des Sohnes hinarbeiten müssen. Der hier geschilderte Fall ist typisch für die ganze Entwicklung von früh an. Denn was aus der unvollkommenen Ablösung von der Vitalbindung folgt, sind Verdrängungen und abnorme Fixationen und in vielen Fällen die Neurose. Sie kann sich z. B. entwickeln, indem eine Tochter infolge infantiler Bindung an die Eltern sich schon nicht einmal gründlich verliebt und so die rechtzeitige Ehe verhindert wird. Solchen Mädchen droht die Neurose. Die Unfähigkeit, auf die filiale Bindung zu verzichten, ist zugleich die Unfähigkeit, eine neue Bindung einzugehen.

M. H., ich kann nicht hoffen, in so kurzer Zeit Ihnen einen wirklichen Einblick in den psychologischen Aufbau der Neurose zu geben. Auch ist dies nicht die eigentliche Aufgabe dieser Vorlesung. Aber dies sollte doch wenigstens deutlich werden: die Entstehung der Autonomie der Persönlichkeit erkennen wir jetzt als das nächste Ziel der Psychagogie, und was ich als Arzt zu dieser gewaltigen Aufgabe zu sagen habe, ist dies, daß der Erzieher unter dem dialektischen Gesetz steht, daß er wirken kann, nur wo eine Bindung ist, und daß er bilden kann, nur wo er auch die Bindung wieder löst. Sonst wird er zum Schulmeister oder zum Exerzierstock und produziert als solcher die Neurose. Das nervöse Kind, das »schwererziehbare«, das verstockte, das grausame, das haßerfüllte und das rachsüchtige Kind, das Kind mit Schrei- und Atemkrämpfen, das mit Bettnässen und mit Daumenlutschen, mit Eßverweigerung, nervösem Erbrechen, Angst und hysterischen Reaktionen aller Art behaftete Kind, sie alle sind Kinder, bei denen z. B. die Bindung an die Mutter übermäßig stark, bei denen die Lösung der Vitalbindungen mit übermäßigem Erziehungsschmerz verbunden ist. So paradox Ihnen das scheinen mag: gerade diese nervös, ungehorsam und »böse«, widerspenstig und lieblos erscheinenden Kinder sind dieselben, bei denen die filiale (libidinöse) Bindung besonders an die Mutter viel stärker ist als bei den unschwierigen und sog. gutartigen Kindern. Gerade die nervösen Kinder sind es, welche die Liebe am meisten suchen und bei denen doch die Verzärtelung am gefährlichsten ist. Diese Kinder brauchen weder nur mehr Strenge noch nur mehr Schonung – beides ist ganz falsch, sondern was sie brauchen, ist ein Mehraufwand an beidem und damit lösender, d. h. zur Selbständigkeit führender Erziehungsarbeit. Sie erzwingen diese Mehrarbeit durch ihre Struktur, und wer sie ihnen versagt, wird durch furchtbare Ergebnisse belohnt werden.

Nun ist die Entscheidung, ob ein solcher Kinderfehler, ob ein solches Symptom wie Bettnässen, Atemkrampf, Erbrechen Ausdruck einer Organkrankheit oder einer Kinderneurose ist, freilich oft so schwer, daß ein ärztliches Urteil gar nicht zu entbehren ist, um nur einmal zu entscheiden, welche Haltung man einnehmen soll. Die große Romanliteratur kennt ja einige der wunderbarsten Schilderungen des liebessehnsüchtigen Hasses, der haßbereiten Liebe nervöser Kinder gegen die Eltern, ganz besonders auch den Vater. Ich nenne nur Dostojewskijs Roman: »Ein Werdender«.

Die Zulassung der Pflegerin, des Lehrers, der Gespielen zur Erziehung ist von fundamentaler Wichtigkeit für die Ablösung des Kindes von der frühinfantilen Bindung, für die Durchführung des Prozesses, in dem die Mutter und der Vater für das Kind aus bloß vitalen Personen geistige Personen, d. h. überhaupt erst eigentlich Personen werden. Denn wir sahen es, nur durch Übertragungen, nur durch das »Schwärmen« für andere große Personen, aber auch nunmehr für Spiele, Bücher, Freunde usw. ist eine neue Triebdetermination ja möglich, und nur durch diese ist die Einführung der geistigen Kräfte in das Leben, die Bildung der geistigen Personen erreichbar.

Mit dem Entstehen der Persönlichkeit aus dem Schlummer der Vitalzustände heraus geht nun freilich unsere gegenwärtige Aufgabe ins Unübersehbare. Sie mögen bei mancher dieser Ausführungen gedacht haben, daß ein übertriebener Schematismus, eine gewaltsame Vereinfachung vorgenommen werde, über den die individuelle Wirklichkeit hinwegflute. Wie mannigfaltig sind schon die Kinder! Aber ich glaube, daß gegenüber der Vitalsphäre diese monotone Anschauung gerechtfertigt ist. Freud urteilt, es gebe nichts Monotoneres als die Neurosen, deren erste Entstehung wir hier ganz biologisch auffassen mußten. Die individuelle Mannigfaltigkeit bringt erst das komplizierte Schicksal, bringt die sittlich-geistige Sphäre mit sich, ohne deren Zusammenwirken mit der vitalen die individuelle Charakterbildung undenkbar ist. Aber noch auf einen anderen Einwand bin ich gefaßt, nämlich den, daß bisher die Erziehungsfrage als eine psycho-biologische Technik angefaßt wurde und daß von der Persönlichkeitswirkung des Erziehers kaum die Rede war, und ebensowenig von der eigentlichen sittlichen Unterweisung. Demgegenüber ist zu sagen, daß das hier Erörterte der Versuch einer Lehre von den Vorbedingungen solcher Wirkungen ist, daß er diese Wirkungen nicht verdrängen, sondern ermöglichen soll. Gratia supponit naturam.

Und in diesem Sinne fassen wir die Kenntnis der Transformationsgesetze und das psychagogische Postulat der Ablösung nun freilich zunächst als eine gleichsam technische Regel auf, aber darüber hinaus doch noch als ein Weiteres, nämlich als eine Kritik der Echtheit und Wahrheit des Erziehungserfolges, und damit als ein Stück zur Kritik der Seelenkunde. Diese Kritik ist so außerordentlich erschwert durch zwei psychologische Mechanismen: den der Verkleidung und den der Übertragung. Ich erinnere an die kunstliebende oder frommgewordene Dame in einer gar nicht sog. schlechten Ehe, in der vielmehr gerade ein Bruch oder Konflikt verdrängt ist. Und für die falschen Übertragungen erinnere ich an den Kranken, der sich in seinen Arzt verliebt und in dieser neuen Bindung seine Symptome verliert (»Gefälligkeits-Heilung«); sobald aber der Arzt die Bindung löst, erscheint die Neurose wieder: er war nicht geheilt, er hatte nur unbefriedigte »Libidobesetzung« auf den Arzt übertragen. Die Kenntnis dieser beiden Mechanismen erscheint als eine Art von kritischer Technik, die ganz unentbehrlich in schwierigen Fällen ist.

Aber wir haben uns jetzt dem ersten geistigen Faktor zuzuwenden, der uns begegnet ist, nämlich der Autonomie selbst. Wir fragen jetzt, wie wir uns die geistige Wirkung in einer therapeutischen Konversation eigentlich vorzustellen haben. Hier haben wir es zunächst mit der Erkenntnis zu tun. Inwiefern, so fragen wir, kann z. B. eine durch den Arzt vermittelte Erkenntnis seelisch wirksam sein? Da wir ja ursprünglich von der einfachen Ermahnung ausgingen, betreten wir hier das völlig neue und, wie es scheint, unzweideutig geistige Gebiet der Belehrung. War die Ausnützung der Vitalbindung der erste schmale Tritt der Psychotherapie, so ist die geistige Belehrung die zweite Stufe, auf der wir emporzusteigen hoffen.

Auch auf diesem Gebiete, meine Herren, müssen wir uns der Weisheit der Dichter mehr anvertrauen als der der Philosophen. Freilich müssen wir eines gleich zugeben: wir sind hier weit davon entfernt, die Wahrheiten um ihrer selbst, die Erkenntnisse um ihrer selbst willen zu betrachten, sondern wir fragen ja nur: wie können wir die Erkenntnis oder die Wahrheit von einem Menschen auf den anderen verpflanzen. Es ist die Frage des Gärtners, wie kann ich eine Pflanze umsetzen, wie kann ich »okulieren«, wie kann ich mein Auge zum Auge des Klienten machen. Nun gibt es freilich Erkenntnisse, deren Logik, deren Evidenz eine starke innere Abrundung und Festigkeit hat, ja die Logik selbst ist eine solche Erkenntnis, die vielleicht einem geschlossenen Raum gleicht oder einer Erdkugel. Aber wir machen die Erfahrung, daß jemand im Leben und zumal im Seelenleben die Logik verachtet, beiseite schiebt, daß die logische Vernunft nicht angenommen wird. Diese unerschütterliche Erdkugel der logischen Vernunft stellt sich eben nur der Mathematiker freischwebend vor, weil er die Logik annimmt; aber das dichterische Auge sah hier tiefer, wenn es diese Kugel auf die Schultern des Atlas legte: dieser Atlas ist der unentbehrliche Träger der Vernunft, er ist das Vertrauen in die Vernunft. Und wo dies Vertrauen fehlt, ist die Vernunft nichts nütze. Oder wie Shakespeare einmal sagt:

> a man convinced against his will
> is of the same opinion still.

Die Kräfte, welche Vernunft, Erkenntnis, Wahrheit in sich haben – auch sie sehen wir, wo wir die Frage der Seelenwirkung verhandeln, unter eine Bedingung gestellt, und die Bedingung heißt Zutrauen, Vertrauen, Überzeugung, Wille, Glaube. Die theoretischen, die philosophischen, die wissenschaftlichen Erkenntnisse, in denen Kant z. B. Notwendigkeit und Allgemeingültigkeit entdeckt, sie sind nicht vermögend, eine Gemeinschaftlichkeit zu stiften, und von Gemeinschaftlichkeit einer Erkenntnis, nicht von ihrer objektiven Allgemeingültigkeit, hängt es ab, ob eine Gemeinschaft entsteht oder nicht. Freilich ist hiermit längst nicht alles gesagt. Aber wir halten nur dies fest: eine theoretische Erkenntnis kann als solche eine Gemeinschaft nicht stiften, es sei denn, daß mit ihr mehr gestiftet wird als Erkenntnis, nämlich überdies Vertrauen, Überzeugung oder Interesse. Vertrauen, Überzeugung und Interesse aber stehen unter ganz anderen Werdebedingungen und Daseinsgesetzen als Evidenz, Logik, Vernunft. Nun haben wir ein Stück Arbeit hierfür bereits hinter uns: Vertrauen von Mensch zu Mensch kann erwachsen auf jenem Boden der Vitalbindungen. An wen ich gebunden bin, von dem bin ich auch geneigter, Vernunft anzunehmen, wie das Wort bei der Strafe zeigt: »Willst du wohl endlich Vernunft annehmen.« (Sie sehen hier wieder die Äquivalenz von Furcht und Liebe.) Aber wir werden heute auch noch von einer zweiten, einer geistigen Art der Stiftung von Vertrauen und Überzeugung zu sprechen haben. Zunächst aber ist nunmehr einzugehen auf die in der Psychotherapie zu beobachtenden Wirkungsweisen der vernünftigen Belehrung. Sie könnten hier freilich gleich den Einwand machen, es sei unangängig, hier überhaupt noch von Psychotherapie zu sprechen, weil hier zwar möglicherweise ein Seelenvermögen, eben die Vernunft, in Frage stehe, weil aber das Wirksame doch nicht in diesem Vermögen liegen könne, sondern in den geistigen Wahrheiten selbst, z. B. im Inhalt der Wissenschaft selbst oder im Inhalt der Offenbarung selbst. Und hierin bin ich mit Ihnen völlig eins. Ich meine, daß hier statt des Wortes Psychotherapie das Wort Logotherapie nicht zu gewagt ist. Trotzdem bleibt ein Seelenvorgang das gleichsam biologische Milieu, in dem der Logos erscheint, ich möchte sagen, wir haben hier nicht vom Logos, sondern vom Fleisch zu reden. Und hier kann man zwei therapeutische Wirkungen der Belehrung unterscheiden: die eine nennen wir Objektivation des Erlebnisses, die andere ist die Katharsis.

Wir haben bisher wenig von solchen Fällen gesprochen, in welchen ein Mensch in einer akuten Krise seines Seelenlebens zu uns kommt. Gerade hier sind die eigentlich schwierigen Situationen gegeben, wo wir schweren Erregungszuständen oder Depressionen gegenübergestellt sind, wo der erste Anblick schon die Frage aufwirft, ob der Psychiater nicht mehr am Platze sei als jeder andere. In solchen Fällen befinde ich mich in wenig anderer Lage als Sie, da auch ich ja nicht Psychiater bin und da die Entscheidung, ob beginnende Geisteskrankheit vorliege, zu den allerschwersten gehören kann. Dem in vollen Flammen ausgebrochenen Seelenkonflikt gegenüberstehen heißt gewöhnlich in Geistesgegenwart sofort handeln und dramatische Auftritte durchführen müssen. Selbstmord- oder Fluchtgefahr, Gewalttätigkeiten gegen sich und andere tauchen auf und verlangen Abwägung, ob diese Gefahren, diese Beteuerungen ernst zu nehmen sind oder nicht, ob sie durch objektive Umstände gerechtfertigt oder ob sie als Ausfluß eines krankhaften Geschehens zu bewerten sind, je nachdem der Betreffende zum Arzt, zum Geistlichen, zum

Freunde kommt, ob er selbst oder seine Angehörigen die Hilfe suchen, entstehen ganz verschiedene Szenen, und all diese Begleitmomente verdunkeln die Situation oft mehr, als daß sie sie erhellen. Allgemeines ist über solche Dinge kaum aussprechbar, und ich gehe an diesen Schwierigkeiten vorbei und davon aus, daß wir eine Situation vor uns haben, in der wir um Hilfe gerufen sind, folglich auch Hilfe leisten wollen. Und hier ist vom psychologischen Gesichtspunkt aus zu sagen, daß eine erste Stufe der Beruhigung dadurch erreicht werden kann, daß der Kranke alles vollkommen ausführlich, ja pedantisch erzählt, was er überhaupt über sein Erlebnis, seinen Konflikt, seinen Zustand weiß. Diese Ohrenbeichte oder Aussprache ist eine erste Form der sog. Übertragung, insofern die Mitwisserschaft des Höchstpersönlichen mit einem Unbeteiligten und in die Konfliktsphäre nicht Verstrickten, die Gemeinschaft des Um-die-Sache-Wissens den Konflikt eben zu einer Sache macht: was vorher nur von innen erlebt war, eben dies wird vom zuhörenden Arzt jetzt von außen gesehen, was vorher ein schöpferischer bzw. zerstörender Prozeß war, erscheint jetzt in einer Anschauung als Objekt, als Gegenstand von Beurteilungen. Diesen Übertritt aus einer Wirklichkeit in eine historische Betrachtung vollzieht die Situation des Zu-zweien-seins, und die bloß betrachtende, ja bloß zuhörende Haltung des Arztes überträgt sich rückwärts wieder auf den Kranken. Auch hier wieder entdecken wir dies Zu-zweien-sein als eine spezifische Realität von spezifischer Wirkung. – Erst in zweiter Linie, aber gleich wichtig ist die dieser Objektivation folgende Stufe, auf welcher der Arzt dem Kranken eine neue Deutung seines Erlebnisses gibt. Indem ich ihm sage: was du erlebst, ist nicht das, wofür du es hältst, tritt bei ihm gleichfalls eine Neutralisierung der Konfliktsspannung, eine Denaturierung seiner Erlebnisqualitäten, eine Affektentwertung ein. Indem ich sage: du regst dich auf, weil du fürchtest verrückt zu sein oder zu werden, aber du bist gar nicht verrückt und wirst es auch nicht werden; oder indem ich sage: du glaubst, deiner Aufgabe nicht gewachsen zu sein, deine Pflicht zu versäumen, du bist aber nur krank und mußt in Erholung gehen, oder indem ich sage: du bereust diesen Schritt und hältst ihn für eine sittliche Verfehlung, aber du hast gar nicht unsittlich gehandelt, sondern du bist in einem Erschöpfungszustand gewesen, wir müssen dagegen etwas tun – indem ich solche Umdeutungen und Umwertungen der Erklärung oder Seinskategorie, in die ein Vorgang gehört, vornehme, kann dieser Vorgang seine Kraft als Konfliktbildner verlieren. Einige dieser Beispiele zeigen schon deutlich die höchst problematische Lage, in die wir selbst uns und unsern Klienten mit solchen Umdeutungen, die fromme Lügen sein können, bringen – ihre Wirksamkeit aber ist nicht zu bestreiten. Wir haben also neben der einfachen Objektivation des Erlebnisses als zweiten Faktor den der Erlebnisumdeutung kennengelernt. – Eine dritte Stufe ist nun die, in der wir eine Erlebnisspannung dadurch vernichten, daß wir das Erlebnis nicht so sehr umdeuten, als vielmehr im Gegenteil möglichst wahrhaft zu reproduzieren suchen, um es dem Gesetz der Wiederholung zu unterwerfen, um es aus der Verdrängung in die Wirklichkeit zurückzurufen. Dieser Weg, ein Geschenk der Antike, bei ARISTOTELES Katharsis genannt, hat in unserer Zeit eine etwas veränderte Bedeutung dadurch bekommen, daß man in ihm weniger ein Mittel zur geistigen Reinigung für alle, als eines zur Beseitigung entschieden krankhafter, durch Verdrängung entstandener Symptome versteht. Doch ist dies kein wesentlicher Unterschied, sondern bloß eine Einengung für den Fall, wo ein ganz bestimmtes Erleben anstatt mit aller Affektstärke durchlebt zu werden, verdrängt, beiseite geschoben und so zum Komplex wurde. Gelingt es nun durch immer wiederholtes Erzählen oder in Hypnose, das Erlebnis in der Phantasie zu reproduzieren, so kann unter starker Affektentladung die Komplexwirkung, das nervöse Symptom verschwinden. Dies ist ratsam auch dort z. B., wo ein sehr tiefes Angsterleben aus den Träumen, aus dem Wachbewußtsein nicht verschwinden will, (und also weniger der Erlebnisinhalt als der Affekt verdrängt ist), durch immer wiederholte Erzählung des Unglücksfalles oder Schreckerlebnisses die ganze Angelegenheit zur Gewohnheit, ja zum Überdruß zu bringen und so abzustumpfen. Kathartische Methoden mit und dann ohne Anwendung der Hypnose sind dann bekanntlich auch der Ausgangspunkt der Psychoanalyse gewesen, und es ist leicht, in dieser Zusammenstellung zu bemerken, daß der Gedanke der Katharsis vor dem der Objektivation und der Erlebnisumdeutung einen ungeheuren Vorzug hat: den der Wahrhaftigkeit. Denn jene Umdeutungen mögen zwar in manchem Falle berechtigt sein, in anderem sind sie zweifelhaft, in wieder anderem sind sie bestimmt falsch. Es geht nicht an, jede Schuld, jede Gemeinheit als pathologische Erscheinung zu motivieren, und ebensowenig, jeden Konflikt einfach zu denaturieren. Wenn wir dasselbe durch Katharsis oder Psychoanalyse erreichen könnten, so müßten wir diese unter allen Umständen wohl vorziehen. Leider liegen hier noch unzählige Schwierigkeiten und ungeklärte Fragen. Fundamental ist die, daß wir in so vielen Fällen gar nicht wissen, worin der heilende Faktor bei diesen Methoden eigentlich besteht. Nur ein Wort möchte ich in dieser Hinsicht gegen die ganz übertriebene Wertschätzung der Suggestion und hypnotischen Suggestion sagen, sofern man Suggestion eben eine Art der Willensübertragung unter Verhältnissen nennt, bei denen die Willensbestimmung des Suggerierten eingeengt, sein Urteilsvermögen beschränkt ist. Freilich ist neuerdings diese Theorie der Suggestion überhaupt völlig geleugnet worden. Und es wird wohl richtig sein, daß diese sog. Willenseinengung, wie sie auch im hypnotischen Zustand scheinbar besteht, in Wirklichkeit nur eine willkürliche Auslieferung, also doch ein voller Willensakt ist. Aber doch steht dieser Willensakt der Auslieferung an den Suggerierten und seinen Willen, seine Ansichten und Wertungen, bei der eigentlichen sog. Suggestion und Hypnose auf dem Untergrund von Vitalbindungen, und diese dürfen doch immer nur als eine Primitivstufe der Willensbeeinflussung und nicht als Ziel, sondern als eine gelegentliche Vorbedingung der Seelenführung angesehen werden. Die Behauptung, die halbe Medizin sei Suggestion und die ganze Psychotherapie sei eine Art Suggestion, verrät einen ganz krassen Dilettantismus. Auch der Suggestion gegenüber scheint uns die Katharsis den Sieg der Wahrhaftigkeit zu bedeuten. Aber der nähere Blick auf die antike Katharsis zeigt in ihr doch etwas grundsätzlich anderes, was dem modernen medizinisch-psychologischen Begriff »Katharsis« denn doch ganz entgangen zu sein scheint. Die erhebende und erlösende Seelenwirkung der antiken Tragödie beruht eben auf ihrer Aufdeckung von transzendenten Grundgesetzen des Daseins. So ist die alte Tragödie das sakrale Mittel vorchristlicher Erlösungswerke. Im Anschauen der Tragödie vollziehen wir im Geiste jene Unbedingtheit der natürlichen und der sittlichen Forderung, die nur mit Untergang enden kann, jene Unbedingtheit, welcher wir uns, soferne wir eben noch leben, entziehen durch die Kompromisse des Lebens. Jene Kompromisse machen uns zwar lebensfähig, aber eben darum auch leidend am Leben. Enthielte die Tragödie nicht diese Wahrheit, so könnte sie auch nicht erlösend und entspannend wirken. Und enthielte sie nur eine sinnliche und nicht eine übersinnliche Anschauung, so vermöchte sie nicht das gegenwärtige Leiden zu durchbrechen. So dient ihre Kunst der Darstellung der Wahrheit, vor der wir im gegenwärtigen Leben fliehen und die uns vom Leben allein heilt, indem sie es aufhebt. Ursprünglich also handelt es sich hier um eine überpsychologische heilige Handlung, die psychologische Folgen haben mag, ohne in ihrem Wesen etwas Psychologisches zu sein. Sie sehen sofort, daß wir hier an die Kluft stoßen, welche eine bloß psychologische Betrachtung von den geheiligten Vorgängen übergangslos scheidet. Diese Grenze müssen wir jenen vorchristlichen sakralen Handlungen gegenüber nicht minder innehalten wie gegenüber der christlichen Erlösung selbst.

Alle bisher betrachteten Formen der psychologischen Belehrung im weitesten Sinn beruhen darauf, daß der Therapeut die Erscheinungen und Zustände annimmt; er hört an, er fragt weiter aus, er objektiviert, er erklärt, deutet und bewertet, ja er holt Weggelogenes, Vergessenes und Verdrängtes wieder ans Tageslicht. Nun bringt aber die Alltagspsychologie und pädagogischer Instinkt ebenso oft ein ganz entgegengesetztes Verfahren zur Anwendung, das Ablehnen der Phänomene. Darunter sind Adhortationen und Belehrungen zu verstehen wie: all das ist gar nicht so schlimm, ist nicht so wichtig, wir wollen das ruhen lassen, Neues beginnen, eine Reise machen, neue Milieuwirkungen aufsuchen, möglichst wenig daran denken usf. Hier fordert also der so Sprechende geradezu zur Verdrängung auf, die vorher als ein unter Umständen krankmachender Mechanismus anerkannt wurde, und wenn er zu ärgerlichen oder gewalttätigen Äußerungen fortschreitet, so stiftet er neue Affekterlebnisse, welche die alten wegschieben sollen, welche das ganze Steuer mit einem Ruck herumreißen sollen, welche statt der Vergangenheit der Zukunft zugewandt sind, Mut und Hoffnung, Gewissen und Ehrgeiz erwecken sollen; statt rückgewandter Analyse wird vorwärtsblickende Synthese, statt Waschen alter Wäsche wird Anfang eines neuen Lebenstages versucht. Befreit atmen wir auf, daß wir aus dem bedrückenden Labyrinth der Zusammenhänge, der Ursachen und Folgen heraus uns der schöpferischen Tat zuwenden dürfen. Und wie mancher Kranke, so lehrt in der Tat die Erfahrung, wartet ja anscheinend insgeheim nur auf den Augenblick, wo endlich wir aufhören, ihn zu verstehen, und anfangen, ihn zu bestimmen, wo wir siegreich mit ihm über seine unlösbare Denk- und Leidenssituation zur Tat übergehen. Kraft, Disziplin, Exerzitium, neue Inhalte, neue Lebenswerte sollen jetzt eingeführt werden und neue Wahrheiten erkannt werden. Alle solche Dinge können wir zusammenfassen und den Ermahnungen und Belehrungen als plastische Aktivität gegenüberstellen. – In diesen Zusammenhang gehört auch ein Hinweis auf Übungen und Exerzitien und Techniken, wie sie heute auch aus dem Orient wieder einströmen und auch außerhalb der Kirchen profane Verwendung finden. Ich glaube, daß man ihren Wert so umschreiben darf: dort wo ein Mensch an einen Menschen glaubt, wo er einer Gemeinschaft, einem Bekenntnis bereits anhängt und ihm fest einverleibt ist, dort ist eine Gewöhnung an feste Handlungen und Meditationen von ganz hervorragendem Wert für seelisch labile und gefährdete, für nicht-schwerkranke, aber planlose und verwahrloste Menschen. Für solche ist auch die Schließung der Kirche am Werktage, der Mangel an Klöstern im Protestantismus ein fühlbarer Nachteil, ein beachtenswertes Problem. Aber für die Behandlung eines akuten Seelenkonfliktes oder einer chronischen Neurose, eines dauernden und tieferen Leidens, muß man ihren Wert, glaube ich, sehr gering einschätzen, zumal wie gesagt dort, wo nicht schon eine entschiedene Bindung an Arzt, Seelenführer, Gemeinschaft bereits vorliegt. Ist diese gegeben, dann also haben Übungen und Exerzitien eben nur einen unterstützenden, keinen ursprünglichen Wert. Es ist, um über Methoden der plastischen Aktivität ein Urteil zu gewinnen, nötig, die verschiedenen bisher erörterten Dinge einmal als Methoden zu betrachten, nebeneinanderzustellen, zu vergleichen, zu fragen, wie denn nun eigentlich die Erfolge mit jeder einzelnen sind, wo ihre Anwendungsgebiete liegen. M. a. W., wir müßten jetzt dazu übergehen, eine spezielle Therapielehre zu entwickeln, um von Fall zu Fall die praktischen Chancen solcher Heilmethoden in einzelner oder kombinierter Anwendung zu erörtern. Etwas Derartiges kann ja, wie Sie wohl wissen, niemals ein theoretischer Vortrag, sondern nur die Arbeit in der Klinik, in der Sprechstunde, in der Fürsorge leisten. Wir müssen überhaupt doch den Wert aller Theorie, ich sage nicht, nicht überschätzen – ich glaube, er kann gar nicht überschätzt werden –, sondern richtig bestimmen. Es ist doch ganz klar, daß tieferes Forschen, theoretische Denkarbeit ja doch vor allem dadurch erzwungen wurde, daß eben das Leben so unendlich viele Mißerfolge unseres Tuns zeitigt, daß große Wirkungen, die von einzelnen großen Erzieher- und Arztpersönlichkeiten ausgingen, darum doch nicht uns allen beschieden sind, daß überdies manches hochberühmte Wirken, wie es die Geschichte uns überliefert, auch nach manchen Seiten unser Bedenken herausfordert. Wenn wir in der Psychagogie und Psychotherapie von Methoden sprechen, statt von der freien Wirkung der Persönlichkeit als der Hauptsache, so bin ich ganz einverstanden, wenn Sie die Methode als ein Übel bezeichnen, wenn Sie nur hinzufügen: aber ein Übel, das so notwendig ist, daß, wenn wir es nicht hätten, wir noch ein viel größeres hätten, nämlich die planlose Willkür. AUGUSTINS großes »ama et fac quod vis« bleibt auch für unser Thema bestehen; aber je mehr wir uns nicht genügen lassen an unseren Ergebnissen, um so mehr zwingt uns die Wirklichkeit zur denkenden, zur methodischen Erfassung der Phänomene.

M. H. Wir haben die Kenntnis des menschlichen Trieblebens und sein Hereinragen in die Welt der Gefühle und des Geistes auszunutzen und in ein kritisches Instrument zu verwandeln gesucht, um die Echtheit des Erlebens, die Fallstricke der Verkleidungen und Übertragungen erkennen zu lernen. Das Verständnis der Vitalbindungen ist die unbedingte Voraussetzung, um triebbedingtes und autonomes Seelengeschehen zu unterscheiden. In der Lösung der Vitalbindungen und der Entstehung der Autonomie betrachteten wir ein erstes Erziehungsziel, einen Vorgang, der unlöslich mit dem Eintritt der geistigen Kräfte in das Leben verknüpft ist. Von der Kritik der Ermahnung konnten wir so zur Kritik der Belehrung fortschreiten. Wie jene sich als zuerst durch Vitalbindungen bedingt erwies, so auch diese. Aber auch bei der Belehrung als einem geistigen Geschehen erwies sich nicht eine direkte Übertragung des Belehrungsinhaltes, der Erkenntnis, Vernunft, Einsicht oder Wahrheit als möglich. Auch solche Übertragung steht wiederum unter einem Gesetz der Vorbedingung, und diese Vorbedingung ist Interesse, Vertrauen, Überzeugung und Glaube – eine geistige Schicht, die wir zunächst nur benannten, ohne sie näher zu erörtern. In der Objektivation, Deutung, Umdeutung und Katharsis betrachteten wir alsdann Formen der Belehrungswirkung auf seelische Not, Leidens- und Krisenzustände, die wir als heilbedürftig voraussetzen mußten. Den verstehenden, erklärenden, analytischen und kathartischen, kurz den annehmenden Methoden sahen wir zuletzt die ablehnenden, das Erlebnis abweisenden Haltungen gegenüber, welche durch positive Neustiftung seelischer Einstellung und Zielgebung eine plastische Aktivität zu entfalten suchen. In der weiteren Abwägung und Prüfung dieses Weges treten wir dann demnächst in eine dritte Stufe unserer

Sache ein. Auf ihr treffen, wie im Geführten so im Führenden, Methode mit Freiheit zusammen, und aus ihrem Zwiespalt erheben sich neue, objektive Gestalten: Amt, Gebot und Institutionen. Sie sind der Inhalt der folgenden Vorlesung.

Dritte Vorlesung

Person und Amt. Mutter und Vater. Ursprüngliche allgemeine Verbundenheit und Unvertretbarkeit der Personen. Tripersonalität. Identität, Willensfreiheit und Autonomie der Person. Bewährung, Verantwortung, Heilung.

M. H.! Es scheint mir wohl eine der erschütterndsten Erfahrungen des Erziehers die zu sein, daß jene Übertragung von Lehre und Erkenntnis, die wir zuletzt betrachteten, im Entwicklungsgange eine Gegenwirkung beim Schüler auslöst, derzufolge der Zögling geradezu zum geistigen Antipoden des Erziehers wird. Oft berichten uns Menschen, ihnen sei die Heilige Schrift dadurch ungenießbar geworden, daß sie ihnen auf der Schule in der und jener Weise vermittelt, daß sie zum Gegenstand des Lernenmüssens gemacht worden sei. Unzählige Male hängt der Sohn in Politik, Religion, Lebensführung und -stil fast gesetzmäßig allem dem an, was das Gegenteil des väterlichen Hauses ist. Und die geistigen Überzeugungen müssen geradezu als das bevorzugte Terrain bezeichnet werden, auf dem sich eine solche Erscheinung abspielt. Hinter diesen Dingen verbirgt sich eine Gesetzmäßigkeit, deren Bekräftigung nicht stärker ausgesprochen wurde als in dem Worte: So jemand nicht Vater und Mutter hasse, könne er nicht Christi Jünger sein. Ein Wort wie dieses ist gewiß eine Aufforderung, hier, in dieser Hauptschwierigkeit aller Tradition, Treue und Institution nicht den bösen Feind, sondern einen ewigen Ratschluß, wenn Sie die Metabasis erlauben: ein Naturgesetz zu sehen. Jenes Wort steht dicht neben dem anderen, daß ein Reicher schwer ins Himmelreich komme, und der Erläuterung, daß, was bei den Menschen unmöglich, doch bei Gott möglich ist. M. H., es scheint mir, daß hierin die Anweisung ausgesprochen ist, nach der wir uns zu den im Namen psychobiologischer Wissenschaft vorgetragenen Erkenntnissen zu stellen haben; nämlich so, daß unser Verstand gehalten ist, solche furchtbaren Lebensgesetze, wie wir sie hier finden, anzuerkennen, daß aber unser Glaube uns bindet, sie bei Gott als gelöst zu erkennen.

Es ist Ihnen bekannt, daß die traditionenkräftigste der christlichen Kirchen, die katholische, auch ganz besondere Mittel und Wege besitzt, diesen mächtigen Erziehungswert der Lehre sich zu erhal-

ten. Ich möchte Ihrem Urteil zur Prüfung die Frage vorlegen, ob hieran nicht beteiligt sei eine besondere Fähigkeit des Katholizismus, die seelischen, ja die biologischen Fundierungen der geistigen Sphäre gesund zu erhalten. Unter den reichfließenden Materialien für diese Ansicht darf ich aber vielleicht ein Thema herausgreifen, welches uns einen Schritt weiter bringen mag: den Kultus der Maria, der Jungfrau und Mutter. Der Verlust dieses Kultes scheint mir ein folgenschwerer Schritt der reformatorischen Entwicklung zu sein, folgenschwer im Hinblick auf das, was uns hier beschäftigt: den Eintritt der geistigen Mächte in den Bildungsprozeß der Seele. Gewiß ist es nur eine Bestätigung dieser Ansicht, wenn in der katholischen Würdigung des Protestantismus der Pietismus und seine Erweckung der mystischen und der Gefühlswerte als eines seiner Verdienste anerkannt wird. Denn wenn man eine abkürzende Formel wagen darf, so ist in der pietistischen Bewegung die weibliche, die dem Herrschaftsgebiet der Maria untertane Seite des Protestantismus zu Wort gekommen, sie ist der protestlose Faktor des Protestantismus, sie ist in ihm etwas von dem, was der Marienkult der katholischen Kirche umschließt.
Nun darf ich hieran anknüpfend Sie an die Tragik des Antipodentums der Söhne erinnern; daran, daß gewiß nicht alle, aber ein fast abzählbarer Teil von uns, die wir uns hier befinden, dieses Antipodentum gegen den Vater durchgekämpft und vielleicht noch nicht ausgekämpft hat. Wir pflegen zu sagen, unsere Zeiten sind eben andere Zeiten als die unserer Väter. Aber warum eigentlich sind »es« andere Zeiten – doch vielleicht weil wir sie anders wünschten; denn Heraklits, Hegels Behauptung, der Geist sei es, welcher sich notwendig in Thesis und Antithesis bewegen müsse, diese Behauptung haben wir doch immer nur halb geglaubt, wohl wissend, daß sie sich schwer verträgt mit der anderen, daß die Wahrheit *eine* sei. Und mit welchem Recht eigentlich wälzen wir das, was im eigenen Herzen geschieht, ab auf das, was im »Weltgeschehen«, im objektiven Geist geschehe? Wo wir es abwälzen, da ist dies gewiß auch nicht berechtigt. Es ist eben keine Nebensache, daß ein jeder von *seinem* Vater gezeugt ist und daß gegen seinen Vater sich das Gesetz der Antithesis zuerst vor allen anderen wendet, daß die Wendung gegen den Vater oft zusammenhängt mit der Hinneigung zur Mutter. Die schreckliche Steigerung dieser Wahrheit in der Ödipussage, ihre erschütternde Wirkung auf das menschliche Herz, beides bekundet ja doch nur, daß sie, eine

Weltwahrheit, einmal gesprochen und erkannt, in uns gar nicht mehr die Wahl läßt zwischen Billigung und Mißbilligung, nein, daß wir, durch diese Erkenntnis hindurch gegangen, nur noch zu fragen haben: wo finden wir Erlösung von solchem Naturgesetz des Vatermords? Angesichts dieses Gesetzes ist der hohe Rang des vierten Gebotes begreiflich. Die Welt hat es peinlich empfunden, daß FREUD den Vaterhaß in jeder menschlichen Seele behauptet hat, aber bedurfte es des 4. göttlichen Gebotes, wenn es sich um eine Ausnahme, eine gelegentliche Spielart des Bösen handelte und nicht um ein jedes menschliche Leben Angehendes? Die Zivilisation wird gerne als moralischer Wert gebucht, aber sie ist kein solcher, und wenn sie an Stelle des physischen den geistigen Vatermord treten läßt, so bleibt er darum nicht weniger ein Mord. Oder wollen wir jetzt plötzlich behaupten, die geistigen Dinge, für die die Väter gestritten, seien ja schließlich doch nur geistige, der physische Mord sei doch viel ernster zu nehmen als der geistige? Sie sehen, daß, wenn wir von der geistigen Seelenbildung und -führung ausgehen, uns die erzieherischen Antagonismen wieder begegnen und mit ihnen die Antilogik, der Widerspruch des menschlichen Herzens, hinter dem wiederum das Triebleben schattenhaft auftaucht. Und so finden wir jetzt, daß z. B. die Vitalregungen des Hasses durch geistige Inhalte nicht ohne weiteres überwunden werden, sondern solche Vitalregungen kehren in ihren geistigen Umformungen wieder, wie die Häupter der lernäischen Schlange. Der Vater ist uns gleichsam unersetzlich. Und ferner zeigt sich hier, daß bei einer neuen Besetzung der Vitaltriebe, z. B. bei der Übertragung der Libido von der filialen auf eine andere Bindung, von der Mutter etwa auf Pflegerin, Stiefmutter usf., sich ein Gesetz der Nichtvertretbarkeit der Person geltend macht. Genauer noch müssen wir sagen: wo eine andere Person die Mutter vertritt, da bedingt eine solche Übertragung, die unter Bildungsschmerz verläuft, eine neue Entwicklungsstufe, ein Stück Charakterbildung. Wir können nun weiter sagen, daß auch das Verhältnis zur Mutter insofern der Bildungsfaktor des ganzen Lebens bleibt, als alle Verhältnisse zu anderen Menschen und besonders Frauen durch eine Dynamik mit dem Verhältnisse zur Mutter verbunden bleiben. Wo das Verhältnis zur Mutter zur edelsten Form reift, wird es auch zur Gattin diese Form gewinnen können. Wo das Verhältnis zur Mutter aber auf einer infantilen Stufe stehen bleibt, da wird die Bindung an andere Frauen gehemmt sein und nicht selten auch »pathologisch« werden, z. B. als Misogynie, Eheangst, Bevorzugung minderwertiger Frauen, Dissoziation des Geschlechtstriebes und der geistigen Liebe. Das antagonistische Verhältnis, in dem wiederum Vater und Mutter für das Kind stehen, die wechselnden Entscheidungen der Kindesliebe für Mutter oder Vater sind von allergrößter Bedeutung. Ebenso aber ragt nun dieser Prozeß der Personbildung in die Berufswahl, in die Berufsgestaltung, in die Bildung der geistigen Interessen herein. Nur diese wenigen Beispiele müssen dazu dienen, auf dieses unermeßliche Gebiet hinzuweisen. Die Umbildung der Beziehung zu Vater und Mutter aus den infantilen zu den reifen Formen der elterlichen Bindung – diese unter dem beständigen Wechselspiel von Liebe und Haß, Lösung und Neubildung verlaufende Umbildung ist dynamisch verbunden mit der Bildung unserer Lebensverhältnisse zu allen anderen Männern und Frauen. Über diesen Urverhältnissen aber thronen die männlichen und weiblichen Gestalten der heiligen Personen der Kirche als die personalen Gegenpole und geistlichen Verkörperungen der seelischen Lebensgesetze.

Nun ist aber für die ärztliche und erzieherische Personbildung wiederum ein Punkt von größter Wichtigkeit, der, soviel ich sehe, in der Pädagogik zuweilen ganz übersehen wird: es ist die völlige Untrennbarkeit des seelischen Werdens des Kindes von dem gleichfalls ununterbrochen fortschreitenden der Eltern und Erzieher. Allzuleicht wird das Kind als in Bewegung, der Erwachsene als konstant vorgestellt. Aber er ist gar nicht konstant, sondern sofern er das Kind bildet, bildet er es durch seine eigene Umbildung.

Jeder psychagogische Akt ist daher auch recht eigentlich eine Selbstentwicklung des Erziehers, sei es Vater, Mutter oder wer immer. Wir können dabei wieder auf die Neurose hinweisen. Man darf eine Neurose eigentlich nur als eine Krankheit zu zweien ansehen und verstehen. Es ist daher für den Arzt erste Regel, bei einer Neurose die Person und die Rolle der Person zu suchen, an welche der Kranke gebunden war, als die Neurose entstand, aus deren Bindungsverhältnis sie resultierte. Und man wird dann eigentlich immer finden, daß auch die Behandlung daran hängt und oft daran scheitert, daß es nicht gelingt, diesen scheinbar indifferenten Partner zum Aufgeben bestimmter Bindungen, zur Umstellung einer die Neurose nährenden Haltung zu bestimmen. Ja, wir finden nicht selten, daß dieser Partner der primär neurotische Mensch ist und daß also z. B. die neurotische Mutter das von ihr selbst neurotisch gemachte Kind zur Untersuchung bringt. Ohne Zweifel ist auch hierdurch ursprünglich oft der Fehlschluß veranlaßt worden, als sei die neurotische Anlage erblich. Ohne dies etwa abzulehnen, muß doch schon rein heuristisch diese Voraussetzung zunächst einmal zurückgestellt werden. Es sind auch hier natürlich wieder die Familienbeziehungen ganz im Vordergrund: die Kindschaft und Elternschaft und die Ehe. Die Neurose der zu Hause lebenden Tochter braucht nicht darauf nur zu beruhen, daß in ihr die infantile Bindung an Mutter oder Vater nicht transformiert wurde, sondern auch darauf, daß die Mutter auf die infantile Form ihres eigenen Verhältnisses zur Tochter nicht verzichtet, daß sie die wachsende Autonomie der Tochter unterbindet, daß ihr Mutteregoismus sich von den beglückenden seelischen Qualitäten, die sie an das Kind banden, nicht abzulösen vermag, wenn dies Kind gar keines mehr ist. Auch in ihr ist solche Ablösung mit einem Trennungsschmerz verbunden, zumal in unbefriedigter Ehe oder Witwenschaft, und indem sie ihn zu vermeiden sucht, wird sie, die sich nicht aus der jungen Mutter in die alte Mutter zu transformieren vermag, zur Tyrannin und gerät dabei selbst in eine mehr oder weniger neurotische Qual. Genau dasselbe gilt von dem Herrscherwillen des Vaters, der nicht darauf verzichten kann, seinen Sohn als einen Teil seiner selbst zu behandeln und zu regieren, so wie er sich und sein Haus regiert. Noch viel evidenter sind meist, um noch ein Beispiel zu nennen, die Doppelneurosen der Ehe. Es ist kein Zweifel, daß sehr viele offen oder larviert schlechte Ehen aus Inkongruenzen und Hemmungen in der Fortbildung der Ehe entstehen, in dem Unvermögen, die sittlichen Stufen der Ehe zu durchschreiten. Aber die Stufen der Ehe bedeuten jedesmal nicht nur geistige, sondern auch vitale Umbildungen, und jeder geistige Schritt ist zugleich ein vitaler, ist nicht zu erreichen und nicht zu verstehen ohne ein Verstehen des Prozesses, dem die sinnlichen Bindungen genau so unterliegen wie die des Gefühls und der Sittlichkeit. In der guten Ehe verläuft das meiste davon unbemerkt oder wird unwillkürlich dem Nachdenken entzogen, dem deutlichen Bewußtsein ferngehalten; gerade dies aber bedeutet, daß die Ehe sich stetig wandelt. Sobald aber die Partner statt dessen die Form der Flitterwochen oder die Form der Mittelzeit festhalten und in eine folgende Altersstufe zu übertragen suchen, müssen

Ehestörungen mit der Konsequenz der Naturgesetze eintreten. Bekanntlich können auch schlechte Ehen schließlich gut werden, und dies scheint vielleicht darauf zu beruhen, daß der Prozeß der Reifung und des Alterns die Konfliktsubstanzen allmählich aus unserer Organisation ausscheidet. Dasselbe tritt natürlich ein, wenn ein Kind und damit eine breite Fläche auftaucht, an die sich die schweifenden oder verdrängten Triebvalenzen anheften können.

Alles hier über Neurosen Gesagte ist aber auch auf die Ehe von Arzt und Patient, wie auf jedes psychagogische Verhältnis anzuwenden. Jeder Psychotherapeut und Erzieher kennt die Umbildung der eigenen Persönlichkeit durch die Charaktere seiner Klienten. Ich finde eines der merkwürdigsten Beispiele in dem zweijährigen Kampf des älteren BLUMHARDT mit der Gottliebin Dittus, wie ZÜNDEL es beschrieben hat. Dieses Mädchen würde die heutige Medizin als einen Fall schwerster Hysterie buchen. Sie ist nach zweijährigem unablässigem Ringen die Hausgenossin in BLUMHARDTs Familie geworden. Diese Auflösung bedeutet einen Sieg BLUMHARDTs über die Hysterie, einen Sieg der Gottliebin über BLUMHARDT. Er hat den Abzug der Dämonen, sie aber die Lebensgemeinschaft mit BLUMHARDT erreicht. In Wahrheit ist also der Sieg ein Kompromiß gewesen für beide Seiten, aber ein Übergang in eine neue Lebensstufe, ein Übergang aus Schichten der Vitalbindungen in die geistig-sittliche Schicht. BLUMHARDT hat bekanntlich ausdrücklich die Entscheidung seines Lebens in dem Vorgang erblickt, der sich dann in seiner weiteren Entwicklung zum allgemeinen Gesetz seiner Wirkung, seiner Beziehungsform zu den Menschen erhebt. Wir erkennen hierin ein Beispiel aus der Altersstufe des Erwachsenen, welches aber eine strenge Analogie zu jenem früheren Beispiel ist, wo wir sagten, daß die Beziehungsform zur Mutter ein Gesetz für alle späteren Beziehungen zu weiblichen Personen überhaupt werde. Selbstverständlich konnte BLUMHARDT nicht seine sämtlichen späteren Patienten zu Hausgenossen machen. Er und sie mußten sich, wie jeder Arzt auch, mit unvollständigeren Formen des Kompromisses und eben auch mit geringeren Erfolgen begnügen. Es ist, glaube ich, kaum möglich, nun ein Werturteil zu fällen. Ein moderner Psychotherapeut würde sagen: die Heilung BLUMHARDTs war unvollkommen, denn anstatt die Gottliebin von sich abzulösen und bis zur Stufe der Autonomie zu heben, nahm er sie in sein Haus. Mir scheint aber, daß dies nur eine praktische Notwendigkeit ist; wir können eben unser Haus nicht mit Patienten füllen. Solche guten Taten des Hausvaters würden öfters zu einer Buße für die Hausfrau. Es ist in der Wirklichkeit unumgänglich, die Behandlung mit einer möglichst vollkommenen Lösung und Autonomie abzuschließen, und in der Wirklichkeit schließen wir die Behandlung sehr oft gar nicht so ab, sondern wir schneiden sie gewaltsam ab. Und hier ergibt sich der neue Gesichtspunkt, daß eigentlich nicht die Ablösung und die Autonomie das ideale Ziel ist, sondern die Erziehung einer vergeistigten Form der Bindung. Das Ideal, zu dem Sie vielleicht nur im ersten Augenblick lächeln, wäre wirklich das BLUMHARDTsche, wenn alle unsere Patienten schließlich unsere Hausgenossen würden, wenn im Hause gleichsam soviele Wohnungen wären, daß eine allgemeine Hausgenossenschaft einträte. – Wir halten also vorläufig fest, daß Lösung vitaler Bindungen das erste, Autonomie das zweite, aber durchaus nicht letzte, sondern vorletzte Ziel der Psychagogie ist.

Wir kehren aber zum Verhältnis der zwei Menschen zurück. Solange wir nicht den Versuch machen, abzuwägen und zu richten, wird uns das Gesetz der Zweisamkeit aller dieser Erscheinungen am meisten einleuchten. Aber wenn wir anfangen bei der schlechten Ehe zu fragen, wer schuld ist, oder wenn wir von einem Menschen sagen, er sei krank, er habe eine Neurose, dann fangen wir auch schon an, diese Zweisamkeit abzuleugnen und uns auf die eine der beiden Seiten zu stellen. Diese Bipersonalität besagt nämlich nicht, daß im Grunde immer beide Teile schuld sind, daß im Grunde immer beide Teile neurotisch sind, sondern ich verstehe darunter etwas metaphysisch gar niemals Distributives, sondern stets Konjunktives; ich meine damit, daß es eine metaphysische Realität ist, welche, selbständig und individuell, für beide ist. Diese Kategorie »für beide« besagt, daß wir die Wirklichkeit metaphysisch bereits einschränken, wenn wir sie als Zahl oder addierte Summe von Personen, die Person für sich überhaupt als etwas für sich Existierendes betrachten. Vielmehr ist die Person wesensmäßig und ursprünglich für andere, geistig für andere, physisch für andere, vital für andere, und es ist irrtümlich zu glauben, dieses für andere, diese Bindung sei ein besonderer Akt, der sein kann oder auch nicht sein kann; es ist irrtümlich, die Hinwendung zum anderen als einen Akt der Aufmerksamkeit oder des Willens oder der Sittlichkeit schlechthin zu bezeichnen. Wir können diese Zuwendung und diese Bindung überhaupt nicht erzeugen, sondern nur verändern, umformen. Aber hieraus, aus dieser näheren Bestimmung der Bipersonalität, derzufolge sie die Folge einer ursprünglichen wesensmäßigen Verbundenheit der Lebewesen ist, aus dieser Bestimmung können wir jetzt einige ganz fundamentale weitere Folgerungen ziehen. Zunächst können wir unsere neue Deutung der Bipersonalität der seelischen Erscheinungen so aussprechen, daß wir statt des Gesetzes der Bipersonalität den Satz der ursprünglich allgemeinen Verbundenheit aller lebenden Personen als ihren metaphysischen Grund formulieren. Schon in der ersten Vorlesung haben wir aber gezeigt, daß gerade die sittliche Forderung eine ursprüngliche bipersonale Struktur besitzt, nicht nur die vitale Bindung. Die Vermutung also, man könne den Satz der ursprünglichen allgemeinen Verbundenheit aller lebenden Personen als einen rein nur in der Vitalsphäre geltenden aufstellen, diese Vermutung brauchen wir gar nicht mehr zu widerlegen. Wohl aber können wir uns jetzt deutlich machen, daß diese Verbundenheit auch in der vitalen Sphäre gilt, daß die vitalen Bindungen als im Grunde präexistent in jeder Einzelanalyse angenommen werden müssen. Tatsächlich ist auch vom System der materialistischen oder empirischen Biologie aus der Satz »omne vivum ex vivo« aufgestellt und durch das Experiment (Pasteur) erhärtet worden. Aber was in physisch-biologischer Hinsicht gilt, gilt auch für die reflektorischen oder die triebhaften Beziehungen der Lebewesen. Wir sind ursprünglich eben gerade nicht ein Individuum und noch ein Individuum und ein drittes usw., sondern wir sind ursprünglich verbundene Personen, nicht Ich ist die metaphysische Absolutheit, sondern Wir. Damit stellt sich nun freilich der vom Ich ausgehende philosophische Idealismus als eine wissenschaftliche Ableitung aus einer metaphysischen Essenz dar, als eine Ableitung der, wie allem Abgeleiteten, ein Moment anhaftet, nicht mehr Wesen, sondern bereits Erscheinungsweise des Wesens zu sein: wir finden es zulässig, den subjektiven Bewußtseinsidealismus als psychologischen, biologischen Bedingungen unterworfen zu beurteilen, wie dies seit Nietzsche ja mehrfach in der Tat geschehen ist.

Wir müssen den Satz der allgemeinen Verbundenheit sogleich durch einen zweiten ergänzen, nämlich den der Unvertretbarkeit der Person. Um ihn zu verstehen, ist es notwendig, nochmals auf den Vorgang der Übertragung zurückzukommen. Bisher haben wir nur gesehen, daß eine Bindung an die Mutter z. B. auf eine Stiefmutter übertragen werden kann und so weiter auch auf andere Personen: als höchstes Symbol der mütterlich-filialen Bindung konnte etwa die Verehrung der Maria gelten. Aber die Übertragung erfolgt gegen Widerstand und mit Lösungsschmerz, und sie bedeutet auf dem Weg zur Person- und Charakterbildung eine Stufe, jede Übertragung ist eine Transformation. Worin besteht sie? Was bedeutet sie? Wir sagten: neue Stufe, Persönlichkeitsgestaltung. Dies ist aber näher betrachtet, daß in der Person eine Trennung des vitalen vom geistigen Faktor eintritt, eine Trennung, die zugleich Beziehung ist. Nämlich so: indem ich von der Mutter auf die Stiefmutter übertrage, wird ja die Stiefmutter die Vertreterin der Mutter, d. h. sie hat die Qualität »Mutter« nur noch in der Idee; sie zog den vitalen Faktor an sich und indem sie das, was der wirklichen Mutter gehört, übernimmt, löst sich ein geistiger Faktor von der wirklichen Mutter ab und lebt in der Stiefmutter fort. Wir können auch sagen: es entsteht an ihr die neue Realität des Amtes. Die Entstehung eines Amtes ist also die metaphysische Folge einer solchen Übertragung. Zum Amt gehört nicht nur, daß ein geistiger Faktor da sei, sondern daß er durch eine Vitalübertragung gegeben und entstanden sei, und wir können weiterhin statt Vitalübertragung sagen: Kontinuität der Geschichte. Eben weil eine Person nicht vertretbar ist, eben darum muß mit der Vitalübertragung eine ideelle Person entstehen, und wir sehen jetzt: vertretbar ist nur das Amt, nicht die Person; es entsteht durch mit Vitalübertragung notwendig verbundener Verselbständigung eines geistigen (ideellen) Faktors. Auch dieser Vorgang ist ein mehrseitiger, nur in der Zusammenwirkung der Personen möglicher und realisierbarer; und zwar erkennen wir sehr wohl in diesem Fall, daß er nicht mehr durch zwei, sondern nur durch drei Personen realisierbar ist. Es ist aber, wie schon einmal angedeutet, leicht zu erkennen, daß die Personwerdung eigentlich erst mit der Tripersonalität (Dreisamkeit) anhebt. Erst indem die einfache Bindung zwischen Mutter und Kind gelöst und durch Übertragung distanziert, transformiert wird, erst in dem wird überhaupt die Mutter für das Kind Person, eben neben der anderen Person. So hängen Amtbildung und Personifikation unlösbar zusammen und bezeichnen ein Dreipersonenverhältnis. – Vielleicht ist es damit aber auch zweckmäßig geworden, eine gewisse Korrektur an unseren früheren Feststellungen zu machen, nämlich dahin, daß es vielleicht wirklich falsch ist, die frühkindliche Bindung an die Mutter als eine libidinöse und nur triebhafte zu bezeichnen. Es scheint vielmehr jetzt richtiger, zu sagen, daß in der filialen Bindung das Triebhaft-vitale und das Bedeutungshaft-geistige noch ungeschieden sind, so daß aus dieser filialen Bindung die vitale und die geistige hervorgingen, und zwar genau in dem Augenblick, in dem die erste Übertragung stattfindet. In dieser Annahme würde sich auch die Frage, ob die Triebe (libido) sich wandeln können, dahin erledigen, daß aus dem, was man etwa frühkindlichen Trieb nannte, sich Vitaltriebe und geistige Kräfte erst herausdifferenzieren, so daß man mit dem gleichen Recht oder Unrecht diese undifferenzierte Stufe Trieb oder Geist nennen könnte. In der Tat liegt gar kein Grund vor, den Säugling für schlechthin ungeistig zu erklären, wiewohl man ein Auseinandertreten von geistigen und vitalen Elementen in seiner Seele schwerlich feststellen kann. Im übrigen wird Ihnen kaum haben entgehen können, daß die Züge der hier geschilderten Personwerdung in einer formalen Analogie zum Aufbau des Dogmas der Trinität stehen, welches demnach allerdings nicht, wie die Analytiker vielleicht behaupten würden, nur eine Abstraktion aus einer entwicklungspsychologischen Tatsache ist, sondern welches vielmehr eben die höchste Erkenntnis über das Verhältnis der göttlichen Personen ausspricht, unter deren Voraussetzung auch ein Verhältnis der menschlichen Personen allein gebildet werden kann.

Und hier sind nun die Dinge noch reiner ins Metaphysische zu wenden. Zugleich müssen drei metaphysische Irrtümer zur Sprache kommen. Es ist die Lehre von der Identität, die von der Willensfreiheit und die von der Autonomie der menschlichen Person. Eine erste Folgerung der Identität der menschlichen Person ist nämlich dort zu erkennen, wo gefragt wird, ob ein Mensch sich nicht nur verändern, sondern auch verwandeln könne. Die Dialektik dieses Problems wird eine unlösbare zirkelförmige, wenn man weiter fragt, ob ein Mensch nach einer Erleuchtung, Bekehrung, aber auch Behandlung und Führung derselbe sei wie vorher. Die Antwort oszilliert nun zwischen Skepsis und Bejahung in infinitum, wenn wir sie in freischwebender Geistigkeit, also in der Theorie zu lösen suchen. Aber gleich unstatthaft ist die sog. praktische (oder pragmatische) Lösung, derzufolge man etwa sagen würde, daß wir dies nicht theoretisch feststellen, wohl aber praktisch erleben können. Dieses seelische Erlebnis ist trügerisch, kann es sein. Die Antwort ist durch Vergleich des Menschen »vorher« mit dem Menschen »nachher« ebensowenig zu erhalten wie aus dem seelischen Inhalt eines »Augenblicks«. Die Gewißheit dieses Augenblicks: ein anderer zu werden – diese Gewißheit genügt nicht und ist vielmehr nur in einer neuen Bewährung wiederherstellbar; ohne Bewährung ist sie punktuell, vergänglich. Die Antwort, ob der Mensch schlechthin mit sich identisch sei oder ob er ein anderer werden kann, ist daher weder theoretisch noch praktisch zu geben, sondern sie liegt in der dritten Sphäre einer Bewährung. Daraus aber folgt weiter, daß auch die Identität durch die Zeit hindurch gar keine Bestimmung des lebendigen Menschen ist, sondern eine der Materie oder der logischen Sphäre, und es ergibt sich weiter, daß der Mensch als Person dieser logischen Kategorie überhaupt nicht unterworfen ist. Er ist nicht in ihr, sondern sie ist in ihm. Endlich aber müssen wir feststellen, daß es ein Irrtum ist, den Menschen überhaupt als Person in der mathematischen Zeit, die abläuft, vorzustellen. Auch hier gilt, daß die menschliche Person nicht in der mathematischen Zeit, sondern diese Zeit in ihr ist. Eben darum kann man keinen Vergleich des früheren mit dem späteren, des vergangenen mit dem zukünftigen Menschen anstellen, um ihre Identität oder Nichtidentität festzustellen. Denn der frühere und der spätere, der Mensch vorher und der Mensch nachher, sind unvergleichlich, weil die Vergangenheit und die Zukunft metaphysisch nicht vergleichbar, sondern wesensverschieden sind: weil die Zeit des personalen Menschen eine andere ist als die physisch-mathematische, es ist die geschichtliche Zeit. Diese Zeit des Menschen ist nicht in ihm und auch er nicht in ihr (wie die beiden philosophischen Behauptungen über die physisch-mathematische Zeit lauten), sondern sie geht mit ihm als *seine* Zeit.

Diese letzte Feststellung wird aber wichtig, wenn zu dem zweiten metaphysischen Irrtum der Willensfreiheit übergegangen wird. Denn dieses gleichfalls dialektisch-unendliche Problem ist, wird es in der unmenschlichen mathematischen Zeit vorgestellt, immer in die Antithesen gespalten: es mußte so kommen, und die andere, es mußte nicht so kommen. Eben dies aber ist in der mathematischen Zeit nicht nur nicht entscheidbar, sondern auch wesensmäßig unentschieden, ist gar keine Realität, sondern eine bloße Reflexion. Und hier können wir die wirkliche metaphysische Wesensverschiedenheit der historischen Vergangenheit und der historischen

Zukunft näher untersuchen. In der menschlichen Haltung zur Zukunft nämlich gilt die Willensfreiheit, in der menschlichen Vergangenheit gilt sie nicht. Man kann die Zukunft zwar theoretisch vorausberechnen, aber sie tritt darum noch nicht so ein. Man kann die Vergangenheit so beurteilen, als ob sie auch hätte anders kommen können, aber sie kam darum eben nicht anders, als sie kam. In Wirklichkeit war also die Vergangenheit eine Notwendigkeit, in Wirklichkeit ist die Zukunft noch frei. Aber der Mensch »ist« weder notwendig noch frei, sondern er ist in der Realität der Verantwortung; Notwendigkeit und Freiheit im Sinne ihrer dialektischen Alternative sind keine metaphysischen Realitäten der menschlichen Person, sondern bloß logische Reflexionen. Wer einmal weiß, daß er vor Gott verantwortlich ist, braucht nicht mehr zu reflektieren, ob er frei oder notwendig ist; wenn er noch reflektiert, so weiß er noch nicht, daß er verantwortlich ist. Nun läßt sich allerdings damit aber auch eine Quelle von sittlich-geistigen Irrtümern widerlegen, die in der Seelenführung wichtig sind. Wenn wir nämlich den metaphysischen Irrtum überwunden haben, als sei die mathematische Zeit die wirkliche, wenn wir einsehen, daß sie eine von Menschen bloß gedachte unwirkliche ist, dann finden wir auch das logische Recht, wieder folgendes zu lehren: der Mensch lebt nicht in der Zeit, sondern in der Gegenwart, er durchläuft nicht die Zeit, sondern er hat in der Gegenwart eine Vergangenheit, eine Zukunft. Eine sittliche Handlung, die bevorsteht, ist materiell etwas anderes wie dieselbe Handlung, die bereits geschehen ist, wegen der wirklichen ontologischen Verschiedenheit der beiden Zeitarten. Ich meine, daß hier einer jener Fälle vorliegt, wo eine Umgestaltung der Metaphysik zu einem ganz entscheidenden Instrument der pädagogischen und sittlichen Entwicklungsmöglichkeit führt. Denn das Oszillieren zwischen Determinismus und Indeterminismus ist nicht nur die Folge einer sittlichen Schwäche, sondern eines metaphysischen Irrtums. Der Determinismus entschuldigt nicht, und der Indeterminismus macht nicht verantwortlich. Sondern die Wirklichkeit der Verantwortung hebt jene Scheinwirklichkeit der philosophischen Reflexion auf. Wir sollten also nicht mehr lehren, daß der Mensch frei ist, sondern daß er verantwortlich ist, und dann erklären: die Vergangenheit hat andere ontologische Qualitäten als die Zukunft. Wir sollten, wo wir Philosophie lehren, nicht mit der Logik beginnen, sondern mit der Ontologie, nicht mit der Kritik, sondern mit der Realität.

Und damit gewinnen wir auch ein Verhältnis zur dritten der philosophischen Irrlehren von destruktiver Bedeutung auch im erzieherischen Sinne: zur Autonomie. Wenn die Willensfreiheit eine Realbestimmung des menschlichen Wesens und nicht nur eine der Zukunft zugewandte reflektierende Haltung des sich verantwortlich wissenden Menschen wäre, dann wäre sie als eine bloße Realität ja noch gar nicht einmal beurteilt, etwa im Sinn der Frage, ob sie wünschbar ist oder nicht, ob sie Gegenstand der Bekämpfung oder der Förderung sein muß. Tatsächlich ist dies eine Elementarerkenntnis der Ethik, daß Freiheit gleich Nichtnotwendigkeit des Handelns ethisch indifferent ist. Dasselbe gilt von NIETZSCHES Definition: »Wollen macht frei, das ist die wahre Lehre von der Willensfreiheit.« Und so dreht sich der Kampf um die Bewertung der Willensfreiheit um die Frage: Freiheit von was? Und auch hier zeigt sich, daß der Irrtum, Freiheit sei eine Realität, sich in einem zweiten Irrtum fortsetzt: Autonomie sei etwas, was sich auf das Verhältnis der Menschen untereinander beziehe. Nun ist aber der reformatorische Kampf um Autonomie nicht Kampf um die Autonomie des Menschen gegenüber einem anderen Menschen, etwa dem Papst, sondern ein Kampf um die Autonomie des Menschen vor Gott, eigentlich ein Kampf für die Bestimmung des Menschen durch Gott gewesen und damit also ein Kampf im letzten Sinne nicht um die Autonomie des Menschen, sondern um die Autonomie Gottes begonnen worden. Ich muß die historische Richtigkeit dieser Annahme der Kritik des Historikers ebenso überlassen wie die Frage, ob es die Einflüsse der Philosophie der Aufklärung waren, welche aus dieser Autonomie Gottes eine Autonomie des Menschen gemacht haben. Jedenfalls: in dem Maße, als aus Gottes Person eine Idee, das Absolute, das Unendliche, die Substanz wird, in dem Maße wird jener Autonomie Gottes, welche mit der Freiheit des Christenmenschen gemeint war, das Gewissen oder das Sittengesetz substituiert. Und wie die Willensfreiheit überschätzt wurde, so wird das Gewissen überschätzt und aus dem Hören auf Gott ein dämonologisches Hören auf eine innere Stimme. Auch hier liegt aber ein metaphysischer Begriffswandel vor, dessen Aufdeckung gleichsam tendenzlos der Glaubensbildung vorausgehen muß. Nämlich so: die Selbstbestimmung, die Autonomie kann gar nicht eine personale Angelegenheit sein, sondern nur eine rein logische. Weder kann sie eine vor Gott sein, denn wir werden von ihm bestimmt, noch kann sie eine vor

Menschen sein, denn wir sind von ihnen bestimmt und können aus der ursprünglichen Verbundenheit aller Menschen uns niemals lösen. Eine solche Lösung ist eine physikalische Vorstellung, sie hat mit der Wirklichkeit der Menschen nichts zu tun. Auch eine Ablösung des Menschen von seiner vitalen Triebbestimmtheit und Bindung ist eine philosophische Utopie, ein falsches Ziel. Selbstbestimmung, causa sui, ist als nominalistische Spekulation gar nicht die Realität des Personverhältnisses und ist kein Mittel, die Relation und Ordnung von Personen untereinander zu determinieren. Ob wir diese Personen als Familie oder Gemeinde oder Staat, ob wir sie aristokratisch, demokratisch, hierarchisch ordnen – immer ist Autonomie gar kein mögliches Prinzip einer solchen Ordnung, sondern lediglich eine Denkbestimmung nicht für eine personale, sondern für eine logische Ordnung, die freilich in dem Augenblick den Schein einer ontologischen usurpiert, wo wir die menschliche Person schlechtweg isolieren, als ein isoliertes Atom denken, anstatt mit ihr zu sein. Die Autonomie zerbricht unter allen Umständen an der Gemeinschaft, und zwar nicht infolge davon, daß etwa die Not das Individuum zwingt, sich der Gemeinschaft zu unterwerfen, auch nicht durch die freiwillige Unterwerfung unter ein altruistisches Sittengesetz. Beide Annahmen gehen von einer falschen Metaphysik der menschlichen Person aus, und beide führen deshalb auch zu einer falschen Moralphilosophie. Jene drei philosophischen Irrealitäten haben nun nicht nur mit der protestantischen Moralphilosophie, sondern auch mit der Biologie und Psychologie »Synkretismen« gebildet und in ihnen einen biologischen und psychologischen Atomismus begründet, der in der Psychoanalyse noch keineswegs völlig überwunden ist, wiewohl er sie durchaus nicht mehr völlig beherrscht. Zwei Beispiele seien dafür in Kürze gewählt.

Freud hat, nachdem er die Triebbedingtheit geistiger Bindungen, sagen wir der Kultur, auf seine Weise erkannt und entwickelt hat, diese Bedingtheit als eine Summe von Verdrängungen aufgefaßt und den Zustand des kultivierten Menschen als einen großen Kompromiß zwischen Triebbefriedigung und Selbsterhaltung aufgefaßt. Er sagt: die restlose Triebbefriedigung würde die Gesellschaft vernichten, aber ihr Selbsterhaltungstrieb zwingt sie, statt dessen einen Teil des Triebes durch Übertragung mit den Kulturwerten abzusättigen. Der äußere Faktor, der dies bewirkt, ist die Not, Anangke. Er hat dieses System später allerdings umstellt mit neuen metaphysischen Konstruktionen, er stellte dem Ich das Über-Ich, dem Lustprinzip einen Todestrieb entgegen. Aber dies ändert nichts an der Grundtendenz, ein wissenschaftlich geschlossenes System der menschlichen Person als einzelner aufzustellen: seine Anthropologie leugnet nicht mehr wie die atomistische Psychologie die geistigen Kräfte, aber sie leugnet die wesensmäßige Pluripersonalität der Menschen: auch er spricht von dem Menschen statt von den Menschen.

Nun wird es niemals mehr möglich sein, die wesentliche Verbundenheit der vitalbiologischen mit der geistigen Sphäre des Menschen wieder aufzugeben: diese Freiheit des geistigen Faktors ist verloren. Die menschliche Seele ist nur als dynamische Verbundenheit beider wirklich da. Aber eben darum ist die Möglichkeit, den Einzelmenschen als ein geschlossenes System von Kräften oder Faktoren aufzufassen, hinfällig. Alle Anthropologie kann nur noch von der ursprünglichen Verbundenheit der Menschen ausgehen, alle Anthropologie muß zuerst eine Ordnungslehre der Gemeinschaft sein; der Einzelmensch ist ontologisch nicht real, er ist eine pure Abstraktion. So, aber auch und nur so gelingt es dann, auch die positivistische oder materialistische Theorie zu überwinden, welche den geistigen Faktor (wie schon im Darwinismus) aus der Not gleichsam von unten nach oben ableitet. Diese Absurdität ist kaum zu widerlegen, wenn man einmal schon zugegeben hat, daß man die menschliche Person aus dem Wechselspiel zwischen ihr und ihrer Umwelt bestimmen könne; in Wirklichkeit kann eine Person nur als Person unter Personen begriffen werden, und die Psychoanalyse hat dies zwar begriffen, aber zugleich wieder verhüllt, indem sie wenigstens ursprünglich, wenn sie eine Person analysierte, nicht zeigte, daß diese Analyse den Analysator wesensmäßig mit enthielt: die Analyse des Analytikers ist erst in einem späteren Zeitpunkt als eine Selbstanalyse erkannt worden.

Offenbar hat Freuds früherer Schüler Adler diesen Punkt vielleicht deutlicher gefühlt, als er weniger auf eine vollständig einsehbare theoretische Konstruktion oder historische Ableitung des Menschen ausging, als auf seine Umbildung im Gang der Analyse. Daß der Mensch sich im Gang einer Analyse umbildet, ist daher eigentlich der entscheidende Einwand gegen die Annahme, daß ein Mensch durch Exploration oder Analyse überhaupt objektiv erkannt werden könne. Eben weil die intensive Persongemeinschaft einer psychischen Behandlung ein Werden zweier verbundener

Menschen ist, eben darum ist Objektivität im Sinne des wissenschaftlichen Begriffes der Person des Menschen gegenüber weder Möglichkeit noch Aufgabe. Wir erfahren dabei weder, wie der Mensch objektiv in der mathematischen Zeit war, noch wie er in der mathematischen Gegenwart ist. Jener naturwissenschaftlich-erkenntnistheoretische Objektivitätsbegriff ist eine logische Fehlkonstruktion in der Anthropologie. Auch ADLER hat infolge davon übersehen, daß in der Individualpsychologie das Gewichtsverhältnis von Geltungsstreben, Gemeinschaftsgefühl gar nicht abmeßbar und objektiv erkennbar, folglich auch nicht quantitativ beeinflußbar ist. Es ist darum auch ein undurchführbarer Gedanke, in einem Menschen den Egoismus vermindern, den Altruismus vermehren zu wollen. Sondern was erstrebt werden kann und in der pädagogischen Handlung wirklich geschieht, dies ist die Umbildung des Gegenstandes der triebhaften Kräfte, ihre Übertragung auf materiell andere Inhalte. Wir können niemand befehlen: werde altruistisch, wohl aber: gib dein Geld den Armen. Man kann niemand erklären, warum es besser sei, für andere als für sich selbst zu sorgen, wohl aber kann man ihm die Erfahrung ermöglichen, daß er selbst besser wird, wenn er für andere sorgt. Es gibt nicht nur, wie wir früher sahen, kein unpersönliches Sittengesetz, sondern es gibt auch keine selbstlose Handlung. Wohl aber gibt es wirkliche Gebote, wie die zehn Gebote oder die Staatsgesetze, und es gibt ferner Handlungen, welchen eine Autorität eine verschiedene Dignität zuerkennt, so wenn jemand die Ehelosigkeit höher stellt als die Ehe. Auch sittliche Stufen sind nicht Stufen des Altruismus oder Egoismus, sondern Stufen personaler Verbundenheitsformen.

Ein psychagogischer Einfluß ist daher nicht erreichbar, wenn Ich-Identität, Willensfreiheit und Autonomie als freischwebend-selbständige geistige Güter vorgestellt werden, ebensowenig ist das unpersönliche Sittengesetz oder das Postulat des Altruismus irgendwann eine wirkliche Macht. Vielmehr kann das anspruchsvolle Wort Seelenführung nur bedeuten, daß die bildende Wirkung der von einer Autorität gesetzten Gebote erfahrbar gemacht werden soll. Indem dies geschieht, bildet sich aus einer Vitalbindung eine Personengemeinschaft, in der die führende Person ein Amt besitzt, kraft dem die geführten Personen sich ordnen. So führt die Lösung der Vitalbindung über eine Zwischenstufe virtueller Autonomie zur Personengemeinschaftsordnung, und damit ist die formale Zergliederung des Bildungsprozesses abgeschlossen. Materiales konkretes Gebot und von unvertretbaren Personen getragenes Amt, dies sind die beiden neuen Gewinne dieser Zergliederung, die sich zugleich als die metaphysisch-wirklichen Kräfte erweisen, welche allein die wesensmäßige Fähigkeit besitzen, den Bildungsprozeß zu bewirken. Ihnen wird sich als dritte solche Realität die Institution anschließen. Denn ein Amt kann ein inner- und ein außerinstitutionelles sein, die Autorität kann durch Tradition oder revolutionär erworben sein. Und eben damit kehrt diese Betrachtung zum Anfang zurück: der Kampf zwischen Liebe und Haß gegen Vater und Mutter, er kehrt hier wieder als der Kampf zwischen Tradition und Revolution, die, beide zeitlich, einer ewigen Ordnung dienen. Der Meister kann die Form zerbrechen – aber er muß ein Meister sein.

Nun aber enthüllt sich eigentlich zuerst der Sinn dessen, was wir vitale Bindung nannten; was in der Triebgrundlage ruht, aber in der Personwerdung und Vergeistigung des Lebens nur immer wiederkehrt, und was wir im Gange der Geschichte zum dritten male auftauchen sehen: der Sinn dieses inneren Zusammenhanges im Aufstieg von kindlichem Vaterhaß und Vaterliebe zu dem Wechsel von Zerstörung und Aufbau der Geschichte, er kann ja nicht eine schließliche »Vergeistigung« des Menschen sein. Denn in diesem währenden Kampf von Jungem mit Altem, von Naturkraft mit Kulturwille allein geschieht ja das freilich nicht schaubare aber doch zu ahnende Gericht der Geschichte; in ihm allein ist erfüllbar die Wahrheit des Lebens. Aber nur wenn wir diese Wahrheit auch bejahen und auf uns nehmen, können wir das Leben heiligen. Diese Heiligung kann eben wirklich nur eine Heiligung des Lebens sein, nicht nur des Geistes, nein auch des Leibes; nicht nur des Gesetzes, nein auch des Triebes, nicht nur der Sitte, nein auch der Natur, nicht nur des unruhigen Willens, nein auch des ruhigen Seins. Denn jener tragende Atlas, jenes Vertrauen als erste Voraussetzung, es erwächst nicht aus Denken, sondern aus dem Sein, und so muß es auch nicht nur ein Vertrauen in den Geist, sondern ein Vertrauen zur ganzen Kreatur sein.

Vierte Vorlesung

Gebot und Institution. Illusion der Unpersönlichkeit. Überschneidung der Sphären. Willensakt und Gesamtziel. Objektivität noch kein Bildungswert. Falsches Weltbild. Ungesunde Wahrheiten und Zeiterkrankungen. Konflikte und konservative Grundhaltung.

M. H.! Nachdem wir in den beiden ersten Vorlesungen die Möglichkeiten methodischer Einwirkung auf seelische Zustände und Entwicklungen kennenlernten, erwies sich in der dritten Stunde solche Einwirkung in untrennbarer Verknüpfung mit dem Verhältnis der Personen; eben dadurch aber, daß ich als Vater eine besondere Person zwischen anderen für das Kind werde, eben dadurch entsteht an meiner Person ein Amt, das väterliche Amt, und eben hierin werde ich für das Kind eben zur geistigen Person. Aber die weitere Betrachtung der menschlichen Gemeinschaft erweist, daß ebenso wie der Person in der Vergeistigung ihr Amt zuwächst, ganz gleichermaßen der Gemeinschaft in ihrer Vergeistigung die Institution zuwächst. Amt und Institution aber führen nun nicht mehr die Sprache der privaten Ermahnungen und Belehrungen, sondern sie sprechen in Geboten und Gesetzen. Ich halte es nun für eine ganz fundamentale Schwäche der modernen ärztlichen Psychotherapie, daß sie einen rein privatpersönlichen, einen rein individuellen Charakter hat, wenn wir dabei von Erscheinungen absehen, als deren Beispiel die engere FREUDsche oder vereinzelte akademische Schulen gelten mögen. Aber es ist mit dieser Schwäche in weitem Umfang, wie wir sogleich sehen werden, auch die Universität behaftet. – Gewöhnlich also befindet sich der ärztliche Psychotherapeut in der Verlegenheit, zwar Methoden zu besitzen, aber kein konkretes durch Institutionen gegebenes Ziel der Seelenführung. Allgemeine Formeln wie Dienst an der Gemeinschaft oder Gesellschaft, Überwindung des Egoismus bleiben ja fast wirkungslos, wo nicht gesagt ist, welche Gemeinschaft, welche und wie geartete Gesellschaft gemeint sei. Wo wir einen Anhänger einer Kirche vor uns haben, pflegen wir daher zunächst eine solche Einordnung zu schonen und zu hegen, auch wenn sie nicht die unsere ist, woraus sogleich Konflikte entspringen. Aber der viel häufigere Fall ist doch der, daß Menschen als Kranke und

Ratbedürftige zu uns kommen, ohne eine Bindung an eine Institution wie Familie, Kirche, Partei oder Staat, und dann ist die Vermutung nahe gelegt, daß sie krank sind, weil sie emanzipiert sind. Einer solchen Deutung stellt sich freilich sogleich die andere gegenüber, die behauptet, nicht die Emanzipation von Glaube, Kirche, Gesellschaft und Staat habe jenen Menschen krank gemacht, sondern umgekehrt sei seine Ablösung und Isolierung bereits das Symptom seiner krankhaften Anlage. Und drittens meinen manche, die Beugung unter das Joch von Sitte und Gesetz sei gerade der krankmachende Konflikt. Diese Alternative soll uns sogleich eingehend beschäftigen. Wie dem auch sei: die Schwierigkeit der Entwurzelung der Individuen wird in der ärztlichen Therapie natürlich dadurch vermehrt, daß die Ärzte selbst ein Kind einer Zeit individueller Entwurzelung sind, daß sie selbst nicht wissen, woran sie sich zu halten haben. Eben darum werden sie sich immer mehr in die Methode retten, anstatt sich an materiale Ziele halten zu können.
Nun möchte ich nur ein Wort einschalten, indem ich mich persönlich an Sie als Nichtärzte halte. Ich möchte begründen, warum ich vom Handwerk und von der Klinik der psychotherapeutischen Methoden und Eingriffe, wie Hypnose, Analyse usw. wenig gesprochen habe. Ich darf das vielleicht damit begründen, daß mir die Haltung des Geistlichen diesen Dingen gegenüber der Maxime zu unterstehen scheint: möglichst viel davon wissen und möglichst wenig davon selbst anwenden. M. H., wie sich die geistliche Seelenführung an die ärztliche Behandlung anschließen soll, dies scheint mir allerdings eine heute ebenso ungeklärte wie der Klärungsarbeit bedürftige Frage zu sein. Bis dahin ist ein weiter Weg. Aber Sie sind dem Arzt gegenüber in einem großen Vorteil. Der Arzt, der einem solchen isoliert und emanzipiert in der Gesellschaft flottierenden Individuum gegenübersteht, wird oft sehr schwer das eindeutige und selbstgewisse Ziel der Führung finden; und weil er kein Ziel hat, weiß er gerade auch nicht, wo und womit er in der Behandlung anfangen soll. Der Vertreter der geistlichen Ordnung der Welt dagegen weiß und ist gewiß, daß er gar nicht anzufangen hat, weil er und alles in der Welt schon angefangen ist. Ist dies im Christentum klar, so ist es auch außerhalb desselben, wie ich glaube, ein ganz klares Vorbild. Nämlich so: daß Psychotherapie nur begonnen werden kann von einer konservativen und traditionalistischen Haltung aus. Darin liegt eine Resignation. Man

darf sich in der Seelenbehandlung wirklich nicht zuviel vornehmen und ganze Menschen schaffen wollen. Das Ziel ist schon ein sehr hohes, m. H., wenn es wirklich auf der Erde ist und auf den Beinen der Wirklichkeit einhergeht. Und doch tauchen wegen dieser Diesseitsgebundenheit der Psychotherapie gerade hier ernste Bedenken auf. Es wird gefragt, ob es recht ist, einem durchtriebenen Schwindler, Phantasten und Hysteriker auf die Beine zu helfen und ihn instand zu setzen, immer neue Verwirrungen zu stiften. Es erhebt sich die Frage nach der Grenze des Krankheitsbegriffes, und diese ist nicht so leicht zu finden. Man wirft den Seelenärzten vor, daß sie eigentlich nur die Schmarotzer und Ruhestörer der Gesellschaft pflegen und kultivieren, und denselben Vorwurf hat bereits PLATON ausgesprochen, als er gewisse Ärzte als Krankheitszüchter verurteilte; es kommt also darauf an, ob wir die Dinge als Seelenarzt oder als Sozialhygieniker oder als Politiker aus den Interessen des Volksganzen beurteilen, und wir kommen also zum Thema seiner Politeia.

Nun gehe ich davon aus, daß mein Amt ist, Arzt zu sein, und daß dafür gesorgt ist, daß nicht alle Staatsbürger Ärzte sind, daß es auch Politiker gibt. Wir sehen hier, daß die Wirklichkeit des Amtes als eine um ihrer Verantwortlichkeit willen echte genommen wird, aus der wir klare Entscheidungen treffen können. Wir versuchen dies, indem wir das Problem der Überschneidung der Lebenssphären jetzt genauer betrachten. Wo Rat und Tat gefordert wird, da treten unvermeidlich die möglichen Ziele einer Führung auf den Plan – wohin also soll man eigentlich führen? Die ganze Ontophobie (wie diese Schwäche treffend genannt wurde), die den Idealen von Autonomie, Freiheit, Wille zur Gemeinschaft anhaftet, wird deutlich, wo obligatorisch gefragt wird: Autonomie wessen, Freiheit wozu, Gemeinschaft worin, Unterordnung und Gehorsam vor wem? M. a. W., wir fragen jetzt: gibt es eine Psychagogie, welche sich der Beantwortung dieser Fragen enthalten kann, darf oder muß, oder wenn nicht, wie muß sie sich entscheiden? Es scheint, wenn man auf die heutige Jugend blickt, als ob man offene Türen finden müßte mit der Forderung, man dürfe nicht reingeistige Ideale, sondern konkrete Lebensinhalte und wirkliche Ordnungen besitzen. Der bloß funktionale Idealismus ist nicht länger das, worum diese Jugend kämpft, der liberale Individualismus gilt ihr bereits als eine Leiche. Nicht Objektivität, sondern das Objekt, nicht Sittlichkeit, sondern die Sitte sucht sie, nicht irgend einen

Sinn, sondern das Sein meint sie zu leben. Und wir fragen jetzt genauer, ist die ärztliche Seelenführung auf eine bloße formale Funktion zu beschränken oder kann, darf und muß sie übergreifen in andere Lebenssphären, die ihr als ärztlicher nicht immanent sind?

Nun sei vorausgeschickt, daß die Abstinenz von jeder Geltendmachung des eigenen Persönlichkeitsganzen eine Utopie nicht nur, sondern eine Illusion ist. Unser eigenes Antlitz, unsere Stimme, unser unvermeidlicher Persönlichkeitsausdruck verrät uns und wirkt auf unser Gegenüber, wir mögen uns stellen wie wir wollen; wir können uns wirklich nicht verbergen. Und üben wir Reserve, enthalten wir uns von der Geltendmachung der eigenen Person, so ist diese Haltung der Enthaltung bereits die Haltung, welche eine spezifische Persönlichkeit geltend macht, eine Tendenz konstituiert. Die Tendenz der Tendenzlosigkeit kann die Tendenz nicht hindern. Jedes Unterlassen ist nicht minder ein Tun, und das Nichtstun ist eben das Tun des Nichtstuns. M. a. W., es gibt keine Indifferenz, und es gibt kein Mittel, den Klienten für sich bestehen zu lassen, selbst wenn dies erwünscht wäre. Überdies ist durch die Tatsache, daß derselbe zum Arzt kommt – und Analoges gilt für Ihr Amt als Geistlicher –, eine nicht durch die Person, sondern durch das Amt konstituierte Beziehung vorhanden, bereits ehe man daran denken könnte, eine solche zu schaffen oder zu meiden. Nicht anders ist es bei einem Besuch beim Freund, Lehrer usw. Dieses Amt mit seiner Autorität nun bedeutet eine geistige Bindung a priori, aber doch ist gerade diese wieder vieldeutig. Mancher Nervöse erwartet von dem Arzt eine Pille, keine Seelenführung. Trotz, sogar wegen dieser anfänglichen Vieldeutigkeit der autoritären Bindung besteht sie als Vorbedingung des sich Unterwerfens. Es ist nur ein Prüfstein für die Kraft dieser Bindung, ob dann der Arzt seine Auffassung vom Wesen der Hilfe und Heilung zur Geltung bringen wird oder nicht. Und nun müssen wir ins einzelne gehen.

Eine hysterisch Gelähmte erklärt: ich kann nicht mehr gehen. Ich erkläre: du kannst, wenn du nur willst. Die andere: ich will schon, aber ich kann nicht. Ich: gehen kannst du, aber du kannst nicht wollen. Die andere: ich verstehe es nicht, wie kann ich denn wieder wollen können? Dies, meine Herren, ist eine psychologische Dialektik des Willensvorgangs, die maßgebend nicht nur für die Hysterie, sondern für jeden Willensakt ist. Etwas Bestimmtes wollen, z. B. Gehen, ist nur möglich unter einer Voraussetzung, und die Voraussetzung ist, daß dieses Bestimmte im Einklang sei mit einer bestimmten Richtung, nicht etwa meiner Bewegungsorgane, sondern meines ganzen Lebens. Es liegt in der psychophysiologischen Organisation des Menschen, Einzelnes und Beliebiges gar nicht wollen zu können, sondern das Wollen-können steht wieder unter einer Vorbedingung, einem übergeordneten Gesetz, gleichsam einem Rahmengesetz. Nun hören Sie die Analyse. Jene Patientin kann nicht mehr gehen, seitdem sie sich in einen Mann verliebte, der sie ablehnte; die enttäuschte Liebe übertrug sie als Haß auf ihre Familie, die Konflikte mit den Geschwistern erzielen keinen Sieg über den unerledigten Grundkonflikt, sondern erweitern ihn zum Konflikt mit der ganzen Gesellschaft; die Unmöglichkeit, auf die Erfüllung jener Liebe zu verzichten, erweitert sich zur Unmöglichkeit, die Einordnung in die Gesellschaft zu vollziehen, die, symbolisch zum Konfliktgegner geworden, nur Sieger oder Besiegte sein kann; sie wird besiegt, indem unsere Patientin als Gelähmte den Dienst der Gesellschaft an ihr erzwingt – ihr, die sie ehemals als Krankenschwester der Gesellschaft gedient hatte. Die Patientin kann also nicht mehr gehen wollen, weil sie ja ihr Lebensziel auf das Bedientwerden durch die Gesellschaft gerichtet hat; dieses determiniert den Umkreis dessen, was sie wollen kann – nicht ein an sich freier oder unfreier Wille.

Ich möchte Sie bitten, sich in der Selbstanalyse diejenigen Handlungen zu betrachten, welche Sie, im Gegensatz zur physischen Möglichkeit, doch nicht tun oder auch lassen können. Es mögen Tugenden oder Laster sein – stets werden diese Begrenzungen des Wollen-könnens sich mit strengster Eindeutigkeit aus einem Gesamtziel Ihres Lebens herleiten lassen. Nun ist ein solches Gesamtziel keineswegs eindeutig, einfach, auf der Hand liegend. Es ist nicht nur kompliziert, sondern auch organisiert, es ist in Beziehung auf das Bewußtsein gestuft und polymorph. Aber um zu finden, wo ein solches halbverhülltes Lebensziel eigentlich liegt, eben hierzu ist das Studium unseres Willenszwanges und unserer Willensbeschränkung ein fast ganz untrüglicher Wegweiser.

Die Richtung der Therapie liegt klar vor Augen. Nur die Umformung, Umstellung eines solchen Gesamtzieles auf dem Umweg über Ablösung der Bindung an das erste, als Trauma wirkende und zum Konflikt gewordene Liebeserlebnis kann Erfolg haben. Der

Arzt wird die Bindungen an sich ziehen, und mit der Übertragung auf ihn wird das Symptom oft schon zu schwinden beginnen. Und in dem Betrag, als er diese Bindung an sich wieder zu lösen und auf Beruf, Gesellschaft, Besitz und das Selbst zu übertragen vermag, wird die Kranke wieder gesund, d. h. sozial werden. Dieses prinzipielle Schema einer Psychotherapie kennen Sie ja nun: über Vitalbindung zur geistigen Bindung an die Gesellschaft, die Welt. Aber wir achten jetzt auf etwas völlig Neues, früher Unbeachtetes, nämlich dies, daß wir in diesem Heilverfahren das Ziel der Patientin, nämlich die primäre Liebeserfüllung in jenem Manne unsererseits substituieren durch einen anderen Inhalt der Liebeserfüllung; eben den, welchen wir meinen, wenn wir sagen, die Patientin ist gesund, ist sozial geworden, indem sie wieder als Krankenschwester tätig ist. Ihre erste Liebe wird in ihrer Unbedingtheit ins Unrecht gesetzt durch etwas Neues, für die Gesellschaft Erfreuliches, mindestens weniger Lästiges, ihre soziale Einordnung. Diese Substitution nun ist es, welche in aller Psychagogie liegt. Alle Seelenführung läuft darauf hinaus, ein verändertes Lebensziel zu zeigen, vorzubereiten, herbeizuführen, ja wirklich zu oktroyieren. Leicht kann man nachher behaupten, der Geführte habe gefunden, was er unbewußt selbst gesucht hatte. Beweisen läßt sich diese Rechtfertigung nicht.

Und in diesem Sinne möchte ich sagen, ist jeder, der sich vornimmt, jemandem helfen zu wollen, unter eine Gefahr nicht nur, sondern ein Gericht gestellt. Ich sehe nicht, wie wir ihm entgehen wollen. Ich halte es geradezu für einen entscheidenden Irrtum der Ethik, wenn sie lehrt, wir müßten uns des Richtens enthalten nach dem Wort: Richtet nicht. Dieses Wort ist für das Herz gesprochen, nicht für den Geist, nicht für das Tun, nicht für intelligentes Handeln. Wer nicht selbst richtet, wird im letzten Gericht nicht einmal gerichtet. Diesen Mut, einmal gerichtet zu werden, diesen Mut der Demut muß allerdings wohl jeder haben, der sich unterfängt, das Amt eines ärztlichen Seelsorgers anzunehmen. Wir richten nicht, wie Gott richten wird, wenn wir einem feigen Neurotiker sagen, daß er ein Feigling ist, einem Geschlechtskranken sagen, daß er sich prüfen möge, ob er schuldlos sei. Eine solche Metabasis aus der ärztlichen in die sittliche Sphäre ist doch nicht etwa bedenklich aus einem ethischen Grunde, sondern durch die Klugheit der Erwägung, ob damit im gegebenen Falle das wirklich erzielt wird, was wir wünschen: Unterstellung unter ein höheres als das eigene Gericht. – Eine Abstinenz von jeder Propaganda der eigenen Person und der eigenen Überzeugungen ist also weder willkürlich überhaupt möglich, noch ist sie geboten. Nicht eine absolute Metaphysik der Sitte gebietet uns, Reserve, Distanz, Zurückhaltung zu üben, sondern die Klugheit des Herzens und die Intelligenz der möglichen Fehlwirkungen und Beeinträchtigungen der Hauptaufgabe: zu heilen. Und an diesem Punkte trennt sich das Amt des Arztes von dem des geistlichen Seelsorgers, aber um es auch zugleich zu berühren.

Soviel ist aber jetzt klar: leibliche, seelische, geistige Gesundheit jemandes herbeiführen wollen heißt immer und notwendig ein konkretes Lebensziel, eine reale Bestimmtheit der Person herbeiführen, von welcher objektiv ungewiß bleibt, ob sie dieselbe ist, welche jene Person intendierte, von welcher sogar bei der Neurose gewiß ist, daß sie sie in der Neurose nicht mit Bewußtsein intendiert. Ein Stück Überwältigung ist von der Psychotherapie niemals trennbar. Und nur der rein pragmatische, aber eben entscheidend wirkliche Umstand, daß der Klient zu uns hilfesuchend kam, ist die sozusagen juristische Voraussetzung zu einer solchen Überwältigung. Es ist aber weiter deutlich, daß hier der Ort ist zu fragen, ob die seelische Gesundheit und das geistliche Heil überhaupt übereinstimmen. Denn der Fall des Schuldgedankens kranker Menschen, daß Krankheit – Strafe sei, macht eine typische Gefahr deutlich für beide Teile: wenn ich als Arzt einem seelischen Schulderlebnis Anlaß und Vorschub gebe, so kann daraus für jenen Patienten Unübersehbares entstehen, eine Angst z.B., die das ganze Leben umformen wird. Dies zu tun, ohne im Besitze geistlicher Gnadenmittel zu sein, ist nicht meines Amtes, und Sie mögen selbst entscheiden, ob es im Bereiche des geistlichen Amtes ist. Wo, wie in der katholischen Kirche, diese das Amt persönlich mit Gnadenmitteln ausrüstet, auch dort sind die seelsorgerischen Gefahren einer geistlichen Anklage und Verurteilung erfahrungsgemäß nicht geringer, Gefahren, die eben in der Erzeugung schwerheilbarer Seelenzustände von Angst und Versündigungswahn liegen. Es scheint mir, daß aber gerade hier ein Punkt deutlich wird, an dem die in unserer ganzen Betrachtungsweise der Seelenfrage liegende Einstellung als eine bezeichnet werden darf, welche einer eigentlich evangelischen Haltung wohl entsprechender ist als der katholischen. Es konnte ja nicht entgehen, daß uns vom seelenhygienischen Standpunkt aus der Katholizismus als reicher an Hilfsmitteln erscheint, durch welche die übermäßig maskulinen Züge des Protestantismus ausgeglichen werden, so in Mystik und Marienkult, durch welche die Vereinzelung und die Überbürdung des eigenen Gewissens und des eigenen Willens gemildert wird, so durch die größere Zahl der Sakramente und die größere Unbedingtheit der geforderten äußeren Lebensformen, durch welche die Belastung des Innenlebens entlastet wird. Die äußeren Symbole bringen eine starke Umsetzungsmöglichkeit subjektiven Erlebens in sinnlich-objektive Handlungen, welche so zu starken äußeren Stützen des Innenlebens werden; Dogma, Sakramente, Werke, Gebote, Priesteramt und sichtbare Kirche sind die Träger all dieser seelenhygienisch-günstigen Möglichkeiten. Diesem nicht nur seelenhygienisch, sondern auch im tieferen Sinne der Erlösung und Heilsvermittelung anzuerkennenden Schatz (wir erinnern uns an die beiden Bitten im Vaterunser »führe uns nicht in Versuchung« und »erlöse uns von dem Übel«) muß hier jedoch ein Punkt gegenüber gestellt werden, welcher nun von dem gleichen seelenhygienischen Standpunkt aus evangelischerseits einen Vorteil und ein Heil bedeutet. Und dies ist, daß in letzter weltlicher Instanz im evangelischen Christentum die Seele den Vortritt vor der Kirche genießt, nicht umgekehrt. Auch im Evangelium selbst wird die Seele nicht an der Institution gemessen, nicht mit ihren Gewichten gewogen, und was wir von Seelenbehandlung im Neuen Testament kennen, hat ja nicht den Charakter der Verabreichung fester Gnadenmittel, sondern es wird ausgegangen von einer konkreten Situation, von der höchst individuellen Schicksalslage, in der Jesus oder seine Jünger die Kranken vorfinden. Wir sehen die höchst variable, ich möchte sagen, eklektische Verwendung des Trostes, Befehls, der magischen Handlung, des Gebets, der Prophezeihung und die hierin liegende Freiheit der Mittel, die auch einmal den Nachteil, ja den Schaden der kirchlichen Institution bedeuten dürfen. In ihr können wir wohl etwas Evangelisches sehen, eben den Primat der persönlichen Seele vor der Kirche, bei dem gleich gilt, ob Jude oder Grieche. Denn in diesem Sinne wird es wohl auch im Geiste des Evangeliums sein, wenn der Versuch gemacht wird, die Mittel der weltlichen Wissenschaft und der rationalen Medizin (welche den Evangelien noch fast unbekannt sind) nicht nur zu dulden, instrumentell zu benutzen, sondern auch gelegentlich den normierten geistigen und weltlichen Zielen der Kirche überzuordnen, also beispielsweise eine Ehescheidung,

einen Kirchenaustritt anzuraten, wenn die seelische Gesundheit dadurch voraussichtlich hergestellt wird.
Ein solcher, nur in Grenzfällen sichtbar und aktuell werdender und nur in solchen, wie mir scheint, zulässiger Primat der Seele vor der sichtbaren Kirche ist nun freilich keineswegs leicht in seinen Wirkungen zu übersehen und müßte der Inhalt einer Wissenschaft sein, die es, soviel ich sehe, nicht mehr gibt: einer Pastoralmedizin. In einer solchen nun würde sich sehr bald folgendes Problem stellen: gibt es geistige Erkenntnisse, geistige Lebensformen, geistige Normen, welche in bestimmtem Sinn oder schlechtweg für einzelne oder viele ungesund sind? M. H., eine jahrelange Erfahrung, mehr noch als eine theoretische Überlegung, bestimmt mich, dies unbedingt zu bejahen. Und zwar meine ich damit etwas ganz Spezielles, nämlich den Beobachtungskreis der akademischen Bildung in Deutschland. Selbsterfahrung und Sprechstunde bestimmen mich zu der Ansicht, daß ein wesentlicher Teil der auf den akademischen Lehrstühlen gelehrten Wahrheiten ungesunde Wahrheiten sind. Es ist kein Zweifel, daß die seit einigen Dezennien zunehmende Ablehnung des philosophischen Idealismus KANTscher, FICHTEscher, HEGELscher, besonders aber neukantisch-erkenntnistheoretischer Prägung zu gewissen Teilen eine seelische Gesundheitsreaktion ist, welche als ein instinktiver Vorgang unter den argumentierend und intellektual sich aussprechenden Erörterungen herläuft. Es ist auch kein Zweifel, daß das Ungesundwerden des philosophischen Idealismus und der akademischen auf ihm ruhenden Bildung mit seiner Ablösung von der christlichen Bildung genau zusammenhängt. In welchem Maße speziell die protestantische Theologie in die definitive Verweltlichung und zugleich Vergottung der reinen Wissenschaft hineingerissen wurde und damit Teil hat an der Erkrankung des Geistes und der Bildung, dies ist überdies ja hier am wenigsten meines Amtes zu beurteilen, und ich muß meine böse Lust zum Verurteilen hier entschieden überwinden. Jeder akademische Lehrer jedes beliebigen Faches hat ja Teil an der unermeßlichen Schwierigkeit, daß unseren Wissenschaften ein geistiger Heilswert nur in einem ganz eingeschränkten Sinne innewohnt. Bei der Besprechung von Autonomie, Willensfreiheit und Individualismus sind diese Dinge ja gestreift worden, und wir können das Thema nun von einer neuen Seite her nochmals aufnehmen und präziser sagen, daß die wissenschaftliche Bildung einen, aber eben einen nur zweitklassigen Erziehungswert

ohne allen und jeden Zweifel enthält: es ist die Erziehung zur Objektivität des Denkens. Diese Objektivität des Denkens besitzt einen Bildungswert in der Weise, daß der ethische Wert nicht im Inhalt des Wissens und Erkennens, sondern in die Unparteilichkeit der Hervorbringungsweise des Wissens und Erkennens, also in das Ethos seiner Produktion gelegt wird. Es kommt nicht mehr darauf an, was wir als wahr erkennen, sondern wie wir zu diesem Erkennen kommen. Eben dadurch aber konnte dieser Bildungswert sich auch auf diejenigen Wissenschaften übertragen, denen, wie den historischen, jene am Vorbilde der Naturwissenschaften entstandene Objektivitätstheorie (Erkenntnistheorie) des wahren Wissens eigentlich wenig angemessen war. Indem aber eben der ganze Wert hier nur noch in einer Funktion verdampft und nicht mehr in einem festen und sichtbaren Inhalt des Wissens dasteht, erfährt die Wissenschaft eine Senkung auf den Grad einer sittlichen Technik. Ihre Logizität, ihre Objektivität, ihre nur methodische Reinheit, sie alle bewegen sich ja auf dem Niveau der ethischen Technik, nicht der geistigen und physischen Entscheidung für nennbare Wirklichkeiten. Hier entstehen technische Funktionen, doch nimmermehr Gestalten, Bilder und Worte. So ist denn gerade hier, in dieser pathologischen Einschränkung des geistigen Lebens auf die logisch-technische Observanz auch der Punkt zu suchen, an welchem eine Zersplitterung oder schemenhafte Verunwirklichung des Personcharakters entsteht: Zersplitterung dort, wo die Intensität des sittlichen Wissenstriebes zu schwach bleibt, um die ganze Person zu tragen, Verunwirklichung da, wo dies unter Verdrängung der Ansprüche der Seele gelingt. Denn die Bildung zur Objektivität allein kann überhaupt nur den Menschen ganz bilden und erhalten, der sein Leben für die Wissenschaft hingibt; jeder andere bleibt für seine Aufgabe ungebildet, und in diesem Sinn kann solche akademische Wissenschaft überhaupt nur den Gelehrten bilden. Das Resultat aber ist, daß jene andern, die nicht Gelehrte werden, mit einem technischen Instrument ausgerüstet erscheinen, welches, wird es nun wirklich zur geistigen Lebensquelle zu machen versucht, mehr zerschneidet als verbindet. Die kritische Wissenschaft, die analytische Methode zerschneidet, wird sie statt auf Wissensziele auf die Lebenswirklichkeit angewandt, das Leben selbst. Die objektivistische Kritik wendet sich gegen die eigene Seele, und indem sie auch sie zu objektivieren versucht und in ihrer Objektivierung die Wahrheit sucht, verscheucht sie die

Lebenswahrheiten, welche nicht objektiv-sachliche, sondern persönliche sein müssen.
Und in diesem Sinne können wir zur weiteren Verdeutlichung auf unsere früheren Auffassungen vom Aufbau der Seele zurückgreifen und sagen, daß die akademisch-wissenschaftliche Erziehung zu wissenschaftlicher Objektivität einen falschen Weg zur Vergeistigung des Lebens mit sich bringt und zur Pathologie des Geistes führt, wenn nicht eine andere Bedingung mitgegeben ist. Diese andere Bedingung wird im akademischen Betrieb dem Zufall, den individuell zusammentreffenden Persönlichkeiten und Faktoren überlassen, die sich dann in der Verehrung der Antike oder der Nation oder einer Person zusammenschließen: das Institut enthält dann jene andere Bedingung nicht mehr. Daher der Tatbestand, daß Universitäten heute weniger Gemeinschaften als Betriebe sind. Dies ist zwar wohl ziemlich anerkannt; daß aber die Form der wissenschaftlichen Erziehung als solche die Gefahr der Krankheit des Geistes unmittelbar enthält, dies kann den Widerspruch vieler herausfordern.
Ich glaube, daß man sie dahin näher bestimmen kann, daß wir in einem objektiv geordneten Weltbild ein falsches Weltbild vor uns haben, nämlich ein Bild einer Welt, die nicht existiert. Die Welt, die unsere wirkliche Welt ist, ist die Welt des Menschen, nicht die der denkenden (logischen) Vernunft. Die Naturwissenschaft und die objektive Geschichte erörtern die Notwendigkeiten in der natürlichen, die Geschehnisse in der vergangenen Welt. Aber als Menschen leben wir in der gegenwärtigen, in der Erinnerung an die vergangene, in dem Hinblick auf die zukünftige Welt. Dieses Leben in einer durch Verdienst und Schuld am Vergangenen haftenden, durch Angst und Hoffnung auf das Kommende gerichteten verantwortlichen Gegenwart ist das wirkliche Leben. Und in ihm leben wir auch nicht als Objekte, sondern als unvertretbare Personen in einer Personengemeinschaft. Die objektiv-wissenschaftliche Weise ist nun eine unter dem Primat des Verstandes gewonnene und abgeleitete Weise, über die wirkliche Welt etwas Richtiges auszusagen, aber diese Weise ist nicht die einzige und nicht die wichtigste Weise, etwas auszusagen. Ja, es ist nicht einmal die einzige wissenschaftliche Weise. Wir nehmen ein für unseren Zweck wichtiges Beispiel, das uns hier vielfach beschäftigt hat: die Lehre von den Trieben. Über sie more geometrico und in der Weise des objektiven Verstandes und beweisender Logik etwas

auszusagen, dürfte unmöglich sein. Aber darum ist das, was über Triebe gesagt wurde nicht unwissenschaftlich, und zu einer wissenschaftlichen Anthropologie gehört eine Lehre von den Trieben. Nun ist es gleichsam eine besondere Tücke der exakten Wissenschaft, daß ihre Abneigung gegen das more geometrico nun einmal nicht Erfaßbare die Vernachlässigung der vitalen Grundlage des Menschen zur Folge hatte, ja daß sie sie aus dem Schatze der wesentlichen Erkenntnisse verbannte. Die auf ein narzißtisches Selbstgenügen gestellte Wissenschaft kommt zu einer Fehlform der geistigen Bildung, indem sie die Vergeistigung des Lebens in einer Verdrängung statt in einer organischen Bildung des Triebes zu erreichen sucht; und sie behauptet daher einen Erkenntnistrieb sui generis. Sie verherrlicht in ihm eine höchste Lebensfunktion, in der die edlen Eigenschaften Ausdauer, Mut, Selbstverleugnung zur höchsten Blüte kämen; sapere aude ist ein Wahlspruch einer solchen reinen Gesinnungsgläubigkeit, die an nichts glaubt als die Gläubigkeit, sonst an niemand und an nichts. Diese Ausprägung zu reinen, ja tragischen Formen ist um so eindrucksvoller, je vollkommener sie zu einer Überlegenheit der Person im Kampfe der Meinungen und Schicksale hinführt. Die persönliche Geltung und Überlegenheit wiederum ist eine, und zwar eine Schattenseite einer Bildung im seelischen Sinn; sie ist ein politisches Ideal für den einzelnen, nicht eine Daseinsform einer Gemeinschaft. So ist die Ausprägung des asketisch vergeistigten Menschen ein spezifischer Elitewert für wenige, aber kein zur Schaffung eines Typus befähigter, kein organisch wirkender Bildungswert. Diese asketische Form der Vergeistung ist ein Extrem und Grenzgebiet des Lebenkönnens und zu ehren als Forderung eines Menschen an sich selbst, vollkommen abzulehnen als Forderung an einen anderen (vgl. 1. Vorl.). Ehrung, aber nicht Bewunderung ist die richtige Haltung des anders Gearteten dort, wo diese Form sich zur Größe erhob; Abgrenzung von ihr, nicht Popularisierung, gebietet die Einsicht, daß diese Form der Persönlichkeit nicht vorbildhaft ist.
Gegenüber der asketischen Form der Vergeistigung des Menschen, welche zur Verzerrung oder Verbildung nur dort nicht führt, wo sie tragisch zerstört oder diesseits verklärt, ist als gesunde Seelenbildung diejenige zu bezeichnen, in der die Triebgrundlagen des Menschen nicht asketisch verdrängt, sondern organisch fortgebildet erscheinen. Die so oft verunglückten Versuche des kultivierten Bürgertums, sich nach dem Bilde asketischer Grenzformen zu

bilden, erscheinen hier eben nur als eine Bildungskrankheit. KANT, KIERKEGAARD, NIETZSCHE, DOSTOJEWSKIJ und selbst GOETHE als Lebensvorbilder und nicht als nur Hindeuter auf den göttlichen Führer genommen, führen die Aufforderung zu einer dem Aufnehmenden fast regelmäßig unvollziehbaren Lebensform mit sich, und ihre spezifische Geistigkeit ist eben darum nicht übertragbar. Bei dem Versuch des Schwächeren, sie nachzuahmen, entsteht darum eine Kluft zwischen den geistigen Begriffen und dem vitalen Vollzug, ein bald komischer, bald pathologischer Fehlgang der Lebensvergeistung (Blaustrumpf, Ästhet, sog. wissenschaftliche Weltanschauungen usf.). Die Spaltung in den eigenen seelischen Organisationen aber pflegt sich dann auszusprechen in einer phantastischen oder verstockten Haltung zu Umgebung, Alltag, Zeitgenossen, Staat usf., wo es statt zu einem vollgültigen Ergreifen der Wirklichkeit zu einem willens- oder vorstellungsmäßigen Ersatz derselben durch ein »Ideal« oder eine »Theorie« kommt, welche die echte Rangordnung von Dingen und Personen in Vergangenheit und Gegenwart, in Diesseits und Jenseits verschiebt (Vergottung historischer Persönlichkeiten der Geschichte bei gleichzeitiger Vernachlässigung gegenwärtiger Pflichten gegen Familie und Staat u. dergl. m.).
So ist denn hier, wo wir als Hygieniker der Seele von der richtigen Verarbeitung des Bildungsgutes handeln und kritisch über gewisse akademische und literarische Formen derselben urteilen, noch einmal auf frühere Ergebnisse zurückzugreifen. Denn wenn es wahr ist, daß von der Stunde der Zeugung an die Schicksalsentscheidungen zu fallen beginnen, welche Seele und Charakter bilden; wenn es wahr ist, daß in den Urbeziehungen von Kind, Mutter, Vater, Geschwistern, Pflegerin, Lehrer, Freund die Vorgänge der Bindung, Lösung, Übertragung und Verdrängung die Vorbilder der späteren Person- und Sachbeziehungen liegen; wenn es wahr ist, daß diese Urbilder ebenso die herrlichsten Quellen des Lebens wie die furchtbarsten Gefahren werden können; wenn es endlich wahr ist, daß Trieb und Leib auf der einen, Geist und Bewußtsein auf der anderen Seite Geschwister sind, die nicht als Gegner die Seele des Menschen bilden dürfen – wenn all dieses zutrifft, dann ist hier ein Lebenszusammenhang bloßgelegt, der freilich mehr bedeutet als nur ein technisches Instrument der Krankenbehandlung. Die Anatomie geht vielleicht nur den Arzt an. Aber wenn auch die Physiologie des Geistes den Arzt angeht,

dann allerdings geht der Arzt auch den Geist etwas an: von einer reinen Autonomie des Geistes kann dann auch geistig betrachtet nicht mehr die Rede sein. Moralisch gesprochen: es wird dann auch nicht mehr möglich sein, den Trieb mit dem Teufel zu verwechseln, den Geist aber auch nicht mehr mit dem Engel.

Nun ergibt sich aus unserer institutionellen Armut auch in der privaten Psychagogie noch eine weitere große Schwierigkeit daraus, daß man den Zeitgeist, die herrschenden Urteile oder Vorurteile im einzelnen Menschen sehr viel weniger bekämpfen kann als etwa die ganz bloß individuellen Abwegigkeiten. Man wird die Heiligkeit der Ehe in einer großstädtischen Gesellschaftsschicht schwer durchsetzen können, in der dieses Institut faktisch kaum mehr geachtet wird, sehr viel leichter aber in einer kirchentreuen Menschengruppe. Die Bildung der öffentlichen Überzeugung erfolgt auf einer ganz anderen Ebene der Wirklichkeit als in der individuellen Seelenbildung, und das Zureden in der privaten Konversation ist in solchen Fragen unendlich viel unwirksamer als die öffentliche Rede zur Menge. Es ist nicht ratsam, in der privaten Konversation allzuviel Kraft zu verschwenden, wo eine solche Einordnung und Bindung an zeitgeistige Strömungen sich als sehr fest erweist. Man würde dabei die Radiernadel auf ein Wandgemälde setzen. Oder im ärztlichen Bilde, man kann eine allgemeine Sepsis nicht durch die Eröffnung eines einzelnen Furunkels heilen. Schon die Lektüre eines Buches kann, um dieser Entfernung von der individuellen Anrede willen, in diesen Dingen wirksamer in der Therapie sein als die Unterhaltung. Die Individualpsychologie ist also in der Therapie der geistigen Zeiterkrankungen überhaupt ein inadäquates Mittel, und schon hier zeigt sich sehr deutlich, in welchem Sinne der individualpsychologische Materialismus faktisch Unrecht hat: er kann weder die Entstehung noch die Wirkungsweise des objektiven Geistes (im Sinne Hegels) begreiflich machen. Es ist gar keine Rede davon, daß die geistigen Zeiterkrankungen als Summe von Individualneurosen verständlich werden, vielmehr sind diese Zeiterkrankungen gerade ihrerseits eine Ursache von Neurosen. Geistige Ansteckung und geistige Verführung können leichter zerstört werden, wo sie aus einem individuellen Einfluß stammen, wie aus der Einwirkung z. B. eines bestimmten Kollegen. Aber wo sie sich im Rahmen der Zeitgenossenschaft bewegen, da geht der natürliche Weg der Bekämpfung eben nur über die objektive Zeitgeschichte. Hieraus erklärt es sich auch, warum es nicht gelingt, etwa auf dem Gebiete der Sitte oder der Dogmatik auf geschichtlich bereits erledigte Formen in unmittelbarer Weise zurückzugreifen. Der »mittelalterliche Mensch« kann erinnernd betrachtet, aber er kann nicht ins Leben eingeführt werden. Im Gebiete der Sitte oder des Dogmas ist ein Traditionalismus stets nur dort möglich, wo die schöpferische Arbeit einer Verknüpfung der veritates aeternae mit den biologischen und geistigen Ausdrucksmöglichkeiten und Bedingungen der eigenen Zeit vorher geleistet ist. »Ewige« Wahrheiten werden *ewig* doch eben nur in solcher verknüpfenden und bildenden Leistung, denn nicht in ihrer objektiven Konstanz, sondern nur in ihrem durch die Zeit Hindurcherscheinen wird ihre Ewigkeit manifest. Die Abneigung gegen das Dogma ist psychologisch eigentlich nur der Trägheitswiderstand gegen jene Arbeit der Auflösung und Neugestaltung seines zeitgeistigen Ausdruckes. Und so kehrt auch auf dem Gebiete der geistigen Seelenführung das Wechselgesetz des Lösens und Bindens wieder.

In diesem Sinn müssen wir, wie mir scheint, Selbstbewußtsein und Selbstbestimmung, Gewissen und Willensfreiheit, aber auch Pflichtbegriff und Sittengesetz auf unserem Wege nicht als selbständige Güter, sondern als technische Glieder auf diesem Bildungswege erkennen, wir müssen sie der Gemeinschaft der Personen, ihren Ämtern, ihren Geboten, ihren Institutionen unterordnen; im Rahmen der Kirche also den göttlichen Personen, den Sakramenten, dem Dogma und der Kirche unterordnen. Dann läßt sich aber von hier aus auch noch eine Frage der Lösung annähern, welche Ihnen sich hier oft aufdrängen mußte, nämlich die, auf welche Weise denn nun die autonome Wissenschaft, hier die rationale Psychologie und Medizin, der Hierarchie der geistlichen Ordnung überhaupt untergeordnet werden könne, ob hier der Konflikt nicht unvermeidlich sei. Und es scheint mir allerdings nichts wichtiger, als daß dieser große Konflikt, der mit dem Abschluß der HAEKKELzeit nicht aus der Welt geschafft ist, nicht eine Sache individueller und höchst privater Kämpfe bleibe, sondern in der Zusammenwirkung aller öffentlichen Instanzen ausgetragen werde. In dieser Hinsicht wird eben das Entstehen und Vergehen der wissenschaftlichen Ansichten nicht so gedeutet werden dürfen, daß sie bekanntlich eben auch vergänglich seien, folglich den Heilsweg des Menschen nichts angehen. Sondern ihr Entstehen und Vergehen bedeutet eine wirkliche Funktion auf dem geistlichen Heilsweg, eben die Funktion eines Erziehungswegs, durch den die Aufnahme der göttlichen und geoffenbarten Wahrheiten immer neu ermöglicht wird. Das Verhältnis ihrer Unterordnung unter die göttlichen Wahrheiten kann also nicht in ihrer Desavouierung im Konfliktsfall bestehen, sondern der Konfliktsfall bedeutet eine Zeitkrankheit und stellt so eine geistig-geistliche Aufgabe, eine Aufforderung zu neuer wissenschaftlicher Leistung. In diesem Sinne nun ist auch der Satz nicht mehr zu gewagt, wenn wir sagen: wissenschaftliche Wahrheiten, die ungesund geworden sind, sind keine Wahrheiten mehr. Die Verstrickung in die Dissonanz zwischen wissenschaftlicher Erkenntnis und Leben, die Neurose und die Nervosität der Forscher ist nicht heroisch, sondern krankhaft; sie bedeutet, sofern sie hier spezifisch ist, nichts anderes als das Versagen der Kraft, aus einer geschichtlichen Epoche in eine andere überzutreten. Hiermit gelangen wir zu einem letzten Punkte: der Frage nach der Absolutheit von Amt, Gebot, Institut. Wir gelangen nochmals zurück in die Intimität des psychagogischen Strebens. Es ist etwa der Fall, in welchem Kirchenaustritt, Ehescheidung, Bruch übernommener Verpflichtung im Rahmen seelenärztlicher oder seelsorgerischer Beratung sogar erwünscht, als das kleinere Übel einer verunglückten Lebenslage erscheint. Es ist der Fall, wo von den einzelnen Personen, ja von der Gemeinschaft aus gesehen, das Halten des Gebotes und der Verpflichtung mehr zu verstoßen scheint als das Nichthalten, wo der Geist des Wortes durch das Wörtlich-nehmen zur Illusion wird. Wo eine solche Lage menschlicher Beurteilung übergeben ist, weiß ein Träger eines ärztlichen Amtes aus dem Begriffe dieses Amtes keinen Rat. Ein solcher Konflikt ist ein Konflikt, der eigentlich die Institutionen des Staates oder der Kirche angeht und keinen psychologischen Maximen zugänglich ist. Nur einen Gesichtspunkt kann man nennen, der aus der evangelischen Duldung herfließt und eine Maxime des Handelns, keine Lösung des Problems bedeutet. Die Lösung übernommener Verpflichtungen zu raten und zu betreiben, eine revolutionäre oder zerstörende Handlung zu begehen, kann man für sich selbst unternehmen, auch dulden, aber niemandem raten. Ich halte dies für eine absolute Grenze der Seelenführung, welche, solange wir didaktisch von ihr reden, in keinem Falle zu überschreiten ist. Die konservative Grundhaltung aller therapeutischen Seelenführung ergibt sich schließlich immer daraus, daß wir zunächst eine Notlage vorfinden. Unsere Zuziehung und Konsultation ist ja juristisch beendet, wenn wir den Punkt der Reparation erreicht haben. Über sie hinaus haben wir nicht zu gehen. Mit der Wiederherstellung des Notleidenden ist ein neues Kapitel und eine neue Seite aufgeschlagen, die in unsere Sache hereinragt, aber die sie nicht bestimmen darf. Daß wir unsere eigene Persönlichkeit oktroyieren, ist eine Notwendigkeit, aber kein enthusiastischer Wert der Seelenbehandlung. Diese Resignation ist es zuletzt, die schon an den Anfang dieser Ausführungen gestellt werden mußte.

Diese konservative Grundhaltung der Seelenbehandlung kann nicht verwechselt werden mit dem Versuche tendenzloser Reserve, Zurückhaltung, Objektivität oder wie wir es nennen mögen. Nicht die Person des Seelenführers wird damit in ihre Schranken verwiesen, sondern die spezifische Sachlichkeit des ärztlichen bzw. seelsorgerischen Amtes gefordert, die nicht gestattet, über bestehende Ordnungen der Sitte und Gesellschaft hinweg und gegen dieselben zu raten und zu handeln. Die Forderung eines Konservativismus tritt also gegen eine Unsachlichkeit, darum aber nicht für eine Unpersönlichkeit auf. Höchst sachlich und zugleich höchst-persönlich zu sein, ist doch das eigentliche Merkmal dieser, wie jeder Kunst, zu bilden. Und um eine solche handelt es sich doch bei unserem ganzen Thema. Die gewaltsamen Eingriffe in das Seelenleben eines anderen Menschen können ihrem Wesen nach nicht neutral bleiben gegen die geistigen Ordnungen, weil jenes Seelenleben nicht von diesen abgesondert, sondern mit ihnen verwachsen ist. So wird jede Psychotherapie zu einer Logotherapie. Eben darin aber liegt die unauflösbare Dialektik jeder Psychotherapie: daß sie sachlich, d. h. seelenärztlich bleiben soll und doch in den mehr als seelischen, den geistigen Gesamtprozeß eingreift, dem Arzt und Patient auf ihrer Bahn unterworfen sind. Hier tauchen also neue und im gegenwärtigen Rahmen nicht mehr zu lösende Fragen auf. Halten wir also an jener »konservativen« Grundforderung auch fest, so zeigt sich gegenüber der also resignierenden auch eine tröstliche Seite: jede Seelenbehandlung fördert auch etwas zu Tage, was in ihren Intentionen nicht lag, nicht liegen konnte und über sie hinausgeht: die produktive Natur, das Fortschreiten der körperlichen, seelischen, geistigen Prozesse ist ja nicht nur nicht aufzuhalten, es ist im Grunde nur innerhalb gewisser Grenzen zu lenken, freilich, wir wiederholen es, stets in der Zone der Gefahr, stets in der Realität der persönlichsten Verantwortung.

Bilden und Helfen
(Hippokrates und Paracelsus)

Wo ein Arzt aus dem Begrenzten und Eingeschränkten seiner eigenen Sache hinausspricht in den größeren Raum, da darf er nicht so reden, wie mit dem Kranken und nicht so, wie mit dem Fachgenossen. Sondern er muß sich einem anderen Gesetz der Geselligkeit unterziehen und muß eintreten in die Sphäre des Geistes. Und doch muß er dabei von seinem Ursprung aus, von seiner Sache aus reden. So entsteht sogleich eine Spannung. Denn ein Kranker ist auch ein Leidender, und das in sich und für sich bleibende Leiden der Seele weiß nichts von der Unendlichkeit und Allumfassung des Geistes, weiß nichts von der Tragödie dieses Geistes. So ist auch das Geschäft des Arztes das am meisten begrenzte und private aller Geschäfte; seine Handlung ist persönlich, intim, ja kleinweltbürgerlich und zwischen vier Wänden den Blicken sich entziehend. Freilich, man findet den Arzt überall, auch bei den Königen; aber doch nur im Gefolge. Immerhin, er ist da; sein Beruf ist ein immerwährender, vielleicht ewiger. Und weil es ein ewiges Schicksal ist, daß wir krank werden und Hilfe brauchen, darum hat zwar die ärztliche Handlung eine Geschichte, nimmt teil zwar an den Abläufen der Geschichte. Aber die Medizin kommt nicht und geht nicht wie ein Volk, eine Kultur, sie ist länger, ihre Kunst ist lang nach des Hippokrates eigenem Wort und dies eben ist es, warum sie teil hat an allem, was länger ist als eine Geschichte, warum sie, wie Philosophie, teil hat am Immerwährenden, Unendlichen – des Geistes. Aber dies bleibt doch immer bestehen: der Ursprung ist nicht im Geist, sondern im Leben, in jener Zelle des irdischen Daseins mit ihren Schmerzen und Leiden, der Ursprung ist in der Gefangenschaft der Seele in einem Leibe, in jenem Verhältnis von Inhalt und Gefäß, welches wir eben Krankheit nennen. Der Ursprung ist kasuistisch, eventual, schicksalhaft, er ist nicht mathematisch, nicht notwendig, nicht gesetzlich. Indes ist dieser Ursprung nicht das Ganze. Es bleibt nicht beim Ursprung, und der kranke Mensch, die in ihrem beschädigten Gehäuse leidende Seele sucht Hilfe bei dem, der kann und weiß, was sie nicht kann und weiß, beim Träger der Erkenntnis und der Arznei, beim Arzt und damit in der Welt des Wissens

und der Macht – der Welt des Geistes. Und so ist auch der kranke Mensch dieser Welt verbunden und verhaftet.
Wissen und Macht, diese beiden Grundformen und Ecksteine des Geistes, rufen wir als Kranke in der Person des Arztes zu Hilfe. Und damit stehen wir auch schon bei den beiden größten Verkörperungen dieser zwei: bei HIPPOKRATES und bei PARACELSUS. HIPPOKRATES, der Repräsentant des wissenden, PARACELSUS, der des machtbegabten, des magischen Arztes.
Wir haben als Ärzte und nicht als Historiker über diese beiden zu sprechen. Und als Ärzte haben wir zu ihnen das Verhältnis der Nachkommen, der Söhne. Ich möchte damit sagen, daß wir ihnen und sie uns näher zugehören als dem Historiker, und möchte doch vor dem Historiker mich bescheiden zurückziehen. Wir können nur aus diesem Verwandtschaftsverhältnis über sie sprechen, nicht als objektiver Betrachter. Uns fehlt zur Objektivität die Distanz, die Vogelperspektive. Wir gehen vom deutschen Mann zum Griechen, von der schwäbischen Heimat zur Insel Kos im ägäischen Meere, wir gehen vom Zeitgenossen Luthers zum Zeitgenossen des Sokrates. Und so sind wir in dem Falle, als Zuschauer und Zugehörige einer Zeit des Umsturzes und der Entfesselung, die wir selbst sind, den Blick zu richten auf zwei Zeitalter der Revolution.
PARACELSUS ist ein ganz großer Arzt gewesen. Er ist ein Riese in seinen Kräften, in seiner Lebenseile, seinem Lebensrhythmus; ein feuriger, leidenschaftlicher, ein sarkastischer, kühner und über alles ein gläubiger Mensch. PARACELSUS wird heute wieder verstanden und geliebt, auch von den besten unter uns Ärzten. PARACELSUS ist ein so intelligenter, ein so schöpferischer, reicher, ein so phantasiekräftiger, unmittelbar sicherer Mensch, er ist ein Mann zum Bewundern, sich Begeistern, ein so höchstindividueller und seltener Mensch. Er ist so voll von deutscher Phantastik, Verworrenheit, unergründlicher Tiefheit, auch Grobheit, nüchtern, wild und schön. Er ist sein Lebtag umhergezogen, ja geirrt, hat Feldzüge in ganz Europa mitgemacht; wo er aber auf die Kulturstätten, in die Hochburgen des Humanismus, der städtischen Gesittung stieß, da entsteht Konflikt über Konflikt, die Kielfedern der Ämter fliegen und der Staub wirbelt über den Akten. Denn er schilt, schimpft, verhöhnt, bricht mit allem und erobert sich zugleich die Herzen. Dann verschwindet er auf unbekannte Zeiten, fast Jahre im Ungewissen; es scheint, man hört, er ziehe von Spelunke zu Spelunke, predigend, verbindend, medizinernd, dunkle Gerüchte

wuchern über ihm auf. Eine Macht beginnt er erst vierzig Jahre nach seinem Tode zu werden.

Und doch, Paracelsus war zwei Jahre Ordinarius der Medizin an der Universität Basel. Eine Heilkur an einem ihrer ersten Humanisten, Frobenius, die Freundschaft ihres Rektors Amerbach und des Stadthaupts Oekolampadius, ja die wohlerwogene Beachtung des Erasmus trugen ihn für ein Kurzes. Aber die gesittete Kultur und die Explosionen des Arztsohnes und Naturburschen vertragen sich nicht lange. Paracelsus entstammt ja dem schwäbischen ganz verarmten adligen Stamm der Bombaste von Hohenheim, ist im kleinen Einsiedeln in der Schweiz herangewachsen. Er ist Theophrast von Hohenheim und der ihm aufgezwungene Humanistenname Paracelsus ist eine Ironie geblieben; er ist nie ein Humanist gewesen. Am wenigsten im geistigen Sinne. Er war der Professor in Basel, der zuerst deutsch las. Und er war der, welcher alles Unheil der verrotteten Medizin in ihrer antiken Überlieferung fand, der ihre Schriften nach dem Brauch der Zeit öffentlich ins Feuer warf.

Und hier kreuzt seine Sphäre die des Hippokrates. Und hier müssen wir auf die medizinischen Systeme mit kurzen Worten eingehen. Denn hier in Basel ist die historische Geburt einer Umwälzung, hier geschieht für die Medizin das, was für die Astronomie Kopernikus, für die Physik Galilei bedeutet. Hier ist der Keim auch für jene entzückende Satire, die wir alle so lieben, jene Stimmung, in der Molière (1673) 150 Jahre später schon den Beifall und das Echo seiner Hörer fand. Es sind die Verse, nach denen der Bachalaureus im Malade imaginaire zu exerzieren hat:

Clysterum donare
Postea Seignare
Ensuita Purgare
Reseignare, repurgare, et reclysterizare

Hier ist in drei Worten die Medizin des Galen, es ist die Erinnerung an das medizinische Lehrgebäude der Antike, wie es von Hippokrates aufgerichtet, vom Römer Galenus kodifiziert, vom Traditionalismus der Scholastik den Jüngern der Wissenschaft gelehrt ward – bis zu Paracelsus. Es ist, näher analysiert, die Medizin, welche in rationaler Form aus einer Theorie des menschlichen Organismus, aus einer ganz bestimmten Physiologie des

Menschen, hinter der aber eine ebenso bestimmte Idee vom Menschen steht, die notwendigen ärztlichen Eingriffe folgerecht ableitet. Es ist die Theorie des HIPPOKRATES, nach der der gesunde Mensch gesund ist, dank eines dynamischen Gleichgewichts seiner vier Kardinalsäfte: Blut, Schleim, schwarze Galle und Lymphe. Zwar bringt der Sommer das Blut zum Überwiegen, der Herbst die Galle, der Winter den Schleim. Aber im Rhythmus der Schwankung bestätigt sich doch nur das hohe Gesetz der Harmonie, die ewige Ordnung des Maßes. Und nichts anderes ist die Krankheit als die Störung dieser Harmonie; sei es, daß zuviel Blut, sei es, daß zuviel Lymphe da ist, daß man also zur Ader lassen muß – seignare – oder aber ein Fehlendes zuführen – Clysterum donare. Und nicht anders sind die geistig-leiblichen Individualitäten zu begreifen: die blutüberfüllten Sanguiniker, die galligen Melancholiker, die lymphatischen Choleriker, die schleimigen Phlegmatiker. So ist die Lehre des HIPPOKRATES eine Harmonielehre der Gesundheit, eine Typenlehre der Temperamente und eine Pathologie der Krankheiten in Einem.

Sie ist aber noch viel mehr als das. Und hier berühren wir die tiefere Frage: Woher stammt dieses System und diese Gesinnung? Denn diese Idee von der Krankheit ruht auf einer Idee vom Menschen, diese Idee vom Menschen auf einer Idee vom Leben, von der Natur, vom Kosmos. Versteht man sie, dann versteht man, was der Weg der Heilung, aber auch was für ein Mensch eigentlich der Arzt ist – der hippokratische Arzt und HIPPOKRATES selbst.

Was kann der Arzt denn tun, was muß er sein? Er muß sein ein Wiederhersteller jener Harmonie der Säfte. Man muß wissen, wodurch die Säfte gestört werden. Nicht, meint HIPPOKRATES, wie die alten naturphilosophischen Ärzte behaupten, ist der Mensch und die Krankheit aus einem einzigen Prinzip zu verstehen, denn er ist selbst nicht einheitlich, geht er doch nur aus der Vereinigung zweier verschiedener und ergänzungsbedürftiger Wesen, aus Mann und Weib hervor. So ist er ein vielfältiger und zwiespältiger, und immer lauert hinter der Harmonie und Eukrasie die Störung und die Dyskrasie. Zwei Gründe dieser Störung kommen in Betracht: eine falsche Lebensweise, verkehrte schädliche Gewohnheiten, vor allem im Essen und Trinken, in der Tageseinteilung und dann die Einatmung, das Pneuma. Die ersten Fehler sind individuell, aber wo das Pneuma, die Luft, verpestet ist, da entstehen die Seuchen, die Epidemien. So ist der Arzt berufen, die Lebensweise zu

ordnen, die Diät zu regeln, durch Aderlaß und Schröpfkopf die Säfte ins Gleichgewicht zu bringen, er ist also ein Hygieniker, er ist ein Lebensführer, und seine Kuren müssen diätetische Kuren, Purgieren und Klystieren sein und müssen klimatische Kuren sein, Ortswechsel, Seereisen wurden dem Griechen von seinem Arzte empfohlen. Zwar hören wir von Arznei, aber ihre Bedeutung ist eben nichts anderes, als eine Verschiebung der Säfteharmonie zu bewirken. Freilich, was sie nicht heilen kann, das muß das Messer heilen, und was das Messer nicht heilt, das muß das Feuer heilen. – So war HIPPOKRATES ein großer systematischer Physiologe, er war ein gewaltiger Forscher, Lehrer und Arzt, er war Höchstergebnis der griechischen Städtekultur; nur in Rudimenten kann man die Herkunft seines Standes aus der priesterlichen Kaste, aus den heiligen Korporationen der Asklepiaden und Pythagoräer erkennen, wiewohl doch auch hier die ärztliche Kunst aus den priesterlichen Händen zuerst hervorgegangen war.
Diese hippokratische Medizin ist also gegenüber dem kranken Menschen in der Rolle eines behutsam regulierenden Maschinisten, eines sorgsam lenkenden Steuermanns, dem nicht die Winde und nicht die Kräfte selbst in die Hand gegeben sind – er kann sie nur lenken und leise verschieben, dies sanfte regulierende Spiel, dies kunstvolle Harmonisieren, von Fall zu Fall angepaßt und individualisierend, nach streng rationaler Überlegung und Einsicht, das ist die τέχνη des HIPPOKRATES. Keine Spur von Kunst im deutschen Wort-Sinne, nirgends ein Lob der Intuition, überall ein Festhalten an der Vernunft, dem Verstand, der strengen Beobachtung, der Erfahrung; ein so ganz griechischer Rationalismus, ein völliges Fehlen des genialen Blicks, der geistreichen Intuition, der schöpferischen Phantasie im Repertoire des idealen Arztes. Es ist die zurückhaltende, die reine, die konservative Medizin par excellence. Man muß abwarten, zusehen, was wird; im rechten Moment eingreifen; man muß bescheiden sein; was die Götter senden, hinnehmen; nicht alles ist heilbar; vom unheilbar Kranken soll man die Hände lassen; man kommt sonst in schlechten Ruf, würde zum Schwindler werden, denn – eins ist so gewiß, wie nur einem Griechen die Existenz der Vernunft sein kann: die ärztliche Wissenschaft, die τέχνη existiert, sie ist kein leerer Wahn, daran ist nicht zu rütteln. Verrückt einfach sind die, welche behaupten, die Krankheiten, die die Ärzte heilen, heilten auch von selbst, die aber nicht von selbst heilten, könnten auch die Ärzte nicht heilen.

Denn der Arzt ist ein geistig durchgebildeter, ein wissender, ein nicht an Einzelheiten klebender, sondern das Ganze erwägender und kennender Mann. Und indem er dies Ganze der Einzelheiten erkennt (dies ὅλον), ist er im Sinne des Griechen des fünften Jahrhunderts eben unter allen Umständen der Überlegene. Totalität und Ganzheit seiner Bildung, Ganzheit seiner Weltanschauung sind es, was ihn über die Masse erhebt, wodurch er seinen Platz unter den ersten der πόλις hat, wie ein Botschafter, ein Diplomat, wird er auch bezahlt; er ist ein vornehmer Mann, d. h. einer, dem die Eigenschaften des Philosophen zukommen. Sein Aristokratsein besteht darin, daß er das, was er behauptet und was er denkt, auch verwirklicht und ist. Er teilt mit dem Philosophen der neuen, der damals modernen Art dies, daß er nicht etwas theoretisch philosophiert, sondern daß er die Wahrheit, die er erkannte, repräsentiert und verwirklicht im Leben. – Dies also ist der neue Begriff des griechischen Menschen, der mit SOKRATES tief durch die Skepsis gegangen, tief an der Wissenschaft gezweifelt hat und verzweifelt ist, aber der nun im Gegenüber mit dem tätigen Leben, mit dem konkreten Dasein eine völlig neue, sublimere und ideale Kraft saugt, eine Kraft, aus der sich der herrlichste Aufschwung zur platonischen Idee, der Mittagshöhe des griechischen Geistlebens alsbald entwickeln sollte. Wie SOKRATES auf dem Markte zu philosophieren wieder anfing, so steht der große Arzt vor der erschütternden Wirklichkeit des Krankenbettes und besinnt hier sich neu auf das Wesen seines Erkennens und Könnens, seiner eigentlichen Wahrheit. Und so scheint es in der Tat, daß nächst SOKRATES die Gestalt des HIPPOKRATES es ist, welche am tiefsten auf PLATON gewirkt und ihn vorbereitet hat. Denn nicht schwer wird man in der Harmonie seiner Sphären, in der tiefen Veredelung seiner Idee von einem Ganzen als eben zugleich dem Vollkommenen und Vollendeten und in den Bestimmungen seiner Philosophie und des Philosophen als eines Tätigen, des Tätigen als eines Philosophen die Elemente des HIPPOKRATES nacherkennen. So entfaltet sich das Bild des harmonischen und darum ganzen, des gesunden und darum vollkommenen, guten und schönen Menschen zur Fülle der platonischen Idee der Welt. In dieser Verwandtschaft erfüllt sich auch das von HIPPOKRATES durchaus nicht intellektuell, sondern rein ethisch gesprochene Wort: ἰατρὸς φιλόσοφος ἰσόθεος gottgleich der Arzt, der Philosoph ist. Hierin bewährt sich auch vielleicht der Sinn, den SCHELLING aus dem Wort σοφός herausge-

spürt, wonach nämlich der φιλόσοφος ein Liebhaber der Gesundheit oder Ganzheit sei – im Grunde also ein Arzt.
Denn ein begabter Arzt wird ja bei solcher Biologie und Physiologie doch offenbar der sein, der den Sinn für die Harmonie, den Sinn fürs Schöne, Ganze und Vollendete hat; um so feiner wird er ja fühlen, was not tut, was fehlt, je stärker seine Sehnsucht zum Schönen, Ganzen, je stärker seine Liebe zum Kranken eben aus seiner Liebe zum Gesunden hervorwächst. Diese ist das Grundgefühl, das ihn durchzieht, und völlig fremd ist ihm etwa ein Mitleid, eine Sympathie mit dem Kranken, dem häßlich leidenden als solchem; völlig wendet er sich ja auch ab, wir sahen es schon, von dem, welchem doch nicht mehr zu helfen ist.
Diese mehrfach gegebene Vorschrift des HIPPOKRATES beleuchtet blitzartig die Kluft, die hier gegen die christliche Idee des Arztes, gegen das christliche Gefühl klafft. Tieferen Aufschluß geben uns platonische Schriften, in welchen das Problem der ärztlichen Hilfsbereitschaft erörtert wird. Da hören wir denn, daß in dem platonischen Idealstaat die wohl geduldet werden, welche von einer vorübergehenden Krankheit befallen sind, die man heilen und gesunden kann. Die aber, welche von Natur unkräftig geboren sind, welche eine zarte, nervöse Konstitution mitgebracht haben, wir würden sagen die Psychopathen, die dégénérés, die Versagenden, die Neurotiker, an die soll der Arzt seine Zeit nicht verschwenden. Man soll sie verderben lassen und an der Fortpflanzung hindern. Zwar ist eine neumodische Art von Ärzten, die modernen, die sogenannten »feinen« Asklepiaden aufgekommen, welche diesen Neurotikern nachlaufen; aber was sie tun, ist nur die Vertiefung des Übels. Sie sind im Grunde die richtigen Erzieher zur Krankheit, die Krankheitszüchter, diese Nervenärzte und – »Psychoanalytiker«; diesen modernen Arzttypus lehnt PLATON völlig ab, wie er in seinem Staate das Gesunde und Schöne allein dulden will, denn dieses ist auch das Wahre, das Gottgewollte. Aber der andere Arzt, der die Kranken wieder ganz und heil macht, er hat seine vorzügliche Stelle im Staat an der Seite des Gymnasten, mit dem er sich in die Sorge für das körperliche Leben teilt, das Negative reparierend, wie der Gymnast das Positive am Körper bildet. Auch die Seele soll er lenken, das Ganze des Menschen kennen, seinen Weg soll er ihm zeigen; denn in seiner besten Ausprägung redet der Arzt mit dem Kranken und verkehrt mit ihm fast wie ein Philosoph, ist er ein zum eigenen Weg den Kranken Überredender.

Das kann er nur, wenn er selbst teilhat an jener Kalokagathie, an jener geistig-leiblichen Bildung zur Vollkommenheit, in der ethischer Wert und Schönheit in Eines fließen, am pädagogischen Ideal des Griechen. Auch Hippokrates kennt diese Forderungen in Vorstufen zum Platonismus: sie haben bei ihm einen mehr bürgerlichen, vielleicht gesellschaftlichen Anstrich: gutes Exterieur, würdige Haltung, maßvolles Sprechen in Sentenzen, diskrete Kleidung, völlige Ruhe in aufregender Situation, Welt- und Lebenskenntnis, ich möchte sagen, eine »respectability« ist diese Vorstufe der Kalokagathie – ein gentleman hat er zu sein.

Hier ist wohl nichts gezeichnet worden, was nicht in antiker, bester Überlieferung auch nachweisbar ist. Und damit ist denn auch fast alles das gezeichnet, was dem deutschen Manne fehlt, so wie er zwei Jahrtausende später den Schauplatz des verworrenen, gärenden Deutschlands am Anfang des 16. Jahrhunderts betritt. Auch er hat die Welt gesehen, als Weltfahrer sich gefühlt und er sagt einmal: »so seyn die Künst nicht alle verschlossen in eines Vaterland / sondern sie seyndt außgetheilt durch die ganze Welt«. »Die Dinge kommen nicht zu einem, darumb mußtdu dahin ziehen, da sie sindt.« »Ist doch auch die Königin (Saba) vom End des Meeres kommen zum Salomon allein darumb, daß sie sein Weisheit höret.« »Die Weisheit ist eine Gabe Gottes: da er sie hingibt, in demselbigen soll man sie suchen. Man soll noch Schuh und Hut verzehren, daß man nur dahin komme, wo die Weisheit ist.« »Gehet doch ein Buhler ein weiten Weg, daß er ein hübsch Frauenbild sehe. Wie viel mehr einer hübschen Kunst nach. Nicht allein bei Doktoren, sondern auch bei Scherern, Badern, Weibern, Schwartzkünstlern, Alchimisten, Klöstern, Edlen und Unedlen, Gescheiten und Einfeltigen. Auch sind die Engländischen Humores (kranken Säfte) nit Ungarisch, noch die Napolitanischen Preußisch. Und je mehr du sie dahin suchst und je mehr ihr erfahrst, je größer dein Verstand in deinem Vaterland. Denn nehmet ein Exempel. Wöllen wir zu Gott, so müssen wir zu ihme gehen, dann er spricht: kommt zu mir. Auch soll ein Arzt ein Astronom sein, und ein Kosmographus und ein Philosophus«. So Paracelsus (1537/38).

Aber Paracelsus führt kein glänzendes Leben und hat mehr in peinlicher Armut als im Besitz gelebt. Er pflegte ein Schwert zu tragen und hat auf seinen Fahrten in den obskuren Kneipen und

auf den ungewissen Straßen den Landstreicher und Briganten nicht weniger zum Genossen gehabt als den Humanisten in Basel, die Künstler in Nürnberg. Als Schwindler, Trunkenbold, Marktschreier und Kastrat war er verschrien, als mit dem Teufel im Bunde und vom Teufel zuletzt von der Erde geholt, galt er noch lange, und am Grabe dieses selben Mannes im Salzburger Kirchhof beteten die Menschen bis ins vorige Jahrhundert. So anders ist das Gegenbild des Griechen, so anders der große Revolutionär, der die Macht der griechischen Medizin vor anderen gebrochen hat. Nichts hier von dem Kultur und Sitte streng pflegenden, nichts aber auch von der durch Kultur und Sitte wohl behüteten und geschützten Existenz des Griechen; sondern Faustrecht als Wissenschaft, Wissenschaft als Faustrecht brauchend steht er vor uns, glühend kämpfend, dann jung verbraucht und verlöscht, ist er ein vulkanischer Durchbruch, eine blendende Stichflamme im Gefüge seiner Zeit, nicht umgeben von Schülern, sorgsam bildend und überliefernd, nein, einsam auf sich gestellt, unstet, meist verhöhnt und leidenschaftlich zugleich geliebt. Keine Brücke führt vom sogenannten Luther der Medizin zu diesem selbst. Im Gegenteil: Er spricht von »des Luthers und Zwinglers Fölscherey; die mit dem Deckmäntli des Euangelions auftreten; es ist einer wie der ander. Das sind die falschen Propheten die wollen den Papst vertreiben und lassen sich wol an wie ein warmer Wind; aber so sie abziehen, verlassen sie einen neuen Schnee samt dem alten. Jetzt ist das letzte böser dann das erste, das ist nun alles ein Winter.«
Nirgends hören wir, daß die umschaffenden Kräfte, die umformenden Geister und großen Personen der Zeit sich mit ihm gefunden, er sich mit ihnen verbündet hätte, stets mußte seine eigene Glut den Krater erfüllen, den er in seiner Umwelt erzeugt hatte, und der denn mit seinem Tode auch alsbald erkaltet, bis lange nachher die Welt des majestätischen Gebildes inne wird, das seine Kräfte erzeugt haben.
Und es ist ein gewaltiges Gebilde. Freilich muß ich fast verzagen an der Aufgabe, dies Gebilde in kurzen Augenblicken hinstellen zu wollen. Nicht bloß, weil die Nachrichten über Paracelsus spärlich, seine Schriften zu großen Teilen nie gedruckt wurden, in Handschriften über Europa zerstreut sind. Nicht nur, weil vieles auch dem Geschulten dunkel bleibt. Auch nicht nur, und dies ist ein viel ernsteres Problem, weil der Leser des Paracelsus mit Erschütterung gewahr wird, in welchem Maße wir Deutschen

heute nach vier Jahrhunderten von dem Mutterboden unserer alten Sprache abgelöst sind, durch das veredelnde, ja, aber auch entfremdende Pfropfreis der klassizistischen, der humanistischen, der wissenschaftlichen Bildungskultur. Wie hoffnungslos fremd ist uns zuweilen schon das Wort LUTHERS, aber wie noch viel mehr das Wort des PARACELSUS, des Jakob BÖHME geworden, dies Wort, das in GOETHE noch erklang, aber auch ausklang. Und dann ein weiteres, geschichtsmetaphysisch noch Bedeutungsvolleres, diese Gestalt ist darum in kein Bild zu fassen, weil sie ihrem Wesen nach ebensosehr Gestalt wie Ungestalt, ebensosehr Form wie Unform, ebensosehr Gesetz wie Ungesetz, bloß seiende Substanz, nicht Dasein ist. Darum erträgt sie keine Abbreviatur, keine Formel, keine Konstruktion, keine historisch-kausale Ableitung noch Erklärung. Ich möchte sagen: HIPPOKRATES könnte vielleicht auch anders heißen, aber PARACELSUS ist einer jener Menschen, in denen die subjektiven Substanzen des Nurpersönlichen so stark, so überwiegend entscheiden. Hier ist kein Vorbild, hier ist nicht nachbildliche Wirkung, hier hat man immer nur um dieses eine Zentrum zu kreisen, da sind keine verbindenden Linien zu ziehen. Darum eben konnten die Griechen und immer wieder die Griechen eine Welt gestalten und nach sich formen, weil ein Übertragbares da ist; PARACELSUS ist nicht in diesem Sinne übertragbar; er hat noch mehr revolutioniert als geformt. Und hierin ist zugleich seine Gottnähe ausgedrückt. Denn dies Zentrum ist sein Glaube. Dieser im Christentum mögliche Glaube, der nicht das Sichtbare gestaltet, der nicht durch Gestaltung gliedert, formt, umgreift, gebietet und ordnet, um zuletzt zu beherrschen – nein der Glaube, der nur ansaugt, in sich hineinreißen kann, weg von den Dingen, weg von der Welt, weg vom Leben in sein transzendentes, sein übersinnliches und selbst übergeistiges, in sein nur geistliches Endziel bei Gott.

Wer an Gott glaubt, der will die Welt nicht erklären, nein, nur begreifen, erkennen, als Gottes Werk. Die Welt ist für ihn ein Werk der Schöpfung, der Mensch ein Geschöpf, die Natur ist Kreatur. Und so kann ja seine Lehre kein solches harmonisches Gebilde sein, denn sie hat ja ihre Bedingungen nicht in sich selbst, sie hat sie ja vom Schöpfer empfangen – wie sollte sie jene Harmonie besitzen? Im Gegenteil, der Teufel ist in der Natur da, ja leibhaftig ist er da, und wie sollte, wer an Gott glaubt, nicht wissen, daß er nur da ist, weil Gott es ihm gestattet hat. – Hier

fassen wir aber sogleich die wichtigste Bedingung von Paracelsus dem Arzte. Was ist denn ein Arzt? Doch offenbar ist das spezifische Wesen des Arztes nicht das, daß er helfen will – das will ja der Priester auch, das will im Grunde jeder, dem die nebenmenschliche Person am Herzen liegt; es kann auch ein Staatsmann oder es kann ein Künstler sein. Das spezifische seiner Hilfe ist doch beschlossen im Wort »Natur«; der Natur will er helfen, und durch die Natur will er helfen: und so muß er sein ein Naturkundiger, ein der Natur Verbundener, ein in der Natur Mächtiger. So ist also die Natur des Paracelsus die Natur als Kreatur. Hier begegnet der gläubige Paracelsus dem Arzte Paracelsus, hier der Theologe dem Naturforscher. Hier im Rekurs auf die erste Person der Trinität, den Schöpfergott, den Gott des Alten Testamentes, ruhen die Quellen seiner Anschauungen. »Und wie der Teufel, so kommen auch alle Krankheiten von Gottvaters Schöpfung und durch seine Schöpfung müssen sie wieder geheilt werden.« Nicht die Werke des Sohns, nein, die des Vaters, sind für den Arzt von höherer Bedeutung. So weit geht dieser Primat des Vaters für des Paracelsus Theologie, daß er ein Wort wie »liebet eure Feinde« von hier aus versteht: die Feinde sind wie der Teufel zugelassen und sind darum schließlich zu unserem Besten, denn dies begreifen und annehmen, das heißt glauben. Ich muß mir versagen, diesen Grundsatz seiner theistischen Theologie, in der ohne Zweifel das christologische Moment nicht stark, die Liebesethik als Theologie nicht entscheidend ist, hier zu verfolgen.
Sind aber die Krankheiten in der Schöpfung gebildet worden, so sind es auch die Mittel dagegen: es gibt Arznei! Hier also fassen wir es, das Entscheidende: die Natur bringt mit jeder Krankheit auch die Arznei dieser Krankheit hervor; durch Gottes Willen ist einem jeden Gift sein Gegengift erschaffen; sucht es nur, ihr werdets finden, es ist da. Und damit stehen wir denn bei dem Umstürzer und Reformator Paracelsus, hier taucht er vor uns auf, wie er umherschweift bei Wurzelweibern, in die Bergwerke kriecht, in den Schmelzereien und den Apotheken, den alchimistischen Laboratorien und Küchen, botanisierend, kochend als Scheidekünstler und als der große Instinktmensch für das, was sich anzieht und abstößt, was in der Natur zu einander gehört und was sich feind ist, wir stehen beim Magier Paracelsus. Hier stößt er hart an das Haus der Galenisten und Hippokratiker: wehe ihrer grauen Theorie und ihrem starren System, wehe vor allem dem

Doktrinarismus und dem Bücherwesen, wehe der Schule ihrer Unwirklichkeiten. »Denn das will ich bezeugen mit der Natur: der sie durchforschen will, der muß mit den Füßen die Bücher treten. Die Geschrift wird erforscht durch ihre Buchstaben, die Natur aber durch Land zu Land / als oft ein Land ist als oft ein Blatt. Also ist Codex Naturae also muß man ihre Blätter umkehren.« (1537/38)

Wehe dem System der feinen und untereinander stimmenden Gedanken, wehe der physiologischen Theorie, die vorgibt, hinter dem Sichtbaren, hinter dem Greifbaren die Wahrheit zu erblicken, wehe, wenn dies Sichtbare und Greifbare sich selbst dagegen erhebt. Wehe dem Denker, der sich anmaßte, dies Sichtbare und Greifbare zur bloßen Erscheinung, dem nicht eigentlich Wirklichen degradieren zu wollen, wenn die Tatsachen aufstehen und ihn erschlagen. Hier also packt sie uns, diese Kraft der Erneuerung, die man Renaissance genannt hat, die man moderne Naturforschung genannt hat, hier steht einer von ihnen vor uns, die uns gelehrt haben, daß man dort hingehen muß, wo die Dinge sind, daß man die Augen wieder brauchen soll, wie sie im Kopfe sitzen; denn die Wirklichkeit kommt nicht von selbst zu uns, wo wir nicht gehen. Hier ist sie, diese Kraft, welche auch das moderne Experiment erzeugt hat, jenes so viel bezeichnendere Charakteristikum dieser Neuwelt, als es die so gerühmten Naturgesetze sind.

Das also ist es: die Erscheinungen sind etwas höchst Wirkliches. Und dies Licht beleuchtet auch den Menschen, wie er vor dem Arzte liegt. Dieser Mensch ist kein System von harmonisch-disharmonischen Kräften, ach nein, es ist der Mensch, der einen Anfang hat und ein Ende, geboren wird und stirbt, und dazwischen seine Erdenstraße wandelt; nicht in Gestalt der Mächtigen und Reichen liebte er diese Menschen und sah er sie, »die da romanische Stuhlbesitzer sind, diese herodischen Mörder«, sondern die »arm, elend, dürfftig Leuth mit Gebrechen und Nothdurft«. Das ist der Mensch, mit dem Paracelsus zu schaffen hat, der, den er auf Erden gesehen hat. Die sieht er als seine Brüder, die hat er nicht nur kurieren wollen, er hat sie auch in seinen letzten Jahren als eine Bruderschaft der Gotteskinder mit sich vereinigen wollen, ein Gottesreich auf Erden sollten sie bilden im Zeichen der Gottesfreundschaft und -kindschaft.

Dies ist das Unerhörte: die größte Naivität und Kraft des sinnlichen Realismus und die größte Nähe und Wirklichkeit des göttlichen Wirkens in Natur und Mensch sind hier einander verbunden: es ist ein und die gleiche Glaubenskraft und Lebenskraft, welche das mit Augen sichtbare und das im Geiste Erschaute, welche die sinnliche wie die übersinnliche Welt bis in Greifnähe heranzieht. Wie dünn ist der philosophische Sensualismus der Engländer kurz später vor dieser Sinnlichkeit, wie abstrakt der kantische Idealismus vor dieser Geisterschau, wie ungebrochen diese Daseinskraft aus Demut vor den Winkelzügen der Denkenden aus dem Stolze der Vernunft. Wahr ist ein Leben aus dem Grunde der Religion vor einem Denken des Lebens aus den Gründen der Philosophien. Heilsam die Arznei aus dieser Hand gegenüber der Diät aus den Vorschriften einer Heilordnung. Denn hier sehen wir ja nun endlich den Wesensunterschied zwischen HIPPOKRATES und PARACELSUS als den Ärzten. Es ist der Gegensatz von bloßer Diät und wahrer Arznei. Jener weist mit dem Finger, wo dieser die Hand reicht und kräftig emporzieht. Jener reguliert und purgiert, wo dieser den Feind sieht, greift und zur Strecke bringt. Denn die Krankheiten sind leibhaftige Wesen, wirkliche Dinge; ganz wie unsere Bakterien, diese Erfüllung jener Ahnung. Und so ist jene diätetische Heiltechnik in gleicher Weise die ausdrucksvolle Gebärde des griechischen Wegs zur Vollendung wie auch diese echte Arznei ein Abglanz der göttlichen Heilskraft, der Erlösung vom Übel.

Beide sind aber groß genug, um immer zu wissen, wie klein sie sind vor dem Gesetze der Natur und des Todes. Und indem wir die Einschränkung und die Bescheidung der beiden uns vergegenwärtigen, wird ihr Gegensatz noch viel charakteristischer als in der Betrachtung ihrer Positivität und Kunstbejahung. Denn jener führende und regulierende, jener selbst das gesunde Leben noch erziehende und steigernde, jener hygienische hippokratische Arzt ist doch zugleich voll tiefster Entsagung, voll edler Resignation, er ist ja schließlich doch der Gefährte des tragischen Menschen. Die griechische Tragödie hat ihre letzte Weisheit auch für ihn gesprochen. Denn wie könnte ein HIPPOKRATES unwissend darüber gewesen sein, daß diese Kunst das, was sie leisten sollte, zuletzt nicht leistet; viele kann sie retten, aber wie viele auch nicht. Und vor der schließlichen Macht des Todes hat auch sie nicht einen gerettet, so wenig wie den im mystischen Rausch vollendeten Philosophen. Gerade diese Stimmung der Resignation scheint PARACELSUS nie zu kennen, denn er kennt in diesem Sinne keinen

Heilsweg, der von Stufe zu Stufe der Vollendung näher brächte; denn ihm ist das Leben in jedem Augenblick gleich ferne und gleich nah bei Gott; keine Methode und keine Technik führt in der Krankenbehandlung zum Ziel, sondern die Kraft der Arznei, die Macht der Tat; und nicht anders kann es ja doch sein, da Gott gleich gewaltig ist in jedem Augenblick, der Mensch gleich entfernt, selbst wahrhaft helfen und heilen zu können, in jedem Augenblick. Unabhängig bekämpft er ja die Selbstüberhebung, als ob der Arzt es wäre, der heile, und nicht die von Gott geschaffene, in Pflanzen und Mineralien verborgene Arznei. In ihr allein ist die Macht, und der Arzt selbst ist ja doch gar nichts als selbst ein Teil der Natur, ein Stück der Schöpfung, die durch ihn hindurch wirkt, nicht aus ihm selbst entsteht. So ist er nur ein Mikrokosmos der Natur, in seinem Wissen und Können hat diese Natur sich noch einmal im Miniaturbild gespiegelt und repetiert – weiter nichts. So also ist Gott in Paracelsus, und so ist seine Demut zugleich sein Selbstvertrauen, dies Selbst ist ja gar nicht er. So fern also liegt ihm Entsagung und Bescheidung; denn diese gläubige Demut ist ja der Feind des Verzagens, eine solche Resignation und Enthaltung wäre Unglaube, Anfechtung, im Grunde Sünde. Und ein Arzt darf ja doch kein déserteur du monde sein; Arzt sein heißt ein Patriot der Welt sein. Er muß ein das Leben bejahender sein oder nicht sein. So kann auch die Kunst der Prognose, die Blüte hippokratischen Rationalismus für Paracelsus keine große Rolle spielen. Eine gewisse Vorhersage, was kommen wird, ist Sache des Arztes sowenig wie seine Sache die Heilung selbst ist. Wo Paracelsus vom Zukünftigen redet, da erhebt er sich über die Prognose weg sogleich zur Prophetie selbst, zur seherischen Gabe, die ja nicht sagen will, was aus theoretischen Gründen, aus rationalen Forderungen eines Naturgesetzes geschehen wird, sondern die vielmehr, indem sie selbst eine Kraft geschichtlichen Hervorbringens ist, in den Lauf der Weltgeschichte wahrsagend eingreift. Von seiner Prophetie abgesehen aber möchte ich Paracelsus als einen Menschen der Gegenwart und des Augenblicks bezeichnen, nicht des inhaltleeren, flüchtigen, zufälligen Augenblicks, sondern des Augenblicks, der als die metaphysische Mitte, Höchstrealität, Vergangenheit und Zukunft bindet und eint, indem er das Schicksal entscheidet. Die Heiligung der Gegenwart ist es, welche diesen Kämpfer und Tatmenschen aus der Reihe der geistigen Menschen heraushebt und ihn von allem zeitgewollten Verlaufsgesetz entbindet. Ein geistlicher Mensch, kein Geistmensch ist er so, er kennt in der Substanz seines Seins keinen Fortschritt, aber auch keinen Niedergang und Untergang, er ist ein immerwährender Kämpfer, kein Zielmensch, sondern ein Jetztmensch, kein Asket und noch weniger ein Mensch der sinnlichen Abhängigkeiten; er ist ein Mensch, der die Willensstarrheit sowenig kennt wie die immerschwankende Motivation des Willens; sein Wille ist ein unablässiges Gebrochenwerden und wieder Gebundenwerden. Die Dynamik dieses Willens ist eben die Dynamik der Liebe. So geht die Ansicht des HIPPOKRATES auf das All, das Ganze, die Idee des Menschen, die des PARACELSUS aber auf sein natürliches Schicksal, Anfang und Ende, Geburt und Tod, Lachen und Weinen. Wo jener Wege zur Vollendung weisen will, da springt dieser herzu, wenn er ein Seufzen oder Klagen hört, verbindet und lindert, um nach getanem Dienst wieder zu verschwinden. Er löscht, wo es brennt, aber er fragt nicht, ob ein Palast oder eine Hütte brannte. Unvereinbar ist dieser sein Weg mit dem andern, heftig weiß PARACELSUS, daß wir nicht geistig alles verbinden und überschauen können, denn soviel Augenblicke das Leben hat, so viele Entscheidungen fallen, und wir können in der Entscheidung nicht links und rechts. Wir müssen links oder rechts gehen. So ist auch der Weg dieses wie jedes Christen gewesen, denn »und« vermögen wir im Geiste, in der psychologischen Attitüde zu sagen, aber nicht im Leben und nicht als Ärzte am Leben, wo wir mit dem Tode ringend nur zu Häupten oder zu Füßen des Kranken stehen, nicht zu seinen Häupten und zu seinen Füßen. Ein »und« nur, ein »alle« kannte PARACELSUS, das waren die »Alle«, die Gegenstand seiner ärztlichen Hilfe wurden; denn die Botschaft des göttlichen Arztes, die Botschaft Christi gilt allen, und erst durch diese einem All, sie gilt den Menschen auf Erden. Und so diente des PARACELSUS Macht den lebenden Menschen durch den Geist. Nicht dem Geiste durch Menschen.

So ist PARACELSUS in der Tat einer, der die Geistleidenschaft zu beschwören vermocht hat, der dies Heidentum gewaltig bekämpft hat, der siegreich und heiter dies erste ernsteste Übel der nachmittelalterlichen Welt, ihre Geistvergötterung und -vergötzung widerlegt hat. Denn er ist weit entfernt, etwa in die klassische Reihe der neuzeitlichen Männer der Intelligenz, der unerhörten geistigen Formeln, in die Reihe der GALILEI, der NEWTON, der KANT und HELMHOLTZ zu gehören. Er ist vielmehr einer der Instinktentdekker, der intuitiven Finder, in ihm arbeitet die Naturahnung und das Wundererleben eines Volkes, des Volkes, das das deutsche heißt. Er kennt ja nicht das Kausalgesetz, er kennt nicht das Verhalten, bei dem ein Atom A das Atom B stößt, er kennt nur das Verhältnis der Sympathie, der Bindung, durch die Magie des Lebens. Wo eine Krankheit ist, da ist ein feindliches Wesen, und wo dieses ist, da ist auch ein Gegengift und wird von der Krankheit angezogen, so wie der Magnet das Eisen anzieht, so wie die Sonne den Bettler, so wie das Weib den Mann anzieht. Denn wo der Mann liebt, da ist die Kraft ja nicht bei ihm, nein, beim Weibe ist sie, und wo ein Tier die Pflanze frißt, da ist die Kraft der Anziehung und der Ernährung bei der Pflanze – so ist die magische Welt, so wenig weiß sie vom Subjektivismus der Ichhaftigkeit, der aktivistischen, kausalistischen Zuspitzung der modernen Geistwelt, so wundervoll bricht sie die Brutalität des modernen geistigen Ich eines KANT und FICHTE, noch ehe sie geboren sind, so frei hält sie sich von dem Atheismus der Synthesis der Philosophen.

Gedenkt man dieses Grundwaltens der magischen Natur, der magischen Kraft, wie sie als Archeus dem Organismus innewohnt, wie sie von Fall zu Fall spezifisch, von Ding zu Ding individuell ist, und vergleicht man diesen Gedanken der magischen Anziehung mit der immergleichen Anziehungskraft NEWTONS, der Gravitation, dann wird ja sogleich völlig klar, daß diese Natur des Renaissancephilosophen sich mit der Natur der neuen Physik nirgends berührt. Denn diese magische Anziehung ist ja nur da, wo eine sichtbare mit einer unsichtbaren Natur verkehrt, sie ist dieser Verkehr selbst, in beiden Richtungen. Den Verkehr dieser Welten zu durchforschen, ihn immer und überall zu bemerken, in der Bewegung einer Hand, in der Heilkraft eines Pflänzchens, im Einfluß der Sterne und des Wetters auf unser Auge und unsere Seele, in jedem psychophysischen Kontakt von Außen und Innen, von Materie und Geist, da überall ist die eigentliche und entscheidende, die wahre Wirklichkeit des Lebens, und sie erlebt PARACELSUS zugleich als das Wunder und den unerschöpflichen Ausdruck der Schöpfung. Dieses Leben, diese lebendige Natur ist wirklicher als irgend eine Abstraktion der Wissenschaft, von denen ganz offenbar keine auf dieser Stufe der Erkenntnis den geringsten Vorzug vor der anderen hat.

So hat hier der Glaube den Menschen, so hat der Mensch eine Philosophie, eine theologische Naturphilosophie, eine Naturtheologie erzeugt. Philosoph sein, hieß für den Arzt Hippokrates vor allem soviel wie Ethos haben, ethisch sein; für den Arzt Paracelsus aber soviel wie in Besitz und Erkenntnis der übersinnlichen Natur sein. In beiden heißt Philosoph sein soviel wie im Namen eines Geistigen Arzt sein, aber wo für den Griechen das Geistige unpersönliches Gestaltungsprinzip ist, da stehen für den Deutschen der Renaissance Geister, die geistigen Personen, persönliche Realitäten, Menschen, Dämonen, Basilisken, Hexen, Teufel und Engel. Mitten steht er als Kind des 16. Jahrhunderts schon in heftigem Kampf gegen abergläubischen Unfug, gegen Mißbrauch von Reliquien, Amuletten, Astrologie und Zauberei. Denn ein großer und reiner Glaube kennt sein ewiges Widerspiel, den Aberglauben, weiß, daß die größten Übel die falschen Götzen sind, heißen sie nun wie sie wollen.

Vollkommen stark steht Paracelsus, in seiner Selbständigkeit sich stolz abgrenzend. Vollkommen original bändigt er in sich zusammen die stilgebildete Kraft der Formen der Mittelmeervölker, wie er sie in den Studentenjahren in Italien empfangen, mit dem nordischen Geheimnis, die heidnisch-magische Welt mit der christlichen Glaubenswelt. Mächtige Spannungen entstehen in solcher Bändigung feindlicher Kräfte in der großen Person Hohenheims, und das Ergebnis ist nicht mit dem griechischen Worte der Harmonie, es ist nur mit den deutschen Worten Kampf und Liebe zu bezeichnen. So hat auch wieder und wieder die deutsche Seele zu Paracelsus hingefunden, an ihm haben Helmont und Böhme sich gebildet, und wer anders war es denn, der zu dem Bilde des Doktors Faust Modell gestanden hat, als eben Paracelsus, der gläubige Arzt und der mächtige Arzt.

So scheint die vorbildliche Wirkung des Paracelsus nur negativ bestimmt werden zu können. Denn den Glauben kann man sich nicht zum Vorbild im strengsten Sinne machen, er ist nicht τέχνη, sondern Gabe, nicht Werk, sondern Gnade. Vorbild ist Paracelsus also im Negativen, ich möchte sagen, in seiner Kunst, seinem Willen, haltzumachen; nicht ins Unendliche zu schweifen, sondern stehend zu kämpfen. Nicht im »und, und, und«, sondern im »entweder – oder« zu leben; die Kraft des Verharrens, da wo das Schreiten ins Verderben führt. Dieses Haltmachenkönnen bedeutet nicht Konservatismus, denn es ist kein Haltmachen vor der Zukunft, vor der Tat, kein Verweilen in der Vergangenheit: es ist das Haltmachen vor der Schöpfung, vor dem Schöpfer selbst. So ist sein Verhalten zum Tode eines der schönsten Beispiele dieses Haltmachenkönnens. Wie denkt der Arzt Paracelsus über den Tod? Lächerlicher Aberglaube sei es zu behaupten, man könne in den Sternen die Todesstunde ablesen, wie die Astrologen vorgeben und doch immer irren. Denn im Menschen selbst, in seiner Struktur, ist das Gesetz seines Ablaufs gegeben. Gegen ihn, den Tod, ist der Arzt machtlos: er kann fürs Leben kämpfen, doch nicht gegen den Tod, den Gott mit der Stunde der Geburt bestimmt hat. Alle Menschen leben gleich lang, der Greis nicht länger als der, der als Säugling schon stirbt, denn jedes Leben ist ein ganzes, ein vollständiges. Es ist dies ein höchst merkwürdiges Beispiel des tiefen Sinnes dieses Mannes für die Grenze zwischen dem, was des Menschen ist, und dem, was Gottes ist und seines unerforschlichen Ratschlusses. Keine Dialektik und kein rationalistisches Kalkül braucht er, um die großartige Paradoxie mundgerecht zu machen, daß wir als Ärzte für das Leben zu kämpfen haben mit allen Kräften, obwohl doch die Todesstunde unabänderlich feststeht.

Dies ist es, was wir als sein Haltmachenkönnen vor dem Unerforschlichen bezeichnen können, dies die Bereitschaft seiner Seele, mit wachnüchternem Verstande begabt doch das Wunder unablässig zu erleben, dies seine männliche Einseitigkeit und Entschiedenheit, dies das Geheimnis seiner Kindlichkeit und seiner unbegrenzten Natürlichkeit. Dies der Schlüssel, der ihm die Pforte aufschließt, über der geschrieben ist: »So ihr nicht werdet wie die Kinder.« Er wagt haltzumachen, er wagt natürlich zu sein, er wagt zurückzukehren in seine Kindheit.

So kommen wir in einer Kreisbewegung zurück auf die unter geselligem Aspekt gestellte Frage nach der Unendlichkeit des Geistes und der Begrenztheit des ,lebendigen Menschen. Diese Alternative ist gelöst am Beispiel des Paracelsus. Ferner bleibt uns Hippokrates, das ewige Vorbild, näher Paracelsus, der mächtige Freund, bildend wirkt jener noch immer fort, helfend dieser aber in der Stunde des Mangels, königlich jener, freundlicher dieser; im dynamischen Rhythmus der Geschichte folgt auf Bildung der Bruch und im Zerbrechen die Stunde der Not. Sie, die ewig letzte, bedarf – scheint mir – des väterlichen Freundes mehr.

Psychotherapie und Klinik

Meine Damen und Herren! Die meinem Referate gestellte Aufgabe ist, die Lage darzustellen, in welche die Klinik, aber auch die Psychotherapie dadurch versetzt sind, daß ein Prozeß der gegenseitigen Durchdringung sich jetzt anzubahnen scheint. Die Dinge, welche ich sagen möchte, stehen bereits unter den Eindrücken der beiden ersten Kongreßtage, an welchen sich zeigt, daß es uns weniger darauf ankommt, fertige Resultate hier mitzuteilen, da uns der gemeinsame Maßstab, an dem sie zu messen wären, nicht zu Gebote steht. Auch von Programmen haben wir nicht sehr viel gehört, da ja die Zukunft sich den Programmen nicht zu fügen pflegt. Vielmehr scheinen sich mit Recht die Energien dieser Tagung in Einstellungs- und Orientierungsbewegungen zu erschöpfen, die demjenigen um so schwerer fallen mögen, der die ganze Problematik, ich möchte beinahe sagen den Ernst der Situation empfinden mag.

Ich möchte also versuchen, zunächst von der Klinik zu sprechen, als dem Konfliktort von Kopf und Herz – wenn ich eine kurze Formel gebrauchen darf –, wie sie sich aus dem ergibt, was von Herrn Hansen (1927) so ausgezeichnet hier geschildert worden ist. Das Wesentliche der Klinik liegt ja nicht darin, daß sie betriebsmäßige Behandlungsanstalten sind, sondern wie Krehl (1922) es einmal beschrieben hat, in derjenigen Verbindung von Theorie und Tätigkeit, welche sich ergab, als man im 17. Jahrhundert von der sinkenden Scholastik zur erfahrungs- und dann naturwissenschaftlich begründeten Medizin überging. Aber wesentlich ist weiter, daß diese Aufgabe hier in einer institutionellen Ordnung von einer Führerperson mit ihren Mitarbeitern gelöst wird, und ferner, daß mit den staatlichen Approbationen die erste Prägung der Jugend in ihre Hände gelegt wurde. Darin liegen Kraft und Gefahr der Klinik. Sie wissen selbst, wie ganz anders wesentliche Teile der psychotherapeutischen Bewegung entstanden sind. Man würde den historischen Sinn dieser Bewegung nicht richtig begreifen, wollte man sie allein durch ihre Hinwendung zur Seele oder zu den psychologischen Theorien charakterisieren. Aus Gründen, die nicht leicht in Kürze darzustellen wären, wurde vielmehr diese Bewegung zum Schlachtfeld für einen Gesinnungswandel in der Medizin überhaupt, zu einer Veränderung des Verhältnisses der

Medizin zu ihrem Gegenstand, des Arztes zum Kranken, der Wissenschaft zu sich selbst. – Die Einigung der Psychotherapeuten unter sich würde das Problem noch nicht lösen, wenn bei einer Krankheit wie der Epilepsie heute von der einen Seite die operative Behandlung, von der anderen Psychoanalyse mit gleicher Energie gefordert wird, wo denn die Wahrheit nicht in der Mitte liegen kann, da es zwischen diesen Polen eine Mitte nicht gibt, sondern nur eine *Entscheidung*.

In der Tat hatte aber die Psychotherapie für viele unter uns das Gewicht einer beruflichen Lebensentscheidung, wo nicht mehr. Es scheint mir, als sei es nicht ganz statthaft, die geschichtliche Bedeutung dieses Vorgangs zu nivellieren, indem man ihn in Analogie setzt zu gewissen Dingen, die wir etwa schon bei Hippokrates oder Hufeland oder bei gewissen nichtärztlichen Denkern vorfinden (Kehrer 1927). Vielmehr ist diese Bewegung, wie alles Geschichtliche, in seiner Art vollkommen neu, und sie ist von bestimmten Männern geführt worden, die neu waren.

So bekommt die moderne Psychotherapie jenen Januskopf, einerseits eine neue Spezialität der Medizin und andererseits Repräsentant einer Zukunftshoffnung zu sein, wodurch wir den Überspezialismus der Medizin einmal überwinden mögen, indem wir uns zurückfinden zu einer Grundform, zu einer Einheit, die als die erste Grundlage alles Ärztlichen wieder wird gelten können. Meine Frage wird also lauten müssen: wie kann die Klinik bei der so geschilderten Lage den Weg zu einer solchen Grundform finden? Nur wenige wesentlich erscheinende Punkte können herausgegriffen werden; aber wiewohl ich die Bedeutung der organisatorischen Fragen keinen Augenblick unterschätze, sollen dabei doch gewisse wissenschaftstheoretische Probleme allein zur Sprache kommen. Denn alles Organisieren ist doch wertlos, wenn nicht ein deutlicher geistiger Gedanke zuvor als wahr erkannt ist.

I

Zunächst nochmals einige Worte zur psychophysischen Frage. Faßt man Beziehungen von Leib und Seele als etwas auf, was erklärt werden müsse, was also durch irgendwelche Korrelationstheorien wissenschaftlich erkannt werden müsse, so liegen die Dinge gerade für die Wissenschaft, wie mir scheint, nicht sehr günstig. Zwar drängt hier alles auf irgendeine Überwindung des cartesischen Dualismus, aber doch ist dieser Dualismus seit den frühen Tagen der Sinnesphysiologie über FECHNER und WUNDT, ZIEHEN und WERNICKE bis zu dem letzten Lösungsversuch KÖHLERS festgehalten worden, so daß es vielleicht doch nicht ganz unerlaubt ist, die Reihe dieser Versuche als eine lange Kette von metaphysischen Leichensteinen zu bezeichnen. Immer wieder zeigt sich, wie fruchtbar die Forschung sein kann bei noch so mangelhafter Ausbildung der logischen Kategorie und noch so unzulänglicher und oberflächlicher metaphysischer Grundvorstellung. Und immer mehr drängt sich die Vermutung auf, daß die gesuchten Lösungen nicht im Bereiche solcher Korrelationstheorien liegen, sei es, daß sie kausal fragen, woher kommt dies?, sei es teleologisch, wohin strebt jenes? Und es scheint, daß gewisse klassische und im Grunde immer wieder griechische Denkformen für die Lösung dieser Aufgaben allmählich unbrauchbar werden.

Wie aber war denn nun der Hergang dieser Dinge in der Klinik, wie schon Herr HANSEN (1927) ihn in seinem Referat Ihnen beschrieben hat. Hier darf besonders auch darauf hingewiesen werden, daß es doch gerade die Entwicklung der anatomisch-physiologischen Grundlagen war, die allein die Differentialdiagnose und klinische Aussonderung der Hysterie ermöglicht hat. Wenn man jetzt durch eine elektrische Untersuchung nachweisen kann, daß ein Muskel gar nicht richtig erregbar ist, wenn man durch ein Babinskisches Phänomen und dergleichen Reflexveränderungen schon am Lebenden das Vorliegen eines Zerstörungsprozesses der nervösen Substanz beweisen kann: erst dann, ja gerade dadurch entsteht die Möglichkeit, die sogenannten organischen und die sogenannten nichtorganischen Fälle richtig zu sondern, und erst jetzt die Möglichkeit, eine Psychotherapie in der richtigen Weise an einen Fall anzusetzen. So ist die Entwicklung rationaler somatischer Medizin und die rationaler Psychotherapie korrelativ miteinander verknüpft, sie sind zwei Seiten desselben Schritts. Und was hier eingetreten ist, das ist eigentlich nicht eine neue Theorie über den Zusammenhang von Leib und Seele, sondern eine neue *Ordnung* der Erscheinungen. Der Sinn dieser neuen Ordnung ist nun freilich für *uns* nicht mehr richtig ausgedrückt mit den Begriffen organisch und psychisch. Wie dieser Nebensinn zu überwinden und die in ihm liegenden Mißverständnisse allmählich ausgeschieden werden können, dafür zeigen sich heute schon einige ganz bestimmte Möglichkeiten. In dieser Hinsicht möchte ich hier nicht verweilen und darf auf die von Herrn Schilder (1927) in seinem Referat gezeigten Wege hinweisen, mit dem ich mich in vielen Punkten eins weiß.

Nun besitzen wir ja bereits in der Biologie eine solche neue Ordnung, die weder in kausaler noch in teleologischer Denkform beschlossen ist: es ist der Entwicklungsgedanke. Aber der Entwicklungsgedanke des 19. Jahrhunderts meint eine Entwicklung aus Ähnlichem zu Ähnlichem. Es ist die Entstehung der Art, das Problem der Spezifität. Heute befinden wir uns in einer 2. Epoche des Entwicklungsgedankens ganz anderer Art, nämlich der Entwicklung vom Unähnlichen zum Unähnlichen. Wenn wir z.B. sagen, daß aus dem Gefühl der Scham eine Kapillarerweiterung der Gesichtshaut hervorgehe; wenn wir sagen, daß eine Triebhemmung in einem hysterischen Anfall konvertiere; wenn wir sagen, daß der Ödipuskomplex das Zustandsbild einer Neurose determiniere, so sind all dieses Beispiele von Entwicklungen, die nicht vom Ähnlichen zum Ähnlichen fortschreiten, sondern bei denen wir aus einer Seinssphäre in eine unähnliche andere hinübergehen, in denen eine Metabasis, eine Verwandlung, stattfindet. Wenn ein Umweltreiz auf die Sinnesorgane sich in einen »Eindruck« verwandelt, wenn seelische Regung sich in einen mimischen »Ausdruck« verwandelt, wenn ein Junger ein Alter wird, wenn ein Gesunder ein Kranker wird, so sind all dieses nicht *Vorgänge*, sondern es sind *Hervorgänge*. Es sind Beispiele sinnhaften Hervorgehens, die nur sinnhaft begreiflich sind. Es sind Beispiele, die wir von der spezifischen Evolution unterscheiden müssen und die wir als *metaphorische Evolutionen* bezeichnen wollen. Sie eigentlich allein bedeuten das Leben, nämlich das Leben als Metapher, als Ausdruck, als Sinn und Sprache, *das Leben als Gleichnis*. Und dieses ist nun der einfache und unteilbare Grundbegriff des Lebens, der nicht selbst noch einmal erklärbar ist, unter dessen Voraussetzung wir allein irgend etwas vom Leben begreifen können, unter dessen Voraussetzung allein wir an Analysen und Erklärungen eines Besonderen herantreten können. Begreifen aber können wir eigentlich gerade nur das Sinnhafte, nur solche metaphorischen Hervorgänge, und ihnen gegenüber stellt sich uns die Aufgabe nicht als eine der Erklärungen, sondern als eine der Ordnungen. Bei den Krankheiten nun sind solche sinnhaft metaphorischen Hervorgänge gestört, erscheint die Ordnung fehlgehend. Und hier scheinen psychologische und somatologische Pathologie sich ganz entgegengesetzt auszudrücken. Wir sehen dies leicht, wenn wir z. B. das Phänomen der Verdrängung ins Auge fassen. Wenn wir etwa die in der Frühzeit der Psychoanalyse aufgestellte Anschauung betrachten, derzufolge das Krankhafte darin besteht, daß etwas Seelisches, was sich ausdrücken sollte, statt dessen aus dem Bewußtsein ins Unbewußte verdrängt wird, und nun in abwegiger Form im Körperlichen konvertiert wird dann war doch hier jedenfalls die Verdrängung pathogen, die Aufhebung der Verdrängung therapeutisch wirksam. Vom Organ her gesehen aber ergibt sich gerade umgekehrt: wenn ein Organ wie etwa das Herz unregelmäßig schlägt, wenn seine Arterien in Krampf geraten, so tritt es als Organ, das bisher im Unbewußten verharrte, mit peinlichen Empfindungen ins Bewußtsein, und Merkmal des Krankhaften ist hier also gerade das Heraustreten aus Unbewußtem in Bewußtes. Weil ein normalgesetzlicher Ausdruck abgelenkt ist, wird sein organischer Verwirklicher manifest, wird er bewußt. Der Kranke entdeckt sein Herz. Rein formal betrachtet, bedeutete Krankheit also dort Verdrängung, hier Bewußtwerdung. Wir würden also dazu veranlaßt, normale und pathologische, erwünschte und unerwünschte Verdrängungen zu unterscheiden und zu ordnen. Eine solche Unterscheidung und Ordnung mag sich zwar in einfachen Fällen aus der klinischen Gesamtsituation leicht ergeben. Aber ein einheitliches System der Pathologie, aus dem sie sich ergäbe, besitzen wir nicht. Und gerade in der Therapie der Klinik entwickelt sich mit der Aufnahme analytischer Prinzipien ein Schwanken und eine Dialektik der therapeutischen Einstellung im Arzt. Jede Morphiumspritze kann als Verdrängung, jede kathartische Konversation als die Aufhebung einer solchen betrachtet werden, und man sage nicht, daß solches Doppelwesen bei unzulänglicher Kunst und fehlenden Grundprinzipien nicht zu sehr praktischen und schädlichen Verwirrungen therapeutischen Handelns führen könne. Ich erinnere an die Verdrängung des normalen Geburtserlebnisses durch Hypnose.

Man kann diesem Gedanken der therapeutischen Dialektik noch eine andere Wendung geben, wenn man einmal den Arzt selbst als den Tatort betrachtet, in dem ein gesundes, aber auch ein ungesundes ärztliches Handeln entsteht. Wenn Gesundheit in ihm vor allem auch an den unbewußten Ablauf derjenigen Ausdrucksakte gebunden sein sollte, welche in ihrer Gesamtheit eine »Therapie«

konstituieren, dann müßte ja auch in ihm die rationale Bewußtmachung, die Überrationalisierung seines Handelns sein therapeutisches Gleichgewicht verschieben und seine therapeutische Gesundheit verderben.

Aus alledem geht klar hervor und wird verständlich, daß der auf der Universität im Sinne der Naturwissenschaft rationalisierte Arzt, wenn er nun später in die zweite Rationalisierung moderner Psychotherapie eintritt, sowohl um jener dialektischen Gegensätze wie um seiner Überrationalisierung überhaupt willen, in eine wesentliche Gefahrzone eintritt. Er kann sie nur durchschreiten, wenn er zuletzt zu einer neuen geistigen Ordnung gelangt, ja zu einer Ordnung, die in gewissem Sinne sogar System sein muß. Nur wenigen pflegt die Entwicklung eines ganz individuellen persönlichen Stiles hier Ersatz zu bieten für etwas, was Pathologie und Klinik heute nicht mehr zu leisten vermögen. Damit aber ist bereits eine gewisse Definition jener neuen Aufgaben der Klinik gegeben, und schon aus dem bisher Gesagten erhellt hinlänglich, daß eine einfache Übernahme der Psychoanalyse oder einer der von ihr ausgegangenen Bestrebungen diese Aufgabe vorbereiten, aber keineswegs lösen könne. Denn gerade hier tauchen nun im Begriff der Wissenschaft selbst liegende neue Schwierigkeiten auf.

II

Betrachten wir demnach jetzt einen Augenblick das Verhalten der Wissenschaft zu sich selbst und ihr erkenntnistheoretisches Gewissen, so ist auch dieses eine sehr aktuelle Frage geworden. Unablässig hören wir Vorwürfe, wie den gegen die somatische Medizin, daß sie den Gegenstand unserer Arbeit karikiere, indem sie physiologische Einzelheiten zur Hauptsache mache, oder den gegen die Psychoanalyse, daß sie Unbewiesenes kühn behaupte, von Tatsachen spreche, wo nur Deutungen vorlägen, und so die Grenze zwischen Wissen, Meinung und Phantasie verderbe. Offenbar also liegen hier völlig verschiedene Gewißheits- und Evidenzbegriffe in verschiedenen Wissenschaften vor, die sich gegenseitig nicht anerkennen, ja nicht einmal kennen. Diese weitgreifende Frage soll nun hier nur an einem Sonderproblem diskutiert werden: an der *Beurteilung der Heilerfolge.* Man kann einen Heilerfolg vor allem auf drei Arten zu beurteilen suchen: 1. durch das Tierexperiment, 2.

durch die Statistik und 3. durch den Vergleich von Fällen. Das Tierexperiment scheidet für die gegenwärtige Betrachtung aus. Dagegen ist die Statistik auch heute eine tief im Bewußtsein der Medizin eingewurzelte kriterielle Methode. Nun ist die Voraussetzung einer Statistik erstens, daß der Heilerfolg an ganz bestimmten äußeren und faßbaren Merkmalen gemessen werde, wie z. B. an der Heilungsdauer oder am Grade der Erwerbsfähigkeit. Zweitens muß eine Statistik an einem »Material« aufgenommen werden. Die einzelnen Fälle werden aber zu einem »Material« nur dadurch, daß sie möglichst ähnlich sind (wo Ähnlichkeit wieder an Merkmalen bestimmt werden muß), daß sie in der gleichen Umwelt sich befinden, daß die Methode immer die gleiche sei, daß die Einstellung des Arztes immer dieselbe sei. Alles dieses aber werden die meisten unter uns als den äußersten Gegensatz zum Geiste einer Psychotherapie empfinden, ja ich möchte beinahe sagen jeder Therapie, die sich nicht in einer technischen Aufgabe erschöpft; und alles dieses könnte nur durch Maßnahmen bewirkt werden, welche geeignet sind, den Erfolg, der ja beurteilt werden soll, aufzuheben. Vom Standpunkt der Statistik aus ist Herr Kehrer (1927) ganz konsequent, wenn er Untersuchungsstellen fordert, welche im objektiven Verfahren die Wirksamkeit verschiedener Methoden vergleichen sollen. Aber wir müssen hier doch fragen, was für eine Objektivität gemeint sei und welche Objekte durch sie erfaßbar sind. Handelt es sich nämlich um die Objektivität der Physik, und diese ist auch eine Voraussetzung der Statistik, so kann sie unter diesen Umständen nicht nur eine Einengung bedeuten, sondern sie kann geradezu zu einer Verfälschung der Wirklichkeit führen, wenn wir uns nämlich die Aufgabe stellen, nicht nur ein »Material« zu bearbeiten, sondern einen Vergleich von Fällen anzustellen. Wollen wir nämlich dieses, so müssen wir ganz anders verfahren. Wir dürfen dann die Symptome nicht zählen oder messen, sondern wir müssen ihre Wesentlichkeit oder ihr Gewicht für den betreffenden Fall abwägen. Wer einen Blutdruck nur *mißt,* ist ein klinischer Dilettant, der nicht weiß, daß derselbe Blutdruck in verschiedenen Fällen verschiedene Bedeutung hat. Sein Gewicht erfährt ein Symptom nicht durch seinen Grad, sondern aus seiner Position in einem klinischen Gesamtbild, also von einer individuellen Konstellation aus. Zweitens aber hat nun keineswegs jeder Fall dasselbe Gewicht für die Bildung einer klinischen Erfahrung. Man müßte also einen jeden Fall mit seinem besonderen Beweisgewicht anführen und in einer Statistik sozusagen die Fälle mit einem Pluralwahlrecht ausstatten. All dieses tut man auch im Leben, aber in den Statistiken pflegen diese ihre Grenzen leider oft völlig verkannt zu werden. Die gute klinische Erfahrung aber bildet sich nach dem Prinzip des Vergleichs der Fälle nach ihrem Gewicht. Und diese klinische Objektivität ist mithin eine ganz andere als die der Physik, aber auch als die wesentlicher Teile der Anatomie und Physiologie. Sie ist eine andere, aber darum keine schlechtere, wie auch die Objektivität der Geschichte keine schlechtere sein muß als die der Naturwissenschaft. Die klinische Objektivität beansprucht nicht nur Sinneswahrnehmung und Logik, sondern noch anderes. Wir kommen darauf sogleich zurück. Statt der naturwissenschaftlichen Normen raumzeitlicher Allgemeingültigkeit treten hier diejenigen Bedingungen in Kraft, unter welchen allein zwei oder mehrere Personen eine Anschauung, eine Erkenntnis als gemeinsame teilen, weil sie sich als Personen untereinander verstehen. Hier werden also die *Lebensgesetze von Persongemeinschaften zu erkenntnistheoretischen Voraussetzungen.* Drücken wir die Dinge praktisch aus, so läßt sich sagen, es komme hier darauf an, daß eine Gruppe von Ärzten, aber auch von Ärzten und Patienten sich untereinander verstehen und einigermaßen zusammen zufrieden sind. Eine solche Einigung läßt sich aber von der Theorie der naturwissenschaftlichen Medizin aus heute nicht mehr begründen noch erzwingen.

So besitzen die soziologischen Kreise des Arzttums jeweils ihre eigenen Maßstäbe in sich. Ein außerhalb Stehender kann nur den Grad der Ehrlichkeiten, Echtheiten und Wahrhaftigkeiten empfinden, womit ein Kollege arbeitet. Das Vertrauen auf ein solches vielleicht buntes Gewebe von Ehrlichkeiten und Echtheiten bedeutet keineswegs völliges Zerflattern in Subjektivität und Relativismus. Denn es gibt ein sicheres und weder der Sinneswahrnehmung noch der Logik an Zuverlässigkeit nachstehendes Erkenntnisvermögen der Echtheit von Mensch zu Mensch. In ihr wird auch die naturwissenschaftliche Objektivität nicht durchbrochen oder als überflüssig aufgehoben, da sich auch diese besondere Form der naturwissenschaftlichen Objektivität vielmehr auf der Grundlage solcher Personengemeinschaft erhebt und bewährt. Darum heißt Gemeinschaft hier auch gar nicht so viel wie Uniformität der Erkenntnis, und sie schließt in sich nicht ein Nivellieren von Gegensätzen, sondern ein Bestehenlassen der Gegensätze und ein

Sichbekämpfenlassen der Gegensätze. Daß diese Form der personalen Gemeinschaft die wissenschaftliche Objektivität erst bewährt, diese schwierige Wahrheit allmählich begreifen und ertragen zu lernen – dies dürfte allerdings auch eine vornehmste Aufgabe akademischer Bildung bleiben.

III

Ein solcher Versuch einer Erkenntnistheorie klinischer Erfolgsbeurteilung und damit überhaupt klinischer Objektivität bleibt indes noch unvollkommen. Wir können ihn nicht als etwas Endgültiges hinnehmen, denn bisher schien es, als ob klinische Objektivität eigentlich nichts sei als die Selbstdarstellung einer als wertvoll anerkannten Gemeinschaft oder Individualität. Negativ ließe sich sagen, Sinneswahrnehmungen und Verstandeslogik sind noch nicht zureichende Erkenntnisgründe, positiver kann man sagen, in der Klinik müßten wir den kranken Menschen mit allen den Organen erkennen, durch die wir selbst Menschen sind. Wenn jedenfalls das Schlagwort, man müsse den ganzen Menschen behandeln, ernst genommen würde, so müßten wir ihn auch mit dem ganzen Menschen behandeln. Es ist aber kein Modewort undeutlicher und vieldeutiger wie dieses. Gewiß ist, daß die Kategorie der Ganzheit oder der Totalität analytischer Erkenntnisweise unzugänglich bleibt. Der Universalismus scheitert hier wie überall an der Unüberschaubarkeit der Wissensmasse, an der Begrenztheit des menschlichen Tuns. Auch konvergieren die modernen Bestrebungen mehr auf Individual-, Typen-, Struktur- und Persönlichkeitsmedizin. Kliniker wie Kraus, von Krehl, von Bergmann fordern die Persönlichkeitsmedizin und stehen damit in Parallele zu einer großen psychologischen und philosophischen Bewegung der Gegenwart.

In keinem Fall sollte indes die »ganze Person« additiv als das verstanden werden, was man besäße, wenn man Körperliches und Seelisches zusammensetzte. Und mit Recht wird im Personbegriff der Wortsinn des per-sonare als wesentlich erkannt. Das Durchtönen, Sprechen, Sich-ausdrücken, das Metaphersein, das Durch-etwas-sein, Etwas-empfinden, Sich-verwandeln ist als Wesentliches uns bereits begegnet.

Was nun bedeutet dieser Zugriff zur Persönlichkeit in der Medizin? Seit der Renaissance wohl, wenn wir dem Gedanken Jakob Burckhardts (1860) folgen, erfährt eine wachsende Zahl von Menschen ihre Persönlichkeit als Kern, Wesen, Innerlichkeit, Subjekt, Heiligtum der Freiheit und des Schöpferischen. Diese für uns Deutsche im Zeitalter Goethes kulminierende Bewegung geht heute in schmerzhaften Prozessen in ein Anderes, noch nicht deutlich Sichtbares über. Die Psychologisierung unserer Kultur oder unseres Kulturniedergangs bedeutet nicht Steigerung dieses Kerngefühls der Persönlichkeit. In ihr resultiert vielmehr eine allgemeine Enteignung von seelischem Privatbesitz, eine Art von seelischem Kommunismus. Dort, wo wir uns gesichert glaubten, sind wir uns durchschaubar geworden, nachdem mit Graphologie, Ausdruckslehre und Psychoanalyse ein jeder lernen kann, gar manches zu durchschauen, was vorher nur dem seltenen Seelenkenner offen lag. Aber diese Enteignung bedeutet in der Psychotherapie zunächst immer Aneignung der Person, die vielberufene Hörigkeit.

Alle diese Dinge sind von der Medizin oder von einzelnen Köpfen aus natürlich gar nicht verständlich, sondern sie entsprechen einer Korrelation zwischen der europäischen Kulturgeschichte und der sogenannten menschlichen Natur. Hier wird kulturelles Erbgut formlos verlebt oder formelhaft vernichtet. Politische Krisen und geistige Wandlungen erscheinen als bloße Reflexe in den bekannten Kompetenzkonflikten der Psychotherapie mit dem objektiven Rechte im Gerichtssaal; mit geistigen Ordnungen, die vielfach nur mehr Geisteswissenschaften sind; mit den Religionen, die um ihre kirchliche Darstellung kämpfen, und im Literaturstreit mit ethischen und ästhetischen Kritikern wie Shaw und Th. Mann. Dies alles sind Zeugnisse jenes Zugriffes zur Persönlichkeit und es sind sehr wirkliche Vorgänge. Sie sind auch für die Klinik nicht gleichgültig, und der Kliniker fühlt den Konflikt im eigenen Gewissen, wo er als Berater in den Bereich der Seele, als Begutachter in jene weiteren Kreise des Staates, als Forscher in jene des Geistes eingreift. Die Klinik, und ich spreche jetzt nicht vom akademischen Krankenhaus, die Klinik als Konfliktsort von Theorie und Tätigkeit, kann diese Gefahrzone der Auflockerung und Dissoziation nicht durchschreiten, wenn sie nicht zu bestimmten neuen geistigen Ordnungen gelangt, die in gewisser Weise sogar Systeme sein müssen, wie zu allen Zeiten.

Es ist wohl wirklich seit Hegel kein Gedanke ausgesprochen

worden, der im gleichen Maße Potenz gerade zum System enthielt wie der FREUDS. FREUD hat ihn nicht in der Weise ausgenützt wie HEGEL. Er hat eine »Welt als Neurose« noch nicht geschrieben. Und wenn eine Vermutung erlaubt ist, so war es die erfahrungswissenschaftliche Einstellung und der ärztliche Ausgangsort, der jene Wendung mit verhindert hat. Was aber die Wirkung und Aneignung eines solchen Systems betrifft, so gilt hier, was Madame DE STAËL einmal von SCHELLING gesagt hat, nämlich, daß eine einzige Unterhaltung mit ihm für den Rest des Lebens geistreich mache. Die Aneignung dieses oder eines abgeleiteten Systems sollte jedenfalls nicht als eine Weltanschauungsfrage und noch weniger als Privatsache behandelt werden, denn erstens ist eine Weltanschauung keine Privatsache, sondern etwas, was verantwortet werden muß, sonst bliebe es Spielerei, und dann ist der Begriff der Weltanschauung einer, der seine Geschichte vielleicht schon hinter sich hat. Erst im 19. Jahrhundert entstanden, scheint er, falls eine Prognose gestattet ist, sich aufzulösen, einerseits in streng wissenschaftliche Technik der Seinsbeherrschung, andererseits aber in Formen konkreter Gläubigkeit. Wie dem auch sei und wie weit hier bloß innerhalb der Medizin Lösungen überhaupt gefunden werden können – in jedem Falle ist die Frage damit nicht erschöpft, in welchen Beträgen etwa Psychotherapie von einer Klinik rezipiert werde. Ihre additive Hinzufügung als Fach genügt nicht und auch die Einigung der Psychotherapeuten unter sich löst das Problem noch nicht. Ist die Psychotherapie ein Gewinn für die ganze Medizin, dann muß sie auch auf den klinischen Brennpunkt wirken, in dem aus einer Einheit geschaffen werden muß. Und hier war ja von der ärztlichen Dialektik, wie sie sich aus dem Beispiel des Begriffs der Verdrängung ergibt, bereits die Rede. Was uns hier mit Systemlosigkeit bedroht, eben dieses muß uns zu einer Anstrengung zum System werden. Etwas Ähnliches läßt sich nun auch von der *Übertragung* im Sinne der Analyse sagen. Denn Übertragung als Heilmittel steht im scharfen Gegensatz zur Methode des Wirkens mit Mitteln und es ist dabei gleichgültig, ob es sich um physikalische, diätetische, chemische, klimatische, hygienische oder selbst psychologische Bewirkungen handle. Bei einer Analyse soll der Kranke nur sich selber darstellen, so wie er eigentlich ist, sie ist eine Identifikation. Bei einer kausalen und aktiven Therapie soll durch jene Mittel an ihm etwas bewirkt werden, sie ist eine Veränderung. Identifikation und Alteration,

Gleichsetzung und Veränderung sind Gegensätze, welche im Therapeuten zu widerspruchsvollem Handeln führen können. Denken wir an die häufige Mischung organischer und neurotischer Motive bei inneren Krankheiten, an den Neurotiker, der ein chronisch Ulcuskranker wird, an den Unfall- und Kriegsverletzten, oder den Herzkranken, der sein Leiden in neurotischer Form verarbeitet, an Bronchialasthma, Basedowkrankheit, Hypertonie, um nur Alltäglichkeiten zu nennen. Hier steht die Klinik vor dem Konflikt in doppelter Beziehung. Einmal muß sie *wählen* zwischen der ihr bisher gewohnten »internen« Therapie (und eventuell ihren chirurgischen Aushilfen) und andererseits einer reinen Psychotherapie, die dann gerade in vielen der genannten Fälle eine sogenannte große Psychotherapie sein muß, und eine, die der Psychoanalyse mehr oder weniger nahesteht. Ich brauche hier nur auf den hervorragenden Weg zu verweisen, den MOHR gegangen ist. Zweitens aber läßt sich der Internist hier *neben* dem Gehalt der inneren Medizin dann leiten von den Grundsätzen der Psychotherapie und gelangt so zu einer kombinierten Verfahrungsweise. Gerade in diesem Falle aber liegen, wie ich glaube, die allerdringendsten und zugleich erst im status nascendi befindlichen Aufgaben. Hier muß sich entscheiden, wie und was von der Psychotherapie Besitz und Methode auch des nicht spezialistisch ausgebildeten Psychotherapeuten werden kann und soll. Meines Erachtens herrscht hier jetzt etwa dasselbe Chaos, welches in dem Kreise der Fach-Psychotherapie früher bestand und sich zu reinigen begonnen hat. Hier wird in zuweilen verderblicher Weise denn am selben Zustand mit analytischen, hypnotischen, medikamentösen, mit kathartischen und verdrängenden, identifizierenden und verändernden, aufdeckenden und zudeckenden Bewegungen gearbeitet. Aber dies beruht doch nur darauf, daß eine innere Klärung der Methode fehlt und fehlen muß. Hier steht die Therapie tief unter der Theorie. Insbesondere ist dem psychotherapeutischen Handeln in diesen Fällen fast regelmäßig beschieden, daß es ein vorläufiges, relativ oberflächlicheres, vorzeitig unterbrochenes, in seinem letzten Ziel unbestimmtes, aber doch so dringend erwünschtes, ja durch die Lage der Dinge aufgezwungenes ist. Überdies fließen gerade hier rein beratende, psychagogische, pädagogische Notwendigkeiten mit ein, denen sich der Therapeut der reinen Psychoneurose manchmal viel eher und sachlicher entziehen kann. Unter diesen Umständen wird etwas zum brennenden und zum allgemeinärztlichen sowie auch klinischen Problem, was bisher eigentlich nur von dem Psychotherapeuten diskutiert wird, nämlich eben das Schicksal der Übertragung auf den Arzt und der *damit* zusammenhängenden Identifizierungen. Denn es ist wohl nicht zu bestreiten, daß es eine ärztliche Handlung ganz ohne Übertragung überhaupt nicht gibt. Ein »persönliches« Verhältnis zum Arzt können die Beteiligten im allgemeinen sich wählen oder ablehnen, diese Wahl ist nicht interessant. Aber in den genannten klinischen Beispielen geht der Weg sachlich-notwendig über ein persönliches Verhältnis, und es ist die Frage, ob dieses einer wissenschaftlichen Kultur hier nicht im gleichen Maße bedürftig sei, wie bei einer reinen Psychotherapie. Ich möchte die Frage entschieden bejahen. Gerade für diesen Fall aber scheint mir auch die Psychotherapie selbst eine Aufgabe noch nicht gelöst zu haben, die Klinik aber noch viel weniger. Es ist eben das Problem, wohin die Identifizierungen der Übertragung zuletzt führen. Eine nicht zurückgenommene Übertragung bedeutet eben nicht die Selbständigmachung des Kranken, nicht seine Identifizierung mit sich selbst, sondern seine Veränderung. Eben hierdurch entsteht ein Antagonismus der Therapie: der Kranke soll sich bei aktiver Therapie zu dem Ziel wenden, das der Wille des *Arztes* ihm steckt, bei nach psychoanalytischen und auch sonst verbreiteten Grundsätzen geführter Therapie zu *eigenem* Ziel und eigener Form sich wenden.

Ein solcher Gegensatz wäre eben nur unter zwei Bedingungen nicht vorhanden, nämlich erstens wenn man annimmt, Übertragung werde bei jeder Therapie ad integrum zurückgenommen, zweitens wenn man annimmt, Übertragung könne überhaupt einseitig als Vorgang im Kranken aufgefaßt werden. Beides muß aber gar sehr bezweifelt werden. Vielmehr scheint mir völlige Zurücknahme der Übertragung kein erreichbares Ideal, ja nicht einmal ein Ideal zu sein. Zweitens kann sie als ein nicht einseitig aus der Person des Kranken, sondern zu gleichen Teilen als aus der Person des Arztes determinierter Vorgang aufgefaßt werden. Ist dem so, dann bleibt jede Psychotherapie eine Lebensgemeinschaft von unbegrenzter Nachwirkung. Dann aber möchte ich auch zur Diskussion stellen, ob die in psychotherapeutischen Kreisen vielfach geforderte Ausschaltung der eigenen Person nicht nur nicht erreichbar, sondern sogar eine falsche und schädliche Fiktion sei. Ich bin mir wohl bewußt, daß dies eine der kritischsten Fragen ist; aber man kann auch sagen, daß von hier aus präzise kritische Aufgaben gelöst werden müssen. Auch hier sind nur Andeutungen möglich. Z. B. scheint mir ein unhaltbarer Zustand vorzuliegen, wenn jede geistige Tradition und jedes geistige Erbgut als biologischer Atavismus und mögliche neurotische Unechtheit unter analytischen Prozeß gestellt werden darf. Nicht jedes Beharren ist, weil es neurotische Form hat, schon darum unecht oder für den Menschen schlechtweg krankhaft. Es ist nicht alles unecht, was neurotisch ist. Und dann ist doch die Deutung der Neurose als zivilisatorischer Umbiegung der Natur nur eine der möglichen Auffassungen. Eine andere ist aber die, sie sei Entwurzelungsfolge aus Traditionen des Geistes und der Sitte; hier also ist Neurose eine Verbiegung des Geistes, und zwar nicht durch Fesselung, sondern durch Entfesselung der Natur: Neurose als Folge der Emanzipation. Auf Nur-Natur ist also in keinem Falle Verlaß.

Was aber ist die Bedeutung dieser Dinge für die Klinik. Sie befindet sich im Augenblick in einer Doppelgefahr und steht so vor einer Doppelaufgabe: 1. das Eindringen der Persönlichkeitsmedizin kann zur Auflösung ihres organologisch-physiologischen Systems führen, wie sich an der Aufgabe der Diagnose leicht zeigen läßt. Wir würden dann nicht mehr Herz-, Lungen-, Gehirnkrankheiten diagnostizieren, sondern jeder Kranke müßte als Individuum zuletzt seine eigene Diagnose haben; soviel Kranke, soviel Diagnosen. Dies bedeutet zuletzt systematisches Chaos. Daß dergleichen nicht pure Phantasie ist, das scheinen doch gewisse Wege in der neueren Psychiatrie zu zeigen, und was dieser widerfuhr, könnte auch dem Internismus widerfahren. 2. Auf der anderen Seite kann die Abwehr und das Nichteindringen der Persönlichkeitsmedizin zum Verlust des ärztlichen Gedankens überhaupt, zu einer Auflösung der Klinik in diagnostische und therapeutische Technisierung und Betriebshaftigkeiten führen. Niemand wird leugnen, daß dieses nicht Schwarzseherei, sondern nur Feststellung von etwas ist, was es bereits gibt. Aus beiden Extremen führt heraus nur die Neubildung eines geistigen Systems der Medizin als Grundform.

Meine Damen und Herren! Diese Dinge mögen teilweise ein wenig allzu theoretisch oder philosophisch geklungen haben. Aber es handelt sich nicht um geistige Bedürfnisse von einigen wenigen Interessierten, Gebildeten oder Kulturfreudigen im Sinne eines l'art pour l'art. Es sind nicht die Velleitäten des akademischen Kothurns und nicht die Notwendigkeiten des Geistes, sondern es handelt sich hier um eine Lebensnotwendigkeit der Medizin. Der Verzicht auf eine geistige Grundform würde gerade für sie die Abirrung vom Leben bedeuten. Denn nur eine solche Grundform macht die Naturwissenschaften und psychologischen Techniken und Spezialitäten wieder legitim, und sie bleiben nur lebensfähig, wenn auch sie begriffen bleiben als Glieder der Theorie im allerhöchsten Sinn, die auch von den letzten Dingen spricht wie alle großen Systeme der Geschichte zu allen Zeiten es taten. Was KANT für die Naturwissenschaft tat, ist aber heute für unser Ziel verloren.

So ist die Lage der Gegenwart vielleicht so charakterisierbar. Die ungeheure Gefahr der Niveausenkung beruht gerade jetzt auf dem Fehlen eines zentralen geistigen Formvermögens der Gesamtheit als solcher, und wir unterscheiden uns darin charakteristisch von anderen Epochen. Es ist nicht wie in der scholastischen Medizin ein Zuviel an Form, und auch nicht wie in der philosophisch-romantischen Medizin ein Zutief im Leben, sondern es ist ein Zuwenig von beidem das, woran wir kranken.

Daß nun überdies die Gegenwart die psychotherapeutische Medizin zu einem der Brennpunkte ihrer geistigen Selbstdarstellung gemacht hat, dies legt Verpflichtungen auf, denen ein Arzt sich nicht entziehen kann, wenn nicht sofort jene Niveausenkung eintreten soll. Meine Damen und Herren! Es ist hier auch von der Kurpfuscherei gesprochen worden (GRÜNTHAL, SEIF 1927). Darf ich es aussprechen, daß die brennendere Frage sich innerhalb des durch die staatliche Approbation gesteckten Kreises abspielt. Es sind die außerordentlichen inneren Aufgaben der Medizin, welche im Augenblick jeden von uns betreffen, und von denen ich nur einige hier habe andeuten wollen. Vieles, was in diesem Kreise selbstverständliches Allgemeingut ist, ist es nicht in weiten Kreisen der Ärzte. Diesen klingt manches Wort, was hier fällt, wie Keilschrift oder ein absurdes Gespinnst, obwohl es doch, aus breiter Beobachtung und harter Gedankenarbeit hervorgegangen, schon eine ganze Geschichte hinter sich hat. Manche stellen sich die Aneignung dieser Dinge zu leicht vor; manche begegnen ihnen nicht mit derselben Zurückhaltung im Urteil, welche sie von anderen gegenüber ihrer eigenen Arbeit fordern; manche endlich wollen nicht zugeben, daß die Welt sich ändert. Man fordere auch nicht sinnfällige und erfreuliche Ergebnisse in jedem Einzelfall, sei er praktischer oder theoretischer Natur, und verweigere nicht der neuen Bestrebung eine Langmut, welche man etwa dem Tuberkulin gerne gewährt hat. Viel wichtiger freilich als solche Forderung von Sachlichkeit und Gerechtigkeit ist, daß die Wege sich bewähren, die wir gehen werden. Ich betrachte es fast als eine Gewähr solcher Bewährung, wenn es diesem Kongreß, im Unterschied von anderen, gelungen sein sollte, *nur* eine richtige Frage zu stellen.

Über medizinische Anthropologie

Ich darf in einer Gesellschaft mit einem Namen, wie Ihre Gesellschaft ihn trägt, den Hausfriedensbruch nicht begehen, der darin läge, von Gegenwartsfragen zu sprechen. Vielmehr muß, wenn an dieser Stelle das Thema *vom kranken Menschen* aufgerollt wird, wohl versucht werden, das Unveränderliche und wo nicht das Ewige, so doch das Gleichsam-Ewige in diesem Thema aufzusuchen. Daß ein Derartiges, ein character indelebilis der ärztlichen Handlung oder dem Heilungsprozeß innewohne, das zu zeigen wäre wohl eine Aufgabe, deren Lösung Ihrer Berufung eines Arztes in Ihren Kreis recht gäbe. Die damit gezogene *Diagonale* zwischen zwei Sphären, die nach meiner Überzeugung in *keiner statischen Harmonie* des Gedankens vereinbar sind – zwischen *Medizin und Philosophie* – diese Diagonale mag denn wohl sehr zeitgemäß sein, aber ihr Ewig-unzeitgemäßes wird hier stärker hervortreten müssen. Und so hat die Anknüpfung an die Zeitfrage der Persönlichkeitsmedizin, so aktuell sie ist, doch nur den Sinn, diese Frage nicht als eine Bedürfnisfrage, sondern als eine *ontologische* zu behandeln. Diesen Sinn allein hat es, wenn ich ausgehe von dem entzweienden Feldgeschrei der Gegenwartsmedizin: man müsse als Arzt den *»ganzen Menschen«* behandeln. Ein solcher ungeheurer, ungeheuerlicher Anspruch des Arztes, der aber auch die Antwort auf ein Bestreben des Patienten war, ist nur zu rechtfertigen, wenn der Heilvorgang oder die Heilhandlung ontologisch über den Menschen führt. Sigmund FREUD (1914) erzählt in seiner Autobiographie von dem tiefen Eindruck, den es auf ihn in seiner Jugend gemacht habe, als der alte CHARCOT einmal bei einem Gespräche über die Hysterien bemerkte, es stecke ja doch immer das Geschlechtliche dahinter: »toujours, toujours«. Er habe sich damals gefragt: wenn er das weiß, warum sagt er es nicht? Derselbe große Deuter Sigmund FREUD sagte in seinem Alter zu mir einmal in einem Gespräch, man sehe öfters, daß eine Neurose durch ein Unglück, welches über den Kranken komme, geheilt werde. Nach dieser Äußerung mußte ich bei mir denken: wenn er das weiß, warum sagt er es nicht? Es scheint, als ob in den Wissenschaften es beinahe ein Gesetz sei, daß eine Epoche immer nur Eines sagt, indem sie ein Anderes, das sie auch weiß, verschweigt. Ist es aber nicht merkwürdig, daß am einen Ende einer

Kette medizinischer Lehre so etwas wie der biologische Trieb als Krankheitsfaktor, an ihrem anderen Ende aber so etwas wie das menschliche Unglück als Heilfaktor steht, und ist es nicht doppelt merkwürdig, daß moderne Mediziner ein solches Gespräch überhaupt führen? Welche eigenartige *Idee vom kranken Menschen* steckt in solchen Äußerungen überhaupt verborgen? Schlagen Sie von solchen Gedanken einen Bogen zum Insulin und den Vitaminen, zur Chirurgie und Strahlentherapie, dann wird Ihnen eine Spannweite sogleich deutlich, welche die moderne Medizin ebensowohl zu bereichern wie zu überdehnen, ja zu sprengen droht.

Der *tiefere Stoß*, den die Heilkunde in den großen Bereich des Krankhaften zu führen begonnen hat, richtet sich ganz kurz gesagt gegen die Krankheiten, welche der *Mensch als Gemeinschaftswesen*, als biologisches Glied von Familie, Gesellschaft oder Staat durchmacht. Die tieferen Leiden der *Vereinsamung*, der *Konflikte* mit anderen Menschen, der *Entwertung* und der sog. *Unheilbarkeit* – das sind die großen neuen Themen, zu deren Lösung neue geistige Kräfte aufgerufen sind. Es ist kein Zufall, aber doch nur ein Symptom, daß gerade die *Neurose* ein Wetterwinkel dieser Entwickelungskämpfe der Medizin ist. Denn die Neurose ist ein persönlicher *Existenzkonflikt*, den der Kranke auf einer tieferen vitalen Ebene erledigt als der, auf welcher er gestellt ist. So kommt ein Wertbegriff in die Medizin. Und doch sind diese Leiden der Vereinsamung, der Konflikte, der Entwertung und der Unheilbarkeit überall, auch bei den sogenannten seelengesunden, den sog. organisch Kranken gegeben. Ein jeder solche stellt dieselben Aufgaben. So sind wir heute in dem Falle, daß wir uns mit der *organischen* Erklärung der *Leiden* unserer Kranken, ihrer Schmerzen, ihrer Angst, ihrer Schwächen, Sensationen und Qualen nicht mehr zufrieden geben, nachdem wir begriffen haben, daß alles dies Ausdrucksformen der *Existenzbedrohung* sind; dieselben Symptome aber zeigen die Gefahr des eigenen Leibes ebensowohl an wie die Gefahr der Existenz als Mensch unter Menschen. Es gibt eine weitgehende symptomatische Ausdrucksgemeinschaft zwischen Magengeschwüren, Hirntumoren, Herzerkrankungen usf. einerseits und den hypochondrischen, den hysterischen, den Konflikt-Neurosen andrerseits. Diese merkwürdige partielle Übereinstimmung der Symptome ist ein vielsagendes Problem. Sie deutet an, daß es so etwas geben könnte und müßte wie eine *allgemeine*

Krankheitslehre, etwas, was für alles Kranksein zugleich gilt; eine Struktur scheint hier bloßgelegt, wie nur das Kranksein als solches sie vielleicht bloßlegt, oder sonst nur jene Zustände der Liebe, der Ekstase, der Verzweiflung und der Auflösung, welche der gemeine Mensch dem Wahnsinn vergleicht und gegen die der Psychiater sich schützt, indem er eben den Begriff des *Wahns* bildet, damit die Sache samt der Not in den Kranken zurückwerfend.

Es ist nun nicht meine Absicht, die *Motive* weiter zu verfolgen, welche zu einer derartigen Krankheitslehre führen können. Eines jeden Menschen Neugier mag geweckt sein bei dem Versprechen, etwas von dem schlafenden Löwen der menschlichen Existenz zu erfahren. Vielmehr möchte ich Ihr Interesse auf das *Verhältnis zwischen Arzt und Patient* lenken. Es ist zu untersuchen, welche Kategorien in diesem Verhältnis herrschen und worauf sich der Wahrheitsanspruch dergleichen neuer Programme gründen könnte.

Die unbedingt merkwürdigste Erfahrung der Medizin der letzten 30 Jahre ist ja die der Psychotherapie. Sie steht in einem eigentümlich konträren Verhältnis zur Somatotherapie, weil sie den Wirkungen der Arznei, der Diät und der Hygiene die Wirkung des *Wortes* entgegensetzt. Die Wirkung des Wortes aber desavouiert metaphysisch eine natürlich-rationale Medizin, und sie führt im gegebenen Fall zu einem Ausschluß ihrer Naturmittel. Ich persönlich halte die Selbstzeugnisse und methodischen Maximen der gegenwärtig überhaupt öffentlich sprechenden Psychotherapeuten für eine überwiegend vorläufige und inadäquate Fixierung dessen, was hier vor sich geht. Wenn ein Arzt eine Neuralgie mit Aspirin oder Morphium, der andere aber mit Hypnose oder Analyse behandelt, so behandeln sie nur scheinbar ganz dasselbe. Gegenstand, Wirkung und Ideal sind doch verschieden.

Die Psychotherapie hat, ohne es zu wissen, bemerkt, daß das Kranksein an irgend einer Stelle nicht nur mit dem objektiven Werte eines Menschen zusammenhängt, dessen Höhe aus Maßstäben einer sozialen Ökonomie abgelesen werden kann, wie Arbeitsfähigkeit, oder die in einem subjektiven Wunschbilde des Bewußtseins entspringt, wie sein Bedürfnis nach Lust oder Genuß. Sondern sie ist an den Tatbestand angestoßen, demzufolge die *Gesundheit* eines Menschen etwas mit seiner *Wahrheit* zu tun hat, seine Krankheit etwas mit einer Unwahrheit.

Diese Entdeckung konnte und kann solange nicht neu gemacht

werden, als die Idee der *Humanität* die Wahrheit des Menschen vom Menschen aus bestimmt. Denn in seinem Bewußtsein vermag er nicht die Lösung der Rätsel seines Bewußtseins zu entdecken, um welche es sich hier handelt, und die tierische und die unbelebte Natur spiegelt ihm die eigene Wahrheit nicht zurück.
Freilich erscheint diese Erkenntnis zunächst verkleidet im Gewande der Psychologie. Aber mit der analytischen Metapsychologie KIERKEGAARDS und FREUDS schleicht sich eine Konterbande der Mythologie ein, deren Sinn verkannt wird. Man glaubt Hypothesen und hermeneutische Deutekünste vor sich zu haben. Aber berührt wird die Frage, ob das Schuldgefühl eines Melancholikers wirklich nur ein Gefühl und nicht auch eine *Schuld* anzeige, ob das Minderwertigkeitserlebnis eines Menschen nur ein Seelenvorgang sei, nicht auch eine Minderwertigkeit anzeige; ob diese merkwürdigen Psychologisierungen nicht nur Transkriptionen des Ernstes selbst in das Spiel der Gedanken bedeuten. Ob die Medizin sich nicht selbst herabsetzt, wenn sie diesen Ernst *um*benennt und so das Heilungsbestreben irreleitet. Ob der Mythos von der Austreibung aus dem Paradies mit Schuld und Krankheit in der Psychologie oder nicht vielmehr die Psychologie in der Wahrheit des Mythos unterzubringen sei. Und wenn eine Neurose durch ein Unglück heilen kann, so drängt sich die Frage auf, ob hier die psychotherapeutische Behandlung als Stellvertreter eines Unglücks fungiere, wo denn ein solches homöopathisches similia similibus den Arzt in eine problematische Lage versetzt.
Soviel mag hiernach schon klarliegen: eine Medizin, welche Begriffe wie Schuldgefühl, Minderwertigkeitsgefühl, religiöser Wahn und dergl. mehr hat, wird zu prüfen haben, ob diese Begriffe gegen die Schuld selbst, Minderwertigkeit selbst und Religion selbst abgegrenzt sind; wenn nicht, ob sie nicht eine Unwahrheit im Schilde führen. Die Auflösung dieses Problems kann in theoretischer Medizin nicht vollzogen werden; sie erfolgt vielmehr zunächst nur in der Taterfahrung der ärztlichen Therapie. Es ist überaus schwierig, von diesem Vorgang Rechenschaft zu geben, da er deskriptiv kaum erfaßbar, da er spekulativ kaum überzeugend wird. Trotzdem möchte ich einen Versuch machen, zu zeigen, daß der Zusammenhang von Wahrheit und Krankheit ein ontologisches Verhältnis anzeigt, das auch mit den Mitteln der Phänomenologie und Logik immerhin beschreibbar ist; die moralische Version dieses Verhältnisses ist eine Spezialität eben der Moral; es

gibt aber verschiedene Moralen, und es gibt noch andere Versionen. Die der Psychologie ist dann falsch, wenn sie beansprucht, eine theoretische Auflösung zu geben in der Voraussetzung, daß es hier so etwas wie eine theoretische Welt überhaupt gäbe.
Zunächst versuche ich zu beschreiben, in welches *logische* Verhältnis der *untersuchende*, der den Kranken gleichsam *betastende* Arzt zu diesem Kranken als einem theoretischen Gegenstand, als einem *Objekt* zu stehen kommt, und entwickle dabei eine Theorie des Gestaltkreises. Alsdann versuche ich aus der Phänomenologie des Kranken einen Schluß auf die Struktur der Krankheit und des Heilvorganges zu ziehen und damit auf das Verhältnis von Arzt und Patient sowie den metaphysischen Ort ihrer Gemeinschaft.
Nun darf ich mich mit der Erkenntniskritik der exakt oder naturwissenschaftlich aufgebauten Medizin, wie sie auch unser Lehrplan mit seinem Ausgang von zergliedernder Anatomie und Physiologie suggeriert, an dem Orte, wo Max SCHELER lehrt, nicht befassen. Seine Kritik der Transzendentalphilosophie und seine Wesensbestimmung des naturwissenschaftlichen Pragmatismus hat für ihn niemals die Bedeutung gehabt, daß die Akte der Wesensschau oder der Sympathetik mit denen der Analyse in Existenzkampf zu treten hätten; diese Bereicherungen, die seine Philosophie gegenüber der KANTischen fand, kommen dem Bedürfnis medizinischer Anthropologie an nahezu allen Punkten entgegen; aber diese muß trotzdem die Rangordnung ihrer Werte selbst aufbauen. Die Wertordnung der Gesundheitsformen ist ja nicht die Wertordnung einer kontemplativen Erkenntnis, und auch die historische Reihe der ärztlichen Haltungen zeigt einen Eigenbau. Die Formen der Heilhandlung laufen freilich am Faden der Wissenschaften entlang, aber doch nur wie der spürende Hund an der Leine. Und hier soll wie bemerkt ein logisches Prinzip entwickelt werden, welches in jener Konvergenz von Gesundheits- und Wahrheitsbegriff in der Medizin, wie mir scheint, seine spezifische Prägung erfährt.
In jener Physiologie wird nun vorausgesetzt, daß ein Lebewesen eine abgeschlossene Einheit sei, deren räumliche Oberfläche einen *Innen*raum umschließt und gegen eine *Um*welt abschließt, wodurch also die Grenze des Lebensvorganges mit der Grenze jenes räumlichen Gebildes zusammenfalle.
1. Der Lebensvorgang besteht nun darin, daß dieses Gebilde von einer äußeren Energie getroffen wird und darauf seinerseits eine andere Energie nach außen abgibt. Dieser Vorgang heißt *Reflex*.

Die äußere Energie heißt Reiz; der Schlag auf die Kniesehne reizt das organische Gebilde zur Abgabe einer Muskelenergie, eines Stoßes. Dieser Reflex nun zeichnet sich durch eine große Regelmäßigkeit aus; aber, wie man bald findet, *nur unter der Bedingung einer experimentell ganz bestimmten Situation*. Der Reflex, kann man sagen, ist als Lebensvorgang gar nicht existent, es sei denn unter einer bestimmten Situationsbedingung, in der das lebende Gebilde gegeben sein muß.

2. Der Reiz der Umwelt allein genügt nicht: es muß auch in der Innenwelt des Gebildes etwas Besonderes und Veränderliches dasein, damit der Vorgang abläuft. Wenn ich zugleich die Fußsohle reize, gelingt der Reflex nicht. So kommen wir von der Stufe des Descartes zu der A. v. Hallers (1753) und erkennen, daß beim Reflex eine eigene *Aktion* des Gebildes da ist. Statt von Reflex sprechen wir von *Reaktion*, und dem Reiz muß jetzt im Innern entsprechen eine *Reizbarkeit*. Der wesentliche Unterschied dieser Stufe ist, daß man den Lebensvorgang nicht mehr aus Reizreflexen allein zusammensetzen, berechnen und beherrschen kann. Man muß dazu die *wechselnde Reizbarkeit* kennen; je nach der Reizbarkeit ist die Reaktion verschieden. Der Übergang von der Reflexphysiologie zur Reaktionslehre entspricht dem Übergang von einer Medizin der Kausaltherapie zur Resignation einer hippokratischen Medizin. Die Hoffnung der Kausaltherapie, man könne durch eine Arznei die Krankheit in jedem Falle beseitigen, erweist sich in allen Fällen als irrig. Weder vermag das Chinin die Malaria noch das Salvarsan die Syphilis, noch das Insulin den Diabetes sicher zu beseitigen. Auch die Resignation des Hippokrates andererseits ist irrig. Denn die Kausaltherapie, in Kenntnis der Bedingungen einer Wirkung des Medikamentes, sucht diese Bedingungen herzustellen.

3. Betrachtete man nämlich die Reaktionen reizbarer Gebilde (im Sinne Hallers) näher, so fand man doch, daß die Gestalt der Reaktion nicht *nur* von einer reizenden *Energie* und einer inneren *Reizbarkeit* abhängt. An Pflanzen und Tieren zeigt sich, daß die Energie des Reizes nicht das völlig ausdrückt, was der Reiz für die Reizbarkeit bedeutet (wie man in der Physiologie der Schwellen dies oft wieder voraussetzte), sondern, daß die Reiz*gestalt* von Bedeutung ist, welche Reaktion nun erscheint. Unter diesen Fällen ist ein besonderer der der Nachahmung, wo die Reizgestalt und die Reaktionsgestalt geometrisch ähnlich oder fast identisch sind: es ist

das zum Beispiel beim Menschen das Abschreiben oder Abzeichnen einer Vorlage. Diese geometrische Ähnlichkeit hat aber wenig zu tun mit dem Wesen der Sache: die geometrische Gestalt ist meist bei Reiz und Reaktion unvergleichbar verschieden, und die geometrische Gestalt überhaupt ist nur ein Spezialfall von biologischen Situationsgestalten überhaupt, aus dem hier etwas besonderes nicht zu lernen ist. *Situationsgestalten* sind ein Insgesamt von materiellen und psychischen Bedeutsamkeiten, welche je durch ein biologisches Interesse, sei es des Hungers, des Geschlechtstriebes, der nackten Existenzerhaltung, der Lebensordnung (die beim Tier als sog. Instinkthandlungen oder Gewohnheit, beim Menschen als Zeremoniell oder Sitte auftritt), der geistigen Ordnungen, Ziele und Ideen zusammengehalten und zentriert sind. Wo solche Gestalten sind, da besteht auch ein *Zwang* zu einem bestimmten Ablauf, ähnlich wie beim Reflex, nur daß der Reflex *unter* einer Bedingung der Situationsgestalt steht, also nicht selbständige Existenz hat, während für die Gestalt uns bis jetzt eine solche übergeordnete Bedingung nicht bekannt ist: Tatsächlich ist es bisher auch niemals gelungen, jenes Insgesamt einer Gestalt anders zu motivieren als durch sphären-ungleiche heterogene *Argumente*, wie Trieb, Interesse oder Sinn, Zweck, Geist. Aber sie können große scientifische Schwierigkeit in mehrerem Sinne bereiten. *Erstens* ist nicht einzusehen, warum ein Trieb gerade *diese* Gestalt wählt und keine andere. Das Ökonomieprinzip reicht dafür nicht aus. So erklärt z. B. der Hunger nicht die Gestalt der Kauwerkzeuge, der Geschlechtstrieb nicht die der Geschlechtsorgane, der Bautrieb nicht die Honigwabe, das Nest, die Scham nicht das Erröten. Sie alle könnten offenbar auch anders aussehen und sehen sehr verschieden aus. *Zweitens* ist der Sinn der Gestalten *nicht eindeutig*. Man sieht einem laufenden Hund nicht an, ob er zu seinem Essen, zu seiner Freundin oder seinem Herrn strebt. *Drittens* endlich ist der *Wechsel* der Gestalten, die Abfolge der Zuwendungen oft nicht vorauszuberechnen: ob der Hund zum Essen, zur Freundin oder zum Herrn *sich wenden* wird, wenn alle 3 in seinem Reichfeld sich befinden, ist aus den Gestalten nicht zu entnehmen. D. h. wir besitzen *keinen Kanon der Triebe, keinen Kanon der Zuwendungen*.

Der Versuch der Gestalttheorie muß gerade in dieser Richtung und gerade durch die Konsequenzen, die KÖHLER ihr entgegen dem Vitalismus zu geben sucht, als gescheitert betrachtet werden, wie der Versuch der Reflextheorie und der Reaktionstheorie als Theorie der *Lebens*vorgänge gescheitert ist. Solange bleibt der *Vitalismus* also die bessere Annahme, aber es ist keine Theorie, sondern eigentlich die Feststellung eines Wunders. Die Annahme, die Gestalt des Reizes produziere (kausal oder parallelistisch) die Gestalt der Reaktion auf ihn (auch die Wahrnehmung wäre hier nur eine Reaktion), ist in dem Augenblick falsch, wo sich herausstellt, daß diese *Reizgestalt* nicht nur vom Reiz*objekt* einseitig abhängt und überhaupt nicht schlicht objektiv gegeben ist. Und dies ist, wie ich jetzt zeigen möchte, der Fall. Wenn ich bei geschlossenen Augen einen *Schlüssel* abtaste, so hängt Form und Folge der Reize auf meine Tastorgane von Form und Folge meiner Tastbewegungen ab; die Reizgestalt ist also von zwei Seiten determiniert: vom Objekt *und* von der Reaktion. Den Gesamtvorgang können wir jetzt als einen *Kreisprozeß* verstehen, indem die Kette der Ursachen und Folgen in sich zurückläuft in *Bezug auf das Gestaltetsein des Vorganges*. Dieser Kreisprozeß unterscheidet sich aber grundsätzlich vom physikalischen Kreisprozesse CARNOT's (1824), in dem durch eine äußere Lenkung eine Reihe von Zuständen im Innern eines Systems in den Ausgangszustand zurückläuft. Unseren Kreis, den wir als den *Gestaltkreis* bezeichnen wollen, müssen wir als die äußere und innere Kräfte des Systems *umfassende* Beschreibung einer Gestalt begreifen, auf deren logische Eigenart ich sogleich zurückkomme. Ein entscheidender Unterschied ist, daß eine Angabe, welche Kräfte als die lenkenden und welche als die gelenkten zu bezeichnen wären, nicht möglich ist. Mit gleichem Recht und vielmehr Unrecht läßt sich behaupten: die Tastbewegung lenke die Reizgestalt, wie die Reizgestalt lenke die Tastgestalt. Soweit die Gestalttheorie diese Eigenart übersieht bzw. abstrahierend ausschaltet, gelangt sie auch nicht zu der »Ganzheit« des Vorganges, von der sie ahnend immer spricht. Vielmehr bleibt sie in der Voraussetzung befangen, der Vorgang lasse sich unter dem Schema einer *Umwelt*, in der als Inhalt ein Lebewesen mit *Innenwelt abgrenzbar sei*, darstellen. Allein dies Schema ist abstrahiert. Tatsächlich ist nun der »Gestaltkreis«, d.h. die in sich zurücklaufende Kausalreihe auch nur ein sehr unvollkommenes und zweideutiges Schema des Lebensvorganges und nur formalistisch mit der causa sui, wie sie etwa in KANTS Organismusbegriff auftaucht, vergleichbar, obwohl dieser verstandeswidrige Begriff der causa sui wenigstens soviel deutlich macht, daß das gemeinte Geschehen in *keiner Anschauung* vollziehbar ist. Darum aber war es schon ein ungelöster Widerspruch, daß KANT überhaupt davon sprach, daß die dinghaft und räumlich abgegrenzten Organismen als causa sui beurteilt werden (wenn auch nicht verstanden und erklärt werden) könnten.

Der Gestaltkreis *umfaßt also Organismusinnenwelt und -umwelt in einer Ganzheit*, die aber nicht anschaulich und nicht normallogisch (normallogisch = Satz vom Widerspruch) gedacht werden kann. Wir können versuchen, nun näher nach Kriterien dafür zu suchen, wieso wir in der gewöhnlichen Erfahrung auf den Gestaltkreis stoßen. Wir können dafür ein Kriterium angeben. Wir müssen aber sagen, daß schon das Wort *Kreis* hier einen »Abfall von der Idee« bedeutet, weil es ins Anschauliche zu transponieren versucht, was unanschaulich *ist*. Das Hauptmerkmal aber ist, daß der Versuch, die Gestalt anschaulich zu erfassen, eine *Mehrdeutigkeit* offenbart. Schon unser Schema des Gestaltkreises selbst zeigt dies in Bezug auf die Kategorie der Kausalität. Man kann die Reizgestalt ebenso als die Ursache der Tastwahrnehmung wie die Tastwahrnehmung als Ursache der Tastbewegung, die wiederum die Ursache der Reizgestalt wird, annehmen. Um eindeutige Kausalität zu erhalten, müssen wir den Gestaltkreis an einer (beliebigen) Stelle künstlich unterbrechen. *Haben* wir es getan, dann sind wir in der Situation der Sinnes- oder der Reflexphysiologie (über welche die Gestalttheorie nur durch *Negationen* hinausgeht). Ehe wir aber den Kreis dieser causa sui zerreißen, haben wir die gleichguten Möglichkeiten, A als Ursache von B oder B als Ursache von A anzusehen. Wir können die beiden Möglichkeiten nacheinander vollziehen, aber dann erhalten wir miteinander normallogisch unvereinbare Aussagen. Die logische Gesamtstruktur solcher zusammengestellten Aussagen ist also eine kontradiktorische. Betrachtet man aber den Erkenntnisverlauf unter Einschluß jener *Entscheidungshandlungen* der Betrachtungsweise, dann ist ein logisches Gebilde gegeben, in dem die reale Entscheidung enthalten ist, und ich nenne dieses Gebilde ein *antilogisches*.[1] Antilogisch ist also eine Erkenntnisstruktur, die gegenüber einem Vorgang von jener Wahlmöglichkeit nach kontradiktorischen Richtungen Gebrauch macht.

Dafür sind einige Beispiele zu geben. Nehmen Sie eine graue Kreisscheibe. Sie kennen das Phänomen der *Inversion*; man kann

1 Vgl. VON WEIZSÄCKER, V. (1923).

sie ebensogut als Loch in einer ebenen Fläche, wie als aufgelegte Scheibe auf dieser Fläche in die Wahrnehmung bekommen. Ich möchte aber gleich sagen, daß diese widersprechende Doppelerfahrung auch bei *mathematischer* Definition gilt. Ich frage nach *dem vom Kreis begrenzten Raum*. Dann kann ich sagen 1. er grenzt $r^2\pi$ ab und 2. er grenzt $\infty - r^2\pi$ ab. Der Kreis ist als geschlossene Figur doch doppeldeutig und so ist auch die Haut eines lebenden Individuums als Grenze doppeldeutig. Um also eindeutig zu *definieren*, kann und muß ich *wählen*. Unser *Sehraum* ist im gleichen Sinne antilogisch. Er ist endlich, aber er hat keine Grenze, welche der Wahrnehmung gegeben wäre. Unmittelbar und widersprechend erfahren wir diese unbegrenzte Endlichkeit unseres Sehraums. Dasselbe gilt von der *Wachzeit*, die endlich ist, während das Aufwachen und Einschlafen als Beginn und Ende, doch nicht als Grenze selbst erlebt wird. Und wie damit, mag es mit Geburt und Tod sein. Besonders gehört hierher, was in der Psychologie als Ambivalenz der Gefühle und Affekte bezeichnet wurde: die Vereinigung von Liebe und Haß, Mut und Furcht. Ärztliche Erfahrung und Studium von Kranken hat uns belehrt, daß diese Ambivalenz besonders aufgedeckt wird bei allen Leidensphänomenen des Schmerzes, des Schwindels, der Schwäche, des Brechreizes, des Ausstoßungsdranges, der Tenesmen, der motorischen Erregung, der motorischen Apathie, der Angst, Sexualerregung, Verzweiflung, also den eigentlichen Existenzkrisen. Allen diesen Vorgängen finden wir innewohnen ein Moment zu beharren und ein Moment zu vergehen, ein Seinsollen und ein Nichtseinsollen, aber auch einen Widerstreit der Qualitäten, und eine Kranke fand das für mich erleuchtende Wort vom *sinnlichen Zweifel* dieser Existenzformen. Es ist aber meines Erachtens die sinnliche Ambivalenz in deutlichen Spuren bis in die sinnlichen Empfindungen hinein verfolgbar, welche man gewöhnlich für rein, eindeutig und spannungslos hielt, wie z. B. reines Spektralblau oder dgl. Lipps (1906) scheint hier die Bresche in der richtigen Richtung gelegt zu haben.

So also ist der Mensch, könnte man jetzt sagen. Er steht nicht in der Kategorie der Substanz, sondern in der Kategorie der Ent-Scheidung; nicht nur der sittlichen oder moralischen, sondern nur *auch* der sittlichen und moralischen.

Die Kategorie der Ent-Scheidung ist eine Kategorie der ganzen Fülle seiner Existenz. Was man im romantischen Irrationalismus und Intuitionismus als Instinktschwäche des Menschen beklagt hat, ist freilich unbestreitbar. Der Diabetiker, statt Kohlehydrate zu meiden, häuft, hungrig nach Brot und Zucker, die Schädigung immer höher. Aber diese Instinktschwäche beruht auf einer Ambivalenz. Der Cocainist schwächt sich durch Verjagung des warnenden Schwächegefühls immer mehr. Aber dieser Instinktirrung korrespondiert die Verachtung der *bloßen* und nackten Existenz, die geistige Rauschfähigkeit des Neurotikers, die Lust des Süchtigen, dem Leben nicht zu dienen, sondern mit ihm zu spielen. Aber das Tier tut das auch. Der Betrug des Instinkts gelingt nie ganz, und insoferne ist der Instinkt doch da. Und auch das Tier betrügt den Instinkt, denn es kennt das Opfer wie der Mensch. Überhaupt ist es ein Irrtum, den Unterschied im Instinkt zu suchen. Die Instinktschwäche beginnt schon *inner*halb der bloß vegetativen Sphäre. Noch heute wissen wir nicht in der Pathologie, wo bei Vorgängen wie Fieber und Entzündung das Nützliche aufhört und das Schädliche anfängt; noch immer schwankt die Medizin zwischen ihrer Bekämpfung, dem laisser-aller und der künstlichen Erzeugung hin und her. Heute ist die künstliche Erzeugung hochangesehen. Vollkommen klar hat KANT (1970) hier die Unerforschlichkeit des Zweckes durchschaut und die Müßigkeit aller *vernünftelnden* Teleologie ein für allemal bewiesen.

So ist Degeneration und Regeneration, ist aber auch Bautrieb und Zerstörungstrieb, ist Gesundheitsstreben und Krankheitsstreben, ist Lebenswille und Todeswille schon in den ersten Akten der Zelle, der Organsysteme, der Funktionen, so ist Leiden und Heilen ursprünglich verschlungen; so wird aber auch in der ärztlichen *Handlung*, die ja eine Verlängerung dieser Vorgänge in den Arzt hinein ist, dieselbe Ambivalenz, dieselbe ursprüngliche Polarität wiederkehren. Und wenn KANT mit der Widerlegung der vernünftelnden Teleologie der Organismen recht hatte, dann ist auch jede bloß-vernünftige Bestimmung des Heilzweckes der Medizin eine Spielerei. Die Behauptung, Zweck der ärztlichen Handlung sei, die Arbeits- und Genußfähigkeit des Kranken herzustellen – diese Behauptung ist nicht eine Wesensbestimmung der Heilhandlung, sondern die Beschreibung eines *gesellschaftlichen Zustandes* und seiner Ideale.

Mit doppelter Dringlichkeit ist also zu fragen, wie kommt der Arzt zu einem Wertsystem, einem Kanon der Zuwendungen, der, wir sahen es, aus der Sphäre der gestalteten Erscheinungen nicht abzulesen ist. Ein anerkanntes, allgemein gültiges System der Triebe auf naturwissenschaftlicher Grundlage besitzen wir nicht, obwohl eine Psychologie und Physiologie der Hormone und der Gifte in Aussicht steht. Aber damit erhalten wir keinen Kanon der Zuwendungen, die in den *Gestaltkreis* gebaut sind. Ich halte dies für ontologisch ein für allemal feststehend. Philosophische, theosophische Systeme können einen Kanon bieten, aber ihre Wertordnungen sind nicht die der ärztlichen Handlung.

Die entscheidende Erfahrung nämlich, über die zu berichten ist, geht dahin, daß ein solcher Kanon der Zuwendungen, eine Umstellung der Triebe, Interessen und Haltungen in keiner Therapie jemals durch die immanente Logik, Vernünftigkeit oder Weisheit eines Arguments oder einer geistigen Wertordnung zu erreichen ist, wo die bekämpfte Haltung oder Triebordnung ihrerseits schon festgelegt ist. Immer findet man, daß Belehrungen, Ermahnungen und Erleuchtungen genau so weit wirken, als die Zuwendung des Kranken zum Arzt dessen Ratschläge und Wünsche bereits potentiell umschließt. Darüber hinaus aber gelingt ein Fortschritt ausschließlich dort, *wo der Arzt selbst den Kanon seiner Haltungen gemeinsam mit dem Kranken einer Umgestaltung preisgibt.*

Ein derartiger Prozeß tritt natürlich dort gar nicht in Erscheinung, wo eine Gesellschaft durch ihre stabile Gesamtordnung das Vertrauen zur Kunst einschließt und begründet. Solange gilt auch, daß eine ärztliche Handlung, *vom Typus eines Rates*, die Dynamik einer Bewirkung, einer Kraftübertragung vom Arzt auf den Patienten tatsächlich besitzt. Daß aber der Sinn dieser Bewegung ebensogut in umgekehrter Richtung, als Kraftabgabe des Kranken zum Arzt bewertet werden muß, dies zeigt sich sofort, wenn das Vertrauen oder irgend eine andere vitale Zuwendung und Bindung zum Arzt erschöpft wird. Jetzt wird manifest, was schon immer *war*, nämlich daß beim Befehlen das *Geben* beim Gehorchenden ist. Befehlen ist Nehmen. Der also mit dem Wort wirkende Arzt nimmt im »Zureden« eine Kraft vom Kranken weg, ebenso wie er, gäbe er ihm ein Ei zu essen, ihm Kraft hingibt. So bewährt sich die geistige Physiologie des Paracelsus, wo ja z. B. immer die Kraft des Mannes im Weibe, die Kraft des Hammers im Amboß ist. Schon der Befehl also, das Ei zu essen, enthält eine der Kalorienzufuhr kontradiktorische Energieabfuhr auf der Seite des Kranken.

Wir können jetzt besser verstehen, warum die sog. Psychotherapie so oft im konträren Widerspruch zur sog. Somatotherapie steht. Es wird aber hier klar, daß es diese Trennung ontologisch nicht gibt, in der Wirklichkeit nicht gibt. Jede Somatotherapie hat auch eine psychische Bilanz und umgekehrt. Aber die therapeutischen Bilanzfehler werden nicht immer erkannt.

Zunächst wird hier wieder klar, daß die *ärztliche Verordnung* als dynamischer Vorgang tatsächlich wieder ein *ambivalenter* ist. Es ist ein Geben und Nehmen zugleich. Und wenn unsere Vermutung von der kritischen Bedeutung der Antilogik für den Gestaltkreis zutrifft, dann liegt *auch in der Therapie* ein *Gestaltkreis* vor. *Dort* war von der tastenden Hand des Untersuchers die Rede. Der Untersuchte war Objekt im Gestaltkreis. Jetzt sprechen wir vom therapeutischen *Gestaltkreis; er umschließt den Arzt und den Patienten*: er ist *ein zwei*samer Mensch, *ein* bipersoneller Mensch. *Das* ist die »Ganzheit« der ärztlichen Handlung, *das* steckt hinter der Phrase vom Behandeln des »ganzen Menschen«, daß ein therapeutischer Gestaltkreis zwischen Arzt und Patient gestaltet werde: nicht daß der ganze Patient Gegenstand werde, sondern daß der Patient *durch Umfassung des Arztes integriert werde* – wieder: nicht seines Arztes als ganzen *Menschen*, sondern als ganzen *Arztes*. Hier ist vielleicht die Zwischenbemerkung erlaubt, daß eine jede Kategorie der KANTschen Tafel (1781), sei es Substanz, Kausalität oder Wechselwirkung, sei es Einheit, Vielheit oder Ganzheit, als *einzelne* auf den Menschen oder seine personellen Beziehungen im *Gestaltkreis* angewendet, ebenso viele positiv falsche, weil nicht antilogische Aussagen ergibt. Es ist gleich falsch zu sagen, die im Gestaltkreis verbundenen Menschen seien zwei Wesen, wie, sie seien ein Wesen. *Der Lebensvorgang zählt nicht mit Zahlen.*

Wenn nun der Kranke beim Gehorchen Kraft abgibt, so ist der Arzt in dieser Hinsicht ein Empfangender. Die abgegebene Kraft zerstreut sich nicht ins Leere, sondern der Arzt empfängt sie. Und er empfängt sie in gleichem Maße. Der Arzt empfängt einen Zuwachs an Selbstvertrauen. Verbrauch an Vertrauen dort gibt Zuwachs an Vertrauen hier.

So sieht es aus, als ob ein solcher Kraftfluß zur Erschöpfung führen müsse. Und wenn die ärztliche Handlung nicht Fragment bleibt – und es gibt ganz gute und befriedigende Fragmente, nur sagen sie wenig über das Wesen der Sache –, so geschieht dies auch. Die primäre Zuneigungsform, welche den Kranken an den Arzt band, kann plötzlich verbraucht sein und zur Überraschung in Haß umschlagen. Es ist das Ereignis, was in der Neurosenbehandlung fast regelmäßig eintritt und von FREUD als negative Übertragung bezeichnet wurde.

Es ist aber nicht obligat, daß die primäre Bindungsform eine der Zuneigung war. Sie kann konventionell, höflich gewesen sein, sie kann kommerziell, als Kaufvertrag gestiftet worden sein, sie kann wie im Militärlazarett im Untergebenenverhältnis begonnen haben. Wesentlich ist immer, daß die Primärform sich quantitativ erschöpft und so, umgekehrt wie in HEGELS Logik, qualitativ umschlägt. Aus der konventionellen kann die erotische, aus der liebevollen die haßerfüllte, aus der haßerfüllten die kommerzielle Form hervorgehen; es kann auch ein sozusagen erfreulicherer Ablauf bestehen, aber diese Außenseite trügt; die treibenden Mächte sind stets ambivalente, und so entsteht der *Kanon* der Leidenschaften und die Ordnung der Haltungen in der Therapie. Wesensmäßig nun ist dieser Kanon zunächst scheinbar nichts als eine Novelle. Aber sie hat ein ehernes Gesetz. Nichts in dieser Sache geschieht im Kranken, wovon nicht die Resonanz im Arzte – und umgekehrt. Aber Resonanz ist ein falsches Bild: Sender und Empfänger sind ja wesensmäßig verschieden. Und was als *Figur* im einen geschieht, das geschieht als *Hintergrund* im anderen. Nicht die einzelnen Szenen, nicht die einzelnen Erlebnisse und Bewußtseinsinhalte als solche sind belangreich. Es kommt für den Erfolg einer Therapie gar nicht darauf an, ob die Partner z. B. im Guten oder im Bösen scheiden; auch ein Fußtritt hat gelegentlich eine Hysterie geheilt, und mancher Flegel hat gut operiert. Aber die Dynamik, der leidenschaftliche Kanon hat eine Bilanz, in der es Auge um Auge, Zahn um Zahn geht und in der auf Heller und Pfennig bezahlt wird.

Diese Überzeugung bildet sich weniger durch Anschauung als durch Erfahrung. Sie ist eine spekulative Einsicht, wenn Spekulation soviel ist wie Erfahrung der Wahrheit in der Spiegelung. Wesentlich an dieser Erfahrung ist, daß die Dynamik und der Heilwert der ärztlichen Behandlung nicht durch das ausdrückbar ist, was an Vorgängen, Erlebnissen, Handlungen deskriptiv feststellbar, phänomenal erlebbar ist. Diese Dynamik liegt vielmehr allein im personalen Gemeinschaftskreis verborgen und steht in der *Kategorie der Entscheidungen*. Was als psychisches oder somatisches Phänomen *erscheint*, ist bereits *Resultat* der Parteinahmen und hat sich aus Verdrängung und Entscheidung abgeschieden.

Es gelingt daher keineswegs, auf dem Wege einer Semiotik, Hermeneutik, rationeller Anwendung von Gesetzen und Wissenschaften, durch keine Intuition und keine verstehende noch einfühlende Psychologie den Kanon der Therapie herzuleiten. Und doch geht es in diesem Kanon Auge um Auge.

Dies ist ja auch der Widerspruch, in den sich die Psychoanalyse verwickelt hat, daß sie den Kanon der Therapie aus der Reproduktion der verdrängenden Parteinahmen entnehmen wollte und dabei schon selbst wieder in der Parteinahme stand. Aber in der Übertragung hat sie den Schlüssel entdeckt, ohne sich doch von der alten Lehre trennen zu können und ohne die Bedeutung des Zweipersonensystems des Gestaltkreises für die Entstehung des Kanons zu bemerken. Und so möchte der Satz nicht zu gewagt sein, die Psychologie als solche als einen gänzlich *unwirksamen* Faktor zu bezeichnen. Alle sogenannten psychotherapeutischen Technizismen erfahren ihr *Kraftmoment* in dem *Doppelspiel* der Übertragungen, eher nicht.

Dieser novellistische Kanon hat also jedenfalls eine dynamische Bilanz, in der kein Stäubchen verlorengeht und kein Pfennig geschenkt wird. So billig wie mit der Selbstdarstellung der sog. »Persönlichkeit« der Arztes ist die Therapie nicht zu verkaufen. Aber diese Bestimmung ist natürlich als kraftmäßige viel zu arm. Wir sahen schon, der Kampf zwischen Arzt und Patient steht unter dem Zeichen Majorität – Minorität und schlägt doch gleich um in eine Wertfrage. Da der Kranke als physisch und soziologisch Schwächerer dasteht, wird er, solange krank – und denken Sie an unheilbar Leidende –, eine Wertkompensation zu erlangen haben. Diese kann aber, soweit es sich um die Bindung an den Arzt handelt, demnach nur in einer Überlegenheit gegenüber dem Arzt auf dem Gebiet seiner metaphysischen Existenz gefunden werden. Eine erste Form, in der dies sich ankünden kann, ist z. B. das Erwachen des Stolzes. Der Stolz des Kranken ist, daß er den Existenzkampf auf einer metaphysisch höheren Ebene kämpft und erledigt als *jeder* Gesunde. Er ist in diesem Sinne, weil er Schwereres besiegt, dann auch ein größerer Sieger. Es ist die Entwickelung dieses Stolzes freigegeben, wenn der Arzt die neue Wertposition bejaht, das heißt also seine eigene metaphysische Inferiorität, die relative Schwäche seines Heroismus zugibt, also sich wiederum unterordnet. Ich glaube in der Tat, daß eine metaphysische *Ehrfurcht* vor dem Kranken eine der ersten, vornehmsten Qualitäten, ich möchte sagen, seiner stärksten Schwächen sein muß. Für ihn gilt der Satz, daß es ein absolutes Maß der Schwäche oder Stärke eines kranken Menschen überhaupt nicht, folglich auch keine absolute Schwäche gibt. Für ihn, d. h. für sein Urteilen über den Kranken gilt der Satz: alle Menschen sind gleich stark; in jedem ist verborgen die Stärke, welche seine Stärke ist.

Physisch, psychisch oder sozial muß jeder Kranke als schwach gelten. Bleibt aber dieses abwertende Quantitätsurteil bestehen, dann muß eine Medizin entweder reparatorisch oder, wo sie nicht reparieren kann, resigniert verfahren. Dies ist auch die große Resignation des Hippokrates, der warnt, unheilbare Kranke zu behandeln. Dieser Bann wird in der christlichen Ära nur äußerst langsam gebrochen. Bei Paracelsus ist er in der wunderbarsten Weise besiegt. Seine ärztliche Haltung liegt in der großartigen Paradoxie, daß es auf den objektiven Heil*erfolg* des Arztes gar nicht ankommt. Nicht der Arzt heilt, sondern die organische Natur, nicht die Verordnung, sondern die Arznei. Nicht Reparation ist das letzte Ziel, sondern der Werdegang, der Stufengang des Kranken zu seinem metaphysischen Endziel, zu dem der Arzt aber als ein wahrer Sokratiker nicht hindeuten, nicht hinschieben, nicht hinzeigen darf. Denn er ist weder Führer noch Deuter, noch Weiser, sondern er ist ein Arzt, d. h. kein Bewirker, sondern ein Ermöglicher; er steht nicht über der Entscheidung, sondern mit dem Kranken *in* der Entscheidung.

So allein ist der metaphysische Ort des Arztes zu bezeichnen, und dieser metaphysische Ort ist eben darin ausgedrückt, daß er auch nicht einer ist, der Mitleid hat, sondern darin, daß sich der im Kranken reelle Krankheitsprozeß in ihn existentiell hinein *verlängert*. So ist selbst die theoretische Pathologie, die diagnostische und therapeutische Reflexion nichts anderes als eben eine bloß gedachte Wiederholung und Ausbreitung des krankhaften Geschehens in ihm. Dies, daß er *denkt*, was im anderen *ist*, bedingt ja seine metaphysische Minorität, die Schwäche seiner Position, die Ungerechtigkeit, besser Ungleichgerechtigkeit der beiden Schicksale. Psychisches *Mitleid* im Arzt ist natürlich *eine* Abwegigkeit und Unsachlichkeit. Er macht mit diesem Gefühl einen *Verstoß gegen die Regel der Ehrfurcht.*

Ein kranker Mensch ist für den Arzt also *letzten* Endes weder einfühlbar noch verstehbar, und ich muß überhaupt bestreiten, daß man als schmerzfreier den *Schmerz*, den wirklichen Schmerz des

Kranken selbst, die wirkliche Minorität des Neurotikers selbst, die wirkliche Schuld des Melancholikers selbst nachfühlen und verstehen kann. Wer dies behauptet, verfälscht ontologisch die Situation des Arztes zum Kranken.

Als *Erkenntnisgegenstand* betrachtet, befindet sich der Kranke in diesem Sinne in einer Ferne, und zwar in einer radikalen Ferne vom Arzt, und nur die Bejahung dieser *ewigen Ferne* gehorcht seiner Wahrheit. Als Patient aber andererseits rückt der Kranke in eine bis zur Identifizierung unendliche Nähe zum Arzt, wenn dieser die ärztliche Handlung als eine im Gestaltkreis verbundene Lebensgemeinschaft tut. Dies ist die *ewige Nähe* des Kranken und seines Arztes. *In dieser ewigen Nähe des Gestaltens und jener ewigen Ferne des Erkennens bewegt sich das ärztliche Tun und der Prozeß von Erkranken und Gesunden*, dessen Verlängerung auch das ärztliche Tun ist.

Hiermit ist nun freilich nur ein erster geringer Ansatz zu einem Kanon der ärztlichen Zuwendungen gemacht. Ich darf mit einem Ausblick schließen, wie er sich weiter entwickeln muß. *Nicht* ist er enthalten in einer Werttafel, die der Arzt als Gesunder, *nicht* in einer Werttafel, die der Kranke als solcher aufstellt. Nicht etwa darum nicht, weil sie als Individuen verschieden wären, sondern weil sie *distributiv* zusammen gehören. Erst nachdem ein System dieser Zusammengehörigkeit besteht, können dann auch objektive Werttafeln entstehen. So setzt z. B. die ärztliche Rang-Entscheidung über das Leben von Mutter oder Kind ein Gesetz, eine öffentliche Meinung, eine persönliche Verständigung *voraus*, also jedesmal voraus, daß eine mindestens zweisame Lebensbewegung erfolgt *ist*. Ganz derselbe Gesichtspunkt gilt für Rangordnungen, welche Voraussetzung einer Operation, einer Hypnose sind, wo jedesmal – und wie oft ganz konventionell – gewählt wird zwischen zwei Übeln, wobei jede ärztliche Methode als das kleinere Übel gilt. Grundlegend bleibt also *vor* allen expliziten, objektiven und geltenden Wert- und Rangordnungen die *in* der Ambivalenz der Entscheidungen stehende Gestaltung aller pathologischen Situationen im Gestaltkreis. – Freuds Psychoanalyse nun ist in der Medizin gegenwärtig die einzige Lehrmeinung, die als exoterische doch zugleich einen personalen Wahrheitsbegriff hat, wie z. B. sein Argument zeigt, daß ein Widerstand Jemandes gegen seine Lehre ihre Richtigkeit beweise. Allgemein wird in der Psychotherapie in dem zweisamen Prozeß der »Behandlung« eine Erkenntnis nicht durch Kenntnisnahme, nicht durch logischen Beweis, nicht durch Erleuchtung oder Berufung, nicht durch esoterische Einweihung, sondern durch das mit Übertragung verbundene Brechen eines Widerstandes in einer Behandlung durch Worte gewonnen. Dieser exoterische Personalismus ist daher *zunächst* immer nicht Wissen, sondern Methode, nicht Lehre, sondern Heilbehandlung. Ihre Betätigung wendet sich in erster Linie weder an die rezeptive Intelligenz, noch an die Gnadenfähigkeit des Menschen, sondern sie operiert in experimentell-aktiver Weise an dem seinem bewußten Willen und Verstand entzogenen Unbewußten und ist so ein Analogon der somatischen Medizin. In dieser Beanspruchung des bewußten *und* des unbewußten Anteils der Person zum Zwecke therapeutischer Veränderung vereinigt sie doch ein Bewirken mit einem Belehren, aber so, daß die Erkenntnis nicht durch ihr immanentes Argument erkannt, sondern so, daß sie durch eine zwischen zwei Menschen in Gang gebrachte Bewegung erfahren wird. Das hier angedeutete Prinzip ist aber unzweifelhaft ein über die Stoffgebiete und Heilzwecke der Psychotherapie hinaus wirksames und anwendbares. Es bedeutet allgemeiner die Entkräftung des *Immanenzsatzes*: daß das Bewußtsein abhängig und ohne Verlaß, seine Autonomie ein Schein sein, daß es krank sein kann. Wenn nämlich wirklich die Wahrheit des Bewußtseins erkranken kann, dann allerdings gewinnt der Begriff der Seelenkrankheit und Geisteskrankheit das völlig andere Gesicht, auch eine Pathologie der Wahrheit auszudrücken. Damit steht aber die Heilkunde an einer Schwelle, die ihr entweder zum Grenzbaum oder, wir glauben daran, zum Tor in ein neues Land werden kann. Damit ist aber auch der Punkt bezeichnet, wo die Gesundheit eines Menschen etwas mit seiner Wahrheit zu tun hat. Die Dynamik jenes Verhältnisses von Arzt und Kranken sollte hier also lediglich *Beispiel* einer Anwendung dieser Kategorie der Gesundheit und der Idee des Menschen sein, welche hinter dieser Kategorie steht. Von der dynamischen Bilanz des Menschen aus ist auch jetzt zu verstehen, wie eine Neurose durch ein Unglück heilen kann.

Medizin, Klinik und Psychoanalyse

Diese drei Überschriftsworte führen mitten hinein in FREUDS allererste Kampfzeit der 90er Jahre, und sie bedeuten bis heute den Einen unvereinbaren Gegensatz, den Andern eine fruchtbare Einheit. Wird es in 50 oder 100 Jahren so sein wie bei Fechner, Lotze, Wundt, Helmholtz, von denen heute längst nicht jeder mehr weiß, daß sie einmal Ärzte waren? Wird FREUD, der heute wünscht, daß Medizin und Psychoanalyse sich völlig trennen mögen, seinen Willen haben? Oder beweisen nicht gerade FREUDS Leben, der Inhalt seiner Lehre, das Gesetz seiner Sache auf dreifache Weise, aber mit einem Ergebnis, daß Psychoanalyse eine medizinische Wissenschaft war, ist und bleibt? Wenn heute etwa Abraham FLEXNER (1925) schreibt: »Der Geist Sydenhams, der sich für ein krankes Kind interessierte, verfuhr nicht anders als der Geist Galileis, der sich für kosmische Physik interessierte« und wir von Paul SCHILDER andererseits hören: »die Psychoanalyse ist eine Naturwissenschaft«, so haben wir hier zwei Ansichten, aus denen, wenn sie richtig sind, zwingend folgt, daß Psychoanalyse zur Medizin gehört. Denn die Natur ist nur eine Einzige, und nichts von ihr darf der Medizin entgehen, wenn der Kranke ein Stück Natur, wenn der Arzt ein Stück Naturforscher ist. Sollte FREUD wirklich wünschen, daß die Medizin ihn vergesse, so wird die *Medizin* sich ändern müssen. Denn FREUDS Wissenschaft war zunächst wie die übrige moderne Medizin mit der intellektuellen Technik der induktiven Wissenschaft aufgebaut worden, und wo sie irrte, da irrte sie nicht auf andere Weise, wie die anderen induktiven Wissenschaften der Medizin es auch tun können. So verstand er sich selbst, so verstanden es seine frühen Kritiker, und nur von *hier* aus ist das zu verstehen, was nun geschah. Denn seit 1905 etwa wird die FREUDsche Wissenschaft ebenso wie andere Wissenschaften von einem Bruch heimgesucht, der sich ihrem vollen Bewußtsein bis zum heutigen Tage entzieht und der in objektiver Weise noch immer schwer zu beschreiben ist. Diese Wandlung hat nicht FREUD gemacht, sondern als einer der frühesten und dafür prädestinierten mitgemacht. Mit der Einführung des Ödipuskomplexes bringt er ein mythisch-historisches Element in die medizinische Psychologie und sprengt ihren induktiv-naturwissenschaftlichen Rahmen, freilich ohne es klar zu bemerken und unter zähem Festhalten der induktiven Geste. Diesem positiven Vorgang entspricht aber auf der Seite der allgemeinen Medizin ein negativer des Zweifels an der Hinlänglichkeit ihrer naturwissenschaftlichen Grundlage. Jene mythologische Historisierung und diese Skepsis sind aber, das läßt sich jetzt bestimmt erkennen, zwei koordinierte oder genauer zwei einander fordernde und ergänzende Ausdrucksformen einer und derselben neuen Geisteshaltung. Wäre es nur so, daß ein Rückfall in Mystizismus und Philosophismus der Medizin erfolgt wäre, dann wäre kaum zu verstehen, warum die Psychoanalyse gerade aus den Kräften des französischen Rationalismus gespeist war, warum sie gerade in den angelsächsischen Ländern frühere Popularität gewann als in Deutschland.[1] Aber während dort die induktiv-positivistische Anfangshaltung der Psychoanalyse festgehalten wurde, die schließlich zu ihrem Mißverständnis sich auswächst, ist in Deutschland eine Epoche der vertieften Verarbeitung angebrochen, und der deutsche Geist wandelt und erschöpft ihre Gehalte nach seiner Eigenart auf mannigfaltige Weise und verfolgt ihre Konstruktionslinien mehr noch in die Tiefe als in die Breite. Nicht als ob bei uns jene veraltete Form der formalen, rein intellektualistischen Auffassung der Psychoanalyse bei Anhängern und Gegnern verstummt wäre. Aber die wesentlichen und beachtenswerten Erscheinungen lassen auf einem veränderten Niveau erkennen, daß die ersten methodologischen Streitigkeiten nichts anderes waren, als Abwehr einer gefährlichen Erschütterung durch die Sache selbst.

Es lag in der Natur der Sache und lag an ihrem Entstehungsort im Schoße der Medizin, daß die ältere medizinische Kritik fragt, ob das von der Psychoanalyse Behauptete auch durch Beobachtung und logische Evidenz bewiesen sei. Ihr Angriff richtet sich gegen die *Libido-*, *Symbol-* und *Komplexlehre*. Für die gegenwärtige Lage ist bezeichnend, daß statt dessen die Lehre von der *Übertragung* in den Mittelpunkt rückt. Hierin liegt das Entscheidende, daß die Probleme des Komplexes und Symbols nur das Verhalten des Analysierten zu sich selbst, die Übertragung sein Verhalten zu einem *zweiten Menschen*, zunächst zum Analytiker, betreffen. Und, um dies vorwegzunehmen, diese Übertragung ist nicht möglich ohne einen analogen Vorgang im Analytiker selbst. Im Rah-

1 Von der besonderen Verschlingung politischer, sozialer und akademischer Verhältnisse und ihrem unzweifelhaften Einfluß auf die relativ späte Ausbreitung der Psychoanalyse in Deutschland ist weiter unten zu reden.

men der Komplexfindung und Symboldeutung bleibt der Analytiker erkennendes Subjekt, im Vorgang der Übertragung wird er leidendes Subjekt, er wird vom analytischen Vorgang affiziert. Aus dieser einen unendlich wichtigen Tatsache folgt für jene neue Stufe der Auffassung, daß die Ausstrahlungen der Psychoanalyse in alle Gebiete der Erkenntnis und des Wissens – mögen sie nun Naturwissenschaft, Psychologie, Geschichte, Philosophie oder Metaphysik heißen – Ableitungen zweiten Grades bleiben. Immer kann es sich nur um sekundäre Kristallisationsprodukte, um neutralisierte Niederschläge handeln, wo der *Vorgang* der Psychoanalyse nicht mehr *stattfindet*, sondern selbst schon wieder Gegenstand einer bloßen *Aussage* geworden ist. Nicht als ob dies letztere unerlaubt oder unsinnig wäre. Auch in diesen Zeilen kann etwas anderes gar nicht stattfinden. Aber unzählig oft gesagte Irrtümer über die Psychoanalyse entspringen daraus, daß man den psychoanalytischen Vorgang mit einem Erkenntnisakt von der Art objektiver Natur- oder auch Geschichtswissenschaft verwechselt hat.

Hier, an diesem Punkte, wird es allerdings von allseitig überragendem Interesse, daß die Psychoanalyse eher eine Therapie war als eine Wissenschaft – genauer: daß das Wort Psychoanalyse doppelsinnig bald Therapie, Aktualität, bald reine Wissenschaft bedeutete, welchen Doppelsinn Worte wie Physik, Geometrie nicht zu haben scheinen, wohl aber Worte wie Geschichte, Religion, sofern sie ein Geschehen und zugleich eine Aussage über dieses Geschehen bezeichnen. Freilich, ob der Begriff reiner Wissenschaft, reiner Objektivität sich allmählich stark verwandelt hat, muß hier außer Betracht bleiben; für die Entstehungszeit der Psychoanalyse gilt er im hier angedeuteten Sinne. Darum liegt in der Formel »die Psychoanalyse ist eine Naturwissenschaft« ein, wie ich meine, grundsätzlicher Irrtum, der aber eine ganz bestimmte Funktion hat, auf die wir zu sprechen kommen.

Um dies zu erläutern, kann man zunächst darauf hinweisen, daß, wie die Erfahrung lehrt, die Objektivitätsbegriffe der neuzeitlichen Naturwissenschaften praktisch nicht auslangen, um die Einsichten der neuen Psychologie zu bekämpfen, und daß die wissenschaftliche *Allgemeingültigkeit* hier nicht mehr ausreicht, um eine *Gemeinschaft* der untereinander sich verstehenden Forschenden herzustellen. Es taucht das Argument FREUDS auf, daß die Ablehnung der Lehre durch eine *Person* die Richtigkeit dieser Lehre *bestätige*, womit vielleicht zum ersten Male seit der Überwindung des autoritären Wahrheitsbegriffs der Scholastik sowie der alten protestantischen Theologie durch neuzeitliche Wissenschaft der personale Faktor in die Wissenschaft wieder als ein legitimer einzuführen versucht wird. Neben den Offenbarungstheologien ist mit diesem Schritt die Psychoanalyse vielleicht gegenwärtig die einzige Lehrmeinung, welche den *esoterischen* mit dem *personalen* Wahrheitsbegriff als einen *für alle* notwendig gültigen verbindet, und sie unterscheidet sich darin von den relativistisch-personalistischen Philosophien, welche die Person als Wahrheitsquelle betonen, um die individuelle, nicht, um eine generelle Struktur der Wahrheit zu beweisen. Sie darf aber auch nicht irgendwelchen esoterischen Autoritätskreisen (»Sekten«) gleichgestellt werden, welche zwar auch eine für alle gültige Wahrheit zu besitzen meinen, diese aber doch durch Berufung oder Erleuchtung vermittelt erhalten, und ebensowenig den gnostischen Bewegungen, welche die höhere Wahrheit zwar auch als eine wissenschaftliche bezeichnen, aber doch (im Prinzip wenigstens) gerade wieder nicht an das persönliche Wesen gebunden erachten (Anthroposophie). Demgegenüber ist die Einsicht in die Wahrheit der Psychoanalyse für jeden Menschen erlangbar durch Psychoanalyse. Die *Betätigung* ihrer Wahrheit erzeugt ihre *Einsehbarkeit* im Prozeß der Analyse von Mensch zu Mensch, von Person zu Person. Diese Betätigung wendet sich aber, und das macht die entscheidende Eigentümlichkeit aus, weder an die rezeptive Intelligenz, noch an die Gnadenfähigkeit des Menschen, sondern sie *operiert* in experimenteller Weise[2] an dem seinem bewußten Willen oder Verstand entzogenen *Unbewußten*.

Aus diesem Sachverhalt wird leicht verständlich werden, daß die Psychoanalyse als eine ärztliche Heilhandlung hervortreten, als eine religionenähnliche und philosophieverwandte Geistes- oder Kulturbewegung mißverstanden werden konnte. Tatsächlich allerdings wirkt die Psychoanalyse, indem sie nicht nur analytische Kuren vornimmt, sondern auch »Ideen« produziert (s. u.), auch an der ideengeschichtlichen Physiognomie des Zeitalters in Beträgen, die große sind, mit. Diese nicht durch analytische Behandlung, sondern durch Ideenverbreitung kommende Wirkung ist ein Vorgang von nicht ganz ebenso großem Interesse wie die Analyse

2 Genauer: durch ein passives Experiment; ihr experimentelles Arrangement bewirkt, daß die Erkenntnis von selbst herausspringt.

selbst, wird aber doch nur aus dieser selbst heraus faßbar. Denn wirkliche Einsicht in die Psychoanalyse geschieht eben nicht durch die Übermittlung von Wissens*inhalten*, sondern durch eine Beanspruchung des bewußten *und* des unbewußten Anteils der eigenen Person. Es wäre möglich, daß dieser Weg auch bei der Ausbreitung irgend anderer Erkenntnis beschritten werden kann.
Hier ist eine Ursache der großen Ausbreitung analytischer Gedanken. Es ist die Hoffnung auf eine besondere Methode, wie eine Überzeugung übertragen werden kann. Der logische Beweis (Schlußverfahren der formalen Logik), der geometrische Beweis (anschaulich-logische Evidenz), der Augenschein (z. B. experimentelle Beobachtung durch Sinneswerkzeuge), die Glaubwürdigkeit einer Person und damit ihrer Aussagen, die Eingebung in einem psychischen Ausnahmezustand (Ekstasis, Erleuchtung), die Offenbarung in einem (eventuell gemeinschaftlich erfahrenen) Ausnahmezustand personaler Verschmelzung mit dem Übermenschlichen, alle diese sind Formen des Erkenntniserwerbes, welche sich *unterscheiden* von dem Vorgang psychoanalytischen Erwerbes. In diesem erfolgt eine nur im Verkehr zweier Menschen mögliche Form des Erwerbs, bei der jede der eben aufgezählten hinzukommen kann, aber *keine* von ihnen das Entscheidende ist.
Wenn dieser psychoanalytische Modus nun nicht an die besonderen Inhalte der von Sigmund Freud untersuchten psychologischen Sphäre geknüpft ist, sondern auch auf andere Seins- und Erkenntnisgebiete anwendbar ist, dann ist die *Methode* auch dort anwendbar, wo nicht Psychotherapie das Ziel ist, sondern Umbildung in irgendeinem anderen Sinne. Die Überwältigung eines Menschen mit dem Ziel seiner Freiheit *in* einer Gesellschaft ist auch das Ziel einer Erziehung jeder anderen Art, jeder Erziehung zum Leben, jedes als Erziehung begriffenen Lebens.
Aber darüber hinaus ist diese Methode, wenn sie emanzipiert werden kann von den psychologischen Inhalten der Libido-Symbolik und des Ödipuskonfliktes, ein so formales, auf jeden anderen Mythos ebenso übertragbares Instrument geworden, daß dann auch *innerhalb* der Heilkunde ihre Erfüllung mit anderer Materie als der spezifisch von Freud bevorzugten denkbar wird. M. a. W., sie muß dann auch auf andere *Leiden* als die Freudschen Neurosen anwendbar sein. So ergäbe sich, die rein formale Natur der psychoanalytischen Wirkungen einmal vorausgesetzt, eine Erweiterung einmal außerhalb und zweitens auch innerhalb der Medizin.

Außerhalb, indem z.B. auch eine politische Überzeugung von gruppenbildender Kraft auf »analytischem« Wege ausgebreitet werden könnte; innerhalb, indem auch andere als psychoneurotische Leiden vom Typus der FREUDschen auf solchem oder ähnlichem Wege erfaßbar wären.

Ideelos ist die Psychoanalyse also, sofern sie zur Idee selbst sich nur formal verhält, und ferner, indem sie das, was in ihr scheinbar als Idee auftaucht (besonders auch in FREUDS metapsychologischen Werken, nicht nur in seinen Analysen!) in jedem Augenblick preisgibt, wo eine entscheidende neue *Erfahrung* (im positivistischen Sinne) auftaucht. Immer ist ihr der Geist nur Epiphänomen, immer seine Quelle die Empirie.

Ein zweiter Punkt, der diese Ideelosigkeit nun beleuchtet, ist nicht auf dem wesenstheoretischen, sondern auf dem heilgeschichtlichen Gebiete selbst anzutreffen. Wie auf dem Boden der Ideengeschichte, ja überhaupt des Idealismus die Psychoanalyse als Geist mißverstanden wird, so auf dem der Heilgeschichte der Seele als ein Heil, ja sogar als religionenhafte Erlösung. Freilich, auch hier kommt das Mißverständnis, wie ich glaube, auf der Seite der Anhänger, Gönner, Freunde und Gegner gleichmäßig vor. FREUD selbst hat gelegentlich (Totem und Tabu 1913) die Entwicklung der menschlichen Rasse in die historische Reihenfolge vom Mythos über Religion zur Wissenschaft hineingesehen und damit eine Geschichtsphilosophie der wachsenden menschlichen Freiheit gegeben, die gewisse Mängel und Blößen seiner Geisteskultur aufdeckt. Diese wiegen aber leicht, wenn die Psychoanalyse die Probe besteht, Seelenheil von Gesundheit, Erlösung von Therapie unterscheiden zu können. Wenn! Hier gilt es aber, die Wahrscheinlichkeit, ja die Unvermeidlichkeit vorkommender Grenzverwischung zu *begreifen*, ehe man diese Grenze zu setzen sucht. Ebenso wie in der Sachkritik der Schwerpunkt vom Komplex- und Symbolkreis zur Übertragung sich verschob, ganz ebenso tritt in der Gefühlskritik heute an die Stelle der Libidotheorie die Parapsychologie von Ich, Es und Über-Ich. Suchte man zu seiner Zeit die Allgeschlechtlichkeit, das Wühlen in der Seele und die Hörigkeitsgefahr der Analyse einzudämmen[3], und stammte dieser Widerstand also

3 Wobei die Erfahrung lehrte, daß die Libidotheorie infolge zunehmender Veröffentlichung des Sexuellen in der Sitte zu einer relativen Harmlosigkeit wurde, daß der wirkliche Schmutz überall vorkommt und daß man die Hörigkeit der Analysierten überschätzt hatte.

zum Teil aus den sexuellen Kräften selbst, so ist gegenwärtig der Widerstand fast ein politischer schon zu nennen, und er stammt aus den Kräften der Gemeinschafts-, Gesellschafts- und Glaubensordnungen. Denn analytische Übertragung und analytische Überwältigung bewegen sich in den Gesetzen von Ich, Es und Über-Ich, von Identifizierung und Sublimierung und sind revolutionäre Formen der Gemeinschaftsbildung. (Ihre interessanten Beziehungen zu sozialistischen und kommunistischen Formen müssen hier außer Betracht bleiben.)

Aber auch hier steht unverkennbar die Entwicklung der Psychoanalyse einfach in Parallele zu Wandlungen der Medizin selbst, und jetzt drückt sich der Stand der Dinge auf allgemein medizinischer Seite durchaus nicht nur negativ in Enttäuschung, Skepsis und Wissenschaftsverdrossenheit aus, sondern positiv in der enthusiastischen Erweiterung und Erneuerung ärztlichen Fühlens und Wollens, in den psychotherapeutischen, den heilpädagogischen, den neuhumanitären Bewegungen. Der Kampf gegen klinischen Materialismus (*die* Kranken als »Material«, *der* Kranke als »Fall«), gegen Anstaltspsychiatrie, gegen die »Schulmedizin« überhaupt und die Universität im besonderen sind polemische Manifeste; die Einbeziehung der Unheilbaren, der Minderwertigen, Schwachen, Versagenden, Geisteskranken, der nur *sozial* Kranken in den Aufgabenkreis der aktiven, therapeutischen und wissenschaftlichen Medizin sind aufbauende Folgen jener enthusiastischen Hinwendung zum Kranken, der jetzt nicht nur von seiner objektiven Leistungsminderung her, sondern von seinem subjektiven Leidenszustand und seiner subjektiven Existenzbedingung aus gesehen und definiert ist. Diese ganze Bewegung aber ist wiederum nicht allein von einer geistigen, sittlichen oder religiösen Ergriffenheit her bewirkt, sondern ebenso auch von der gesellschaftlichen Umwälzung her, deren hier wichtigstes Merkmal die Entwertung und Minderung der alten bürgerlichen Welt und der Eintritt der Massen in die politische Dynamik ist. Freilich tritt nun in diesen Zusammenhängen das ganze historische Doppelgesicht der Psychoanalyse in Erscheinung. Denn während sie alle bürgerlichen, idealistischen, der Sitte verpflichteten Wertungen des Menschen beiseite läßt und damit dasselbe durch Stillschweigen *verleugnet*, was die revolutionäre Masse *zerstört*, ist sie als ärztliche Hilfeleistung eine der teuersten, als Wissenschaft eine durchaus »geistesaristokratische« Angelegenheit. So ist der Psychoanalyse, so könnte man sagen, jeder Mensch zwar ein Proletarier, aber sie existiert, wie ihr Urheber, nur in der Gestalt eines Intellektuellen der Kultur, der Wissenschaft, des Geistes. Die *meisten* Menschen sind für sie einfach nicht intellektuell genug, und für die meisten Menschen ist sie einfach nicht billig genug. Dieser Sachverhalt wird dann auch in den frühesten Sezessionsbewegungen gleich offenbar: ob sie nun, wie die Alfred ADLERS, sich dem Kinde, dem »Dummen« und »Schwachen« als solchen zuwendet, um dann allzu oft weiter mit scheinbar sozialistischem Untergedanken in bürgerliche Beschwichtigungsaktion und Allerweltserlösung abzugleiten, oder ob sie bei tief einsichtigen Geistlichen in seelsorgerlicher Not zu einem Rettungsanker wird, der doch auf einem Grunde haftet, welcher nun einmal »von dieser Welt ist« und der wie alles Diesseitige nun einmal keine Botschaft an alle sein *kann*.

Bei allen solchen Mißverhältnissen zwischen gesellschaftlich-politischer Erscheinung und revolutionierendem Gehalt wäre es aber ein ungeheurer Irrtum, diesen Gehalt für so bildsam und anpassungsfähig zu halten, daß nun alles beim Alten bleiben könnte, wenn sich die Wogen glätten. In FREUDS persönlicher Unerbittlichkeit (die sich fortwährend auch in unärztlichen Dogmatismus umsetzen muß) drückt sich doch die Unerbittlichkeit eines *Wirklichen* im Gegensatz zum Gemeinten, Gedachten, zu allem Weltanschaulichen und Abstrahierten aus. Und auf der anderen Seite: was hier von den sozialmedizinischen, neuhumanitären und psychotherapeutischen *Verbreiterungen* gesagt wurde, das ist doch nicht nur als Abfall und Verwässerung der Psychoanalyse (wie diese es heute weniger als noch kürzlich zu beurteilen liebte[4]) zu betrachten, sondern es hängt aufs tiefste mit ihr auch wieder zusammen: ihr Gegenstand ist denn doch etwas Besonderes, denn die Psyche der Psychoanalyse hat irgend etwas noch nie und nirgend voll Begriffenes zu schaffen mit – der *Seele* des Menschen. Und in diesem, dem Psychoanalytiker mit dem Geistlichen, dem Lehrer und dem Arzt gemeinsamen Thema drückt sich wieder die Ideelosigkeit und Ungeisthaftigkeit aus, die zu betonen hier erst recht nötig ist, wo wir nicht die theoretische Wesensart, sondern die therapeutische Bedeutung im Auge haben. Denn die Seele, die

4 Im Jahre 1926 hat zum erstenmal ein allgemeiner ärztlicher Kongreß in Deutschland getagt, auf dem Psychoanalytiker, Psychotherapeuten und Vertreter aller wesentlichen Spezialgebiete sich zu gemeinsamer Arbeit zusammenfanden.

scheinbar hier zum Gegenstand einer Naturwissenschaft wird, in Wirklichkeit aber das ihr Ewig-Unerreichbare ist, die Seele kam ins Spiel, als Bezirke, die ihr zu gehören schienen, plötzlich erreichbar wurden, als Dinge, die persönlich und individuell gegolten hatten, sich als allgemeingesetzlich erwiesen, als ein seelischer Privatbesitz enteignet und veröffentlicht wurde, als Geheimnisse der Scham und der Selbstverteidigung publik und bei jedermann durchschaubar wurden.

Hier berührt nun diese Darstellung eine Entwicklung, die mit Werther, ROUSSEAU, dem sinnlichen und dem psychologischen Roman, mit NIETZSCHE ja längst vorlag und zu der FREUDS Werke eigentlich schon als Verwissenschaftlichung und als alexandrinischer Abschluß sich verhalten. Und je deutlicher wir dies begreifen, um so schärfer hebt sich dagegen wiederum diejenige Eigentümlichkeit ab, derzufolge die Psychoanalyse neuartig und anfangend ist, nämlich ihr psychotechnischer, ihr *medizinischer* Charakter, also wieder nicht der geistes- oder kulturgeschichtliche, sondern der spezifisch therapeutische Gehalt. *Sofern* die Psychoanalyse »eine Naturwissenschaft ist«, ist sie nichts grundsätzlich anderes, als was die experimentelle Psychologie, Physiologie, Bakteriologie usf. im Dienste der Medizin auch war – tant de bruit ...? Sofern sie aber etwas mit der Heilung kranker Seelen zu tun hat, ist sie etwas anderes und zu jenen medizinischen Hilfsdisziplinen scharf Gegensätzliches. Daß dies der Fall ist, soll im zweiten Teil dieser Skizze gezeigt werden. Ebenso wie der Himmel nicht mehr der Wohnort Gottes sein kann, sobald »Himmel« soviel wie ein optischer Sektor des physischen Raumes wird, ebenso kann die Seele nicht mehr in gewissen Gefühlen und Gedanken wohnen, wenn diese Gefühle und Gedanken als psychologische Energieformen durchschaut sind. Leider hat die Psychoanalyse zuweilen die Prätention erhoben, die alte Seele abgeschafft zu haben, nicht anders wie die Naturwissenschaft zuweilen glaubte, den alten Gott abgeschafft zu haben. –

Es ist nun natürlich gar nicht richtig, daß der Plan der modernen rationalen Medizin, durch naturwissenschaftliche Forschungen den Bereich der Heilmöglichkeiten zu erweitern, versagt habe. Stimmungsrückschläge waren begreiflich, wenn Mißerfolge kamen, bedeuten aber keineswegs, daß der Weg falsch war. Freilich nahm die Medizin wahr, daß, was der Technik gut geriet, nämlich die experimentelle und maschinelle Beherrschung der Vorgänge, ihr nicht ebenso gut geriet und daß das prinzip der technischen Hochschulen zu tief auf sie eingewirkt hatte. Medizin ist nicht Technik; sie ist *auch* Technik. Sie half sich eine Zeitlang mit der Annahme, Organismen seien wegen ihrer großen Kompliziertheit schlechter zu beherrschen. Aber es ist eine ganz unbewiesene Hypothese, daß die Kompliziertheit schuld sei; diese ist eigentlich ein Postulat, um den mechanistischen Gedankengang zu retten. Freud beteiligt sich an solcher Skepsis nicht und hofft zuweilen, wie der Außenstehende so oft, mit größerer Zuversicht auf Förderung von seiten der somatischen Medizin, als viele Organ-Mediziner es tun. Er ist Vertreter der *rationalen* Medizin. Aber seit der Jahrhundertwende tauchen verschiedene Symptome einer Vertrauenskrise eben der rationalen Medizin auf, ohne freilich diese im Grunde ernstlich zu erschüttern. Man könnte diese Bewegungen als eine Politik der äußeren Anleihen bezeichnen, weil etwas an die Heilkunde angestückt werden soll, um *ihr* zu helfen. Der ungeheure Trieb zur Spezialisierung und Verfeinerung der Organmedizin ist in seinen Übertreibungen ein Symptom solcher Schwäche. Die Hilflosigkeit den großen pathologischen Prozessen gegenüber soll durch eine mikrologische Spezialbehandlung ersetzt werden. Ein anderes Symptom ist die ästhetische Deutung, Medizin sei eigentlich eine Kunst und »arbeite mit« der Eingebung und Intuition mehr als mit dem Verstand. Wieder ein anderes Bestreben geht dahin, es müsse ärztliche Ethik in den Lehrplan eingeführt werden. Alle diese Dinge bleiben schwache Behauptungen und zeigten nur eine innere Gleichgewichtsstörung im Selbstvertrauen der Medizin an, die sie sich selbst nicht zu deuten wußte. Wenig von ihnen setzt sich wirklich durch. Und erst die Absonderung ernster und bedeutender Ärzte bis zum sozialen Bruch, wie er bei Freud geschah, offenbart, daß jene Anstückungen den Kern unberührt lassen. Es kam hinzu – und es liegt eine Ironie darin –, daß Freud wegen des reichlichen Sprachgebrauchs energetischer, quantitativer Bilder zur Verdeutlichung psychologischer Vorgänge allgemein als Materialist galt, daß er als Triebpsychologe auch als ethischer Materialist verdächtig war, so daß er als Bundesgenosse antimechanistischer Strömungen ungeeignet schien. Man bemerkt nicht, daß allein schon sein Symbolismus und der antilogische Begriff des Unbewußten den Mechanismus sprengte, daß Behauptungen von ihm wie die, das Unbewußte sei zeitlos, oder der Satz des Widerspruchs gelte in ihm nicht, Ansatzpunkte für einen ganz radikalen Antimechanismus enthielten. So kam es nur äußerst langsam zu einer ernsten Prüfung und mit offenem Visier geführten Auseinandersetzung zwischen Psychoanalyse und klinischer Medizin; daran hatte FREUDS persönliche Abneigung gegen wissenschaftliche Polemik ihren Anteil, und seine voreilige und oberflächliche Ablehnung durch einzelne akademische Lehrer diente ebenfalls nicht dazu, die unbestreitbaren Depravationserscheinungen in der sogenannten wilden Psychoanalyse rechtzeitig aufzufangen. Wurde seine akademische Verfemung auch gradweise zum Vorwurf der »maßlosen Übertreibung«, der »Auswüchse«, der »Irrtümer«, der »genialen Irrtümer« abgebaut und die »unbestreitbaren« zu den »gewaltigen Verdiensten« von Jahr zu Jahr erhöht, so ist die Kluft doch nach wie vor größer, als gerade den relativen Freunden der Psychoanalyse zuweilen bewußt zu sein scheint.

Immer aber ist festzuhalten, daß nach bekannten Ambivalenzgesetzen die Erscheinung FREUDS, ob mit Haß oder mit Liebe begrüßt, tiefer beunruhigend auf den größten Teil der Medizin gewirkt hat, als alle anderen vorhergehenden und gleichzeitigen psychologischen Lehr- und Heilsysteme. Nur die Einführung der Hypnose ist vergleichbar an Bedeutung. Ihr ursprünglicher Vorrang beruht auf der hypnotischen Beeinflußbarkeit körperlicher Symptome, und zwar reicht dieser Einfluß nicht nur in die Gebiete der sogenannten willkürlichen Muskulatur, sondern auch, wie wir jetzt wissen, in die der Blutkapillaren, der Wasserbewegung zwischen Blut und Gewebe, der Wasserausscheidung durch die Niere, der Speichel-, Magen- und Bauchspeicheldrüse, der Magen- und Darmbewegungen und dergl. m. War solches schon nach PAWLOWS berühmten Untersuchungen zu erwarten, so tritt noch deutlicher jetzt zutage, daß die Psychophysik solcher Einflüsse nicht nach dem Schema der Reflexe erfolgt, sondern daß eine gewisse Gesamthaltung der psychophysischen Person die übergeordnete Bedingung ist, *unter* der solche Suggestionen gelingen. Darauf weisen begleitende Affekte oder persönliche Bindungen an den Experimentator hin. Immer aber bestätigt sich, daß die durch Vorstellung, Wahrnehmung, Denken, Reflexion, Wille, Intelligenz repräsentierte Bewußtseinssphäre nicht imstande ist, freihändig unmittelbar in diese Körpersphären einzugreifen, sondern daß ein Engagement sogenannter Tiefenschichten dazu gehört, die aber jetzt mit Recht der Persönlichkeitsstruktur zugerechnet werden. Hier also ist ein verborgener Knotenpunkt, der fast aller älteren

Psychophysik entgangen war und der die einfache Anwendung des Kausalitäts- wie des Parallelprinzips in der Psychophysik ausschließt – ein drittes Reich oder eine ursprüngliche Einheit von Körper und Seele wird sichtbar oder geahnt.

Es ist nun bemerkenswert, daß die psychoanalytische Behandlung solche Heilungen, welche auf unmittelbare Beseitigung von Organsymptomen ausgehen, zwar unzweifelhaft aufweisen kann, aber seltener verzeichnet und auch weniger sucht. Ihr Anwendungsbereich sind die Psychoneurosen mehr als die Organneurosen. Diese Einteilung aber hat die Bedeutung einer praktischen Deskription. Jede Organneurose ist theoretisch auch eine Psychoneurose und umgekehrt, und jede Neurose ist eine funktionelle Veränderung, der ein strukturelles Äquivalent zur Seite steht, und umgekehrt. Nicht dem Material nach, sondern dem therapeutischen Ziel nach sind Hypnotherapie und Analyse verschieden. Jene ist chirurgisch, diese aber sokratisch, so können wir in vorläufiger Anwendung einer SCHELERschen Prägung sagen. An das System der theoretischen Medizin ist danach die Frage gestellt: gibt es ein solches drittes Reich oder eine solche ursprüngliche Einheit, und sind sie der Sitz der Krankheit, sind sie der Therapie zugänglich? Indem wir diese Frage voll bejahen, geben wir zugleich eine Antwort auf die andere: was ist der Mensch?

Es muß jetzt der Gedanke allmählich deutlicher werden, daß die Frage nicht einfach so liegt: hat die Psychoanalyse bei Neurosen und bei neurotischen Organsymptomen solche Heilerfolge aufzuweisen, daß sich ihre Aufnahme in den Methodenschatz der Medizin lohnt. Wer so fragt und antwortet, hat, wie auch sein Urteil ausfallen möge, die Lage nicht begriffen. Sondern: unter dem Einfluß der Psychoanalyse entsteht, besser noch: auch in der Entstehung der Psychoanalyse entsteht eine neue Idee vom kranken Menschen und eine neue ärztliche Behandlung des kranken Menschen, in welcher auch alle bisherigen Ideen und Behandlungen nach Wesen und Wert in einem veränderten Lichte erscheinen. Dem hierüber schon oben in mehr historischer Form Gesagten ist hier folgendes Weitere hinzuzufügen. Am leichtesten wird das Gemeinte verständlich, wenn man die Entwicklung des Begriffs Neurose verfolgt. Wir können folgende Stufen unterscheiden: 1. Die Neurose wird verstanden als eine Erkrankung im Gebiete des materiellen Nervensystems, bei der eine anatomische Veränderung *bisher* nicht gefunden wurde. Man sucht sie mit Bädern, Elektrizität und Arzneien zu beeinflussen. 2. Die Neurose wird verstanden als eine psychomechanische Spaltung oder Abspaltung von Bewußtseinsinhalten, wobei bald mehr auf Vorstellungen, bald auf Affekten, bald auf Willensakten der Nachdruck liegt. Man sucht sie durch Hypnose, Suggestion oder erzieherische Gewaltmittel zu bekämpfen. 3. Die Neurose wird als Symptom einer partiellen psychischen Entwicklungshemmung angesehen, die in der Regel frühkindlich oder mit dem Geburtstrauma beginnt. Man versucht sie durch »Aufrollung« dieser Genese zu beseitigen (Höhepunkt der Psychoanalyse). 4. Die Neurose wird als eine psychologische Struktur der Persönlichkeit als ganzer aufgefaßt, die aber ebenfalls reversibel gedacht wird. Man sucht diese Persönlichkeit als Ganzes soweit möglich zu verbessern durch analytische Überwältigung, Belehrung und Befreiung (Individualpsychologie und charakterologische Form der analytischen Psychotherapie). 5. *Die Neurose ist ein allen Menschen gemeinsamer Ausdruck des »Typus« Mensch und seiner psychischen und physischen Mittellage zwischen untermenschlicher und übermenschlicher Sphäre.* Der Ausdruck »Neurose« bedeutet jetzt lediglich die zufällig-individuelle *Schwelle*, wo der allgemeine Mangel des Menschen »klinisch« wird und subjektiv oder sozial zur praktischen Störung führt. Diese Deutung ist die von mir persönlich vertretene.

Nur mit der letzten Deutung haben wir uns hier zu befassen als derjenigen, welche allein das Problem wieder einfließen läßt in den Bereich der *allgemeinen* Medizin, jeder ärztlichen Handlung. Sie umschließt die vorhergehenden Stufen mehr oder weniger, aber mit anderen Akzenten. Halten wir die Definition in ihrer allgemeinen Form zunächst fest, so zeigt sie sich offen nicht nur nach der medizinischen, sondern ebenso nach der pädagogischen, soziologischen, theologischen, biologischen, philosophischen Seite. Eben dies aber ist die Situation, welche die Psychoanalyse mit heraufbeschworen hat: *daß* eine solche »Offenheit« des Heilproblems nach allen Seiten entstand.

Für ärztliches Handeln aber ist in besonderem Sinne ein Scheideweg dadurch offen, daß der Arzt die Freiheit hat, sich mehr nach der untermenschlichen oder mehr nach der übermenschlichen Seite zu wenden. Wir verstehen dies am besten, wenn wir uns klar machen, daß *dasselbe* Symptom durch zwei ganz *verschiedene* Mittel beseitigt werden kann, z. B. ein Schmerz (etwa einer Gebärerin) durch Morphium oder andere Rauschgifte, aber auch durch eine Suggestion in der Hypnose. Wir haben, so kann man sagen, zwei extrem auseinanderliegende Mittel für dieselben Leiden: die *Arznei* und das *Wort*. Dem entspricht aber genau, daß ein organisches Leiden und ein psychogenes Leiden auf eine ziemlich lange Strecke hin dieselben *Symptome* bilden können. Am bekanntesten ist dieser Tatbestand auf dem Gebiete der organischen Leiden des Zentralnervensystems. Encephalitis und Hysterie, beginnende Tumoren, Paralysen, Arteriosklerosen des Gehirns und Neurasthenien, aber auch Magengeschwüre und Magenneurosen, Herzmuskelerkrankungen und Herzneurosen usf. gehen oft genug eine Strecke weit streng identisch in ihren Symptombildern, so daß ihre Differentialdiagnose ein nie erschöpftes Thema der speziellen Pathologie ist. Und was von den objektiven Symptomen gilt, das trifft auch für das erlebende Subjekt, den Kranken zu. Schmerzen, Schwindel, Schwäche, Angst, Insuffizienzgefühle, Müdigkeit, Erregbarkeit und Aufgeregtheit, Apathie, Schlafsucht und -mangel u. v. a. sind gemeinsame Symptome organischer wie psychogener Zustände und werden als einzelne von ihm bei einer Infektionskrankheit nicht anders erfahren wie in einer Neurose. Zu wenig erforscht, aber zweifellos vorhanden sind aber wiederum abnorme Funktionsabläufe an den Organen bei psychogenen Neurosen, so Extrasystolen des Herzens, Blutdruckschwankungen, Sekretions- und Motilitätsanomalien an den Verdauungsorganen u. v. a. Es gibt also, so kann man zusammenfassen, einen allgemein gültigen Modus des Krankseins, und eine Symptomatologie des *Krankseins – überhaupt* (ganz gleich, ob der Anstoß von organischer oder von psychischer Seite kommt) und es gibt einen doppelten Weg, diesen Bezirk ärztlich zu beeinflussen, einen somatischen und einen psychologischen.

Diese Tatsachen wären nun von relativ geringem Interesse, wenn eben dieser Bezirk als ein nicht nur begrenzter, sondern vor allem als einer von wesentlich zweitem Range anzusehen wäre. Dies ist wohl die Meinung vieler Vertreter einer streng rationalen Medizin gewesen. Sie urteilen, daß ein Phänomen wie das des Schmerzes oder der Angst ein sekundäres, ein bloßes Symptom zweiter Ordnung sei, das zu behandeln eben auch nur symptomatischen, nicht kausalen Wert habe. Genau an dieser Stelle wird nun die Bedeutung der Psychoanalyse wie der Psychotherapie für die Gesamtmedizin klar: *wenn es nun anders wäre?* Wenn die Angst ein zentralerer, ein ursprünglicherer, ein der prima causa der

Krankheit *näher* zugeordnetes Faktum sein sollte als die Anwesenheit von Bakterien, die histologischen Folgen ihrer Wirkung, die serologischen ihrer Gegenwirkung? Kaum ein Arzt bestreitet ganz, daß Entstehung und schicksalmäßiger Verlauf einer Infektion hin und wieder von »seelischen Faktoren« wie Angst abhängt; aber daß solche gelegentlichen Beobachtungen auf ein *immer* vorhandenes, ein gewiß noch kaum erforschtes, aber vielleicht erforschbares Grundverhältnis hinweisen – das werden die naturwissenschaftlichen Ärzte heute in der Regel ablehnen. Und doch ist das oben genannte dritte Reich mit seiner ursprünglichen Einheit genau der Ort, an dem eine Therapie einsetzen muß, wenn sie diesem Stern folgt. Wenn der Verlauf einer Lungentuberkulose, auf der Messerschneide zwischen Katastrophe und Heilung, auf der er so oft sich bewegt, durch eine Psychotherapie auch nur ein kleinstes Übergewicht nach der günstigen Seite erfahren kann, dann allerdings bedeutet die Psychoanalyse einen Fortschritt auch der Lungentherapie, wenn die Psychoanalyse einen Fortschritt der Psychotherapie bedeutet hat. Ein Hauptwiderstand gegen diese Folgerung wird heute so formuliert: Psychotherapie hätten gute Ärzte schon immer gemacht und gekonnt, und sie sei nicht erlernbar, ja dann am besten, wenn sie nicht gelernt werde. Das Wahre und das überwiegend Falsche solcher Behauptungen aus dem Munde sonst dem Fortschrittsgedanken so zugänglicher Ärzte wird deutlicher unterscheidbar, wenn man von vornherein zugibt, daß die Psychotherapie innerer organischer Krankheiten in den ersten Anfängen einer Entwicklung steht. Wer will wissen, wie weit sie kommen wird? Hängt doch diese Frage mit der weiteren psychophysischen Entwicklung des Menschengeschlechtes überhaupt eng zusammen.

Was man aber zeigen kann, das sind die Vorurteile und die konkreten Schwierigkeiten, die solchen Unternehmen entgegenstehen. Von den Vorurteilen lehrt die Erfahrung, daß sie durch kasuistische und statistische Mitteilungen über Heilerfolge oft nicht besiegt werden. Der »Fall« ist immer so kompliziert, daß andere Erklärungen möglich sind. Die Anerkennung wissenschaftlicher und disziplinierter Psychotherapie setzt andere Sehweisen und Wertmaßstäbe voraus, als der naturwissenschaftlich geformte Kliniker und Praktiker sie mitbringt. Davon war bereits die Rede. Aber die Vorurteile haben Gründe in den tieferen konkreten Schwierigkeiten. Wohl kann man sehr gut einem Kranken zugleich

Arznei, Diät, Höhensonne verordnen *und* eine Psychotherapie einleiten; so scheint es. Aber hier taucht die größte Hemmung auf einer unerwarteten Seite auf: im Arzt selbst. Denn die Ausbildung zur Psychotherapie erfordert eine besondere Entwicklung der Person und Psyche des Arztes selbst in eben der Sphäre, in der die Neurose des Kranken sich abspielt. Wir müssen darauf mit einigen Worten eingehen. Immer ist Psychotherapie letzten Endes eine, wenn auch oft scheinbar einseitige Unterhaltung. Ihre Technik besitzt lediglich das Mittel der Rede, des Wortes oder sie stellvertretender Haltungen, Gesten. Nun ist die Verkehrsform des naturwissenschaftlich gebildeten Arztes lediglich die seiner sozialen Schicht, ihrer Sitte und Konvention; hinzu kommt eine Konvention des Standes und eine Anpassung an den Stand und die intuitiv erfaßte Persönlichkeit des Kranken. Eine Lehre über Homiletik und Gesprächstechnik besitzt die akademische Medizin nicht, und dem Arzt ist freigegeben, nach spontaner Regung, Eingebung oder Reflexion sein sprachliches und persönliches Verhalten frei zu gestalten. In Wahrheit gestaltet er es *innerhalb* der genannten Bindungen. Die Psychoanalyse und an sie anschließend andere Formen der Psychotherapie brechen mit all dieser Freizügigkeit bekanntlich und setzen eine Methode dafür ein, die hier nicht zu schildern ist. Gemeinsam und für jede Psychotherapie grundlegend ist aber die stufenweise Veränderung der psychischen Vorgänge im Therapeuten bei der Therapie. Schritt für Schritt müssen in ihm gewisse seelische Einstellungen und Reaktionen, die er aus dem psychotherapeutisch ungebildeten Natur- *und* Kulturzustand mitbringt, einer Umwandlung unterworfen werden. Dies gilt nicht nur für seine triebhaften, sexuellen, sensuellen, rassemäßigen oder sonst irrationalen Reaktionen auf die Person des Kranken, sondern ganz ebenso für die kulturellen, nationalen, politischen, sozialen, konventionellen, wie endlich für die spezifischer ästhetischen, geistigen, sittlichen und religiösen Urteile und Gefühle. Nicht als ob dies alles auslöschbar wäre; aber es ist erforderlich, daß der Therapeut jede dieser Regungen in sich weder zurückdrängt noch freigibt, sondern als das, was sie ist, erkenne und bewußt mache, und daß er die massenhaften psychischen Schleichwege und all dieser Regungen Scheingewänder ins eigene reflexive Bewußtsein hebe. Der Sinn dieser Forderung aber ist der, daß nur bei ihrer Erfüllung der Therapeut in seiner Erkenntnis des Patienten nicht jene unaufhörliche *Selbstdarstellung* begehe, in welcher sich unsere normal biologischen Reaktionen und unsere Urteile über andere Menschen ergehen und welche auch alle sogenannten objektiven Wertmaßstäbe und Charakterisierungen stets enthalten. Diese psychologische Objektivität der Psychotherapie besteht auf ihrer *ersten* Stufe also nur darin, daß der Patient zunächst einmal für unser Reagieren und Urteilen carte blanche werde. Vergleicht man diese (negative) Objektivität mit der naturwissenschaftlichen eines Tierexperiments[5], so begreift der Erkenntnistheoretiker leicht den kontradiktorischen Gegensatz: das Tierexperiment gelingt nur unter Voraussetzung einer maximalen vom *Experimentator* ausgehenden intellektuellen und technisch-handwerklichen, höchst differenzierten Zurüstung und Einstellung: sie ist höchste Spontaneität, während der Psychotherapeut im Zustand größter passiver Rezeptivität sein muß. Was hier aber vom tierphysiologischen Experiment gesagt wird (und welcher Kliniker ist heute darin nicht geschult?), gilt in derselben Weise und Zug um Zug für die klinische Somatotherapie! Der ganze wissenschaftliche Halt und das ganze kritische Instrument der klinischen Somatotherapie ist die intellektuelle Technik des Experiments, also der psychologisch, gegenüber der psychotherapeutischen Haltung, *inversen* Operation des Bewußtseins.

Schon diese formale Gegensinnigkeit einer naturwissenschaftlichen und einer psychotherapeutischen Bildung wirkt im Einzelfall für Patient und Arzt zuweilen katastrophal. Aber sie ist selbstverständlich auch eine materiale. Muß es mit Beispielen belegt werden, daß der Bildungsstoff und das Wissen um die Seele weltweit verschieden ist von den Bereichen der Elemente, Ionen, Moleküle, der Vererbungsbiologie und der Hirnphysiologie? Weniger auf der Hand liegen nun aber die Probleme der nächsten Stufe des Therapeuten, die sich mit Bildung und Lösung der Übertragungen einstellen. Sie sind die interessantesten. Aus seiner rezeptiven Haltung hat er jetzt herauszutreten. Hier müssen wir vorweg etwas nehmen, was für den Somatotherapeuten und den Psychotherapeuten übereinstimmend gilt, nämlich daß die wissenschaftliche Tätigkeit in jedem Falle die Gefahr einer selbstbezogenen, autistischen, narzißtischen Haltung bei sich führt. Denn die objektive Nur-Sachlichkeit der Forschung fordert eine Aufgabe der Subjektivität, welche in eine Entpersönlichung entarten kann, und sie bindet

5 Fast alle klinischen Untersuchungsmethoden sind Analoga eines solchen.

jedenfalls seelische Kräfte, welche das Leben von Mensch zu Mensch gerade fordert. Die Zuwendung zum Etwas ist eine Gefahr für die Zuwendung zum Du mit einem Haftenbleiben am Ich. Beides nun: die Steigerung aller Bewußtheiten und die Überrationalisierung alles Psychischen durch den geschilderten Vorgang der Selbstanalyse, und andererseits die Steigerung der Ichbezogenheit durch die Gewöhnungen wissenschaftlicher Forschung – beides sind Hauptgefahren jeder tätigen Verbindung von Wissenschaft und Arzttum, beides also stärkste Aufforderungen zur Bekämpfung gerade auch in der Klinik. Der Verlust der Naivität und Einfachheit ist ein Preis, der zu teuer werden kann, aber ebenso gewiß tut die Steigerung des Wissens und Bewußtseins der ursprünglichen Lebenskraft und -wahrheit nirgendwo *notwendigen* Abbruch. Selbstverständlich vollziehen sich auf einer gewissen Ebene auch die ärztlichen Handlungen zielsicherer und wirksamer, wenn sie nicht durchkreuzt sind von Reflexion. Aber therapeutische Aufgaben in anderen Ebenen, wie etwa denen der »Neurose«, werden dann eben einfach nicht gelöst und sind nur dem zugänglich, der den Weg der Erkenntnis auch in die Region der eigenen Seele weiter geht, als sonst erforderlich ist. Daß auch dies ein Opfer bedeuten kann, welches der Arzt bringt, muß uns warnen, ihm Eigentümlichkeiten und Mängel seiner Person allzusehr zum Vorwurf zu machen, die gewissermaßen die Kriegsverstümmelungen seines Berufes sind. Dieser Punkt leitet aber hinüber zu dem gleichwichtigen, nämlich, daß alle Erkenntnisvorgänge in der Somatotherapie Alleingut des Therapeuten bleiben, in der Psychotherapie aber Bestandteil der Therapie selbst sind, indem sie in den *Patienten* eingehen. Nicht als ob es sich hier um dieselbe Art von Erkenntnis handelte wie in der Naturwissenschaft; aber Erkenntnis ist es doch; geheilt werden und genesen, heißt hier *auch*: *erkennen*. Der gewöhnlichste Fehler, der nun hieraus entspringt, ist der, daß der in kausaltherapeutischem Denken erzogene Arzt *seine* psychologische Erkenntnis dem Kranken einfach wie eine Arznei einzugeben sucht, als könnte sie wie ein Heilserum wirken, nicht wissend, daß die Erkenntnis in der Psychotherapie das *letzte* und das die gelungene Therapie nur *anzeigende* Symptom ist, dessen Vorwegnahme fast stets die Therapie gerade verhindert. Denn das erste, was der Kranke zu lernen hat, ist, daß auch er in seinem Verhalten carte blanche werde, so wie es vorhin vom Therapeuten beschrieben wurde.

Von den hierbei einsetzenden Übertragungskämpfen sei nur noch *ein* Gegensatz zwischen Psycho- und Somatotherapie besprochen; er betrifft die Bilanz von Geben und Nehmen zwischen Arzt und Patient. Während die Zufuhr von Diät (Kalorien), Medikament, Bettruhe, Lebensregime hinsichtlich der *physischen* Energieformen eine Zufuhr zum Kranken, also *Einnahmen* (oder ein Ersparnis seiner Ausgaben) bedeutet, bedeuten alle zugehörigen Akte des Anordnens, Befehlens, Bindens und Verpflichtens in psychologischer Hinsicht für ihn *Ausgaben*: Verzicht auf Selbstbestimmung, Unterordnung, Betätigung von Vertrauen zum Arzt, Einschränkungen aller Art. Umgekehrt: wo der Arzt als Psychotherapeut sich der Aktivität in der vorhin geschilderten Weise entäußert, da geschieht *ihm* ein Energieverlust durch willkürliche Zurückdrängung äußerer Aktion und normaler Vitalität, der dem Patienten als Aktivposten zugute kommt, weil dieser von den Widerständen frei wird, die in der Neurose wirken. An diesen im Einzelnen höchst komplizierten Verhältnissen interessiert uns hier wiederum nur dies: »Somatotherapie« und methodische Psychotherapie haben in psychologischer Hinsicht gegensinnige Energiebilanzen[6] und müssen sich zunächst bei gleichzeitiger und unsystematischer Anwendung stören. Trivial gesprochen: man kann nicht einem Kranken zu Beginn der Behandlung sagen: »Sie müssen täglich zwei Stunden spazierengehen« und zugleich: »Ich werde mich Ihnen gegenüber vollkommen passiv verhalten und lediglich alles aufnehmen, was Sie mir bringen«. Damit ist keineswegs gesagt, daß die Vereinigung aktiver und passiver Behandlung unlogisch und darum unmöglich sei. Wir sprechen hier nur von den ersten Bildungsschwierigkeiten eines gedachten *integralen* Arztes, der diese Vereinigung sucht.

Immer wieder stoßen wir dabei eben auf das tiefe Dunkel, das die Lebensbewegung selbst umgibt. Was ist den eigentlich aktiv und passiv, was ist Hemmung, Symptom, Energie, was ist stark, was schwach, was gesund, was krank? Was hat damit die Seele zu schaffen, wo ist *sie* denn? Die Psychoanalyse hat ihre Vorstöße in solche Regionen nicht tun können oder wollen, ohne ein System von Begriffen zu erzeugen, und dies ist ein häufig zu beobachtendes Hemmnis für ihre Beurteilung durch Menschen geworden, die entweder zu künstlerisch zu empfinden oder zu abstrakt zu den-

6 Nähere Ausführungen hierüber vgl. von Weizsäcker, V. (1927).

ken pflegen, um gerade für die FREUDsche Geistesarbeit disponiert zu sein. Tatsächlich kann man seine Geisteswelt nur begreifen, wenn man sich ebensowohl der abstrakt-logischen Technik der exakten Naturwissenschaft wie auch der freien Gestaltung des Romans und der Novelle entäußert. Die Termini der Psychoanalyse wollen durchweg *transparent* gesehen sein – nicht wörtlich deskriptiv, aber auch nicht bildlich im Sinne der Allegorie (wie etwa eine Abbildung der »Justitia«). Sondern hinter diesen Begriffen steht etwas sehr Bestimmtes, das aber nie adäquat ausdrückbar ist. Es ist nichts anderes als der *Lebens*vorgang selbst, dies Wort sei hier ohne Emphase und freilich auch ohne Definition gebraucht. Hier also liegt das ungeheure wissenschaftliche Minus der Psychoanalyse. Ihre Transparenz ist unbestreitbar, aber sie wird nie zur Klarheit der begrifflichen Denkbarkeit und nie zur Klarheit der objektiven Schau. Woran liegt dies und wie löst sich das damit gestellte Problem? Es kann m. E. nur so begriffen werden, daß die Fragen und Auflösungen im gemeinsamen *Lebens*prozeß von Analytiker und Analysand, oder sagen wir jetzt lieber statt dessen von Arzt und Kranken selbst erfolgen. Die ärztlichen Handlungen und die Gegenhandlungen des Kranken steigen aus dem Lebensvorgang auf und kehren in ihn zurück, *ohne* auf diesem Kreiswege eine restlose rationale oder intuitive Auflösung zu erfahren. Hierin fällt also der Hintergrund der *ärztlichen* Heilhandlung mit der *Selbst*heilung einer Wunde oder einer Infektionskrankheit zusammen, und hierin unterscheidet sich auch die sogenannte Somatotherapie nicht grundsätzlich von der sogenannten Psychotherapie. Die rationalisierten und die in Anschauung begriffenen Akte dabei sind aber nichts anderes als der notwendige Ausdruck der Struktur des Menschen, und sie stellen *ihn selbst* dar. Die Medizin als Wissenschaft oder als Technik, als Kunst oder als Instinkt aufgefaßt, ist immer nur eine solche Selbstdarstellung des Menschen, seiner Mittellage unter seiner Überwelt und über seiner Unterwelt. Damit fällt denn freilich hier eine letzte Entscheidung, die man etwa so aussprechen kann: Die Medizin ist im Grunde eine *anthropologische* und keine biologische. Und an dieser Stelle trennt sich diese Meinungsäußerung von FREUD und der Psychoanalyse.

Die Medizin hätte die Psychoanalyse sich schnell und leicht einverleibt, wenn diese wirklich nur eine »Naturwissenschaft« oder wenn sie nur eine, freilich neuartige Biologie wäre. Und die scheinbare Proletarisierung und Naturalisierung aller menschlichen und göttlichen Regungen und Kräfte hätte eine schon längst entgottete und entmenschte Wissenschaft doch leicht ertragen, nachdem sie jeden anderen Atheismus und Materialismus mit Ruhe, ja mit Vergnügen ertragen hatte. Aber sie tat es nicht, weil, wie FREUD (1917) selbst es aussprach, die Welt nicht ertragen mochte, daß der Mensch nicht nur im Sonnensystem nicht in der Mitte, nicht nur in der Abstammung vom Affen nicht frei, sondern auch »im eigenen Hause«, im eigenen Herzen nicht einmal sein eigener Herr sein sollte. Statt wachsender Freiheit wachsende Knechtschaft, wachsender Selbstbetrug der Freiheit. Es wäre kein aussichtsvoller Versuch, dieser Folgerung zu entrinnen, wenn jemand die Psychoanalyse eine Naturwissenschaft, eine Biologie nennte und glaubte, wir könnten ihre Konsequenzen ebenso in die Körperlichkeit abschieben, wie wir es tun, wenn wir unsere Organfunktionen als dem Naturgesetz unterworfen, unseren Geist aber als frei proklamieren. So billig ist die Beruhigung über die Entdeckungen der Psychoanalyse nicht zu kaufen. Niemand hat sich über die Formulierung des FECHNERschen Gesetzes annähernd so erregt wie über die Psychomechanik der Libidotheorie. Immer wieder liegt dies daran, daß FREUD nicht nur unser Wissen von der Natur vermehrt hat, sondern noch einmal mit Riesenkraft an ihm gezweifelt hat. Das Problem der Aufklärung: »Wissen befreit« – hat er aufgerollt, indem er eben nicht in wissensgläubiger, wissensseliger Weise forschte, sondern noch einmal auf neue Weise am Wissen und allem Bewußten zweifeln lehrte. Seine Voraussetzung ist der Zweifel am Bewußtsein als einem untrüglichen Zeugen dessen, was uns als wahr gelten muß; seine Behauptung ist das Vorhandensein eines unbewußten Hintergrundes des Bewußten; seine Folgerung ist die Notwendigkeit, Unbewußtes bewußt zu machen; seine Hoffnung ist, die Menschen dadurch von Wahn und Leiden zu befreien.

Wie die Naturwissenschaft die Objektivität der Farben und Töne kritisiert hat, so kritisiert er darüber hinaus alles, was überhaupt im Bewußtsein ist. Sein Unternehmen erschüttert die Immanenz des Bewußtseins, den Obersatz auch aller modernen idealistischen Philosophie. Und gleichzeitig unternimmt er es doch, den dämonischen Inkubus alles Bewußtseins, das Unbewußte zu vertreiben, indem er diese Nachteile *durch* Bewußtsein zu erhellen sucht. Niemand, der diese radikale Dialektik der Psychoanalyse gegenüber *allem* Bewußten (nicht nur gegenüber dem Vorgestellten, Empfundenen, Gefühlten) übersieht, versteht ihre Bedeutung. Denn sie kritisiert die Psyche durch Psychologie – wie die Vernunft sich durch Vernunft »rein« kritisiert hatte – und sucht die Parteinahme der Verdrängungen aufzuheben, ohne doch garantieren zu können, daß sie dabei nicht selbst voller Parteinahme ist[7]. Nicht als ob sie dabei nicht eine Fülle der psychischen Evidenz und Selbstgewißheit zur Verfügung hätte, wie auch die äußere Naturforschung sich auf die Fülle evidenter Sinneswahrnehmung und logischer Gewißheit stützen kann; aber so verschieden wie Selbstwahrnehmung von Sinneswahrnehmung, so verschieden wie Person von Logik ist, so verschieden ist Psychoanalyse auch von Naturwissenschaft.

Als positivistische Empirie hat die psychoanalytische Erkenntnis als Erkenntnisform allerdings gar keinen so großen Originalwert gegenüber der Naturwissenschaft; aber indem hier »Naturwissenschaft« nicht benutzt wurde, um »Organfunktionen« zu lenken, sondern indem *ihr* Wissen, *das* Wissen als *Wissen*, ein Faktor eines Heilgeschehens wird, geschieht etwas, was die naturwissenschaftliche Zivilisation der Völker seit Jahrhunderten schon unbewußt bewirkte, jetzt systematisch zweckvoll und bewußt am Kranken. *Das ist das Neue* der Psychoanalyse als Behandlungsmethode. Man hat auch früher mit *Worten* kranke Menschen behandelt, aber niemals mit denjenigen Worten, deren entscheidende Bedeutung und Form wissenschaftliche Erkenntnis war.

Die ärztliche Lehre vom Menschen als Gesamtwesen würde dadurch gewaltig verändert – nicht weniger als sie durch den Übergang von der magischen zur naturwissenschaftlich-rationalen Medizin verändert worden war. Wie die magisch-animistische Medizin in den Methoden der hypnotischen Suggestion noch fortbesteht, wie die naturwissenschaftliche Medizin durch Medikament und Messer repräsentiert bleibt, so braucht auch die Psychoanalyse den Wirkungsbereich der bisher geübten Heilkunst keineswegs allzu polemisch anzufechten. Aber sie selbst darf nicht fortfahren zu übersehen, daß sie unter Mensch, Krankheit, Therapie etwas anderes versteht als die bisherige Medizin. Für sie ist der Mensch nicht ein Zellstaat, Organkomplex oder eine Funktionensumme, sondern für sie ist der Mensch ein historisch-psychologi-

7 Vgl. Hegels Einwand gegen Kant.

scher Entwicklungsablauf, und zwar, dies ist die Hauptsache, ein Ablauf in Verhältnissen von Trieb und Bewußtsein; für sie ist Krankheit nicht materielle Regelwidrigkeit, sondern ein nur aus unseren kulturellen und gesellschaftlichen Erfordernissen abzuleitender Grad korrekturbedürftiger Entwicklungsstörung jenes Verhältnisses von Trieb und Bewußtsein: Neurose; für sie ist endlich Therapie nicht nur Beseitigung jeder materiellen Gefahr des materiellen Vorhandenseins (bloßen Existierens) eines Teils oder des ganzen Organismus, sondern Abschaffung einer kulturell und gesellschaftlich unerwünschten Lebens*form*. Ebenso wie die Neurose für FREUD eine Folge der Kultur und nicht der Natur ist, ebenso muß psychoanalytische Therapie konsequenterweise eine Therapie nicht der Natur, sondern der Kultur sein. Welcher Kultur also?

Bis zu diesem Punkte muß diese Darstellung geführt werden, wenn wir die richtige Plattform für eine fruchtbare Kritik der Psychoanalyse als einer ärztlichen Heil- oder Hilfsbestrebung gewinnen wollen. Alle Kritik, welche die Psychoanalyse nur an Möglichkeiten und Zielen der »Schulmedizin« (oder wie immer wir den Komplex nennen wollen, der Lehre und Bewußtsein der staatlichen Institute und Approbationsgesetze ausmacht) mißt, geht fehl. Die Psychoanalyse, und mit ihr erhebliche Zweige der psychotherapeutischen Bewegung und sozialen Medizin überhaupt, muß und kann nur etwas anderes erstreben – sei es neben, mit oder über jener Schulmedizin. Und eine fruchtbare Kritik der Psychoanalyse kann nur dort beginnen, wo in allem Ernste gefragt wird, ob es so etwas wie Kulturkrankheit, Geisteskrankheit, Seelenkrankheit, Gesellschaftskrankheit wirklich gibt; nämlich nicht nur in dem Sinne gibt, daß ein blindes Naturagens sinnlos einbricht in einen Kulturprozeß, geistlos in Geistiges, seelenlos in die Seele, als Vereinzeltes in das Sinnvollgesellige, sondern auch in dem Sinne, daß es Kulturkrankheiten wirklich gibt, daß der Geist wirklich erkranken kann, daß die Seele wirklich erkranken (nicht nur leiden) kann, daß die Gesellschaft wirklich selbst erkranken kann. Wie wir also vorhin zu fragen hatten: »welche Kultur«?, so müssen wir dann überhaupt hier fragen: welcher Geist, welche Seele, welche Gesellschaft oder Gemeinschaft?

Bei derartiger Frageweise ist die doppelte Frontstellung der Psychoanalyse nun nicht so sehr schwer zu bestimmen. Sie kommt zwar von der Idee des natürlichen Menschen, aber sie entdeckt dabei den wirklichen, den Kulturmenschen, den begeisteten, beseelten Gesellschaftsmenschen. Ungern trennt sie sich von ihrem Ursprung, unvermeidlich gerät sie in die große bewegte Welt des nicht nur natürlichen Menschen. Indem sie es durch Ärzte tut und durch ärztliche Handlung an lebenden Menschen tut, steht sie an einer Wende der Medizin.

Daß die Entwicklung in der angedeuteten Richtung gehen muß, dafür kann man ein Argument auch in der Entwicklung des FREUDschen Werkes zur Metapsychologie erblicken. Das hierin sich aussprechende geistig-philosophische Bedürfnis mag eine Unbefriedigung andeuten, welche auf ärztlichem Gebiete nicht zu beseitigen war. Und auf diesem ärztlichen Gebiet hat FREUD an Thesen festgehalten, die unhaltbar in der Psychotherapie sind. Das Ziel der Therapie ist hier nicht mehr »Arbeits- und Genußfähigkeit«, denn dies ist nicht das Ziel der Sphären, die wir mit Kultur, Geist, Seele und Gesellschaft meinten. Diese Einpfropfung des in einer Somatotherapie oft völlig ausreichenden Motives von Arbeit und Genuß führt ja nur zu völlig oberflächlichen, ja geradezu falschen Kriterien einer Psychotherapie. Ein Hysteriker kann sehr genußfähig, ein Neurotiker sehr arbeitsfähig sein, und die Minderung in beiden Hinsichten würde entfernt nicht immer ein ausreichendes Motiv einer Behandlung psychotherapeutischer Art sein. Diese bezweckt und erzeugt vielmehr völlig andere Umformungen der Person, wie schon die oberflächliche Revue über einige Schulbegriffe wie Lustgewinn, Narzißmus und dergleichen zeigen kann. Ist doch gerade die Psychoanalyse dem Lustgewinn des Neurotikers immer auf den Fersen und kritisiert ihn als einen falschen »neurotischen«, aus völlig anderer Instanz als der einer undifferenzierten »Genußfähigkeit«, nämlich aus einer Instanz einer tieferen Wahrhaftigkeit oder eines unausgesprochenen, undefinierten, unbewußten (?!) Menschheitsideales. Dieses immer von der Analyse verschwiegene Geheimnis ihrer letzten Heilmotive teilt sie freilich mit unzähligen anderen, auch ärztlichen Bestrebungen. Aber sie kann sich diese Verschwiegenheit nicht ebenso gut leisten wie etwa Chirurgie und interne Medizin, weil sie eben an jenem höchst verantwortlichen Wendepunkt steht, ja ihn herbeiführt. Und wie soll sie sich stellen, wenn sie einen Menschen seiner analytischen Wahrheit näher, der »Arbeits- und Genußfähigkeit« aber immer ferner rückt? Dieser unbestreitbar vorkommende Fall steht heute zu ernstester Diskussion, und jeder wird sich entscheiden müssen,

ob er auch dann den Mut zur Bejahung hat, oder ob er eine andere Lösung vorzieht.
Genau in dieser Alternative entstehen ja die hr Alternative entstehen ja die verschiedenen Abwendungen von der Psychoanalyse zu anderen Psychotherapien hin, und damit ist diese Darstellung an ihre natürliche Grenze gelangt.
Denn nun scheiden sich die Geister, und von hier ab werden wir innerhalb der Psychoanalyse vergeblich die Gesichtspunkte suchen, nach denen ein Patient zu entscheiden vermag, welchen psychotherapeutischen Berater und ob er überhaupt einen solchen aufsuchen solle, oder nach denen ein Arzt zu entscheiden vermag, ob die durch Therapie zu erwartende Veränderung der Person durch sein Leidenserlebnis hinlänglich zu rechtfertigen ist oder nicht. Denn es kann geschehen, daß der Patient in der Therapie so verändert wird, daß er über seine familiären Bindungen, seine Ehe, seine beruflichen Strebungen und vieles fernere nun anders verfügt als vorher, und die Folgen der Therapie strahlen also aus bis in die Regionen, deren Autonomie nicht anzutasten sie noch so sehr bestrebt sein mag: sie kann dieser Verantwortung doch nicht entrinnen, so wenig wir in jeder realen menschlichen Beziehung ihr irgendwo sonst zu entrinnen vermögen. Ist dies auch keineswegs ein Einwand gegen solche Therapie überhaupt, so ist es doch sehr lehrreich, um zu zeigen, daß mit der Formel von »Arbeit und Genuß« zu wenig gesagt ist. Denn es gibt eine spezifische Arbeitsfähigkeit, die in der Therapie sich von einem Typus nach einem anderen verschieben, und eine spezifische Genußfähigkeit, die sich ebendabei umwandeln kann, und derselbe Vorgang kann auf den verschiedensten Lebensgebieten eintreten. Wir stehen erst am Anfang einer Lehre solchen psychogenetischen Typenwandels, aber (um nur ein Beispiel zu nennen) es ist nicht zu bezweifeln, daß Dinge wie Phantasietätigkeit und alles sogenannte Schöpferische zu der in Analyse sich vollziehenden Gewissensschärfung in einem dynamischen Verhältnis stehen, das bis zu einem gegenseitigen Ausschluß gehen kann. Auch in dieser Frage der Arzt- und Methoden*wahl* reicht daher unser Thema wieder tief hinein in die großen Gegensätze: Aufklärung oder Glaube. Denn es macht einen Unterschied, ob ich das Unbekannte und den verborgenen Lebensgrund der Seele als etwas »bis jetzt noch nicht Erforschtes« nehme oder als das »offenbare Geheimnis« Gottes. Andere Formen der Wissenschaft, andere Ideen vom Menschen, vom Kranken

und vom Arzt entstehen, wo die Entscheidung statt im ersteren Sinne zu fallen, im letzteren fällt. *Diese* Entscheidung freilich entzieht sich einer kritischen Beleuchtung und bezeichnet scharf genug die Linie, an der die gegenwärtige Darstellung ihr vernünftiges Ende findet.

Kranker und Arzt

Wenn ich als Arzt vor das Forum der Philosophie gerufen bin, so empfinde ich ebensoviel Bereitschaft zu bescheidener Unterordnung wie auch eine Neigung zu selbständiger, ja kritischer Gegenüberstellung. Daß die Wahrheit in der Rangordnung der Werte einen höheren Platz einnehme als die Gesundheit, dies scheint ja beinahe ein a priori einer derartigen Wertordnung zu sein. Und doch kann ein Arzt nicht vergessen, wie oft ihm die Wahrheit im Stande der Verdunkelung, der Verkehrtheit begegnet ist, wenn ihr Gefäß, der Mensch mit seinen Organen, leiblich, seelisch oder geistig abwegig, verkümmert, zerbrochen war. Wenn irgendwer, so müßte der Arzt Ihnen die Frage vorlegen, was denn diese Abhängigkeit, diese Zerbrechlichkeit der Wahrheit erkenntnistheoretisch, was sie metaphysisch zu bedeuten habe. Ob diese Erscheinung denn wirklich damit hinreichend erledigt sei, daß der Philosoph sich auf den reinen Geltungscharakter der Erkenntnis zurückzieht und die Verworrenheit des Seins sich selbst überläßt. Ob nicht vielmehr das Wesensproblem auftaucht: kann die Krankheit die Wahrheit selbst erreichen – nicht ihr Instrument, nein sie selbst; kann *sie* erkranken? Und dann die weitere Frage: was ist denn die Wahrheit ohne ihr Instrument, ohne ihr Gefäß?
Solche Gedankengänge müssen sicherlich durchlaufen werden, wenn philosophisches Denken sich der konkreten Sphäre des Krankhaften und des Ärztlichen bemächtigen will. Nicht wird der Philosoph vorübergehen dürfen an seiner eigenen Abhängigkeit und der zeitlichen Unterworfenheit des Denkens unter ein Sein. Etwa der Transzendentalphilosoph macht zwar einsehbar: »wie ist Erkenntnis möglich«, aber er bleibt uns die Erklärung schuldig: wie ist Irrtum möglich. Und es könnte sein, daß die Lösung der quaestio juris eben doch noch abhinge von der quaestio facti.
Wie man auch meinen mag, über Arzt und Kranken philosophieren zu können, und wie auch in der empirischen und konkreten Sphäre die Züge einer ewigen Ordnung noch immer durchleuchten mögen – nachdem die große Urfrage angerührt ist, welche in den Worten Logos und Pathos als den Gegenspielern eines weltgeschichtlichen, eines geistigen Dramas kristallisiert, müssen wir ebenso entschlossen uns von diesen letzten Symbolen des Wortes und Begriffes entfernen, um uns ganz zu verlieren in die letzten

Ausläufer der Szenen selbst, welche jenes Drama darstellen, sei es nun die Ambulanz des Schlachtfeldes, der Operationssaal, das Wartezimmer der Kassenpraxis, das Büro des Versorgungsamtes, die Genossenschaft der Siechen und Unheilbaren oder die Einsamkeit der Geisteskranken. Denn dort kann sich ja allein zeigen: was weiß denn der Denkende, der Wahrnehmende von dem, worüber er redet, vom Kranksein, vom Kranken selbst? Weiß er denn nicht gerade von dem nichts, was jenen zu dem macht, was er ist: ein anderer als vorher, ein Entrückter in eine fremde Welt. Kann man überhaupt dorthin eindringen? Was heißt denn dies: jemand untersuchen, jemand verstehen, seinen Zustand erklären, ihm eine Diagnose machen, ihn behandeln. Ist es ein gemeinsamer Raum des Wissens, des Fühlens, der Existenz, der sie beide umschließt, oder ist nicht vielmehr ihre Beziehung nur ein Briefwechsel, ein Gütertausch, ein Schachspiel, das nur so lange Sinn und Wert hat, als Parteiung, Trennung und unüberbrückte Ungleichheit bestehen. Nur dicht an der biographischen Szene des Krankentums und Arzttums selbst ist die Erfahrung möglich, welche allein einen Rechtstitel auf denkerische Lösung gibt. Und nur in dieser Spannung von intimstem und kleinstem Splitter des Krankseins und der Arzthandlung einerseits und unverwandter Blickrichtung auf das Immerwährende und Ewige solcher Situationen andererseits – nur in solcher Spannung ist die Aufgabe, die mein Thema stellt, lösbar; nicht hier in einer kurzen Stunde, die ja selbst nur ein Splitter ist.

Freilich in einer Beziehung, meine ich, darf keine Partikularität und kein Spezialismus erlaubt bleiben. Wenn die Gemeinschaft von Krankem und Arzt hier vorangestellt wird, so muß dies mehr bedeuten als die Ablösung einer Spezialfrage der Medizin, die neben der Frage der Chirurgie, der Psychotherapie, der Infektionskrankheiten ihren Spezialisten fordert. Vielmehr scheint mir, daß Sie, wenn Sie die Frage der Gemeinschaft als Philosophen stellen, Sie damit haben sagen wollen, daß Gemeinschaft ein universalwissenschaftliches Problem sei, und daß es vielleicht *nichts* in den Wissenschaften, *nichts* in unseren wissenschaftsbestimmten Handlungen gebe, was unberührt und unabhängig von den Ordnungen der Gemeinschaft wäre; daß vielleicht nichts gilt, ohne für jemand zu gelten; daß mithin die Theorie der objektiven Allgemeingültigkeit der Erkenntnis einer Revision unterzogen und vor dem Forum der Gemeinschaftslehre unter Prozeß gestellt werden soll. Neben

die Frage, ob ein Satz immer, überall und notwendig *für sich* gelte, tritt die Frage, ob dieser Satz für mich, für dich, für einige oder für alle gilt. Es könnte sein, daß das objektiv Allgemeingültige und Notwendige weder gemeinschaftlich gilt noch Gemeinschaft jemals stiftet und daß umgekehrt in der Gemeinschaft nur Wahrheit bestehen kann. Wende ich dies sogleich ins Stoffliche meines Themas, so muß ich sagen: wir werden von der Gemeinschaftswissenschaft aus nicht nur die gewöhnlich so umfaßten Phänomene z. B. des ärztlichen Vertrauens oder der wirtschaftlichen Beziehung oder der sozialen Typen und dergleichen behandeln, nein, wir werden von ihr aus die ärztliche Wissenschaft, die Erkenntnisse der Medizin kritisieren. Wir werden fragen, ist ihre Geltung, ihr Wert mit den Gesetzen und Ordnungen der Gemeinschaft vereinbar, ist er von ihnen aus bestimmbar. Ich werde im Folgenden also zuerst auf die gegenwärtige Lage der Medizin eingehen, dann einen Blick auf ihre geistigen Mittel werfen; alsdann muß eine Kritik dieser Mittel aus dem Prinzip der Gemeinschaftsbildung folgen, und diese wird hinführen zur Umschreibung eines Bildes der Beziehung von Krankem und Arzt.
Werfen wir also einen Blick auf die etwa in Deutschland heute bestehenden Verhältnisse, so erscheint ein Bild von großer Kompliziertheit. Die einfache und ursprüngliche Berufshandlung, Hilfe in der Not, Anwendung aller Kräfte zur Heilung oder Linderung, eine Handlung, die auf freiwilligen Entgelt und wohl sogar auf Dankbarkeit des Patienten selbstverständlichen oder doch naheliegenden Anspruch hat – dieser Grundvorgang von Mensch zu Mensch zeigt sich hier in der verschiedensten Weise durchkreuzt und überkrustet. Am weitaus wichtigsten ist die Durchsetzung des Privatverhältnisses von Arzt und Krankem mit *öffentlicher Institution*. Über zwei Drittel aller deutschen Ärzte sind Kassenärzte, ein weiterer großer Teil steht im Dienste von Staat, Gemeinde oder Fabrik. Unaufhaltsam wird die bürgerlich private Form des Arztes zurückgedrängt, nicht nur durch seine sogenannte Proletarisierung, als vielmehr durch sein neues *Rechtsverhältnis* zum Kranken. Der Patient nämlich, als staatlich oder privat Versicherter, erscheint nicht nur mit der Bitte um Hilfe, sondern zugleich und immer überwiegender mit dem Anspruch seines Rechtes auf Behandlung, Heilung oder – Versorgung. So wird aus dem freien Übereinkommen die Erfüllung eines Gesetzes oder Vertrages. Noch ist der Arzt nicht Beamter, aber die Dinge werden doch grell

genug beleuchtet, wenn wir hören, daß die Verstaatlichung aller Ärzte nicht etwa nur aus Motiven des Staatssozialismus oder wenigstens seiner Taktik, sondern aus dem entgegengesetzten Lager bürgerlich liberaler Gesinnung gefordert wird. Wie ist das möglich? Weil man hier die Wirkung der Sozialgesetzgebung mit ihrem halb privaten Charakter so verhängnisvoll findet: Entmannung und Verweichlichung, Untergrabung freier Selbstverantwortung sei die Folge der Versicherung; die menschliche Beziehung von Arzt und Patient werde bürokratisiert und mechanisiert, die Schwächlichen würden gehegt, ja gezüchtet, der Arzt aber werde entweder zum Polizisten oder ein Opfer seiner Konkurrenznot, ein Sklave der Arbeitsscheuen; der Staat endlich ruiniere sich in Vergeudung einer unsinnigen Fürsorge am falschen Ort, die Gesellschaft richte sich zugrunde, und die Nation werde statt erzogen und ertüchtigt nur noch enttüchtigt. Ultima ratio sei, da die Versicherungsgesetzgebung doch nicht mehr abschaffbar, die völlige Aufhebung freier Arztwahl und die Einführung des festbesoldeten und darum unabhängigen Staatsarztes. Trotz vieler in solchen Thesen steckender Irrtümer ist in der Tat nicht zu leugnen, daß BISMARCK bereits im Banne des Rationalisierungsprozesses stand, als er, um dem Sozialismus nur nicht dienen zu müssen, seine Waffe selbst in die Hand nahm und die Sozialgesetze einführte. Aber was damals ein kleiner Bruchteil und gleichsam ein Geschenk des Ärztestandes an den Arbeiterstand war, das ist heute beinahe die Norm. Diese Entwicklung ist heute so zentral, daß ich etwas näher auf sie eingehen mußte; denn es ist unter diesen Bedingungen ganz unmöglich, hier etwa nur von bedauerlichen Abirrungen vom Idealfall des sittlich reinen Verhältnisses von Arzt und Patient zu sprechen. Was vorliegt, ist vielmehr die Tatsache, daß auch auf diesem Felde nichts anderes ausgefochten wird als ein wesentlicher Teil der sozialen Frage; der Kampf also zugleich um die Gleichheit der Menschen und die soziale Liebe. Es handelt sich um eine Parallele zu den Kämpfen um Arbeitslohn und Arbeitszeit, wenn die Feststellung der Arbeits*fähigkeit* (die gleicherweise in Prozentzahlen ausgedrückt wird) ein Hauptgegenstand ärztlicher Bemühungen und Beurteilungen geworden ist. Denn als Arzt des einzelnen Arbeiters hat er sein Freund zu sein. Und gerade hier erweist sich mit grotesker Schärfe, wie das soziale Programm mit seiner hohen Bewertung der Solidarität sich schließlich gegen diesen Einzelnen wendet und so seinen Ursprung und sein erstes Motiv, dem Einzelnen zu helfen, Lügen straft. Denn als Arzt der Gesellschaft und ihrer Mittel zur Güterproduktion hat er nun zugleich der Helfer einer sich selbst in solcher Weise energetisch, d.h. als Gütererzeuger, verstehenden Gesellschaft zu sein. Und jetzt erscheint er allzuoft als Feind des Einzelnen. Unaufhörlich stehen nun die individuelle Sorge und die öffentliche Fürsorge in Konflikt. Immer reicht dieser Konflikt bis in das Pflichtgewissen des Arztes, und fortwährend verwirrt er auch das Gesundheitsgewissen des Patienten. Ja er verwirrt die soziale Einschätzung, welche die so sich Gegenübertretenden einander entgegenbringen. Wie oft erblickt der Arbeiter in seinem streng urteilenden Arzt nichts anderes als den Vertreter der bequem situierten Klasse, wo doch dieser nichts ist als der Vollstrekker eines vom Sozialismus her errungenen sozialen, d.h. die Gesamtheit und ihre Kasse und Ökonomie sichernden Gesetzes. Diese Tragik erfüllt sich nicht nur in der Krankenkasse, sondern auch im Krankenhaus und in der Privatklinik. Diese alle sind überdies Wirtschaftskörper, die ihr Eigenleben führen; sie müssen prosperieren und rentieren und saugen gleichsam den Krankheits- und Heilungsprozeß in ihre Eigengesetzlichkeit herein: die Versicherung, damit aber auch das *Kranksein* wird zu etwas, woraus selbst noch wieder wirtschaftliche Werte gewonnen werden sollen.

Und doch weiß anscheinend niemand eine andere, eine durchführbare bessere Lösung. Die Sozialversicherung und die Fürsorge sind vielleicht jenes »Minimum der Theodizee«, das klein scheint vom Maximum, groß aber vom Nichts des Guten aus gesehen. Eine Besserung scheint mir nur möglich in Verbindung mit der Besserung der Arbeitslosigkeit. Die Versorgung des Erwerbsbeschränkten müßte statt mit *Geld* mit *Beschaffung* einer *Arbeitsgelegenheit*, welche seiner beschränkten Arbeitsfähigkeit entspricht, erfolgen. Dies ist der einzige Ausweg aus unserer Lage, den ich sehen kann. – Im übrigen hat die allzugroße Versachlichung im Rechtsverhältnis von Arzt und Patient doch ihre Entsprechung in einer Versachlichung, die auch im privaten Verhältnis zu allen Zeiten ihre Rolle gespielt hat: in der Bezahlung der Hilfeleistung. Diese Sachlichkeit und ihre ökonomische Tendenz tritt im privaten Verhältnis vielleicht unsichtbarer und in besserer Verkleidung auf, aber sie ist darum nicht weniger real als sie es im objektiven Rechtsverhältnis des Versicherten ist.

Neben dieser wichtigsten Umformung der Medizin mögen noch zwei weitere, gleichfalls bedeutungsvolle genannt sein: die eine ist die Auffassung der Medizin als angewandter Naturwissenschaft und die andere ist die Erschließung der seelischen Behandlung als eines eigenen psychologischen Gebietes rationaler Medizin. Diese beiden Entwicklungen müssen unbedingt als Neuformen gegenüber dem unpolitischen bürgerlichen Arzt bezeichnet werden. Die Ausbildung der ersten Idee geht parallel mit der der Technischen Hochschule und ist der älteren Klinik durchaus fremd. Die ältere Klinik denkt nicht daran, die *Medizin als angewandte Naturwissenschaft* zu behandeln. Sie fühlt sich naturverbunden, ja, aber sie kennt nicht das Prinzip der Technik, sie sucht den therapeutischen Eingriff nicht aus der Anwendung allgemeiner Naturgesetze abzuleiten, wie wir es tun, wenn wir vom Experiment und von »experimenteller Therapie« ausgehen. Sondern die ältere Klinik ist vitalistisch und kennt eine Lebenskraft, die es zu befreien, zu lenken gilt, die man niemals in die Hand bekommt, wie die Reaktion von Salzsäure mit Natriumbikarbonat im Magen. Der Einbruch der Physiologie in die Klinik ist so ein Wegbereiter des weiteren der Technik: der Rationalisierung des materiellen Einzelvorgangs und des Versuchs, ihn maschinenmäßig zu beherrschen. Erst mit ihm schleicht sich auch in die Klinik das Muster technisch-betriebsmäßiger Organisation ein, auf amerikanischem Boden am unbedenklichsten, auch auf deutschem, aber um so widerstandsloser, je mehr die Maschine und die Rationalisierung der Arbeit auch die Selbstauffassung des Menschen als Arbeitstier verbreiten. Der Mensch, der sich nicht so sehr als krank als vielmehr als arbeitsbeschränkt und seine Krankheit nicht als Schicksal, sondern als ökonomischen Ausfall wahrnimmt, ist auch geneigt, seine Heilung von einer rein energetischen Wirkung und nicht von einem persönlich lebendigen Naturgeschehen zu erwarten. Doch ist dies eine psychologische Deutung. Aber der Vorgang hat auch eine geistesgeschichtliche Wurzel im Begriff der neuzeitlich glaubenslos-autonomen Physik und seiner Herrschaft über die Kultur. Und er hat nicht nur eine subjektiv seelische Bedeutung, sondern eine objektiv politische: eben die wirtschaftlich energetische *Auslese* des technischen Mangels eines Kranken aus dem viel größeren Gesamtbereich dessen, was krank ist und behandelt werden könnte, aber nicht behandelt wird, weil es nicht zählt in der Addition der produktiven Arbeitswerte. Leistungsprüfungen werden in der Klinik angestellt und zur

Grundlage der Beurteilung eines Kranken gemacht. Behandelt wird dann nicht so sehr das Leiden als die Insuffizienz.
Es ist keineswegs gestattet, aus humanitären und individualistischen Gesichtspunkten diese Entscheidung ethisch zu verurteilen; entspringt sie doch einer Anangke der Geschichte, die wir hinzunehmen haben, und es ist unverkennbar, daß hier, im wirtschaftlich-sozialen Prozeß, tiefere Gründe liegen, warum die Idee der Krankheit und die Abgrenzung dessen, was behandelt werden soll, nicht nur unter die theoretische Herrschaft der Begriffe exakter Naturwissenschaft gerät, sondern bezeichnenderweise unter die utilitaristischen und manchesterlichen Formulierungen der Biologie: des Darwinismus, des Daseinskampfgedankens, kurz aller der biologischen Ideen, denen Leben soviel wie ein Zweck, Zweck des Lebens soviel wie Erhaltung des Lebens, Gesundheit soviel wie leidlose Tüchtigkeit (Arbeits- und Genußfähigkeit), langes Leben undiskutierbarer Wert, Verhinderung des Todes eine Aufgabe der Medizin, Gesundheit soviel wie Normalität, Krankheit soviel wie Abnormität ist. Ebenso wie die Arbeiterschaft um Lohn und Arbeitszeit kämpft, ebenso die bürgerliche Klasse um Ertüchtigung: der mechanisch-energetische und der vital-biologische Wert sind gleich abhängig vom modernen Arbeitsbegriff des Lebens, vom Begriff der »Lebensarbeit«.
Es kommt dieser Auffassung nicht in den Sinn, daß der Sinn des Lebens nicht das Leben, sondern etwa das Opfer, das Gleichnis, die Erlösung sein könnte; es kommt ihr nicht in den Sinn, daß der sogenannte Trieb zum Leben den Bruder eines Triebes zum Tode neben sich habe; es fällt ihr nicht bei, daß der Wert des Lebens eine Qualität und keine Quantität, daß die Normalität nicht ein Zeichen von Lebendigkeit, sondern von Erstarrung sei; es kommt ihr nicht in den Sinn, daß die Abnormität und Krankheit nicht nur ein Negativum, sondern ein Positivum im Aufbau der Lebens- und Menschengeschichte sein könne. Genug, Verschüttung eines mehrtausendjährigen Erbgutes von Lebenserkenntnis ist tragisch verknüpft mit dem strahlenden Aufstieg der großen Entdeckungen und Erfindungen, welche zur Besiegung von Leiden und Schmerzen so Gewaltiges leisten, daß zwei Generationen des Glaubens leben, jetzt erst *beginne* die Heilkunde.
Ein sonderbarer Irrtum meint, gerade hier sei Enttäuschung und Desillusionierung am Platze, und das naturwissenschaftliche Programm der Medizin sei in einer Krise und werde gar zerrissen. Die

Naturwissenschaft ist in der Medizin doch nur ein Mittel, um überhaupt in Kontakt zu kommen mit dem, was wirklich da ist. Wie soll sich der Arzt der Wirklichkeit des Kranken zuwenden, ohne ihn mit den Sinnen, dem Auge, den Fingerspitzen wahrgenommen zu haben, wie an diese Wirklichkeit herankommen, ohne diese Wahrnehmung logisch kritisiert, in die Tiefe analysiert zu haben. Auch die Physiologie, die Pathologie ist nichts als *kritisches System dieses Kontaktes*. Aber garantiert dieses System der Erfahrung den Kontakt, die *Berührung*, so liefert sie darum kein zutreffendes *Bild* der Wirklichkeit. Ihr ganzes Ethos liegt im Erzeugungsvorgang, eigentlich der Methode der Erkenntnis und nicht in deren Inhalt. An der Wirklichkeit des kranken Menschen gemessen ist die streng naturwissenschaftliche Medizin nur eine *Methode der Verbindlichkeiten*, nicht ein Bild dessen, was *ist*. Ihre Geltung ist also eine kritische, aber keine ontische, es gibt keine Krise des kritischen Erkennens als Methode, aber es gibt eine Krise des Darstellungswertes, des Bildwertes der naturwissenschaftlichen Medizin. Wir erkennen jetzt, daß die naturwissenschaftlichen Daten alle richtig sein, d. h. in Berührung mit der Realität gewonnen sein können, und daß das naturwissenschaftliche Bild des Menschen doch falsch ist. Wir erkennen, daß die Vorstellung, der Mensch sei ein Aufbau aus chemischen Elementen, sein Leben sei eine Kette chemischer Reaktionen, eine Kombination von Reflexen, daß alle diese Urteile nicht nur vorläufige Annäherungen, hypothetische Hilfskonstruktionen sind, nein, daß sie samt und sonders falsch sind. So wie alles dieses aussieht, so sieht der Mensch, das Leben, die Krankheit nicht aus; sie ist in Wirklichkeit etwas anderes. Wir müssen uns klar werden, daß man alles dieses zwar einsehen kann und doch dem Zwang der Wertvorstellungen unterliegen kann, deren Gewohnheit immer wieder dazu führt, die Aussagen der Naturwissenschaft unwillkürlich wörtlich und als ein Bild der Wirklichkeit zu nehmen. Ein solcher Zwang ist um so hartnäckiger, wenn diese Vorstellungen als die einzig verfügbaren keine Konkurrenz neben sich haben.

Wie in aller Technisierung sehe ich auch in dieser Form der Naturwissenschaft mit Max SCHELER vor allem ein Instrument der Beherrschung, aber über ihn hinaus auch als Gebot zu verbindlichem Kontakt mit der Härte der Realität gegenüber der Weichheit der bloßen Vorstellungen. Und darum eben: zur Vorstellung, zum Bildwert erhoben gibt dieses Instrument lauter falsche Bilder vom

Menschen. SCHELER (1928) hat in seiner letzten Rede trotz allen *Hereinnehmens* des Lebensdranges, des Organischen und aller Abhängigkeit vom Leib in den Begriff des Menschen dann doch wieder (in Nachfolge des Idealismus) seine Eigenart und zuletzt seine Erlösung in den *Geist* gesetzt und damit dem Ich, der Freiheit und der Person den idealistischen Akzent erhalten: der Weg des Menschen zu sich selbst ist seine »Vergeistigung«. Er übersah dabei, wie mir scheint, die Abhängigkeit dieses Geistesbegriffes von den Verstandeskategorien, die nur »aufgehoben«, nicht ausgeschieden werden. Die Folge ist, daß auch hier eigentlich nur eine Bewegung in die Höhe, kein Bild eines Menschen, der auf der Erde steht, zustande kommt. Vorbedingung eines solchen wäre, die *Ungültigkeit* der idealistischen Vernunftbegriffe für den Menschen zu erweisen – was auch die Ungültigkeit der Verstandeskategorien einschlösse. Der Weg zu einer Wirklichkeitslehre des Menschen (nicht: des Geistes) wird erst frei, wenn die Wertordnung von Natur und Geist, die auch in SCHELER fortbesteht, »umgestürzt« ist. Gegenüber SCHELERS erster Epoche besteht in seiner zweiten eine rückläufige Bewegung dahin zielender Ansätze.

Wir sahen bisher: das, was als Objekt einer Medizin überhaupt gesehen wird, hängt gar sehr von den Formen der Gesellschaft ab. Das energetisch-ökonomisch-technische Bild der Gesellschaft wiederum ist zugleich das Bild, das die Wissenschaft von der Welt bildet. Wir behandeln ärztlich das am Menschen und das von seiner Krankheit, was diese Einstellung sichtbar macht, und das nicht, was sie nicht sichtbar macht. Und hier liegt also eine erste Beziehung zwischen den sozialen und den wissenschaftlichen, zwischen den wissenschaftlichen und den ärztlichen Gebilden vor. Aber es ist eine Formung, eine Gestaltung, die, wenn und weil sie gestaltet, ein Anderes der Wirklichkeit entstaltet.[1]

Neben die Institutionalisierung und die Technisierung der Medizin tritt als dritte rationale Entwicklung die Einführung der *Behandlung* seelischer und dann auch körperlicher Krankheiten *mit Mit-*

1 Man hat in der neueren Entwicklung des Gestaltbegriffes übersehen, daß Gestaltung nicht nur eine materiale Scheidung, die von Figur und Hintergrund, vornimmt, sondern daß wesentlich eine Gestaltung immer zugleich eine ontologische oder ontoästhetische Entstaltung vornimmt. Ihre Spezifikation wirkt wie eine Fälschung der wahren *Fülle* des Seins, indem sie sie einschränkt. Diese Einsicht korrigiert auch eine falsche Entwicklung des Ganzheitbegriffs: auch er ist nur eine Form der Gestaltung.

teln der Psychologie. Freilich ist der Ausdruck rational hier in vieler Hinsicht neues Problem. Auch geht der therapeutische Wille der Psychotherapie oft genug auf ein körperliches Symptom, und schon aus dieser Komplikation vermuten wir, daß hier eine allem bisher Besprochenen zugleich entgegenlaufende Strömung, eine Reaktion, eine Opposition vorliegt. Auch ist nicht zweifelhaft, daß diese Bewegung gerade es ist, welche das Thema Gemeinschaft in die Medizin neu hineingetragen hat. Die wesentlichste Krankheit für die Psychotherapeuten ist die Neurose. Und man sagt nicht zuviel, wenn man die Neurose als eine Entwicklungsstörung der Beziehungen eines Menschen zu anderen Menschen bezeichnet. Alle Psychoneurosen sind also schon soziale Phänomene im weitesten Sinne. Und daß sie Gegenstand der Medizin werden, ist selbst wieder ein Ausdruck dafür, daß wir Behandlung und Heilung des Neurotischen als ärztliche Pflicht und gesellschaftliche Notwendigkeit begriffen haben. Familie, Ehe, Kindschaft, Berufsgemeinschaft werden durch nichts so untergraben wie durch die Neurose. Der führerlose Mensch, die selbstentzweite Seele, ihre Leiden der Einsamkeit, Entfremdung, Selbstentwertung und -überwertung, ihr Kampf um Recht, Macht und Liebe mit den Mitteln der Symptombildung, die Katastrophen des Verbrechens und selbst der Kämpfe und Kriege, die Perversionen des Geschlechts, die Zwangshandlungen und die Süchte, aber auch die Verhärtungen der Charaktere, die Verdüsterungen des Gemüts zu den asozialen Bildern des Tyrannen, des Melancholikers, des Querulanten und des Fanatikers – alle diese Erscheinungen auf typische und fast gesetzmäßige, zugleich aber vermeidbare und grundsätzlich heilbare Seelenstörungen zurückzuführen – dies ist das große Thema der Psychotherapie. Von der Medizin spielt sie hinüber in das Programm allgemeiner und zuweilen allzu fürsorglich weltverbesserischer Menschheitshilfe.

Aber nicht der Gegenstand und nicht die eigenartigen erklärenden Theorien sind das, was hier am wichtigsten wird. Gerade die Theorien, vor allem die der Psychoanalyse, sind vielfach so sehr nach dem Typus der objektiven und sogar exakten Wissenschaften gebaut worden, daß sich methodisch aus ihnen auf den ersten oberflächlichen Blick nicht so sehr viel Neues ableiten läßt. Aber hinter dieser historisch leicht zu durchschauenden Oberfläche geschieht anderes Umwälzendes. Niemals wird man diese Psychologien verstehen, wenn man unberührt bleibt von der ganzen großen Abwendung von der objektivistischen, kategorialen, idealistischen und überhaupt *prinzipiellen*[2] Bewußtseinshaltung, wie sie, wie ich glaube, zuerst doch im europäischen Roman, vielleicht schon bei SHAKESPEARE, gewiß aber in Werthers Leiden und dann weiter in den Werken NIETZSCHES, FREUDS durchbricht; wie sie aber neben diesen Zeugnissen der Hochkultur auch die ganze Breite des Völkerbewußtseins zu durchsetzen beginnt. Nie wird man diese Vorgänge verstehen, wenn man sich der geschichtlichen Tatsache verschließt, wenn man sein eigenes Bewußtsein verschließt dem, daß die Menschheit sich auf den Weg gemacht hat, nicht nur die reine Vernunft zu kritisieren, sondern eben dadurch auch neue Bewußtseinsräume zu entdecken. Daß diese Entdekkungsfahrt zuerst als eine Kritik der Vernunft, dann als eine Kritik des Willens und des Gefühls, der Seele anhebt, dies ist doch nur der Anfang zu einer in Breite und Tiefe und immer weiter vieldimensional sich ausbreitenden Bereicherung mit solchen Bewußtseinsentdeckungen. Die kritische Haltung KANTS, die Bewußtseinsentlarvung bei NIETZSCHE oder FREUD, aber auch bei KIERKEGAARD, dürfen nicht nur als Einengungen des Bereiches der Erkenntnis und ihrer Grenzen, gleichsam als Purismus betrachtet werden: dieser Purismus und diese Grenzziehungen sind doch zugleich Fernrohre und Mikroskope einer Durchforschung des Bewußtseinsraums, der inneren Welt. Wenn wir jetzt begreifen lernen, daß ein Mensch in seinen Gedanken, Gefühlen, Wahrnehmungen mehr an Sinn, anderes an Zweck zum Ausdruck bringt, als ihm in diesen Inhalten gegeben ist, wenn sich herausstellt, daß also der Bewußtseinsinhalt unter allen Umständen *teilhaftig* ist eines *größeren* Umfangs an sinnhafter, erkennbarer, geistbestimmter Wirklichkeit – dann freilich ist auch alles Immanenzprinzip der Bewußtseinslehren durchlöchert. Aber nicht die philosophische Unhaltbarkeit der Bewußtseinsimmanenz möchte ich hier betonen. Und gewiß muß man hier zuweilen Stellung nehmen gegen die medizinischen Psychologien, wenn sie dieses »mehr als«, dessen die Bewußtseinsinhalte teilhaftig sind, immer nur biologisch charakterisieren. Denn daß dieses »mehr als« vor allem die Triebe seien, daß diese Triebe biologische Funktionen des Hungers und des Geschlechts seien, daß sie erhaltende oder zerstörende seien, daß sie auf Macht oder auf Lust gerichtet seien – all dies sind ja

2 Vgl. HERRIGEL, H. (1928).

Lehren, die nur begrenzte Bedeutung haben könnten, wenn sie aus der Beobachtung von »hysterischen«, »zwangsneurotischen« oder sonstwie spezialwissenschaftlich eingeengten Erscheinungsgruppen abgezogen wären. Aber hier muß doch gesagt werden, daß der Wirkungsbereich dieser seelisch-körperlichen Unterwelt ungeheuer viel weiter hineinreicht in unsere vermeinte Bewußtseinsautonomie und daß unsere Wahrheiten allzu oft eben unsere nur biologischen Interessen oder unsere pathologischen Hemmungen zum Ausdruck bringen. Jene sogenannte Biologie oder Psychologie ist doch über sich hinaus eine Anthropologie geworden. Dies einzusehen ist ein ganz wesentlicher und nicht aufzuhebender Schritt in der Geschichte des Bewußtseins, der gar nichts mit sogenanntem Materialismus zu tun hat. Er ist auch ein Grundbestandteil ärztlicher Gesinnung, die nicht zuerst richten, erziehen und wollen soll, sondern zuerst verstehen muß; die nicht zuerst auf Reinheit, sondern zuerst auf Wahrheit ausgeht. Die allerhärteste Kritik ist eben dadurch hier dem Menschen und seiner Beschaffenheit zugemutet worden. Aber vergessen wir nicht, daß es eine Kritik war, die durch unsagbare Leiden, durch unbegreifliche Mißbildungen der Seele erzwungen, aber auch nur durch eine mächtig erweiterte Liebe ermöglicht war; durch die liebende Einsicht, daß Mißbildungen des Gemeinschaftslebens es waren, welche zu den großartigen Selbsttäuschungen des Bewußtseins geführt hatten.

Einsehbar wird dies alles erst in dem Augenblick, da wir in ursprünglichen Akten der Evidenz erfahren haben, daß unser Bewußtseinsinhalt überall teilhaftig ist eines gößeren, anderen, *in* ihm nicht gegebenen und doch *mit* ihm gegebenen Seinsbereichs, der aber keineswegs unerreichbar, keineswegs »irrational« zu sein braucht; wenn also unser Bewußtsein nicht als einfach, nicht mehr als die Grenze seiner selbst gilt. Dies Andere nun, dies ist unsere Behauptung, kann auch in einem anderen *Menschen* anzutreffen sein, mit dem wir in solcher Teilhaftigkeit verbunden sind. Was am einen geschieht, ist dann wesensmäßig verbunden mit dem, was im anderen geschieht. Ihn verstehen, überhaupt mit ihm leben und im besonderen auch ihn ärztlich behandeln, all dies heißt dann jedesmal nichts anderes als jener ursprünglichen und unlösbaren Verbundenheit (die noch nicht Gemeinschaft im eigentlichen Sinn ist) jeweils eine bestimmte Form verleihen.

Welche Dimensionen des wirklichen Menschen nun hier gerade in der Heilhandlung erschlossen werden, wäre jetzt zu untersuchen. Jene Kritik der Seele erschließt jedenfalls eine Dimension der Echtheit, welche ebenso mit der persönlichen Wahrheit wie auch mit den körperlichen Zuständen etwas zu schaffen hat. Wie in der Hysterie und der Neurose jedem Laien offenbar wird, daß Wahrheit nur zustande kommt, wo auch Gesundheit besteht, so gilt es nun für jeden Gesunden und jeden Kranken überhaupt, daß es eine Mittellage und ein wesentliches Gleichgewicht von Leib und Seele gibt, von dem nicht nur der Neurotiker, sondern jeder von uns unaufhörlich abzugleiten droht, ja durch lange Lebensepochen, erhebliche Beträge des Jahres-, Monats- und Tageslaufs hindurch auch tatsächlich abgleitet. Ganz gesund oder ganz krank ist also niemand, wenn wir diese Schwebeexistenz einmal erkannt haben. Die Medizin nun trachtet, sich gerade dieser biologischen Mitte neu zu bemächtigen.

Ich werde mich bei der Erläuterung dieser Vorstellung fast ganz auf die Therapie beschränken und zunächst eine Erfahrung beschreiben. Ein Arzt, der seines Wissens gewiß und, die Grenzen der Medizin kennend, jeden Fall nach klaren, objektiven Erfahrungen und wissenschaftlichen Grundsätzen behandelt, wird eine große Ruhe und Sicherheit haben und verbreiten. Wo seine Maßnahmen Härte bedeuten, wird man sie hinnehmen, wo er nicht helfen kann, wird niemand ihn beschuldigen, auch er sich selbst nicht. Der Kranke ist mit ihm, er ist mit sich zufrieden. Dieser Arzt, den wir den objektiven Arzt nennen können, repräsentiert aber nur die eine Hälfte der Wirklichkeit, die kampflose Seite der Medizin. Lassen wir nun eine Störung kommen, einen schwer, einen gar nicht zu beurteilenden Fall, einen Zweifel an der bisher geübten Heilmethode, ein Konsilium mit Meinungsverschiedenheit, vor allen Dingen einen Widerstand beim Patienten, dann haben wir die andere Seite, die des Konfliktes. Die ärztliche Handlung stößt jetzt auf Widerstand. Beides ist Beziehung von Arzt und Krankem, aber die eine vollzieht sich unter *Beistand*, die andere unter *Widerstand* der sogenannten Verhältnisse. Das ist gewiß trivial genug, und doch ist dieser Unterschied nicht in äußerliche Bedingungen aufzulösen, sondern er enthält ein Wesen des Vorganges. Es zeigt sich nämlich, daß jene Kampflosigkeit des objektiven Arztes genau so lange dauert, als zwischen dem Kranken und dem Arzte eine selbstverständlich vorausgesetzte Beziehung bestand, unsichtbar, weil nicht bedroht. Sie kann Autorität und Vertrauen wie beim privaten Arzt, sie kann Machtstellung wie beim Sanitätsoffizier (ein beunruhigender Ausdruck) und sie kann Richtergewalt wie beim Vertrauensarzt einer Kasse oder beim Gutachter sein. Nicht die objektive und rationale Haltung des Arztes ermöglicht sein Wirken, sondern vor dieser steht als Bedingung eine de facto bejahte Bindung. Fällt sie weg, so ist die Objektivität zweifelhaft und nichts nütze. Wer hat dann recht?

Der Arzt hat jetzt zwei Wege: er versagt sich diesen unsachlichen Widerständen und sprengt die Bindung. Der Kranke soll sich selbst helfen oder einen anderen Arzt suchen. Oder er behandelt auch den Widerstand, d.h. er sucht das Ziel unter Einbeziehung einer Erledigung der Widerstände zu erreichen. Er *umfaßt* jetzt in seiner Idee der Heilhandlung über die objektive Wirkung hinaus auch deren Ermöglichung. Kurz: er verordnet nicht nur die Arznei, sondern er sorgt auch dafür, daß der Kranke sie nimmt. Und es kommt vor, daß der Kranke sie nicht nehmen will oder daß er dies nicht wollen kann. Über den freien Entschluß des Kranken hinaus behandelt also der Arzt jetzt auch diesen Willen, als ob dieser krank wäre. Er überläßt diesen nicht sich selbst. Ein solcher Arzt ist nicht mehr objektiv zum Kranken, denn er nimmt nicht seine Krankheit zum Gegenstand, sondern sein Ich, also das, was ontologisch gar nicht Objekt ist noch werden kann, sondern eben Subjekt ist. Wir können diese Art der Beziehung noch besser formulieren, wenn wir klarwerden, daß eine solche erweiterte ärztliche Handlung in sich schließt den Verzicht auch des Arztes auf ein Stück Eigenwillen, Autonomie, gesetzgebende Vernunft, wie sie eben im Begriff aller Objektivität liegt (das eben ist doch KANTS Entdeckung vom Wesen der Objektivität). Wenn ein schwer Typhuskranker appetitlos ist und nicht mehr essen wollen kann, wenn ein hysterisch Gelähmter das Bein nicht mehr bewegen wollen kann, und die Behandlungskunst diesen Widerstand umfaßt und bricht, so ist diese Überwältigung auch nicht ein Analogon der objektiven Kraft, die kausal wirkt, sondern ein Analogon der Liebe, die wirbt und umfaßt, indem sie sich zugleich besiegen läßt.[3]

3 Wir können dieses Verhalten des Willens sowohl wie der Erkenntnis weder subjektiv noch objektiv nennen. Da die eigene Handlung die des anderen weder überwältigt noch ihr unterliegt, sondern wechselseitig der Wille des einen zu dem des anderen wird, möchte ich dafür den Ausdruck transjektiv vorziehen. (Vgl. VON WEIZSÄCKER, V. 1926a).

Ich habe immer gefunden, daß an dieser Stelle eigentlich eine Bruchlinie durch Ärzte wie Patienten geht, die heute geschichtlich vielleicht prägnant und unvermeidlich ist und die doch wohl allen Epochen der bekannten Medizin innewohnt. Quer durch psychotherapeutisch und nicht psychotherapeutisch eingestellte Ärzte, quer durch die Erwartung der Patienten, ja quer durch jeden einzelnen von uns allen geht die Differenz von objektiver und von umfassender Therapie. Es ist ungeheuer schwer, diesen Unterschied ohne Erfahrung und Beispiele darzustellen. Am wichtigsten scheint mir immer wieder, daß in einer umfassenden Therapie der Arzt selbst sich vom Patienten verändern läßt; daß er die Fülle aller Regungen, die von der Person des Kranken ausgehen, auf sich wirken läßt; daß er sich nicht einengt in das System der Diagnostik und der systematischen Krankheitseinheit; daß er nicht nur mit dem objektiveren Sinne des Sehens, sondern mit dem Ich und Du mehr verschmelzenden des Hörens, daß er mit allen seelischen Organen passiv empfänglich sei, nicht nur rezeptiv und dann reaktiv, sondern durch wirkliche Einschmelzung der eigenen Person, durch bewußtes Erleben und dann wieder Hingeben schon jener ersten naturhaften Reaktionen (wie sie jede Sprechstunde von den ersten Augenblicken an enthält) auf Rasse, Geschlecht, politische und soziale Artung, kurz alle jene Sympathien und Antipathien, von denen des Geruchs bis zu den Nuancen seelischer Wahlverwandtschaft. In dieser Bewußtseinsherrschaft über den seelischen Verlauf einer *Beziehung*, in dieser langen und von Fall zu Fall immer neu dargebrachten Kette von Opfern und neuen Einsätzen der Persönlichkeit kann allein das im Arzte erzogen werden, was ihn befähigt, auch die Widerstände zu umfassen und das Wurfziel weit hinauszustecken über den Umkreis der objektiven Heilkunde.

Es ist ein großer Irrtum, zu glauben, daß die bewußte Hinwendung zu einer solchen Fülle der Wirklichkeiten eigentlich dasselbe sei wie die allgemeine Bemühung, entgegenkommend, dienstbereit, freundlich und opferwillig zu sein. Solche Eigenschaften haben wenig zu tun mit der Welt von Wirklichkeiten, die sich erschließt, wenn wir mehr und mehr *wissen*, ganz positivistisch wissen von den Tatsachen des Seelenlebens und den Zusammenhängen der Lebensgeschichte und des Lebensquerschnitts im Augenblick der Behandlung. Die Krankengeschichte im naturwissenschaftlichen Sinne nämlich wird erst dann als ein Ausdrucksphänomen der

inneren Lebensgeschichte begriffen, wenn auch diese erschlossen ist.[4] Dieser Erkenntnisvorgang vollzieht sich im methodischen Gegensatz zur naturwissenschaftlichen Erkenntnis und ebendarum zugleich parallel mit ihr. Er hat eine ihm eigentümliche persönliche Bildung und Ausbildung zur Voraussetzung. Er setzt voraus, daß der Arzt diesen Zusammenhang äußerer und innerer Lebensgeschichte an sich selbst erfahre und begreife. Sonst wird er oft nicht mehr begreifen, als daß körperliche Krankheiten natürlich auch von »psychischen Sachen« abhängen. Er wird fast immer fehlgreifen, wenn er in dieser Beziehung auf die Suche geht und dabei mit ungeschickten Händen nach irgendeinem geläufigen Komplexschema sondiert. Er wird allzuleicht diese psychischen Verhältnisse gleichsam kausal als sogenannte Einflüsse betrachten. Ohne ein deutliches und wissenschaftliches Bewußtsein von dieser so ganz unkausalen Welt, ohne jene vielmehr passive als aktive Bewußtseinshaltung (wie sie zuerst die Psychoanalyse als methodische Grundregel gefordert hat) wird er die wesentlichen psychischen Momente nicht so sehr aufdecken als oktroyieren. Neue Reaktionen von den ihm unbekannt gebliebenen seelischen Schichten des Patienten aus sind das Resultat, und so wird er ein Spielball der inneren Krankengeschichte, anstatt sie zu beherrschen. Und um eine Beherrschung von freilich eben jener umfassenden und auch beide Partner umfassenden Art handelt es sich auch hier.
Ich sagte vorhin, sie sei ein *Analogon der Liebe*. Dies ist näher zu betrachten. Es ist Ihnen gewiß bekannt, daß die Psychoanalyse die sorgfältigsten Beschreibungen der Liebesvorgänge in der Therapie gegeben hat, die wir überhaupt besitzen, und daß sie gezeigt hat, daß in der Neurosentherapie eine Liebesform auftritt, welche sie als *Übertragungsliebe* bezeichnet hat. Man hat früher geglaubt, diese Übertragungsliebe sei die spezifische Liebesform eben des Neurotikers, aber wir meinen jetzt, daß auch der Neurotiker echtere Liebe sucht. Indem er ein Symptom bildet, fordert er schon dieses Mehr, ohne es zu finden. Wir meinen ferner, daß andererseits die Übertragungsliebe größere Bedeutung hat, insofern ihr Typus sich auch bei der Behandlung anderer Krankheiten einstellt. Der Begriff will ausdrücken, daß in der ärztlichen Beziehung sich die Liebesfähigkeit des Kranken in erheblichem Betrage und dann oft auch mit dem umgekehrten Vorzeichen des Hasses auf den

4 Vgl. von Weizsäcker, V. (1928 a).

Arzt zu richten pflegt. Im Falle der Exaltation kann es vorkommen, daß die Patientin dem Arzt um den Hals fällt, es kann auch vorkommen, daß sie statt dessen ihn mit dem Heiland selbst vergleicht. Dieses »statt dessen« soll besagen, daß die sinnliche und die geistige Qualität dieser Liebe gleichsam austauschbar ist, und daß keine von beiden eigentlich der *Person* gilt, daß beide ein Produkt der *Situation* sind. Und darum spricht FREUD nicht von Liebe, sondern von Libido und von deren Übertragung. Indem nun der Analytiker sowohl die Umarmung wie die Apotheose abweist und sich und den Kranken auf die ärztliche Sache zurückverweist, ja schon, indem er den Begriff der Übertragung bildet und damit den Vorgang objektiviert, weist er das Anerbieten, das in jener Liebesregung liegt, faktisch ab. Er erwidert es nicht mit Gleichem, indem er die Übertragung nur mehr benutzt, um zu einem anderen Ziel, dem ärztlichen, zu gelangen. Dieser Vorgang der Objektivierung der Beziehung enthält also einen qualitativen Liebesverlust. Sinnliche und geistige Liebesformen werden mit solcher Technik objektiviert, entsinnlicht, entgeistigt, versachlicht. Die Frage also, die wir aufwerfen müssen, ist, wieweit nicht nur in diesem, sondern auch in anderen Fällen die Objektivierung der Heilhandlung einen solchen Liebesverlust bedeutet. Studiert man dies von Fall zu Fall und an den unzähligen für gewöhnlich unbeobachteten Ereignissen des ärztlichen Alltags, so wird man ebensooft dieses Merkmal des Liebesverlustes in der Objektivierung aufweisen. Besonders reichliche Beispiele für dasselbe Prinzip auf ungewohntem Beobachtungsfeld finden sich in den Berichten europäischer Ärzte, welche unsere Medizin den Primitiven bringen, so bei LÉVY-BRUHL (1921) und Albert SCHWEITZER. Ein Fall für alle: SCHWEITZER (1929) erzählt, wie er einen Neger in Narkose operiert hat. Nachher belauscht er, wie dieser seinem Bettnachbar erzählt, der Arzt habe ihm Gift in die Nase gegeben, um ihn zu töten, doch sei ihm das Gift ausgegangen, und so sei er gerettet worden. Weil die objektive Handlung auch in der Form objektiv vollzogen wurde, anstatt den magischen Charakter persönlicher Dämonenbekämpfung zu tragen, erweckt sie eine Wahrnehmung liebloser, ja sogar feindseliger Handlung.
Die Psychoanalyse hat den Sachverhalt des Liebesverlustes nicht in dieser Form hervorgehoben, weil sie sich selbst objektivistisch mißversteht, wenn sie die menschliche Realität als Natur mißversteht oder wenigstens an die Möglichkeit der Abstraktion von

Wertordnungen glaubt, als ob nicht jede Analyse eine Kette von Umwertungen in sich schlösse. Sie kennt nur einen quantitativen Libido-Begriff und dann die Unterschiede ihres Gegenstandes – nicht qualitative Unterschiede der Liebesakte als solcher, es sei denn die der allgemeinsten Ambivalenz. Auch hat sie die Gegenübertragung, d. h. das psychische Geschehen im Arzt nicht sehr stark betont und geglaubt, es sei durch die obligatorische Lehranalyse des Arztes gleichsam ausgeschaltet, wenn auch analytische Nachbehandlungen der mit Gegenübertragung gleichsam überladenen Ärzte in ihr Eingang gefunden haben. Zu wenig wird nun beachtet, daß alle diese Vorgänge der Übertragung und Gegenübertragung im Arzte auch überall dort erfolgen, wo gar nicht analysiert und verbis expressis gar nicht psychotherapiert wird. Gemeint ist die Übertragung, wenn etwa jemand nur eine Diät verordnet, eine Arznei verschreibt, eine Operation verlangt. Dann nämlich nutzt er die Bindung aus, ohne sich bewußt zu werden, daß ein jedes Anordnen und Befehlen und ebenso jedes Befolgen und Gehorchen eine Beziehungsform statuiert, die denselben Entwicklungsordnungen unterliegen wird wie etwa eine familiäre, eine politische, eine erotische oder eine freundschaftliche Beziehungsform auch: mit ihrer Tendenz zur Veränderung, zum Reifen und dann Altern, zum Blühen, Zeugen und Verdorren, und hinter dem allen ein symbolisch damit gemeintes Ewiges. Dieser Prozeß ist nicht einseitig, sondern beidseitig. Es kann nichts auf der einen Seite geschehen, was nicht sein Gegenbild auf der anderen hätte.[5] Die Billardkugel ist nach dem Stoß dieselbe wie vorher. Der liebende Mensch wird vom Geliebten verändert, sowohl wenn er wieder geliebt wird, wie wenn er abgewiesen wird. Und ebenso kann ich nicht unverändert bleiben, wenn ich geliebt werde – ganz gleich, ob ich die Liebe erwidere oder sie abweise.

Es hat Bedenken erweckt, wenn solche »Spielregeln« der menschlichen Gemeinschaft in schematische Form gepreßt die Erinnerung an die formale Struktur quantitativer Naturgesetze erweckten. Die Unvollkommenheit der wissenschaftlichen Formulierung kann zugegeben und trotzdem die Erwartung ausgesprochen werden, daß man sich vom Vorhandensein der gegenbildlichen Erscheinungen und ihrer Dynamik in der Erfahrung überzeugen kann. Man kann die Loreley nicht sehen, solange man ihr den Rücken zukehrt und

5 Vgl. dazu von Weizsäcker, V. (1927, 1928 b).

das linke Rheinufer betrachtet. Es kommt hier nicht darauf an, daß in formallogischen Kategorien einzufangende Gesetze gelten sollen, sondern daß der Gegenwert *jeden* Aktes in der Gemeinschaft *wirklich* im anderen vorhanden und, wo nicht sichtbar, *gesucht* werden muß. Es mag dem genügen, dies als ein heuristisches Prinzip zu betrachten, welcher sich mit der Auffindung von Tatsachen *begnügt*.

Kausales, kategoriales, prinzipielles Denken, kurz Verstandesdenken und Objektivität bezeichnen Isolierung, Einengung, Abstraktion, entstaltende Gestaltung der Wirklichkeit und damit Liebesverlust – die unmittelbare Gefahr der Bildfälschung und der Neurose. Wir sind jetzt in dichter Nachbarschaft der Gegend, wo ärztliche Kritik der übergeisteten Tätigkeiten, der übergeisteten Gesellschaftsformen steht; der Kritik des Denkers, des Professors, des Institutionalismus, aller triebhaften Manien der Forscher, Sammler, Spieler und Organisatoren.

Wenn wir Liebesverlust und damit Wirklichkeitsverlust in der objektiven Denkform und der objektiven Therapie feststellen, so ist damit die therapeutische Wirksamkeit der Objektivität noch nicht erläutert. Selbstverständlich ist gerade die Objektivität ein ungeheurer Heilfaktor. Es gibt Kranke, die gerade in dem Augenblick gesund zu werden scheinen, wo der Arzt endlich »etwas Rechtes« findet. So werden sie von dem Zweifel befreit, ob sie ein Recht haben, sich krank zu fühlen. Oder, im Falle der unbegründeten Angst, ob sie ein Recht haben, sich gesund zu fühlen. Man sieht aber gerade an dieser Stelle, wie die Objektivität als bloße *Haltung* ebenso ein Mittel werden kann, Unangenehmes zu verdrängen. Objektivität ist ebenso ein Mittel, die antilogische Wahrheit des Herzens zu verdrängen, wie seine Verworrenheit zu klären. In beiden Fällen ist sie nur Mittel, zu beidem gehört noch mehr als Objektivität: Erkenntnis »des Bösen und des Guten«, abstrakter: Erkenntnis, die nicht allgemeingültig und notwendig in Zeit, Raum und Logik gilt, sondern die für jemanden und von jemandem gilt. Die erste Frage des Kranken richtet sich zwar in der Regel weder auf Liebe noch auf Erkenntnis: er will geholfen haben; aber, so kann man sagen, Krankheit ist eine Chance, auch noch von der Liebe und auch noch von jener zweiten Erkenntnisart ein Stück zu lernen, und beides wäre in der rein objektiven Behandlung nicht zu haben. Solche Auffassungen möchte ich am liebsten weder philosophische noch psychologische noch biologische, sondern *anthropologische* nennen. Nur anthropologisch können wir den eigentlichen Wirkungswert einer medizinischen Methode, den Wirkungsgehalt einer Therapie bestimmen. Denn jetzt ergibt sich ferner, daß das, was trivial erscheint: – eine Arznei, die zu nehmen man den Patienten nicht bewogen hat, hat keinen Wirkungswert –, daß dies auch dort gilt, wo wir sonst nur objektiv zu urteilen pflegen und das Wesen der Umfassung nicht anzutreffen meinen: im physiologischen Geschehen, im *Organgeschehen* selbst.

Ich sagte zu Beginn, wir würden auch die objektiv wissenschaftlichen Erkenntnisse selbst von einer Gemeinschaftslehre aus zu kritisieren haben. Der Fall der Appetitlosigkeit kann lehren, daß eine geschickte Krankenbehandlung vom Zustande des Nichtessen-wollen-könnens überführen kann zum Essenkönnen und eine ungeschickte zu dem des Erbrechens. Der Brechakt nun, in der Physiologie als Reflexakt abgehandelt, betrifft Organe, die der sogenannten Willkür entzogen sind, die aber nach dem, was wir jetzt ganz sicher wissen, in ihrer Funktion ebenfalls psychisch determiniert sind, im selben Sinne wie ein sogenannter willkürlicher Muskel auch. Die physiologischen Funktionen im Bereiche des sogenannten autonomen Nervensystems sind also nicht autonom, d. h. psychisch unabhängig, wie man früher annahm, sie sind keine Reflexe, sondern sie sind ebenfalls Ausdrucksbewegungen im weitesten Sinne des Wortes; sie unterliegen daher *auch* allen den Sätzen, die vorhin über die *Beziehungs*gesetze ausgesprochen wurden: auch sie sind unterworfen den gegenbildlichen Bedingungen der Gemeinschaft. Jemand bricht nicht nur, wenn eine verhaßte Person anwesend ist, sondern, so kann man allein aus der *Möglichkeit* solchen Vorkommnisses folgern, er kann nur essen, wenn seine Ordnung in der Gemeinschaft nicht neurotisch zersetzt ist. Unzählige Male ist bewiesen, daß die neurotischen Störungen dieser Gemeinschaft das Brechen zur Folge haben konnten. Wenn die Hausfrauen recht haben, wenn sie sagen, daß die Liebe über den Magen geht (»feed the beast«), ist es auch richtig, zu sagen, daß der gute Magen über die Liebe geht. Anders ausgedrückt: auch der Magen drückt mehr aus als seine Reflexe, Bewegungen, Absonderungen, kurz, seine materiellen Funktionen enthalten; auch er ist *teilhaftig* einer Wirklichkeit, die nicht in seinen Funktionen enthalten ist, aber doch mit ihnen gegeben ist; nicht parallel neben ihnen, sondern seinsverbunden mit ihnen. Was ich vom Bewußtsein sagte, das gilt auch vom Organ. Wenn ich also den Magen so behandle, als wenn er eine Summe von Reflexen und Sekretionen wäre, und nicht der »kleine Mensch«, der sich benimmt wie ein großer Mensch, wenn ich ihn also rein objektiv naturwissenschaftlich behandle, so tritt jener Liebesverlust ein, von dem wir früher sprachen. Genauer: es ist gar nicht möglich, ihn so zu behandeln, sondern es geschieht noch ein anderes, eine Beziehungsänderung zwischen Arzt und Patient tritt ein. Kausales Denken, kausale Therapie sind dann als untaugliche Versuche zur Gemeinschaftslosigkeit Umformer der Gemeinschaft im Sinne des Liebesverlustes. Ich weiß sehr wohl, daß unzählige Hilfeleistungen erfolgen und gelingen, ohne daß irgend etwas von alledem sichtbar wird. Aber doch nur, weil im Augenblick keine störenden Konsequenzen eintreten. Und hier ist doch nach den gemeinschaftswissenschaftlichen Systembedingungen gefragt, unter denen dergleichen abläuft, und sie erfahren wir eben zunächst durch Analyse der Störung. Es ist eine sehr weithin geltende Beobachtung, daß Bewußtheit des Geschehens dann eintritt, wenn eine Störung einsetzt. So wird auch, wenn eine unbewußte Therapie gestört wird, das Bedürfnis bewußter seelischer Lenkung eintreten.

Von hier also wird eine Bedeutung der Psychotherapie erkennbar, welche keineswegs ausgeht und hinzielt auf seelische Erkrankung, sondern welche ausgeht von einem Begriff aller und jeder Krankheit, wonach in jeder Krankheit ein zentrales Moment liege, welches neben anderen auch von seelischen Seinsebenen aus formbar sei. Nicht über Heilerfolge ist an dieser Stelle zu berichten, welche solche Voraussetzungen kräftig stützen können. Vielmehr soll nur die Wirklichkeitssphäre angedeutet werden, in welcher der Zugang zu solcher zentraler Wirkmöglichkeit zu denken ist. Es sind dies die großen Ereignisse des menschlichen Erlebens: die Scham, die Angst, der Zorn, die Verzweiflung, aber auch die Schmerzen, die Schwäche, der Schwindel, die Vernichtungsgefühle, die alle zentralste Ereignisse eines jeden Krankheitsgeschehens ausdrücken; sie sind nicht bloße Sekundärfolgen, sondern sie sind selbst Ausdruck desselben Geschehens, welches die pathologische Anatomie und Physiologie aufzeigen und erschließen können.

Ein weiteres Nachdenken über diese Phänomene ergibt, es sei nur eine Folge der kulturellen Differenzierung des Menschen, daß er jene Erscheinungen der *Not* gleichsam in Fakultäten verteilt; daß die Not des Kranken vor die medizinische, die Not des Schuldbewußten und Sterbenden vor die theologische, die des Beleidigten vor die juristische und die des Zweifelnden vor die philosophische Fakultät kommt. Diese Urformen der Not sind gewiß zu scheiden, aber sie hängen auch in den innersten Kreisen der menschlichen Kreatur zusammen, und wenn der Schamane für alle diese Fälle Helfer, Führer und Beschwörer ist, so ist dieser Primitivismus auch ein Hinweis auf eine ursprüngliche Einheit. Auch wenn diskursiv also die krankhaften Prozesse unabhängig von jenen ursprünglichen Ereignissen des Menschenherzens darstellbar sind, so sind sie urphänomenal doch in ihnen beschlossen.

Jede Not ist nun ein ausgesprochen ich-bezogener Zustand; der Mensch, der im Gleichgewicht seiner störungsfreien Mitte geht, braucht sich nicht wahrzunehmen. Die Not erst zwingt zur Selbstwahrnehmung und steht vielleicht an der Wiege des Selbstbewußtseins. So steckt in jeder Not ein Stück Narzißmus. Aber eben weil die Not die bewußtlose Hingabe ans Außen, an die Welt, das Du, an alles Nicht-Ich unterbricht und eine Selbstbeziehung schmerzlich erzwingt, eben darum kann man auch sagen: dies Urphänomen der Not ist nicht nur eines des Ich-für-sich, sondern ebenso sehr das wesenhaft Zweisame: sie ist ein Getrenntsein vom Anderen, der Welt, dem nächsten Menschen. Ja, wir können weiter sagen, sie ist ein Getrenntsein von *dem* Nächsten, der mir der nächste scheint, von mir selbst. Sie trennt in mir mich von meinem Ich. Die Not der Schmerzen, wenn ein Glied gewaltsam von mir getrennt wird, die Not des Schwindels, wenn mein Ich von seiner räumlichen Welt getrennt wird, die Not der Schwäche, wenn es von seiner Tätigkeit getrennt wird – sie alle sind Trennungserscheinungen in mir, und sie alle rufen nach dem Anderen – nach Hilfe. So sind sie Wahrnehmungen der Zweisamkeit unserer Existenz. Und insofern kann man sagen, die Notphänomene seien Beziehungstatsachen von Mensch zu Mensch, und die Selbstwahrnehmung sei nur eine Variante des Gesetzes der unaufhebbaren Gemeinschaft. Freilich gerade die Variante, welche als Not die zwischenmenschliche Beziehung zugleich in Frage stellt und sie eben dadurch auf einer neuen Ebene aufruft, zeugt.[6] Es führt an die Grenze unseres Themas, wenn jetzt deutlich wird, daß diese Entwicklung zwischenmenschlicher Beziehung auch schon die Offenbarung der übermenschlichen zeigt. Unter welchem *Namen*

6 Vgl. von Weizsäcker, V. (1926b).

sie geschehe, dieses auszusprechen heißt überhaupt erst in konkreter Stiftung von Gemeinschaft sich bewegen, unter ihrem Schutz oder Gericht wandeln.

Hier möchte ich abbrechen; manches, vieles wäre noch zu sagen, denn vieles wurde angerührt, worauf Antwort ausblieb. Das Problem der Führung blieb halb gelöst. Die namenhaften Ordnungen der Gemeinschaft, die Vaterschaft, Kindschaft, Ehe und Staatlichkeit, aber auch die Geschlechtlichkeit und die ganze Grenzsetzung in allem Gemeinschaftlichen durch die Natur – sie alle sind auch hier von der tiefsten Bedeutung. Nichts wurde gesagt zur Begründung einer nicht-kategorialen Lehre vom Menschen. Wenig über die Grundformen der Bindung, Haß, Liebe, Wille und Erkenntnis und ihr Gewicht in der Notgemeinschaft von Krankem und Arzt. Nicht war die Rede von sogenannter ärztlicher *Ethik*. Ich sehe wenig Möglichkeit, Sätze der Tugendlehre und materialer Wertethik unbesehen in den Sittenkodex des Arztes zu übernehmen, der in der Liebe zum Kranken schwerlich abstrahieren kann davon, daß er von ihm bezahlt wird. Ebensowenig aber sehe ich eine Möglichkeit, ein formal abstraktes Sittengesetz auszusprechen wie etwa: behandle ärztlich so, wie du behandelt zu werden wünschest (im Anklang an KANTische Ethik). Vielmehr sehe ich, daß jeder derartig prinzipiell gefaßte Satz gerade die Eindeutigkeit der konkreten sittlichen Situationen, wie sie im Gemeinschaftsverhältnis auftreten, verdunkeln würde. In den Ordnungen dieser Gemeinschaft walten Ordnungen, die man entdecken kann, ich sehe aber keine Gesetze, die ich anderen auferlegen kann. Forderungen der Liebe, Postulate der Sachlichkeit sind unwirksam als *Forderungen*; wirksam ist allein ihr Vollzug, und dieser ist kein Fordern, welches nur nimmt, und kein Geben, welches nicht auch fordert. So scheint mir hier für eine Willens- oder Gesetzesethik wenig Platz zu sein, doch um so mehr für die Liebesethik, welche in der Handlung der Liebe sich sichtbar macht, ohne zu appellieren. Die geistige Sukzession führt von ihr aus nicht so sehr zu Normen des Handelns als zum *Dogma*, nicht so sehr zu Normen objektiver Erkenntnis und ihres kontinuierlichen Aufbaues, als zu Sprüngen in neue Räume der Erfahrung und zu Begnadungen des Gelingens. Auch davon war kaum die Rede, und verschwiegen blieb, daß alles Gesagte und Gedachte gleichsam Umschreibung eines einzigen großen Geheimnisses ist, freilich eines offenbaren, sonnenklaren Geheimnisses, eines Geheimnisses, das man eben auch ebensosehr verdunkeln kann. Ich möchte durchaus nicht sagen, daß Gemeinschaft ein Wert schlechthin sei; und hätte lieber darlegen wollen, daß sie etwas Unentrinnbares ist, was unfehlbar und ursprünglich besteht, ob man darum weiß oder nicht, ob man es erstrebt oder nicht. Die Durchformung der Gemeinschaft bewegt sich zwischen der Szylla der Sachlichkeit und ihrem Liebesverlust und der Charybdis der Liebe mit ihrer Neigung zur Unsachlichkeit. Unzweifelhaft ist eine Generation im Entstehen, welche einen Grad von Sachlichkeit und Technisierung erträgt, der die Jugend meiner und älterer Generationen um ihren Glauben an Geist und Liebe gebracht hätte. Der *Gegensatz* von Sachlichkeit und Liebe ist kein *Widerspruch*; er drängt sich in der romantischen Seelenlage gewiß ungebührlich hervor, aber ich halte ihn doch für eine immerwährende Gefahr und eine nie besiegte Aufgabe. Ich persönlich glaube nicht an die sogenannte »Liebe zur Sache« und halte sie für einen Krug, der zum Brunnen geht, um schließlich zu zerbrechen; sondern ich glaube an die Liebe zum Menschen. Ich ziehe es vor, mit einer nachdenklichen Frage zu schließen und nicht sozusagen mit einer Aufrundung der metaphysischen Rechnung, die eben stimmt, solange der Denker nicht zerbrochen wird von den Gewalten des Herzens oder von den Stimmen aus fremden Räumen, die ihn zu anderer Logik und anderem Wissen abrufen. Ich meine, als Arzt darf ich die Frage stellen, ob nicht die Erkenntnis der Wahrheit eben doch dort erst beginne, wo sie den Denker gesund macht – gesund freilich nun im ersten und im letzten Sinne von der naivsten Daseinsfreude am Lichte bis zu der Gesundheit, welche SOKRATES meint, als er bei schon erkaltetem Unterkörper die Freunde ermahnt, dem Äskulap einen Hahn zu opfern. Dieselbe Wahrheit, die ihn tötet, macht ihn eben damit auch gesund. Wo freilich also der Philosoph in solcher Weise dem Arzte Verehrung zollt, da darf der Arzt dem Philosophen gerne und bedingungslos den Vortritt gewähren. Gesundheit und Wahrheit sind dann wirklich dieselben geworden.

Medizin und Seelsorge

Ich möchte aus dem Gebiete der Medizin und Seelsorge ein besonderes Thema abgrenzen und von dem reden, was man gegenwärtig als Psychotherapie bezeichnet. Damit ist nämlich (und darin liegt für mich sogleich ein Bekenntnis) ein der Medizin und Theologie, oder richtiger dem Arzt und dem Pfarrer gemeinsames Thema bezeichnet. Wir dürfen nicht damit anfangen, die Kompetenzen dieser beiden Ämter gegeneinander abzugrenzen. Würden wir so anfangen, so kämen wir niemals zum richtigen Anfang. Wir müssen, wie ich glaube, den Mut haben, die Grenzen nicht nur der Fakultäten, sondern auch der Institution oder Approbation zu überschreiten, selbst auf die Gefahr hin, daß in der gewissen Verwirrung, die allem Anfangenden eigentümlich ist, einige unerfreuliche Begleiterscheinungen und Gefahren auftauchen. Ich darf nun freilich nicht voraussetzen, daß jedermann hier das Thema »Psychotherapie« überhaupt anerkennt. Jemand könnte meinen, es genüge in den großen Urkunden der Weltreligionen, in der Bibel, den Dichtern und vor allem der wichtigsten Urkunde, der des menschlichen Herzens selbst, des eigenen wie des anderen, zu lesen. Daran ist richtig, daß man die Wahrheit freilich dort suchen muß, wo sie zu finden ist. Aber diese Wahrheit ist in jenen Urkunden, vor allem auch der letztgenannten, nicht nur offenbar, sondern auch verborgen – es ist die Natur der Wahrheit, daß sie zuerst als Geheimnis uns begegnet. Wollte man so unmittelbar und kunstlos verfahren, so stieße man an eine Mauer. Auch würde man sich im Verkehr mit jenen überlieferten Urkunden zu leicht außerhalb der Gegenwart stellen, denn sie zwingen noch nicht jeden zur Entschleierung dessen, was *da* ist. *Diesem* Gesicht hier, mir gegenüber, soll ich ablesen, was es verbirgt. Hier die Forderung nach *un*mittelbarer Erkenntnis stellen hieße, die Ursprünglichkeit und Kraft der meisten von uns überschätzen, und man kann nicht lesen, bevor man das Alphabet gelernt hat.

Es wäre nicht schwierig, in einer geschichtlichen Betrachtung darzustellen, warum Seelsorge in solch großen Beträgen aus der Verwaltung der theologischen Fakultät in die der medizinischen hinübergeglitten ist. Freilich, der Ausdruck »medizinische Fakultät« ist ein Euphemismus. Sie wissen ohne Zweifel, daß die Psychotherapie und besonders die Psychoanalyse sich in einem harten und noch nicht beendeten Kampf gegen die akademische Welt, zumal in Deutschland, durchgesetzt hat. Aber es handelt sich hier überhaupt nicht bloß um eine Sache zweier Fakultäten. Der Vorgang ist Teil eines größeren geschichtlichen Wandels. Ich glaube nicht, daß für diese Säkularisierung der Seelsorge nur die Entgottung und Entkirchlichung anzuklagen ist, welche zuerst die hohe Gesellschaft des geistigen Europa und dann seine Massen ergriffen hat. Es ist vielmehr diese Wandlung dieselbe, derzufolge etwa die Philosophie im 19. Jahrhundert *das Leben* zum Thema macht. Ich weiß nicht, ob ich in diesem Kreise sagen darf, daß ihr die große führende Theologie darin zu wenig gefolgt ist und daß sie mir überhaupt an einer Überbürdung und Überfremdung mit geisteswissenschaftlichen und einer Unterernährung mit biologischen, psychologischen und anthropologischen Substanzen zu leiden scheint. Aber hinter all diesem Wissenschaftlichen steht doch, daß allgemein der *Mensch* sich selbst Thema geworden ist. Ein charakteristisches Beispiel dafür ist etwa das Auftreten einer ganz bestimmten literarischen Gattung in führender Stellung, nämlich des Romans. Und eine entscheidende Art dieser Gattung wiederum ist der sinnliche und psychologische Roman. So taucht auch in den natürlichen Entwicklungen von Lebensführung und Sitte eine Tendenz auf, nicht zuerst das geistige, sondern das sinnliche Leben zu erfahren. Wo jedenfalls das sinnlich-leibliche Leben *früher* erfahren wird, da werden – dies ist nicht schwer zu erraten – die Lebensgesetze *alsdann* zur geistigen Erfahrung zwingen. Hier liegt natürlich nicht so sehr ein bloß moralisches Niedergangsphänomen vor, als vielmehr ein Richtungsgegensatz der Menschwerdung und Selbstverwirklichung, der freilich dort besonders einschneidet, wo die Berufsbildung bis zur Mitte des dritten Lebensjahrzehntes hin ganz geistig erfolgt. Nun ist es gewiß überhaupt ein Mißverständnis, die sinnliche und die geistige Erfahrung des Lebens trennen zu wollen. Aber diese Dissoziation geschieht doch fortwährend, und sie ist eigentlich das Pathologische, sagen wir lieber das Pathische, das Leiden. Und dies nicht weniger, wenn der Mensch übergeistet und übersinnlicht, nicht weniger, wenn er entgeistet oder entsinnlicht wird.

Wird dieses Leiden klinisch, d. h. geschieht die Zuwendung eines Menschen zu einem ärztlichen Helfer, so sprechen wir von einer Neurose. Neurose ist also ein Schwellenbegriff und bedeutet nur, daß das, woran alle leiden, über die Schwelle der Erträglichkeit und

Beherrschbarkeit trat, daß es zur inneren und damit auch sozialen Störung geführt hat und so die Zuwendung zu einem Helfer erzwingt. Wir verstehen aber jetzt schon, daß eine solche Neurose nicht nur eine Individualkrise anzeigt, sondern daß jeder Fall zugleich Beispiel einer Zeitkrisis ist und die Bruchlinie geschichtlichen Wandels bezeichnet. Und so tritt sie nicht nur in der unserm Kreis besonders eindrucksvollen Zersetzung der bürgerlichen Gesellschaft auf, sondern ebenso in dem durch Aufstieg nicht minder erschütterten Arbeiterstande und wiederum in einer sinkenden Aristokratie.

Die psychotherapeutische Bewegung ist daher keineswegs nur als eine Rettungsaktion zu verstehen, welche hier die größten Brände löschen soll. Und sie ist nicht die Feuerwehr für etwas, was als erhaltungsberechtigt vorausgesetzt wird. Ebensowenig ist sie ein palliatives Streben, um Leiden zu beseitigen, sondern eher ein Versuch, den Menschen tragfähiger dafür zu machen. Denn sie ist selbst entstanden als Teil einer revolutionären Bewegung, eines Protestes und einer Leidenschaft, gerade auch die schönen Fassaden eines Gebäudes zu zerstören, ist entstanden aus einer gesteigerten Sensibilität der Seele gegen die Schäden des Inneren. Wo Jean Paul in schnurrigen und närrischen Gestalten (heute würden sie Neurotiker heißen) ein neues Symbol des Menschen schlechthin entdeckt, da entspringt auch ein wachsender Einsatz von Kräften zur Besiegung solch dunkler Gewalten und eine Empfindung der Solidarität in ihrer Beherrschung. So wird man auch die scheinbar destruktiven Auswirkungen der Psychotherapie verstehen lernen. Sie werden Fälle gesehen haben, wo die alten Grundsätze der Medizin: nil nocere und quieta non movere nicht befolgt erschienen. Dann geht ein Patient erschüttert, verbittert und verschlimmert aus der unvollendeten Behandlung hervor. In andern Fällen ist er zwar gebessert, jedoch entfremdet er sich seinem alten Lebenskreis, sagt er sich von elterlicher, ehelicher oder anderer Bindung los.

Es ist ein Irrtum, daß es leicht sei, zwischen analytischer Psychotherapie und Theologie gute Freundschaft oder fachliche Neutralität herzustellen. Jene jedenfalls ist ein gefährlicheres und schneidenderes Instrument, als daß, wie Thurneysen (1928) etwa meint, geistliche Seelsorge den technischen Teil der Heilbehandlung der Kompetenz des Psychoanalytikers sorglos und sachlich überlassen könnte.

Auch darf in der dogmatischen Fragestellung nicht ganz vergessen werden, daß die Einverleibung analytischer Therapie in das Bemühen des Seelsorgers, wie die Dinge einmal liegen, einen tiefen Verstand, eine lebenslange Erfahrung, ein großes Herz und eine Bereitschaft, Bindungen und Sicherungen des geistlichen Amtes zu riskieren, fordert.

Vielleicht wird jemand unter Ihnen meinen, dies alles sei allzu hochtrabend gesehen und gedacht, und wer sich konkreter Not zuwende, müsse erfahren, wie oft ein 10-Mark-Schein eine bessere Therapie sei als 10 analytische Sitzungen, wie oft auch ein freundliches Wort besser als 10 gute Predigten. Wer aber die ungeheure Problematik zumal der öffentlich organisierten Fürsorge und die vielen Mißerfolge der Geldausschüttung, aber auch andererseits des einfachen guten Willens solcher Fürsorge kennt, der wird sich mit seinem Nachdenken wiederfinden auf den geheimen innersten Bezirken der menschlichen Seele.

Ich möchte also versuchen, einige knappe Definitionen der Psychotherapie oder vielmehr in noch engerer Umgrenzung der analytischen Psychotherapie zu geben. Es soll dies hier in akademischer Weise und im Namen einer Wissenschaft geschehen, wobei Wissenschaft freilich nicht als ein absolutes Ziel der Erkenntnis, sondern als Mittel und Instrument gelten muß. Immerhin handelt es sich auch hier um ein breites Feld von Realerkenntnissen im positivistischen Sinn, also um eine Summe psychologischer Tatsachen, die nicht jeder Einzelne aus sich selbst entwickeln konnte, zu deren Kenntnisnahme vielmehr ein Sammeln zahlreicher Beobachter nötig war. Zugleich aber hat nun ein Wort wie Psychoanalyse, ebenso wie etwa das Wort Geschichte, einen Doppelsinn, indem sie nämlich einmal eine Wissenschaft mit einem gewußten Inhalt und zweitens einen Vorgang selbst bezeichnen. Ferner soll die Betrachtung etwas zugespitzt sein auf die besondere Lage eines akademisch präformierten, intellektuellen, weltanschaulich, dogmatisch und dann auch institutionell durch Amt oder Approbation gebundenen Menschen. Seine Lage ist gekennzeichnet durch einen beständigen und, wie ich glaube, unauflösbaren Konflikt zwischen solcher Bindung und dem letzten Sinn einer psychischen Therapie oder Seelsorge. Wer sich einer Not zuwendet, muß wissen, daß Not *kein* Gebot kennt. Dieser Satz spricht nicht eine Kritik, sondern das *Wesen* eines Tatbestandes objektiv aus. Subjektiv und praktisch heißt dies: Wer Hysterie für eine Art von Schwindel, konstantes Lügen für eine Bosheit, Perversionen für moralische Defekte, das Schlagen der Frau, das Ärgern des Mannes, Onanieren, Trinken und Spielen für Folge bösen Willens hält, dem bleibt dies unbenommen. Indes soll er sich nicht unterfangen, als Therapeut oder Seelsorger aufzutreten, denn in jenen Urteilen und Haltungen bleibt er nur ein Mensch, der auf andere reagiert hat und dabei sich selbst darstellt. Hier eine Not erkennen, heißt aber sie anerkennen. Die Psychotherapie nun hat trotz aller Gegensätze und Spaltungen und besonders Schulen ein ziemlich eindeutiges Programm. Versuchen wir es negativ zu definieren, so lautet es: sie erhofft nichts von Weltanschauung und ihren Idealen. Sie weiß nichts von richtiger und falscher Lehre. Sie erhofft nichts von bestimmten institutionellen Erziehungssystemen, nichts von bestimmter Tugendlehre und materialer Wertethik, nichts von hygienischen Rezepten einer Diätetik der Seele, nichts von einer Treue gegen bewährte Überlieferungen und Grundsätze, nichts von einem Vorbild oder Urbild, denn sie steht dem Versagen aller dieser gegenüber, sie steht dem Menschen gegenüber, der trotz allen diesen aus sich nicht mehr existieren kann. Und sie nennt (mit einem Anflug von Stolz) dies ihre Bescheidenheit: daß sie an den großen Gestaltungen der Geschichte keinen tätigen fördernden Anteil nehmen kann. Alles erwartet sie vor allem von drei Dingen: 1. Von einer persönlichen Beziehung von Mensch gegen Mensch, Mann gegen Mann. In unserem Normalfall wäre es die Beziehung von Arzt und Krankem, und ich werde mich terminologisch dieses Beispiels bedienen, wiewohl das meiste, was zu sagen ist, auch für die geistliche Seelsorge Geltung hat. 2. Von einer methodischen Stufenfolge in der Herbeiführung von Erkenntnis, die aber ein verändertes Wollenkönnen und Fühlenkönnen mit sich führen wird. 3. Von einer im Menschen selbst liegenden unzerstörbaren Möglichkeit.

Wenden wir uns zuerst jener Beziehung zu, so ist die wichtigste Einsicht die, daß in der ärztlich oder priesterlich gestalteten Beziehung es nicht in erster Linie darauf ankomme, was man sagt, sondern wie man mit dem Kranken lebt. Es hat in der Psychoanalyse selbst eine Krise bedeutet, daß sie erkennen mußte, wie unvermögend die bloße Deutung und Aufklärung bleiben kann und wie entscheidend der Entwicklungsgang einer Liebesbeziehung zwischen Krankem und Arzt ist. Es handelt sich hier um den Übergang von der Komplexerforschung zur Übertragungstherapie. Denken Sie nochmals an einige konkrete Beispiele, von dem, was als Symptom Gegenstand der Behandlung wird: Geschlechtsnot, asoziales Verhalten, Zustände der Arbeitsunfähigkeit. Die erste Erfahrung ist: Ermahnung und Belehrung bleiben *unwirksam*, Entgegennahme von Bekenntnis *wirksam*: die nächste Erfahrung: Gebot und Verbot unwirksam, Entdeckung und Erkenntnis wirksam. Die unwirksamen Haltungen des Arztes sind Selbstdarstellungen seiner Person, die wirksamen aber sind Ermöglichungen von Selbstdarstellungen des Patienten. Der Arzt kann nicht mehr als dies: einen Raum herzustellen, in dem der Patient sich entfalten kann, und hier entsteht der Konflikt im Verwalter eines geistigen Gutes. Er kann sein Amt nicht benützen, denn es zeigt sich, daß in dieser Verwaltung sein Amt ihn nicht benützt; die überpersönliche Autorität wird durch ihn nicht wirksam. Allgemein könnte man sagen, daß es im Wesen jeder Anforderung, auch der durch Amt bekräftigten, liege, daß sie, indem sie fordert, Gehorsam empfängt, also etwas nimmt, statt etwas zu geben; daß sie Kraft entzieht, statt zu spenden. Indem sie aber Gehorsam nimmt, drängt sie den Kranken in Abhängigkeit und Unfreiheit zurück und damit in jene Lage, die dem kleinen Kinde natürlich war und in der der neurotische Mensch zwanghaft und infantil verharrt. Eine Phrase wie etwa die: »Du mußt mir versprechen« bedeutet sogar eine Verewigung solcher Entwicklungshemmung und drängt den Kranken noch ein Stück zurück von der Freiheitsstufe, die er erreicht hat. Aber indem ich den Kranken in eine Abhängigkeit von mir binde, binde ich mich selbst in eine Abhängigkeit vom Gesetz. Es ist auch für mich bequemer und kindlicher, zu fordern statt zu geben, zu zwingen statt zu ermöglichen. Es ist bequemer, im Namen einer Autorität zu fordern, statt auf eigenes Risiko und mit Verantwortung für die Folgen. Es gibt nur einen Ausweg aus diesem Dilemma für den Arzt. Es ist der, daß er in einer analytischen Behandlung selbst nicht weniger analysiert ist als der Kranke und sich des Überwiegens seiner Autorität begibt. Zum Dienst (d. h. hier zu einer auf Entgelt berechtigten Leistung) wird sein Unternehmen erst dort, wo solche Unterwerfung mit dem Einsatz von Autorität *die Waage hält*, wo ein lebendiges und labiles Gleichgewicht zwischen diesen beiden Personen wach bleibt. Das paradoxe Ergebnis ist, daß der in seiner Daseinsmöglichkeit geminderte Leidende aus dem verhängnisvollen Übergewicht des Arztes heraus nur ebenbürtig an der Not des Arztes wird.

Wir verstehen aber hieraus doch noch nicht vollständig genug, was wir zwar zu wissen meinen, aber unausgesetzt zu vergessen pflegen, nämlich, daß die geistige Vorwegnahme der das Leben beherrschen sollenden großen Systeme den realen Zustand eines Menschen überhaupt niemals erreicht. Man glaubt, es sei ja eine Banalität, daß man nichts von dem besitzt, was man nicht am eigenen Leibe erfahren. Aber man vergißt, daß das Wort Leib nicht bildlich gilt, sondern, daß es der wirkliche Leib, die physische Materie, die physiologische Funktion selbst ist. Denn um was ging es denn: um den im Leib entspringenden Zwang, motorisch Bestimmtes nicht tun, Bestimmtes nicht lassen zu können; was das Bewußtsein fordert, nicht erfüllen, was es verwirft, nicht hindern zu können, also auch Empfindungen und Wahrnehmungen am Leibe zu haben, welche ein Gesundheitsgewissen als nicht sein sollend klar bezeichnet. Schmerzen, Schwäche, Schwindel, Müdigkeit, Sexualnot sind auch solche leiblichen Zustände. An dieser Stelle findet sich die Linie, welche Medizin und Seelsorge nicht etwa trennt, sondern verbindet.
Genau hier entsteht auch die Psychoanalyse, über die ich in Ihrem Kreise einige allgemeine Bemerkungen machen möchte. Der Zeit der Feindseligkeiten und Mißverständnisse ist eine der Annäherung theologischer Kreise gefolgt. Ich möchte vielleicht im Einen wie im Andern den Ausdruck einer tieferen Verwandtschaft erblicken, die man bisher wohl noch nicht hinreichend klargestellt hat. Einige Andeutungen in dieser Hinsicht müssen genügen. Zunächst liegt eine Verwandtschaft im Ausgangspunkt, sofern nämlich die christliche Theologie und die Psychoanalyse das radikal Böse im Menschen erkennen. Beide, die Lehre von der Erbsünde und die Lehre von der gleichfalls z. T. ererbten ursprünglichen Tendenz zum Vatermord, zum Inzest und zur Destruktion, anerkennen ein ursprüngliches Böses. Es ist daher theologisch nicht sinnvoll, diesen Behauptungen der Analyse einen Protest entgegen zu setzen. Zwar ist der Protest verständlich aus dem Überraschungsmoment, welches darin liegt, daß die Psychoanalyse als scheinbare Neuigkeit jedem Einzelnen das Messer auf die Brust setzt und ihn solcher verbrecherischer Regungen bezichtigt. Wer solche Erkenntnisse nicht in sich erfahren, sondern nur lehrhaft übernommen hat, neigt gewiß zu einem Gefühl wie etwa »so schlimm war die Lehre doch wohl nicht gemeint«. Wir dürfen aber annehmen, daß sowohl die Lehre wirklich so schlimm gemeint war

und daß die Sachen selbst wirklich so schlimm sind. Eine zweite Übereinstimmung bezieht sich auf die Haltung des gläubigen Helfers und andererseits des Analytikers. Ich meine die Stellung gegenüber der Abwegigkeit eines *anderen* Menschen. Ich möchte Sie fragen, ob nicht die Behauptung erlaubt sei, daß in dem Auftreten Jesu, auch der Apostel, eine sozusagen tiefsinnige Verwischung des Unterschiedes von Sünde und Krankheit liegt, die den Sündigen jedenfalls nicht am Gesetze mißt, sondern gleich als wie einen Kranken behandelt. Dies ist eine Wandlung, die wohl den eigentlichen Ursprung der christlichen Lebenshaltung tief und wesentlich ausdrückt. Bei einer Handlung eines Menschen, welche dem moralischen Bewußtsein widerspricht, so fühlen, als ob der Betreffende in gleicher Weise hilfsbedürftig wie ein Kranker sei, das könnte man als die Amoralität des Christentums bezeichnen, und ich sehe nicht, daß diese Amoralität nicht wenigstens vergleichbar sein sollte der des Psychotherapeuten, welcher sich gewöhnt hat, die Sünden und Laster der moralischen Systeme als Krankheitssymptome zu behandeln. Endlich ist drittens eine gemeinsame Bewegung gerade der paulinisch-protestantischen Linie und der Psychoanalyse gegen den natürlichen Zustand des Menschen aufzuzeigen. Ein Protest und dann eine großartige Unternehmung der Reinigung wird gegen den naturhaften Zustand ins Werk gesetzt. Ein solcher Purismus setzt voraus, daß wir dem bloß natürlich Gegebenen und so Seienden sein Recht und seine Wahrheit bestreiten, indem wir entdecken, daß hinter dem körperlichen Symptom noch etwas steckt, nämlich ein Geistiges oder ein Seelisches, und wiederum, daß hinter dem Bewußtseinsinhalt eines Menschen noch etwas steckt, nämlich etwas Unbewußtes; das, welches dahinter steckt, gibt aber dem unmittelbar Erscheinenden erst den rechten Sinn, die rechte Deutung.

Vielleicht möchten Sie aber einwenden, daß solche Parallelen sich eigentlich nur auf ein kleines Teilgebiet, eben das der medizinisch-pastoralen Grenzfälle beziehen. Der moralisch-natürliche Grenzfall sei eigentlich eine Ausnahme und sei eben der Fall der Neurosen, die doch zum Glück nicht jeder habe, sondern eine kleine Minorität. Sie sei eine Abnormität, mit der, wie mit andern, die Gesellschaft sich irgendwie abzufinden habe. Gerade diese Wendung soll uns aber belehren, daß eine solche Aussonderung eben nur ein gesellschaftliches Problem ist. Wir sondern die Neurose ab, wenn wir sozial denken, nicht wenn wir das Wesen des Menschen

bestimmen wollen. Ich sagte schon, daß die Neurose ein sozialer Schwellenbegriff ist und daß das Prinzip, nämlich die sinnliche und geistige Entzweiung, nicht irgend ein Fall, sondern *der* Fall, der Fall des Menschen ist, von dem überall gilt: tua res agitur. Im übrigen ist gerade der puristische Protest der Psychoanalyse ein Beweis, wie wenig die sozusagen sozialhygienische Einschränkung in der Psychotherapie berechtigt ist, angesichts dessen, was hier nun einmal vor sich geht und bereits geschichtlich übersehbar, seit dem Auftreten Freuds stattgefunden hat. Nach Adler soll die Sozialisierung eines Menschen das Ziel aller Psychotherapie sein, ohne daß freilich je gesagt wird, welche Gesellschaft denn nun eigentlich die hier gemeinte ist. Und es gibt doch einander schlechthin ausschließende verschiedene Gesellschaftsformen. Wir müssen begreifen, daß gerade der am meisten Gereinigte, vielleicht in Ihrer Sprache der pneumatische Mensch, aus seinem Verband herausgetreten ist und so der Asozialste eines Kreises werden kann. Historisch gesprochen: Religionsstifter machen jedesmal das problematisch, was ihrer Zeit »sozial« bedeutet.
Wir haben vorhin den zweiten Punkt erreicht. Die Ordnung der Erkenntnisstufen nimmt ihren Weg durch leibliche Vorgänge hindurch, nicht über sie hinweg. Ein besonders falsches Bild der Psychotherapie entsteht, wenn man sie als einen Austausch von Seeleninhalten, Gedanken oder Gefühlen vorstellt. Wie einfach wäre es, hätten wir dem Kranken nur einiges, was wir erkannten, mitzuteilen! Er muß uns sagen, was ihm fehlt. Wir schaffen nur den Raum dazu, daß er es kann. Können wir es nicht oder stecken wir ihn nur mit unseren eigenen Gefühlen an, so wird wenig Therapeutisches sich ereignen. So ist die Behandlung nur als Dialog kräftig. Freilich, sie ist dann auch nur ein Dialog. Man muß zugeben, daß dieses auch eine Schwäche ihrer Methode ist. Die Welt besteht nicht nur aus zwei Menschen, und unsere Situation bekommt davon eine gewisse Armut und zuweilen einen Mangel an Realität. Bedenken wir aber, daß gerade dieser Mangel dort nötig ist, wo ein Kranker von sich weg in Realitäten flüchtet, die gar nicht die seinen sind, und sich damit den nötigen Entscheidungen entzieht, sei es nun die Hausfrau, die sich im Abstauben und Aufräumen ermüdet, oder der Mann, der in beruflicher Pedanterie die Flucht vor sich selbst mit Pflichterfüllung maskiert. Therapie heißt diese Flucht abschneiden, das Bewußtsein auf sich selbst zurückführen und in die Zwangslage bringen, in deren Spannun-

gen und Krisen Entscheidungen allein fallen können, aus einem Zwang fallen müssen. Ein solcher Zwang wäre nun, wie ich glaube, unmöglich, wäre nicht allgemein jeder seelische Vorgang einem solchen Zwang unterworfen. Die Fiktion einer Freiheit schlechthin kann die Psychotherapie sich am wenigsten erlauben. Wir sind geneigt, etwas, was wir selbst zufällig können, auch bei einem andern Menschen als ein zu Könnendes naiv vorauszusetzen. Wir sagen dann »ich kann nicht begreifen, daß ein Mensch so etwas tun kann«. Diese Redeweise muß sich abgewöhnen, wer behandeln will. Der Zwang nun, also das, was vom Leibe hereinragt in die Seele oder (anders ausgedrückt) was leiblich ist an der Seele, oder (anders ausgedrückt) das Unbewußte, oder (anders ausgedrückt) die Triebe, all dies Hereinragende ist der Teil, den PAULUS, wenn ich recht verstehe, »σαρξ« nennt, und damit auch das umfaßt, was er »ψυχή« nennt. (Terminologisch ergibt sich gegenüber der modernen Psychologie also die Schwierigkeit, daß sie mit »Psyche« das umfaßt, was PAULUS Pneuma nennt. So hat die paulinische »Psyche«, ebenso wie die moderne, noch an einem andern, aber nicht demselben Reiche Teil: die Psyche des PAULUS am Fleisch oder Leib, die der Modernen am Geist.) Und ich finde auch bei PAULUS nun die Ordnungsregel: ἀλλ' οὐκ πρῶτον τὸ πνευματικὸν ἀλλὰ τὸ ψυχικόν. Die Wandlung oder Wende geht über das Fleisch, über den Leib. Sie ist Trans-Substantiation.

Bekenntnis unter Scham, Analyse unter Erschütterung sind vielleicht gerade darum wirksamer als Belehrung, Ermahnung oder Befehl, weil sie die Person des Kranken dort treffen, wo an seinem Leibe etwas vor sich gehen muß. Wir wissen es ja, daß wir erröten oder erblassen, Herzschlag und Atmung sich verändern, kurz, daß die organischen Funktionen andere werden, wo solche tieferen Regungen stattfinden. Es ist das schärfste Kriterium einer nicht bloß oberflächlichen geistigen Veränderung, wenn am Leibe des Kranken sich etwas verändert, und dies muß der lichten Klarheit der Erkenntnis vorangehen. Die neue Erkenntnis ist auch in einer Therapie nicht Ursache, sondern Frucht einer Wandlung, sei sie auch noch so unbedeutend.

Wir müssen bei der Betonung des Wortes »vorangehen« noch verweilen. Sie können einwenden, daß die Psychotherapie die Mittel der Erziehung, die sich auch der Gewalt und Strafe bedienen muß, bestreite. Sie bestreitet aber gar nicht, daß diese Mittel bestimmte Erfolge haben können, aber sie geht nicht von den

Erfolgen, sondern von den Mißerfolgen solchen Verfahrens aus. Sie bleibt nicht bei ihrer Betrachtung stehen und hält wenig von dem Rezept gewisser biologisch und eugenisch orientierter Leute, welches etwa lautet: was gesund ist am Volkskörper, soll leben, was krank ist, soll zugrunde gehen. Und eine ihrer wichtigsten Einsichten ist diese, daß jede Erziehung und jede Anwendung des Gesetzes (sei die Exekutive eine bloß moralische oder sei sie Gewalt) zugleich eine der Bedingungen der Verfehlungen ist. Die Psychoanalyse findet, daß der erzieherische Akt und die durch ihn gesetzte Notwendigkeit, daß das Kind seine Lust und Neigung unterdrückt und gegen sie handelt, gerade der erste Anstoß zur späteren Verfehlung oder Übertretung ist. Das Kind macht die Erfahrung, daß es die Gunst und Liebe des Erziehers nur wiedergewinnt, wenn es gegen seinen inneren Antrieb, in dem ja Lust und Überzeugung noch ungeschieden sind (der also gleichsam beides enthält), handelt, d. h. gehorcht. Dieser Verrat am eigenen innersten Antrieb, dieser Abfall von sich selbst wirkt fort wie geheime Schuld und ist dem erwachseneren Bewußtsein unkenntlich geworden und unerreichbar, und bleibt doch dunkler Drang zu einer Wiedergutmachung, die in nichts anderem bestehen könnte, als eben das Verbotene, worauf Verzicht geleistet war, gleichsam als Sühne zu tun. Rechthabenwollen und Rache wie jeder Trotz sind nichts anderes als die dazugehörenden Regungen gegen Personen, welche auf irgend eine Weise Repräsentanten jenes ersten Erziehers geworden sind. Die Sühne also dieses mehr oder weniger unbewußten Schuldgefühls und die Rache an einem andern Menschen sind nur zwei Seiten desselben Vorgangs; der subjektive Zwang zur Verfehlung, allgemeiner gesprochen, des Symptoms, stammt aus dem Zwang der Erziehung, aus ihrer Gehorsamseite, ihrer Moralität usw. Dieses Verhängnis der moralischen Erziehung kann gerade die Theologie schwerlich beklagen, sondern vielmehr besser verstehen als eine exoterische Wissenschaft, wenn sie sich der großartigen Einsichten entsinnt, die Paulus Römer 7, 7 bekundet mit den Worten: »Hätte ich doch von der Lust nichts gewußt, wenn das Gesetz nicht gesagt hätte: laß dich nicht gelüsten. Die Sünde hat das Gebot benutzt, um alle Lüste in mir ins Leben zu rufen, denn ohne Gesetz fehlt der Sünde das Leben.« Die Ausführungen dieses Kapitels sind mehr als ein Ringen um dieses Problem, denn als eine Überwindung zu erkennen. Es ist eine Hauptschwierigkeit analytischer Psychotherapie, daß Arzt und

Patient sich vor dem Dilemma sehen, eine bestehende Ordnung riskieren zu müssen. Nimm das Gesetz weg, und es erscheint die Gesetzwidrigkeit, verschärfe das Gesetz, und die Verfehlung oder das »Symptom« wird verschärft; denn in so vielen Fällen steht das Symptom an derselben Stelle wie in dem vorhin betrachteten moralischen oder theologischen Fall die Sittenwidrigkeit, das Vergehen oder das Verbrechen. Die Ordnung, welche wir riskieren und deren Durchbrechung die Folge sein kann, wiewohl nicht muß, kann eine öffentliche oder private, in jedem Falle mindestens eine zeitgebundene sein, nicht selten aber auch eine, die, wie die der Ehe, Familie oder Blutsverwandtschaft, hinüberleitet von den historischen zu den naturgesetzlichen Bildungen und Bindungen.

In solcher Therapie muß auch ein Stück von Scham, Geheimnis und Naivität gebrochen und der Abschluß gegen die unbewußte Unterwelt zerstört werden. Der Wert der Unberührtheit dieser Bereiche ist in dem Augenblicke problematisch, wo ein Mensch neurotisch ist. Wäre ihr Wert uneingeschränkt, so hätte der Kranke ja auch kein Symptom gebildet. Nachdem aber dies geschehen ist, ist die Unbewußtheit und Scham bereits ein Schein geworden für den, der das Symptom zu deuten weiß. Zerstörende Energien haben bereits zu wirken begonnen, als die Zerstörung der Therapie, die sich gegen diesen Schein richtet, einsetzte. Man kann aber auch sagen, die Neurose selbst sei ein Mittel, wodurch zerstörende Energien von einem Gebiet auf das andere verschoben werden. Lassen wir, wie manche wünschen, die Neurose auf sich beruhen, so strömen ihre Kräfte in den größeren Verband der Gesellschaft ein. Überlassen wir den Unfallneurotiker sich selbst, so wird er auf dem Gebiet politischer Kräfte aktiv werden durch seinen Protest, seine Anklage und seine Fähigkeit, Mitleid zu erwecken. Nicht anders in der Familie, wo die gehemmten Energien des Liebeslebens zur schlechten Laune im Hause führen. Die schlechten Launen des Hausherrn übersetzen sich in die Spannungen seiner gesellschaftlichen oder geschäftlichen Handlungen, und die schlechten Launen der inneren Politik erscheinen wieder in den Gewalttaten der äußeren Politik. Man kann nun wohl die Heilung eines Symptoms opfern, um den relativ friedlichen Spiegel der bewußten Psyche den Stürmen der Therapie nicht auszusetzen. Aber man muß wissen, daß dieser Verzicht an anderer Stelle Rechenschaft fordert. Auch wenn wir praktisch darauf verzichten, jedes neurotische Symptom von der Wurzel ausrotten zu wollen, müssen wir doch wissen, daß jene Kraft, welche die Neurose aufbraucht und verzehrt, unverfügbar bleibt für das Individuum und daß der eigentliche Sinn des Symptoms nun wirksam wird in seiner Umgebung, gerade als ob es eine Quantität der Unwahrheit gäbe, welche unzerstörbar bliebe und dabei ihren Ort wechselte. So meine ich: das Recht und die Notwendigkeit der Psychotherapie wird nur erhöht, wenn wir auf ihre allgemeinste Anwendung auf alle Betroffenen verzichten und uns gerade darum auf eine symbolische Einschränkung auf Einzelne, vielleicht wenige, angewiesen sehen. In jedem Falle ist die Neurose eines Menschen ein Zeichen, daß etwas Neues in ihm ans Licht will. Gewiß ist sie schlimmer als der Besitz dieses Neuen selbst. Aber sie ist doch besser als der ungestörte alte Zustand.

Welche Kraft ist es denn nun eigentlich, welche solchen objektiven Bewegungen den Impuls gibt? Es ist eine der angefochtensten Thesen der Psychoanalyse, daß es der Geschlechtstrieb (Libido) sei. Und man sagt dann, unser Handeln z. B. sei noch durch anderes bestimmt und FREUD sei darin materialistisch und einseitig geblieben. Indes haben empfindlichere Ohren von Anfang der Psychoanalyse an hinter der materialistischen die mystische Natur dieser Lehre bemerkt und die Enthaltung verstanden, welche darin liegt, wenn der wissenschaftliche Mensch das größere Wort meidet und von der Liebe schweigt. Neurose war ja das Thema und nicht Liebe, und Neurose wurde gedeutet als Fixierung der Libido an das Symptom und an das Ich. Es bedarf keines großen Schrittes der Interpretierung, um zu verstehen: der Neurotiker liebt nicht richtig oder nicht genug. Sein Sexualtrieb, seine Libido ist »falsch« fixiert, anstatt verfügbar zu sein. Sie ist gebunden statt beweglich, erstarrt statt lebendig. Geheilt werden wäre dann so viel wie lieben lernen. Der Weg dahin freilich erträgt nicht die gebundene Marschroute einer erkennbaren Welt der Ordnungen und Werte der Liebe, deren Rangstufen nur vom Ende, nicht vom Anfang des Weges sichtbar sind. »Liebe in jedem Sinn« gilt vielmehr dort, wo der Durchbruch zum neuen Menschen (auch in des Wortes bescheidenster Bedeutung) unabänderlich Verfehlung gegen den alten sein muß und die felix culpa zwar nicht eine Forderung, aber doch ein Gesetz des Werdens bleibt.

Ich würde nie ein so großes Wort wagen wie etwa, daß auch die analytische Therapie aus der Liebe kommen müsse. Das Wort

»müssen« stört. Es wäre der erste Verstoß gegen die Grundregel: nicht das Müssen, sondern das Können zeigt den Beginn der Therapie an, und der Wortsinn von θεραπεύειν ist nicht das Heilen, sondern das bescheidenere Pflegen. Überdies wird der Arzt bezahlt. Es ist ein großes Glück für ihn, wenn er nicht vom Schein des Seelenretters und Menschenfreundes umstrahlt ist. Er soll etwas können, und er darf nicht zu viel wollen. Er ist auch nicht so sehr aufgerufen, Menschen zu bilden, sondern sie allererst möglich zu machen. Das Übrige, das Ganze, mag die Schöpfung selbst tun.

Ärztliche Fragen

Vorlesungen über Allgemeine Therapie

Inhalt

Vorwort zur 2. Auflage

Zwei Bemerkungen möchte ich dieser, in allen Hauptsachen gegen die erste unveränderten Ausgabe beifügen. Die eine betrifft das starke Vortreten der Neurose in einem Umriß der »Allgemeinen Therapie«. Es sind nicht nur zufällig-persönliche oder historische Gründe daran schuld. Die Betonung der Neurose symbolisiert vielmehr die Einführung des menschlichen Subjekts in das anatomisch-physiologisch orientierte Denken der Medizin – nicht mehr, aber auch nicht weniger. Da man nicht von einer Medizin ausgehen kann, welche es, ich möchte sagen dürfen, *noch* nicht gibt, so muß man von der deutlichsten Einbruchstelle des Subjektiven in ihre bisherige Form ausgehen. Das war der eine Zweck der Schrift.

Der andere Punkt kreist um das Wort »philosophisch«. Eine unbequeme wissenschaftliche Idee gehört immer in eine andere Wissenschaft; die eigene braucht sich dann nicht mehr in Frage zu stellen. Ein solches Sich-in-Frage-stellen war freilich zu allen Zeiten etwas Philosophisches. Das Wesentliche daran ist aber nicht, daß man sich philosophisch verhält, sondern, daß man in dem eigenen Sachbereich neu und anders *fragt*. »Neu« ist dabei gewöhnlich zugleich etwas Altes, genauer: etwas immer Vorhandenes, aber Auszugrabendes. Ich muß daher einigen wohlwollenden Kritikern gegenüber sagen: das Lob einer eventuellen Philosophie, welche die folgenden Blätter enthalten sollen, wäre unerwünscht. Wenn in ihnen noch etwas Philosophie geblieben ist, was Medizin werden müßte, dann ist es eine der vielen Unvollkommenheiten der Schrift, nicht der Sache. Denn es handelt sich nur um die Medizin.

November 1934 v. Weizsäcker

1. Begriff der Therapie

Die Lehre der Medizin pflegt die Diagnose der Therapie voranzustellen; man müsse erkennen, um zu handeln. Die Erfahrung des Arztes aber bildet sich umgekehrt; wir müssen handeln, um zu tieferer Erkenntnis zu kommen. Die Lehre kann die Erfahrung vorbereiten, aber aus der Erfahrung erst fällt Licht auf die Lehre. Kommen wir vom Gelernten her zuerst ans Krankenbett, so sind wir ein wenig ratlos. Hier ist eine Situation, welche die Pathologie nicht beschrieben hatte: der Kranke hat ein Subjekt, ein Ich. Und das ist nicht das einzige: er ist in einer besonderen Umwelt, die wir ebenfalls nicht beherrschen. Beides, seine Innenwelt und seine Umwelt, müßten wir, so merken wir, wenigstens so weit meistern, daß wir Einfluß auf die Krankheit nehmen, mit ihr kämpfen können. Dabei machen wir die Erfahrung: Innen- und Umwelt sind selbst nicht immer gesund. Genau betrachtet, gehört ihre Störung sogar mit der Krankheit zusammen, so daß das Ganze *ein* Vorgang ist. Zuerst aber begann man neben der »Speziellen Pathologie und Therapie« Psychotherapie und Soziale Therapie auszubilden, Innenwelt und Umwelt also ebenfalls zu spezialisieren. Da sie aber mit der eigentlichen Krankheit zusammengehören und weil das alles doch ein Zusammenhang, ein untrennbares Geschehen ist, müssen wir streben, wieder zu einer einheitlichen Medizin zu gelangen. Weit entfernt von diesem Ziel begegnen uns doch da und dort Situationen, Probleme, Erfahrungen, die in der Richtung weisen. Einiges wenige davon betrachten wir in dieser Vorlesung.

Zuerst: *Was ist Psychotherapie?* Wollen wir dies wissen, so müssen wir fragen: Was ist Therapie? Das griechische Wort bedeutet wohl ein Pflegen oder Helfen, kein Heilen. Denn Heilen, das kann nur die Natur selbst; der die Wunde behandelnde Arzt kann sie nicht schließen und vernarben machen, er kann nur Schädliches fernhalten, Günstiges herbeischaffen, also die Heilung ermöglichen. Therapie ist also die Anwendung von Mitteln durch den Arzt zur Ermöglichung natürlicher Heilung.

Der Arzt aber ist ein Einzelner, ein unteilbarer Mensch, und ich behaupte, es gibt auch nur *eine* Therapie, nicht viele Therapien. Vielfach sind nur die Mittel. Demnach wäre der Ausdruck Psychotherapie ebenso irreführend wie das Wort Hydrotherapie oder

Elektrotherapie. Ist demnach nur gemeint, daß Psychotherapie soviel sei wie Therapie mit einem besonderen Mittel? So einfach liegt der Fall hier nicht. Es ist nichts dagegen zu sagen, daß man klimatische, diätetische, medikamentöse, chirurgische Mittel und Methoden unterscheidet. Aber ist das Seelische einer Methode unterwerfbar?

Der Sprachsinn der Worte *Seele* und *Psyche* ist durch die Bewegung von Religion zu Wissenschaft so zweideutig geworden, daß wir unterscheiden müssen. Für das medizinische Bedürfnis wird die Lage klar, wenn wir festsetzen, daß bei dem Worte Psychotherapie es sich stets um leibseelisches, nach dem älteren Ausdruck um psychophysisches Geschehen handle. Machen wir uns deutlich, was dies im System therapeutischer Methoden heißt.

Wenn Sie die überschüssige Salzsäure in einem Magen mit Bikarbonat neutralisieren, so spielt sich dies in einem rein chemisch begreifbaren Vorgang ab. Anders schon, wenn Sie dem Herzinsuffizienten Digitalis darreichen. Der dynamische Effekt am Herzen ist hier nicht das einzige. Wir haben dazugelernt, daß auch die Gefäße beeinflußt, daß die Diurese begünstigt wird. Ebenso wirkt Insulin auf die Tätigkeit der Glykogenspeicherung, aber auch der Zuckerverbrennung. Hier wirkt das Mittel an verschiedenen Stellen auf verschiedene Art, aber gleichsam systematisch und einheitlich auf eine bestimmte biologische Funktion, die nicht ohne weiteres aus den Teilwirkungen aufzubauen möglich wäre. Man muß dazu die Struktur, den organischen Zusammenhang voraussetzen. Noch weniger gelingt dies, wenn wir Wirkungen einer Diät, eines Klimas verstehen und analytisch aus einfachen naturwissenschaftlichen Vorgängen zusammensetzen wollten. Und doch sind solche in großer Zahl mit im Spiele. Wie erst würde sich dies alles in höherem Grade herausstellen, wollten wir nun gar die Wirkung des Arztes selbst mit der ganzen Summe seines Einflusses, seiner Worte und Verrichtungen verstehen? Sein Rat muß nicht nur gegeben, sondern auch befolgt werden; und dies zu erreichen ist oft der schwerste Teil seiner Kunst. Urteil, Gefühl, Wille und Instinkt des Kranken widerstreben oder gehen falsche Wege, und ihre Lenkung und Überwindung ist also hier der Teil, den wir vorhin Mittel und Methode nannten. Urteil, Gefühl und Wille des Kranken sind in *jeder* Therapie der »Vorgang«, der, gleichsam als höchste Ebene aller anderen Vorgänge, doch zugleich ihr unterstes Fundament ist, auf dem allein Therapie möglich wird.

Was wir leiblich-seelischen Zusammenhang, psycho-physische Abhängigkeit zu nennen pflegten, das ist ja nur eine Art höherer Physiologie, in die sich alle spezielle Physiologie einbettet. Da dies so ist, so stoßen wir hier unfehlbar mit unserem tieferen Begreifen von Aufbau und Wesen der Therapie auch an das Wesen des persönlichen Menschen, an Moralität, Freiheit und Glauben des Menschen. Sie sind nicht die Frucht der Therapie – sie sind der Grund, in dem sie wurzelt. Keine Therapie aber macht das Bewußtsein hiervon so deutlich und so kritisch als die sogenannte Psychotherapie. So ist zu verstehen, daß sie gerade, wie Sie wissen, so leidenschaftlich abgelehnt wie gefordert wurde.

Man hat die methodische Psychotherapie abgelehnt, weil man meinte, die Seele dürfe nicht durch zuviel Verstand entweiht und der toten Materie verglichen werden. Denn Sie haben gehört, daß Hypnose, Suggestion, Psychoanalyse und Psychagogik lernbare Techniken sein sollen wie die anderen der Naturwissenschaften auch, nur daß diese für jene »höhere Physiologie«, welche die Psychologie wäre, nicht genügten. Zumal Erziehung könne nicht nach materialistischen Regeln geschehen, denn sie müsse aus der Kraft der Person, aus dem Sein und Wert des Erziehers kommen.

Wie soll man hier entscheiden? Wir treffen hier eine vorläufige Entscheidung, die nicht zu schwer ist und gute Gründe hat: die als *Neurose* bezeichnete Krankheit ist für die methodische Psychotherapie ein gut erkennbares, abgrenzbares Gebiet. Genug Erfahrung lehrte, daß bei Neurosen die methodische Behandlungsart der Psychotherapie gewiß nicht die einzige, aber doch eine vielfach kostbare und unentbehrliche Waffe ist.

Es gibt indes noch andere Gründe als den Erfolg, um hier methodische und wissenschaftlich begründete psychische Behandlungsart zu verlangen und sich dem freien Spiel der Intuition und der unbewußten Persönlichkeitswirkung zu widersetzen. Ein Grund ist, daß diese durch Überlegung und Kritik nicht kontrollierte Weise, dem Kranken zu begegnen, eine Quelle der Selbsttäuschungen über Richtung und Folge des ärztlichen Einflusses wird. Die nur persönliche und nicht objektiv-sachlich motivierte Beziehungsform zwischen Arzt und Kranken kann zwar Heilungen ermöglichen und Werte schaffen, die in eben der Gemeinschaft von Arzt und Kranken sehr fruchtbar und befreiend sind. Aber damit ist eben nur dieses Stück Gemeinschaft gestiftet, doch damit noch nicht die Freiheit zu solchen anderen Gemeinschaften, um deren Störung willen der Kranke gerade zum Arzt getrieben wurde. Was bisher in Ehe, Freundschaft, Volksgemeinschaft durch die Neurose gestört oder zerstört war, wird durch die neue Bindung an den Arzt noch nicht wiederhergestellt, wenn diese nicht eine überindividuelle kontrollierende Instanz enthält, wodurch die neuerworbene Fähigkeit zur Gemeinschaft auch in anderer Verbundenheit betätigt werden kann. Wir sehen aber hier, daß nicht eine irgendwie auszufüllende Fähigkeit zur Verbundenheit existiert, die nun beliebig anwendbar ist; vielmehr kann nur *Benanntes*, Vorhandenes, bestimmte Menschen, Gruppen, Volkspersönlichkeiten die Verbundenheit ermöglichen, die in der Neurose ferngehalten und verloren erscheint. Nicht Abstrakta, sondern solche mit persönlichem Namen bestimmte Wirklichkeiten sind es, die dem Kranken verlorengingen und denen er sich in der Genesung wieder zuwenden kann.

In diesem Sinne ist auch von der Formel von der »Ganzheit« der Person, von der Forderung, »den ganzen Menschen« zu behandeln, nicht viel zu halten. Diese Formel darf nur bedeuten, wir sollen mit Umsicht und Übersicht alles Wichtige einbeziehen und uns nicht an der Behandlung eines Zahns, einer Beschwerde genügen lassen. Aber die Formel würde eine wichtige Einsicht geradezu verhüllen, wenn sie mehr, nämlich die Behandlung des Wesentlichen im Menschen bedeutete. Gerade die letzte Bestimmung eines Menschen kann nie Gegenstand der Therapie sein. Es wäre Blasphemie. Wir dürfen die Zusammenfassung aussprechen: Psychotherapie hat mindestens zweierlei Bedeutung, denn sie enthält etwas, was jede Therapie enthält, nämlich das Persönliche; und sie will es in besonderer Weise verwirklichen als methodische Neurosentherapie. Wie weit dies zweite, das methodische Verfahren, über die Neurosen hinaus auf andere Krankheiten anwendbar sei, dürfen wir hier offenlassen, weil die Erprobung hier noch gering, die wissenschaftliche Basis noch schmal ist.

Den weiteren Weg wollen wir nun aber nicht abstrakt von den Methoden aus nehmen. Vielmehr werden wir vom *Sprechzimmer* ausgehen, die Beschwerde des Kranken und sein Symptom betrachten, und dies soll hier der erste Abschnitt sein. Beschwerde und Symptom sind die subjektive und die objektive Seite des gleichen Geschehens; beide interessieren uns gleich stark. Wir sehen dabei, wie ein Symptom sich bildet; in einer Not verändern sich die Funktionen, erscheint die physiologische Fehlleistung. Ist sie stark oder währt sie lange, so kann daraus ein sichtbarer Strukturschaden des Organs entstehen. Der Ausgang entscheidet über Herstellung oder Zerstörung.

So erwächst aus diesem Thema die *Frage der Ursachen*. Da wir in der Not geneigt sind, anzuklagen, schärft sich auch unser Verstand zum Fragen. In der Angst aber schwanken wir zwischen Verzicht und Hoffnung. So glauben wir bald das längst schon Vorbestimmte, Unabänderliche, bald wieder das nur augenblicklich Störende und zu Beseitigende in der Krankheit zu erkennen. Konstitution ist so der unabänderliche, Trauma der vermeidbare Anteil der Ursachen. Wie groß der eine und der andere Teil am krankhaften Vorgang sei – davon hängt ja wieder die Aussicht auf Herstellung ab!

An dritter Stelle muß sich so entscheiden, *wo der Hebel der Therapie einsetzen muß*. Wir sollen Irreparables nicht verändern wollen, sondern Gewöhnung und Anpassung erstreben. Wir dürfen auch nicht bei Reparablem ermüden, sondern müssen selbst unter Gefahr die Störung zerstören. Für Psychotherapie ergibt sich daraus eine Zweiteilung. Suggestion, Hypnose, Schlafmittel bedeuten wohltätige Anpassung an unabänderlich Gegebenes. Psychische Analyse, Erkenntnis und Erziehung fordern Sieg über Trauma, Störung und Schicksal. Diese Arten und Stufen der Therapie enthalten also die Ihnen wohlbekannten methodischen Gegensätze. Wir müssen sie aber heute ganz praktisch auffassen, und nicht als Ausdruck weltanschaulicher Ideen. Wir finden den Unterschied des Irreparabeln und des Wiederherzustellenden in der ganzen Medizin wieder.

Die vierte der zu lösenden Aufgaben entstand nun aus einem ernsten *Konflikt des Arztes mit seinem sozialen Gewissen*, zunächst aber aus einer Erkenntnis der Ursachen der Neurosen. Es ist nicht zweifelhaft, daß die Neurose in allen sozialen Gruppen, in allen nach Ökonomie, Klasse oder Stand so verschiedenen Volkskreisen eine zunehmende Rolle spielt. Dabei zeigt sich, daß die Individualtherapie, den Besitzenderen zugänglich, wiewohl langwierig und kostspielig genug, den Nichtbesitzenden vielfach noch vorenthalten ist. Zum Unterschied der Anwendbarkeit der Therapie tritt aber auch ein Unterschied der Veranlassung der Neurose. Wo persönliche Ereignisse privaten Lebens neurotisch verarbeitet wurden, ist die Individualtherapie gewiß am Platze. Wo aber die soziale Not der wirtschaftlich Sinkenden oder der Erwerbslosen mit Neurose beantwortet wurde, da gälte es nicht individuell, sondern sozial zu handeln. Der Eingriff in die ungünstige Situation wäre dann aussichtsreicher und auch ehrlicher als die therapeutische Gewöhnung an die Notlage. Die sozialpolitische Reform wird hier ein angemesseneres Mittel sein als die Individualtherapie. Sozialpolitik aber kann nicht erfolgen ohne Politik: diese enthält die führende Kraft. Unvermeidlich treibt so die Zuwendung zur Aufgabe der Neurosenbekämpfung soziale Therapie, diese Sozialpolitik und die wiederum Politik aus sich hervor. Was hier nun am Beispiel der Neurose so deutlich wurde, gilt entsprechend für den Aufbau des ärztlichen Dienstes überhaupt.

Und hier erreichen wir wiederum die Grenze. Wo muß dieser Aufblähung und Überbürdung des ärztlichen Tuns und Denkens ein Ziel gesetzt, eine Rückkehr zur eigentlichen Aufgabe gewiesen werden? Unvermeidlich liegen in dieser Frage die schwersten Aufgaben künftiger Ordnung des Gesundheitsdienstes.

Damit ist aber das Thema der Berufsbegrenzung nur nach einer Richtung aufgewiesen. Es gibt noch an anderen Stellen ein solches beunruhigendes Überfließen nach fremdem Bereich. Denken Sie einmal nach, wenn ich Ihnen sage, daß nicht ganz wenige von den besten Psychotherapeuten, die in unserem Lande wirken, Nachkommen von Pfarrern oder Theologen sind. Es ist leicht zu verstehen, wie es kommt, daß hier, ich würde nicht sagen ein Erbfaktor, sondern ein Erbgut im geschichtlichen Wandel übergleitet vom Beruf des Seelsorgers zu dem des Arztes. Nicht die Ärzte haben sich die Zuwendung zur Not der Seele angemaßt; die Kranken, die jetzt zu ihnen kamen, waren doch dieselben, welche dasselbe Leid vormals zum priesterlichen Freund und Vater brachten. Es ist die Säkularisierung der mittelalterlichen Kirche, es ist auch der Weg vom Glauben zur Wissenschaft, welcher die vormals kirchlich geschützten und gebundenen Bereiche freilegt und verfügbar macht für ärztliche Sorge. Es ist aber doch die Geschichte des Glaubens, welche diesen Weg gehen mußte, und auch hier ist Arzttum in Gefahr, dem Anspruch zu folgen, dem zu folgen es nicht bestimmt noch fähig ist.

Ein drittes Randgebiet liegt endlich dort, wo sich das Vertrauen des Kranken vom wissenschaftlichen Arzte ab- und vorwissenschaftlichen Naturmächten zuwendet: es ist das sogenannte Kurpfuscherwesen, von dem aber, nehmen wir das Wort beim Namen, es nicht viel weniger innerhalb der durch Approbation geschützten Medizin wie außerhalb dieses Standeszirkels gibt. Die Vertrauenskrise der wissenschaftlich-approbierten Medizin ist aber nur eine Teilerscheinung in der Krise der Volkserziehung überhaupt. Und die erzieherische Aufgabe, die sich die Psychotherapie oft setzt, ist ihr überall dort zugeflossen, wo die Erziehung aus den Kräften der Kirche, Schule und Bildung nicht mehr gelang.

So ist nicht mehr unklar, daß die Durchforschung gerade der Grundlagen und Methoden der Psychotherapie schließlich in eine Bestimmung des *ärztlichen Berufes* und seiner Grenzen mündet. Erörtern wir diese, so werden wir aber überall nicht nur begriffliche Bestimmung suchen, sondern auch die *praktischen Möglichkeiten* in der Ausübung zu verstehen streben.

2. Angst, Symptom und Krankheit

Beschwerde und Symptom sind nur zwei Seiten desselben Vorganges in der Krankheit. Das »Psychische« und das »Somatische« kann man auffassen wie zwei Organe oder Organsysteme, welche der Mensch nach den beiden so verschiedenen Hemisphären der Welt hin ausgebildet hat. So erscheinen uns die subjektive Beschwerde und das objektive Symptom nur wie zwei Darstellungsweisen derselben, aber verborgenen Sache. Wie man aber in der Algebra eine Unbekannte in gewissen Fällen nur aus zwei sie enthaltenden Gleichungen ermitteln kann, so wäre die Beschwerde allein, oder das Symptom allein, ein vieldeutiger und unzuverlässiger Führer; wenn wir sie zusammenhalten, erschließt sich uns das Wesen des Zugrundeliegenden.

Das haben wir in den ersten klinischen Vorlesungen deutlich genug erfahren. Sie sahen eine Chorea minor (Sydenham) und einen hysterischen Tik mit multiplen Zuckungen, die ein Laie kaum unterschieden hätte. Das waren zwei Kinder. Der einen Störung lag die Infektion, der andern ein erzieherischer Mißgriff zugrunde. Sie sahen ferner zwei Gangstörungen; der einen lag ein Kleinhirndefekt, der andern, der hysterischen, eine Wirtschaftskatastrophe zugrunde. Dann erinnere ich Sie an den Kranken, der nichts als die Beschwerden eines Neurasthenischen, und jenen anderen, der nichts als nervöse Kopfschmerzen vorzubringen hatte; beim einen fand sich eine Tabes dorsalis, beim andern eine leichte Meningitis; beide litten an Syphilis.

Wir dürfen also schließen: organisch und hysterisch (neurotisch) Kranke können einander ähnlich sein in den objektiven Symptomen, aber auch ähnlich in den subjektiven Beschwerden, obwohl Verschiedenes zugrunde liegt. Wir sprechen deshalb von einer *Ausdrucksgemeinschaft* organischer und neurotischer Störungen. Erst wenn wir in genauer Analyse Beschwerde und Symptom, aber auch Entstehung und Verlauf vergleichen und zur Deckung bringen, erschließt sich die Verschiedenheit im *Wesen* des Vorgangs. Es genügt nicht ohne weiteres, die Summe der Symptome, das objektive »Syndrom« zu betrachten. Selbst komplizierte Syndrome können bei hysterischer Störung eine so große Ähnlichkeit mit organischen Bildern annehmen, daß dem Erfahrensten die Diagnose schwerfällt, wenn er nicht die psychische Innenseite zu Hilfe nimmt. So bekam ein Kranker nach einen Bruch des 1. Lendenwirbels ohne Rückenmarksschädigung nach völliger Ausheilung eine hysterische Bein-, Blasen- und Potenzlähmung, also ein Bild, welches sehr gut durch eine Rückenmarksschädigung der betroffenen Gegend hätte entstehen *können*. Parkinsonismus und hysterische Zitterneurose, Thalamusherde und hysterische Halbseitensyndrome können zum Verwechseln ähnlich aussehen.

Sprachen wir also angesichts solcher Ähnlichkeit oder Gleichheit nicht mit Unrecht von »Ausdrucksgemeinschaft«, so scheint dies Wort in anderer Hinsicht bedenklich; da hier dieselbe Erscheinung gerade Verschiedenes anzuzeigen liebt, so wäre statt von Ausdruck wohl besser von Zeichen zu sprechen. Das Bedenken gilt freilich auch von echten Ausdrucksmitteln: auch das Erröten der Wange, die Formen der Handschrift sind nicht ein-, sondern mehrdeutig! Aber dies eben darf uns anregen zu fragen, ob nicht doch hinter jener Ähnlichkeit oder Gleichheit pathologischer Erscheinungen oft ein gemeinsames Reales, eine organischen und hysterischen Zuständen gleichermaßen zukommende einfache Wirklichkeit steht, die sie ausdrücken. Hat die Mehrdeutigkeit ihren Grund, so muß auch die Ausdrucksgemeinschaft einen haben. Es ist nicht so schwer, ein Gemeinsames aller Krankheit zu finden, was schon in ihrem Begriffe liegt: wir wollen das Wort *Not* dafür brauchen, das ebensogut bewußt Erfahrenes, wie unbewußt Geschehendes bezeichnet.

Versuchen wir demnach, ob der gemeinsame Charakter des *Notstandes* es ist, welcher der Ausdrucksgemeinschaft zugrundeliegen könnte. Da ist mit unseren Beispielen zunächst wenig anzufangen. Jene Krankheiten haben einen oft dunklen Ursprung und eine lange Geschichte hinter sich; das Ergebnis verstattet wenig von der Art abzulesen, wie es zustandekam. Wenden wir uns aber zu den stürmischen Ereignissen, mit denen Not ihren plötzlichen Eingang in ein Leben hält, so ist sogleich eine Fülle von dem zu beobachten, was wir hier suchen. Der seelische Ausdruck solcher akuter Not ist die *Angst*, und wir fragen: gibt es auch eine *Physiologie der Angst?* Die liegt nun auf der Hand: wir sehen Blässe, Schweiß, Herzbeschleunigung, Zittern, Schwäche und Schwindel. Besondere Fälle zeigen Drang zu Urin- und Stuhlentleerung, zur Onanie; Sträuben der Haare, Flucht oder Erstarrung befällt Tiere wie Menschen. Die Mehrzahl dieser Symptome ist also nichts anderes denn eine ganz bestimmt gerichtete Funktionsänderung im Bereiche des vegetativen Nervensystems und Organs. Ein merkwürdiges Syndrom, an dem es schwerfällt, einen biologischen Zweck, einen psychologischen Sinn abzulesen: vom Phänomen der Angst scheint keine rationale Brücke zu ihrer physiologischen Begleitung zu führen. Und doch ist auch diese, wie mir scheint mit einem gewissen Erfolge, von CANNON (1915, 1932) zu schlagen versucht worden. Er fand, daß verschiedene Eingriffe bei Tieren, die Schreck und Angst hervorrufen müssen, eine gemeinsame Folge, nämlich eine Adrenalinausschüttung der Nebenniere, haben. Bei Schmerzreizen, Erstickung, Trauma, Kälte, Schüttelfrost zeigte er, daß die bekannten charakteristischen Wirkungen eintreten, daß sie aber bei Fehlen der Nebennieren oder des sympathischen Systems ausbleiben. Und Sie bemerken jetzt leicht, daß die Wirkungen des Adrenalins in der Tat mit den Begleiterscheinungen der Angst an Herz, Pupille, Vasomotoren, Pilomotoren, Schweißsekretion eine weitgehende Gleichheit aufweisen. Ist hier ein Mechanismus gezeigt, der das physiologische Verständnis vereinfacht, so bleibt noch zu fragen, ob er Zweck und Nutzen für das bedrohte Individuum habe. Auch dies meint CANNON (1928) zu bejahen, indem er daran erinnert, daß am Herzen, nach ORBELI u. a. auch am Skelettmuskel, eine *raschere Erholung* nach Tätigkeit durch den Einfluß des Adrenalins und des Sympathikus erzielt werde. Die zugleich erfolgende Zuckerausschüttung muß dann den höheren Bedarf unterstützen. Abwehr, Flucht oder Kampf, rasche Bereitschaft und Durchhalten werde so begünstigt, die Anpassung an die gefährliche Umwelt verstärkt.

Wir müssen freilich vom Forscher im Laboratorium diesen Optimismus der Angstdeutung nicht unbedenklich übernehmen. Uns hat das Furchtbare und Gefährliche der Angst zu sehr betroffen, als daß wir mit CANNONS Begriff der »Notfallsfunktionen« uns darüber beruhigen könnten: daß dieses Notstandsgeschehen nun gerade selbst zum Ursprung von krankhaftem Geschehen wird. Denn darüber ist kein Zweifel: gerade diese hier beschriebenen Funktions*änderungen* erscheinen im Bilde der Neurose und besonders ihrer als Neurasthenie bezeichneten Abart, als Funktions*störungen*. Was wir beschrieben haben, ist zu guten Teilen nichts anderes als das Symptombild der Neurasthenie oder Neurose, nur daß es hier auch ohne Angst beim Kranken auftritt. Andere Fälle wiederum kennen wir, welche von Angst befallen werden, obwohl ein Notstand nicht erkennbar ist – sie sind angstkrank, wir sprechen von Phobien. Hier erfahren wir also etwas Neues. In der nach unserem Urteil begründeten, durch objektive Gefahr gerechtfertigten Angst sehen wir Angst und physiologische Notfallfunktion zusammen auftreten. Im Krankheitsfalle bemerkt man, daß die Angst und ihr physiologisches Funktionsbild sich trennen können: jede der beiden Erscheinungsweisen kann eigene Wege gehen und ohne die andere auftreten. Etwas Wichtiges muß geschehen sein, was diese Trennung bedingt; wir können es vorerst noch nicht verstehen.

Das Furchtbare, Großartige und Göttliche der wahren und in Not gegründeten Angst scheint jetzt verschwunden; und damit ist auch die Stellung des Kranken zum Symptom, die Stellung des Beobachters zum Kranken plötzlich eine andere geworden. Er betrachtet seine Beschwerde jetzt von außen, statt in ihr verhaftet zu sein: er spricht von seiner Beschwerde, nicht von der Gefahr, er findet, sein Herz sei krank, *»es«* arbeite nicht richtig usw. Wir wollen dies die *»Es-Stellung«* des Kranken zu seinem Zustand nennen. Er ist also objektiv, kritisch und distanziert geworden; er geht z. B. so weit, etwa zu sagen: »ich bin nämlich Neurastheniker«, wenn ihn von der medizinischen Begriffswelt etwas erreicht hat.

Bei solchem Anlaß wird deutlich, daß nicht nur der Kranke zum Symptom anders steht als der von Realangst Befallene, daß vielmehr auch der Beobachter, ja auch der Arzt zu veränderter Einstellung gezwungen wird. Wir Zuschauer sind jetzt nicht mehr ergriffen und damit einbezogen ins Geschehnis, sondern auch wir finden uns plötzlich objektiv, kritisch und distanziert. Die physiologischen Symptome der Angst üben auf unser Gemüt, wenn die Realangst fehlt, keine oder eine ganz andere Wirkung aus. Wir empfinden sogar oft Zorn, Ärger, Abneigung, Lachlust, Mitleid oder Scham gegen diese Klagen. Der Arzt ist von diesem Umschwung nicht ausgenommen. Überläßt er sich der Regung ursprünglichen Gefühls, so mischt sich in seine Hilfsbereitschaft eine unverkennbare Gegenströmung der Abneigung und der Skepsis. Und mein Rat ist, daß Sie diese Regungen nicht übergehen, sondern sich ganz klarmachen, denn sie haben etwas für Sie und die Sache Wichtiges zu bedeuten. Das Erlebnis bedeutet, daß Sie nur dort behandeln dürfen, wo Sie eine Not und eine Krankheit auch anerkennen, daß Sie die Behandlung weigern müssen, wo Sie den Notstand insgeheim leugnen. Wir finden, es müsse eine Freiheit zur Entscheidung hier geben. So selbstverständlich dies Moralische hier klingt, so wichtig ist die praktische Konsequenz, die nämlich lautet: es muß eine *freie Arztwahl* geben. Wo der Arzt die Freiheit der Ablehnung hat, muß auch der Kranke, welcher ihn anruft, eine Freiheit der Ablehnung haben. Gewiß kann es keine unbegrenzte Freiheit geben, aber ein Spielraum der Wahlfreiheit ist unerläßlich.

Aber eine solche Regelung bringt doch nur eine äußerliche Lösung des Problems. Die Gewissensfrage bleibt bestehen: was bedeutet das Auftauchen eines den Patienten abwertenden Gefühls im Arzte? Eine unärztliche Haltung schleicht sich ein; aber wir dürfen uns kaum darüber wundern, daß eine solche Wandlung eintritt, nachdem wir begriffen haben, daß auch im Kranken jene Wandlung aus Angst in Krankheit geschah; er konnte sie nicht durch Mut besiegen, sondern floh in die Symptome und in den Schutz, den sie gewähren können. Dies braucht nicht immer nachweisbar zu sein: viele Menschen scheinen kleine Beträge von Angst immer wieder in Symptome verwandelt zu haben und so jeder großen Angst sich von vornherein geweigert zu haben. Eine Umdeutung des Lebensinhaltes geschah damit, und wir spüren sie im Schuldgefühl des Kranken ebenso wie in der moralisierenden Ablehnung seines Beobachters. Und eben hierbei dürfen Sie nicht stehenbleiben. Denn eben jenes Schuldgefühl, bei jedem neurotisch Kranken nachweisbar, beweist, daß in ihm ein Widerstand gegen das eigene Ich vorhanden und nur eben jetzt unwirksam ist. Die Abwertung des Arztes würde, von seiner Aufgabe her gesehen, daher nur bedeuten, daß er nicht den Willen oder nicht die Kraft oder nicht das Mittel besitzt, diesem Widerstand des Kranken gegen sich selbst zu Hilfe zu kommen. Hinter der Abwertung verbirgt sich das Eingeständnis der eigenen Unfähigkeit, und wenn er den Kranken in bezug auf sein Krankwerden wertet, so wertet er damit sich selbst in bezug auf seine eigene Hilfskraft. Wie sollte er überhaupt wissen, ob er derselben Angst oder dem gleichen Notstande siegreich begegnet wäre. Welchen Maßstab besitzt er, um die Größe des Widerstandes, den der Kranke seiner Tendenz zur Krankheit entgegensetzte, zu messen? Keinen.

Wir wiederholen die Folgerung: Wir können die Behandlung ablehnen, und wir müssen es, wenn wir nicht Lust, Kraft und Mittel zur Hilfe zu besitzen meinen. Eine Abwertung des Kranken bedeutet aber eine verborgene Abwertung der eigenen Hilfsfähigkeit. Neben der Folgerung steht nun eine Erkenntnis: Degeneration, Minderwertigkeit, Konstitutionsschwäche erweisen sich als ihrem Wesen nach nicht individuale, sondern als soziale Begriffe. Sie dürfen vom Einzelnen nie gebraucht werden; man würde die ärztliche Haltung damit zerstören und nur eine Proportion zwischen Arzt und Patient ausdrücken, in der eine Abwälzung auf den letzteren läge. *Minderwertigkeit bezeichnet demnach hier die Grenze des Wertes, den ein Mensch einem andern geben kann*, also eine *soziale Proportion*, kein absolutes Maß; in diesem Sinne ist Minderwertigkeit ein allmenschliches Unvermögen.

Ziehen wir hieraus sogleich eine wichtige sozialmedizinische Folgerung. Sie wissen, daß wir als Ärzte oft, z. B. im Versicherungswesen, die Verwertbarkeit eines Menschen beurteilen müssen. Im heute noch in Kraft stehenden System muß diese Verwertbarkeit als *Arbeitsfähigkeit* ausgedrückt, in Prozenten angegeben werden, so als ob wir jenes absolute Wertmaß besäßen. Hat unsere Überlegung aber recht, so müssen wir fordern, daß nicht ein abstraktes und absolutes *Maß*, sondern ein sozialer und konkreter *Ort* für diesen Wert angegeben werde. Wir müssen eine Ordnung erstreben, in der überhaupt nicht gewertet, sondern die besondere *Verwendbarkeit* gefunden wird. Die Findung der Verwendbarkeit im Gegensatz zur Wertung der Arbeitsfähigkeit wird als Ziel künftiger medizinischer Sozialpolitik uns noch eingehend beschäftigen.

Sie werden also frei entscheiden, *ob Sie im Kranken die Not anerkennen, und dann, ob Sie seine Behandlung sich zutrauen dürfen.* Die Beobachtung des praktischen Lebens zeigt aber auch die Kehrseite dieser schönen Freiheit: in der Anerkennung und in der Behandlung geht der Arzt leider oft denselben Weg weiter, den der Kranke ging, statt ihn zu zwingen, ihn zurückzugehen. Er nimmt die geschehene Umdeutung von Not in Krankheit hin, nimmt mit ihm die Es-Stellung zur Krankheit ein, verzichtet auf die Analyse der mehrdeutigen Symptome und geht mit ihm den Ausweg in der Richtung des geringsten Widerstandes. Das Gefälligkeitsattest, die Identifizierung mit der Es-Deutung des Symptoms, die Fixierung der Krankheit durch unangemessene Formen der Therapie sind die Folgen, die uns noch beschäftigen werden. Dies bedeutet aber, wie wir noch sehen werden, die Bekämpfung einer Not am falschen Ort und mit falschen Mitteln. Achten wir zum Schlusse hier noch auf eine andere wichtige Folge dieses Weges. Wir haben den Zweckmäßigkeitsoptimismus der Angst-

und Notfalldeutung des Physiologen als Kliniker nicht teilen können; zu großen Eindruck machte uns der Weg von der Notfallfunktion zum nervösen Symptom. Wir werden zu noch ernsterer Einschränkung des Prinzips biologischer Zweckmäßigkeit gedrängt werden, wenn sich zeigen sollte, daß vom nervösen Symptom auch eine Entwicklung zur organischen Krankheit führt. Ist dies der Fall, dann würde die Therapie der Funktionsstörung zugleich eine Prophylaxe der Krankheit bedeuten.

3. Gesundheit und Wahrheit

Das Wiederaufleben der physiologischen Reaktionen des Notstandes (CANNON) in den Symptomen der nervösen Erkrankung ist nicht der einzige Grund, warum wir uns in der Pathologie von der optimistisch-biologischen Beurteilung solcher Erscheinungen abwenden. Die Denkweise DARWINS würde in radikaler Anwendung selbst die Krankheit als nützliches Mittel der Auslese ansehen (den Arzt also als Störenfried in diesem Selektionsfortschritt empfinden). Es wäre das ein unangenehmer, ein verhängnisvoller Optimismus. Ist dieses auch kein Einwand gegen die Theorie der Selektion, so könnte doch die Beschreibung des Geschehens falsch sein. Und wichtiger als etwa ein Einschlag von Pessimismus ist die Beobachtung, daß in der Entwicklung zur Funktionsstörung die *Subjektivität* nicht übergangen werden kann. Indem ein Mensch aus der Not die Tugend einer Krankheit bekommt, indem die moralische Reaktion zum pathologischen Symptom wird, ist etwas wie eine Sinnfälschung geschehen, die unser Wahrheitsgewissen zur Kritik reizt. Der Ausdruck »Flucht in die Krankheit« ist freilich zu moralistisch, da es sich um eine Ebene der Existenz handelt, die mit Feigheit und Mut eines Individuums nicht zulänglich erfaßt wäre. Der Übergang von Ich in Es ist mehr als ein nur moralischer Vorgang. Finden wir aber die Moralität zu eng, so mag uns das Wort *Wertung* hier helfen, um auszudrücken, daß wir das Ganze hier nicht erfassen, wenn wir die Schicksale der Subjektivität ausschließen.

Eine praktische Forderung, die *freie Arztwahl*, und eine theoretische These, die *soziologische Deutung des Minderwertes*, ergaben sich daraus. Für den ärztlichen Bereich darf Minderwert keine absolute Größe sein; er bezeichnet nur die Grenze des Wertes, den ein Mensch einem andern geben kann. Damit ist eine feste Basis für eine Kritik der Wertgebungen erlangt: wir wollen ja z. B. erfahren, was *behandlungswürdig* ist, was nicht. Sicherlich das nicht, dessen Behandlung aussichtslos ist. Mit Recht wurde in unserer Diskussion gesagt, das Vertrauen zum wissenschaftlichen Arzt habe Not gelitten, weil er den Kranken zu oft die Wahrheit verschwiegen habe.

Hier war es kein Zufall, daß unsere Diskussion sich auch auf die Frage warf, ob *Angst*, und insbesondere *Todesangst*, zu behandeln sei.

Nachdem einmal begriffen ist, daß der Neurotische im Erkranken ein Verbergen fertigbringt und daß er dies durch sein Schuldgefühl verrät, muß uns ein solcher Vorgang überhaupt den größten Eindruck machen. Nun erinnern wir uns, wie oft wir auch beim unneurotischen Organkranken das Aufflammen von Schuldgefühlen gesehen haben; wie er im Prodromalstadium mit sich kämpft, ob er nachgeben darf, in der Rekonvaleszenz, ob er noch krank sei. Oft genug bedeutet schwere Krankheit die Revision einer ganzen Lebensepoche, und einige Male waren wir enttäuscht, wenn jemand nach glücklicher Heilung immer noch derselbe wie zuvor war – als hätten wir ein Recht, der Krankheit ein erneuerndes Vermögen zuzuschreiben. Mehr noch: Wie ein Wille zum Tode niemandem schlechtweg zu verwehren ist, so ist auch ein Wille zur Krankheit etwas, wozu der Kranke ein Recht in sich zu finden scheint. Über die neurotische »Flucht in die Krankheit« hinaus sehen wir beim organisch Kranken zuweilen ein Sich-stürzen in die Krankheit. Als Wille zum Kampf umschließt er auch einen Willen zum Opfer. Es ist die Würde dieses Geschehens, welche uns dann auch abhält, dem Kranken die Wahrheit über sein nahe bevorstehendes Ende hemmungslos vom objektiv distanzierten Verstande her mitzuteilen. Der Arzt, als der Gesunde, findet hier eine Grenze. Weder kann er ihm die Nähe der Todesgefahr einfach lügenhaft vorenthalten, noch ist ihm die brutalste Eröffnung des Todesurteils erlaubt. Beides würde dem Kranken das Sterben seines eigenen Todes nicht eröffnen, sondern eher verschließen. Das eine würde ihn verführen, das andere aber zerstören. Eine Erziehung zum Tode hin, nicht eine Tatsachenforschung und -mitteilung wäre die »Therapie der Todesangst«. – Ist der Arzt am Bette des Todkranken demnach in die Ordnung einer Erziehung zum Tode hin gestellt, als Glied einer Kette, so wäre nicht nur die Erziehung des vom Tode Bedrohten durch ihn, sondern vielmehr seine eigene Erziehung durch den Kranken, der verloren ist, das, worin die gestellte Aufgabe sich erfüllen muß. Zwingt uns auch die Sachlichkeit, die Aufgabe der Erziehung von der des Arztes abzuheben, so sind wir doch, auch als Ärzte, in die umfassendere Ordnung des Lebens zum Tode hin gestellt und ihr verpflichtet. Dem Kranken die Qualen, welche das Sterben begleiten können, rücksichtslos zu erleichtern, ist ein Recht des Arztes, ja eine seiner dankbarsten Pflichten; von keinem albernen Rigorismus darf er sich einreden lassen, er dürfe hier einer Vorsehung nicht in den

Arm fallen. Wo aber der Kranke die Wahrheit über seine Bestimmung *selbst* sucht, wird der Arzt den schwereren Weg der Erkenntnis mit ihm zu gehen haben. Er wird sich dem um so weniger weigern, je mehr er selbst die allgemeinste Ordnung des Lebens zum Tode in seinem eigenen Sein zu verwirklichen begonnen hat. Dies ist dann freilich ein viel höherer und härterer Dienst am Kranken als die Morphiumspritze. Hier also finden wir ein eindringliches Beispiel der Unmöglichkeit, die einfachste Ebene der objektiven, tatsachenfreudigen Sachlichkeit im Berufe festzuhalten, als ob man das Darüber und Darunter der menschlichen Existenz verleugnen könnte.

Denn wohin sind wir gerade mit dem Beispiel der *Euthanasie* geraten? HIPPOKRATES forderte, den Unheilbaren auch gar nicht zu behandeln. Wo keine Aussicht auf Abwendung des Todes ist, da wäre für den Arzt nichts zu tun. PARACELSUS als christlicher Arzt wiederum lehrt, der Arzt habe mit dem Tode, dessen Stunde mit der Zeugung vorbestimmt ist, überhaupt nichts zu schaffen. Wir dürfen HIPPOKRATES nicht folgen, da wir PARACELSUS recht geben: der Sinn der Behandlung ist nicht, den Tod zu verhindern, sondern die Erfüllung des Lebens mit seiner Bestimmung zu ermöglichen, und die ist unberührbar von einer dem Verstande gegebenen Wahrscheinlichkeit der Todesstunde. Nicht die Verstandeswahrheit über die Todesnähe, sondern die Wahrhaftigkeit des Lebens ist es, die der Arzt nicht übergehen kann, wenn die Analyse des Erkrankens uns lehrte, daß *Gesundheit etwas mit Wahrheit, Krankheit etwas mit Unwahrheit zu tun hat.* Diesen Satz sprechen wir hier mit Bedacht so allgemein und doch bestimmt aus. Er ist mit einem Wall von Gefahren umgeben, und er ist zugleich eine so einfache und klare Leitlinie, daß wir mit ihm eine stattliche Summe unnötiger Vielwisserei und leerer Vieltuerei vom Arzte abbürden können. Alles würde falsch, verstünde man ihn so, als gälte es in jedem Falle mit einer Inquisition von Lebenslügen und Schuldverdrängungen zu beginnen. Nicht aus der Anklage, sondern aus der Erkenntnis kann sich der eigentliche Sinn dieser Idee ergeben und dessen, was hier Worte wie Wahrheit und Gesundheit eigentlich bedeuten. Wenig würde es auch helfen, wenn man sich auf die oft gehörte Formel der Individualisierung beriefe, wonach jeder Fall anders liege und man dem Mangel eines klaren Ursinnes der Krankheit durch ihre Zurückführung auf die »besonderen Verhältnisse« abhelfen könne. Hier ist dann die Gefahr, daß wir dem Spiel der besonderen Lage eine Entscheidung überlassen, die wir im Großen nicht zu treffen wagen. Es kann sich ferner erweisen, daß die *Behebung eines Übels einem anderen Raum gibt* und daß der unausweichliche Sinn der Heilkunst unter und nicht über diesem Gesetz steht. Ihr Aufkommen aus einem geistigen oder seelischen Notstand verleugnet die Krankheit ja so wenig, daß sie selbst im Kleide der Not einhergeht, und so wird, ist sie vorbeigegangen, das Unvollkommene sich als das Beständigere erweisen müssen. Es ist überhaupt nicht so, daß man den »Sinn« der Krankheit entweder aus einer biederen Moral oder aus einer spezialistischen Erklärung abzulesen vermöchte. Das »Unsinnige« in ihr ist eine positive Macht. Ein Optimismus wie der, daß krank und gesund sich wie unvollkommen und vollkommen verhalten sollen, ist nicht berechtigt. Wenn wir gesund geworden sind, dann sind wir eben dadurch wieder fähig zu erkranken. Der Mensch ist niemals ein Fertiger, immer ist sein Gleichgewicht labil. Immunität hinterlassen nur einige Krankheiten. Auf der anderen Seite ist Krankheit oft ein alle Kräfte für ein Ziel zusammenschmiedendes Ereignis. Die dem Kranken so auferlegte *Krankheitsarbeit* kann so anspruchsvoll werden, daß sie, höchster Werkgestaltung ähnlich, alle andere Leistung ausschließt. Wir haben auch erfahren, daß eine Krankheit den Hinzutritt oder das Fortbestehen einer anderen ausschließen, daß also Krankheit Krankheit aus dem Felde schlagen kann. Krankheit ist also nichts Negatives, denn sie ist dämonisch und geistig.

Doch nicht nur ein begriffliches Bestimmen, sondern ein genaues Sehen und Beschreiben kann lehren, welchen Anwendungswert ein Grundsatz, welche Bestätigungen die Erfahrung bieten kann. Der »unwissenschaftliche« oder von der Krankheit selbst betroffene Mensch sieht keine Schwierigkeit darin, daß Krankheiten aus seelischen Nöten oder geistigen Konflikten, aus der Sorge oder dem Kummer aufkommen und nimmt sich ein fragloses Recht, das Schicksal oder sich selbst dafür anzuklagen. Genug Beispiele, die er dem Alltag entnehmen kann, hat jeder von uns zur Hand. Einen bedeutenderen Zug bekommt dann die Erkrankung, welche im Lichte der Geschichte oder der von ihr ausgezeichneten Persönlichkeit in wichtige und allgemein erkannte Zusammenhänge eingreift. Historie und Presse gestatten jedem aufmerksamen Leser eine hier noch fehlende größere Sammlung zu erweitern. Hier etwa folgende Beispiele:

1. Primo de Rivera, der spanische Diktator, wird nach jahrelanger tatkräftiger Herrschaft gestürzt, muß sein Land verlassen, und stirbt nach wenigen Tagen im Auslande an einem Kreislaufleiden. 2. Antonina VALLENTIN (1930): »Briand kam müde und zermürbt an. Auch an ihm zehrte der Druck der letzten Monate. Der erschöpfte Organismus war für eine Krankheit reif. Das Fieber packte ihn, ein Ausschlag entstellte die Stirn, der zuerst wie ein harmloser Nesselausschlag aussah. Er ließ sich von der Arbeit nicht abbringen und verabredet bald nach seiner Ankunft eine Unterredung mit Stresemann. Aber der Unstern, der über Thoiry zu schweben schien, griff auch in diesem Augenblick ein. Am Vorabend des verabredeten Gesprächs brach das Fieber stärker in ihm aus. Der am nächsten Tag herbeigeholte Arzt stellte einen schweren Anfall von Gürtelrose fest. Stresemann drängte vergeblich, um eine, wenn auch noch so kurze Unterredung zu erzwingen. Doch der Arzt verbot dem Patienten jede Anstrengung und befahl die sofortige Abreise nach Paris.« 3. Stresemanns Leiden (chronische Nephritis). Antonina VALLENTIN (1930): »Gustav Stresemann wundert sich am meisten über die Schwere der Krankheit, die ihn überfiel. Er hatte Kranksein immer beinahe als Willensakt empfunden, als ein Nachlassen der eigenen Willenskraft, und auf einmal packte sie ihn aus der Überfülle der Kraft heraus, auf einem Höhepunkt seines Lebens.« 4. Aus KRUPSKAJA (1933), Erinnerungen an Lenin: In London: Schilderung der Vorbereitungen eines Parteitages und der fortwährenden Abwanderung der Revolutionäre nach Paris, der Säumigkeit der Mitarbeiter in Rußland, des Kampfes mit anderen Richtungen um die Einheit, der eigenen Isolierung und Verzweiflung. »Wladimir Iljitsch war so überreizt, daß er an einer schweren Nervenkrankheit erkrankte, dem ›heiligen Feuer‹, einer Entzündung der Nervenendigungen an Brust und Rücken. Er bekam einen Ausschlag, und ich versuchte, mich in einem medizinischen Nachschlagewerk zu informieren. Daraus schien hervorzugehen, daß der Ausschlag eine Art Gürtelrose sein müsse ... Auf der Reise nach Genf delirierte Wladimir Iljitsch und nach unserer Ankunft mußte er sich hinlegen und zwei volle Wochen zu Bette liegen.« 5. TROTZKI (in »Mein Leben« 1930) stellt dar, wie die oppositionelle Spannung zugleich mit der Krankheit Lenins zunimmt, und indem er sich gegen Philosophie verwahrt, philosophiert er darüber, wie diensteifrig das Zufällige dem Gesetzmäßigen hilft. »Allgemein gesprochen spiegelt sich das Ge-

setzmäßige des gesamten historischen Prozesses im Zufälligen wider. Will man die Sprache der Biologie gebrauchen, dann kann man sagen, daß sich die historische Gesetzmäßigkeit durch die natürliche Auslese der Zufälle verwirklicht. Auf dieser Grundlage entwickelt sich die bewußte menschliche Tätigkeit, die die Zufälle einer künstlichen Auslese unterwirft.« – Dann beschreibt er, wie er, drei Monate vor Lenins Tod, sich auf der Jagd eine Erkältung zuzieht, welche nicht völlig ausheilt, sondern in eine chronisch kryptogenetische fieberhafte Krankheit für die Dauer vieler Monate übergeht. Bei Lenins Tod ist er bereits schwer krank und sein Sturz ist damit besiegelt.

Wir sehen: in die biographisch-politische Krise ist die Krankheit eingesetzt, nicht nur als Begleiterscheinung, sondern als dramatische, die Entscheidung mitbestimmende Kraft. Die handelnde Person ist als handelnde von anderer Wirkung, indem sie erkrankt. Sie macht Geschichte, aber auch ihre Krankheit macht Geschichte; und daß sie krank wird, ist auch eine Folge davon, daß sie Geschichte macht und in der Krise steht. All dies sieht nicht nur so aus, sondern ist den handelnden Personen nicht selten auch bewußt: sie erfahren die Krankheit als ein Stück Willensakt. Obwohl man nicht weiß, was anders geworden wäre, so weiß man doch, daß es ohne die Krankheit anders geworden wäre. Und obwohl man nicht weiß, wie der Weg zwischen Willensbildung und Erkrankung hin und her führt, so weiß man doch, daß auch im Bewußtsein die Vorausssetzungen zu dieser Willensbildung und ihrer Fortsetzung in die Erkrankung zu finden sind.

Das zeitliche Zusammenfallen großer seelischer Wendungen mit schweren *Seuchen* (Pest, Syphilis) ist in der Geschichte oft bemerkt und als etwas Wesentliches begriffen worden. Auch daß in einer Seuche ein einzelner seelisch Erschütterter leicht ergriffen und dahingerafft wird, während andere immun bleiben, ist, besonders bei der Cholera, bekannt und anerkannt. Hegels und Niebuhrs Tod an dieser Krankheit folgte auf die Eindrücke der Pariser Revolution von 1830. Reichliche und leicht zu sammelnde Beobachtungen kamen uns aus der Klinik der Angina, aber auch der Nebenhöhlen-, Kiefer- und Zahneiterungen, und wiederum der Appendizitis zu.

Haben solche Erfahrungen in den Augen vieler Kliniker vielleicht mehr anekdotischen als wissenschaftlichen Wert, so sind sie dafür eindrucksvoller und überzeugender als so manches auf exakterem

Wege Gewonnene über die Bedingungen von Virulenz und Immunität. Aber die Basis ist noch schmal, und wir gestehen gerne zu: sie verbreitert sich nur wenig (und doch ein wenig), wo etwa die psychischen Einflüsse auf Entstehung und Verlauf von Krankheiten wie Asthma bronchiale, Morbus Basedow, Ekzem betrachtet werden; hier liegen ausführlichere Studien vor, die nicht hinter den Forderungen der Wissenschaft zurückbleiben. Und doch: eine völlige und sogar in bestimmter Richtung erschöpfende Erforschung finden wir nur bei der Psychologie der eigentlichen sogenannten Neurosen vor. Sie ist es doch, die uns Mut machen konnte, die Erkundung der sogenannten organischen Krankheiten auf ähnlich breiter und tiefer biographischer Grundlage anzustreben. Von der Neurosenforschung her also können wir Grundlegendes erwarten; wissen wir doch, daß wohl keine, auch nicht die »reinste« *Psycho*neurose einhergeht ohne ein ihr entsprechendes materielles, also physiologisch-funktionelles Syndrom. Hier wäre also der Ansatz für eine umfassendere Krankheitslehre, die einmal die Trennung in leibliche und seelische Entstehungsweise überwinden wird.

Dabei werden wir zuerst auf die *Ursachenforschung*, dann aber auf die Frage nach dem *psychophysischen Mechanismus* stoßen. Suchen wir nach Ursachen, so kann uns der Gesichtspunkt helfen, daß zwar der Einzelfall auch immer ein individuelles Eingehen auf die persönliche Entwicklung fordert; aber zugleich und gebieterisch bei der Sozialneurose finden wir in sozialen und historischen Verhältnissen ein Prinzip, mit dem das Verständnis leichter und die Ordnung der Erscheinungen bequemer und treffender gelingt als mit der individuellen psychologischen Analyse. Gehen wir dann zum Versuch, den Hergang der Symptombildung psychophysisch zu verstehen, über, so treffen wir auch hier zwei gegensätzlich gestellte Prinzipien. Das eine erkennt das faßbar-anschauliche Geschehen als letzthin angetrieben aus irrationalen Kräften – so groß erscheint die Unvernunft im Werden und Vergehen harmonischer, aber flüchtiger Bildungen. Eine *Trieblehre*, nicht weniger metaphysikhaltig als etwa die Lehren der theoretischen Physik, finden wir vor und müssen wir nicht traditionslos übergehen zu können meinen. Auf der anderen Seite haben wir schon im ersten Anlauf unserer Betrachtung die Unvermeidlichkeit des *Wertens* im praktischen und theoretischen Verhalten zum Kranken und der Krankheit entdeckt; die Wertung würde aber, soll sie nicht in

subjektiver Willkür entarten, gewiß nicht durch eine irrationalistische Trieblehre, sondern nur durch eine *vernünftige Ordnungslehre* zu veredeln und zu legitimieren sein.
Wird also der Ansatz einer Neurosenlehre geschichtlich und gegenwärtig eine via regia zur allgemeinen Krankheitsforschung bleiben, so darf das heute Angeführte doch dahin gedeutet werden: wir brauchen die Neurose nicht, um die Aufgabe zu finden und zu stellen: der Weg der Berührung zwischen Wahrheit und Gesundheit, Unwahrheit und Krankheit soll gesucht, wenn möglich, gefunden werden. Jede und gerade die »organische Krankheit« kann zu dieser Frage aufreizen, wenn wir uns ihr nicht einfach verweigern. Denn Beispiele zeigen dies: ein dramatisches, zuweilen ein großartiges Geschehen in Leben und Geschichte wird mit und durch die Dazwischenkunft der Krankheit in überraschender und doch lebens- und volksgeschichtlich nicht sinnloser Weise fortgeführt. Dadurch erlangt die Krankheit einen Stellenwert, das ganze Geschehen erfährt eine Ablenkung von seinem vorgehabten zu einem nun veränderten Sinn. Ein sinnvoller Wert geht so unter, aber seine Kraft kehrt in der neuen Richtung wieder. Nichts anderes meinte der Ausdruck *»Verdrängung«*, und der Fall der Verdrängung eines Affektes oder einer erotischen Regung ist nur ein Sonderfall unter dem allgemeinen Gesetz.
Wir fassen zusammen, was die *Einführung des Subjektiven in die Pathologie praktisch* bedeutet. Zwei wichtige Folgen ergeben sich nun für die Behandlung. Die eine wäre, daß, wenn Bewußtsein und Untergang von Bewußtem am Anfang der Erkrankung steht, es auch an ihrer Auflösung beteiligt sein muß. Wissen, Erkenntnis, Wiedererweckung von seelischer Strebung werden dann Heilmittel. Damit aber tritt ein zweites praktisches Problem in Erscheinung: es ist die *Einbeziehung der subjektiven Privatsphäre in den ärztlichen Bereich*. Wo ist hier die Grenze der Diskretion zwischen Arzt und Patient und weiter noch schwieriger, wo zwischen beiden und der öffentlichen Institution (z. B. Kasse), aus deren Interesse und auf deren Kosten die Behandlung erfolgt? Auch hier entwächst einer scheinbar nur theoretischen und manchem vielleicht nur philosophisch dünkenden Frage eine sehr aktuelle, ja eine politische Aufgabe.

4. Symptom und Erziehung

Der Satz, daß Gesundheit etwas mit Wahrheit zu tun habe, ist ein philosophischer, genauer: ein metaphysischer. Es wäre aber auch kein Widerspruch gegen diese metaphysische Ortsbestimmung, wenn wir sagen: er enthalte ein Stück Erfahrung; denn Metaphysik ist nichts anderes als eine Erfahrung aus metaphysischem Bereiche. Wir können uns dabei an große Erinnerungen anlehnen, und gewiß ist die berühmteste von ihnen das Wort des HIPPOKRATES: Gottähnlich der Arzt, der Philosoph ist. Indes es stammt aus derselben Zeit, da SOKRATES sagte, er habe die Philosophie vom Himmel auf die Erde herabholen müssen. Unsere eigene Zeit will ähnliches vollbringen. Holen wir unsere idealistische Definition der Gesundheit also auf die Erde herunter, so nimmt sie diese Form an: *Gesundheit hat etwas mit der Wahrhaftigkeit eines Menschen zu tun.* Wir beeilen uns aber, mit solcher Einführung des Subjektiven in die Medizin eine Warnung zu verknüpfen. Wie HEGEL (1837) gelehrt hat, die Geschichte bewege sich auf einem höheren Boden als dem der bloßen Moralität, so müssen die Krankheiten aus einem tieferen Grunde als dem einer bloßen Willkür oder eines alltäglichen Bewußtseins erwachsen. Um so schwerer ist dann aber die Verantwortung, welche die Einführung des Subjektes in die Pathologie mit sich bringt. – Psychotherapie nun ist die anschaulichste aller Anwendungen unseres Satzes. Denn sie ist zur guten Hälfte nichts als eine Anstrengung zur Wahrhaftigkeit. Sie ist auch eine Geschichtsforschung an dem Teil der großen Geschichte, mit dem wir selbst und unser Kranker in der Geschichte als Gewordene stehen und den wir den privaten, persönlichen oder inneren nennen mögen. Unsere Diskussion hat dann wieder die Aktualität des Themas »Subjektivität« gezeigt. Wir erörterten die Frage, ob nur eine freie Übereinkunft dem Arzt ein Recht auf die intime und private Sphäre des Kranken gebe, oder ob dies Eindringen vielmehr sogar eine Pflicht des Arztes sei, die er auch den Kranken auferlegen müsse. Nach der zweiten Meinung käme es dann zu einer Art von Enteignungszwang im Bereich des psychischen Privateigentums. Als Kern dieser Diskussion stellte sich hier die Frage nach dem Auftraggeber heraus und die extremen Gegensätze sind hier schließlich in denen von Einzelnem und Gemeinschaft, von Person und Staat kristallisiert. Juristisch übersetzt lautet die

Alternative: Privatvertrag oder Zwangsversicherung im Gesundheitsdienst, was für den Arzt kurz gesagt heißt: Privatarzt oder Kassenarzt. Wir führen diese Linie später weiter, wenn die soziale Krankheit zur Sprache kommt.

Denn um das Wesen *der Subjektivität* zu klären, müssen wir mehr als das wissen, was uns die Physiologie der Angst und die vegetative Symptombildung bei Neurasthenie, Organneurose und ganz gewiß auch der internen Krankheit lehrte. Bei diesen Krankheitsbildern betraf nämlich das Geschehen gerade jene der subjektiven Willkür anscheinend entzogenen und darum früher oft autonom genannten Organe und Funktionen. Und bei ihnen erweist sich der Appell des Arztes an Vernunft und Wille so oft als vergeblich. Die Ermahnung nützt nicht genug; das gütliche Zureden und die Anwendung von Gewalt hinterlassen einen mit Mißerfolgen gepflasterten Weg. Wir haben die Macht über diese inneren Funktionen verloren oder nie besessen. Wenden wir uns jetzt vorübergehend von ihnen ab, um die Leistung jener Muskulatur zu betrachten, die mit dem Namen der »willkürlichen« der Beeinflussung einen bequemen Weg verspricht. Sie vermittelt uns doch die äußere Tätigkeit in Arbeit und Muße, Handwerk, Sport und dem ganzen bewußten und verantwortlichen Leben.

Auch hier steht aber die Funktion in dem merkwürdigen Zwielicht von *Abhängigkeit und Freiheit.* Die analytische Psychologie ist nach dem Vorgange Freuds nicht müde geworden, Beispiele der unbewußten Determination der sogenannten Willkürmotorik aufzuzeigen. Und wieder finden wir (wie bei der Angstreaktion) Ereignisse beim gesunden Menschen, die dann überleiten zur Pathologie der Symptombildung. Sie kennen bereits jene Kranke, die auf dem Wege zur Hochzeit der Schwester sich den Fuß verletzte und im Anschluß daran das Symptom der hysterischen Beinlähmung bildete; Eifersucht war als Hintergrund ihrer Krankheits- und Heilungsgeschichte von ihr selbst zugestanden. Solche »Unfälle« haben wir nicht als Zufälle, sondern als Fehlleistungen der willkürlichen Innervationen verstanden. Für unzählige Beispiele stehe hier nur noch eines, welches wieder den Kontrast von individualer und sozialer Motivation der Neurose zeigen kann. Ein Arbeiter aus der Großindustrie bekam in einem besonders kalten Winter, als ihm wie vielen seiner Kollegen die Kohlen im Hause mangelten, den Befehl, neben der gewohnten Arbeit noch einige Kohlensäcke in den Keller eines der Direktoren zu tragen. Der ganz gesunde Mann fiel dabei auf der Kellertreppe so unglücklich, daß er den Kopf aufschlug. Der Aufprall war heftig genug und setzte ihn zunächst krank. Fortwährende Beschwerden, Arbeitsunfähigkeit, Entlassung, Arbeitslosigkeit, Neurose und Rentenprozeß waren die Folge. Diese Skizze enthält genug, um uns eine Vermutung über die seelischen Regungen und die Motivation der Fehlleistung nahezulegen. Sehen wir nicht einen, sondern viele derartige Vorfälle, so haben wir ein Recht, am Zufall in ihnen zu zweifeln. Freilich, die Tendenz, welche mit solchen individualen Konflikten und sozialen Klassengefühlen gegeben ist, verführt leicht zu stillschweigender oder offener Parteinahme. Hüten wir uns, dem Kranken überlegten Vorsatz zum Sturze zuzumuten. Beugen wir uns lieber der Erkenntnis, die Natur selber führe ihn bedeutungsvoller, als er selbst weiß.

Denn unser Zweck ist ja, zu ermitteln, auf welche Weise unsere sogenannte willkürliche Motorik diese Sonderbarkeiten im Alltag und diese Rätselhaftigkeiten in der Neurose zustandebringt. Zittern, Lähmung, Kontraktur, Anfälle haben ja überdies in der Hysterie eine Gestalt, die der gesunde Mensch gerade durch Willkür nicht recht zustandebringt; man kann die meisten echten Hysterien nur ganz unvollkommen künstlich nachahmen. Diese Symptome wie auch zahlreiche andere, das ist das Ergebnis der analytischen Studien, enthalten wie Fehlhandlungen *mehr* an Sinn, als ihre äußere Erscheinung zeigt. Der Ausdruck ist vieldeutig und darum weniger deutbar und ärmer an Inhalt als das, was hinter ihm wirksam ist. Die sogenannte willkürliche Motorik ist eben darum reicher an Gehalt, als ihre bloße Erscheinung zeigt, und sie kann etwas andeuten, was zur Realisierung drängt, doch in ihr selbst noch nicht realisiert ist. Dies heißt also, die Fehlleistung und das Symptom sei hier Vorläufer einer später möglichen, aber noch nicht gekonnten oder gewagten größeren Handlung. Diese wichtige und offenbar positive Bedeutung kann, wie wir einschalten dürfen, in der Vorgeschichte von Kriegen, Revolutionen und anderen Marksteinen der Geschichte in derselben Weise beobachtet werden. Auch hier erscheinen kleinere Ereignisse von unverständlichem oder widrigem Charakter, deren Zugehörigkeit zu einem großen, nachfolgenden Geschehen den meisten Beobachtern erst durch dessen Eintritt selbst erkennbar wird.

Es gibt noch andere Erfahrungsgebiete, die uns belehren, die willkürliche Muskulatur sei unwillkürlichen Innervationen weit mehr unterworfen als wir glauben. Wir denken an die Hypnose. In ihr weist schon die Tatsache, daß der Schlaf, den wir sonst unwillkürlich erlangen, der Willkür unterworfen wird, darauf hin, wie verschieblich die Grenzen des Willkürlichen und des Unwillkürlichen sind. Das gleiche gilt von der künstlichen Beherrschbarkeit der Merkfähigkeit in der Hypnose. Sie lehrt, daß Erinnern und Vergessen, denen wir sonst wenig befehlen können, dem Kommando des Hypnotiseurs unterworfen sind. Posthypnotische Aufträge zu bestimmten Handlungen zeigen, wie die Motorik der Skelettmuskeln einem unbewußten Befehl ebenso unterworfen ist. Das gleiche gilt von vegetativen Vorgängen, Erythemen, Papeln, Blasen, Warzen und Menstruation, die man gelegentlich hypnotisch beherrschen kann. Auch solche Experimente liefern den entscheidenden Beitrag zum Lehrgebäude der Pathologie: daß Sinnvolles und Verständliches auch dort zugrunde liegt, wo wir sonst gewohnt waren, einen solchen Sinn gar nicht zu suchen, weil wir uns mit dem Begriffe lokaler Disposition, spezifischer Allergie, Chemismus oder Mechanismus zu begnügen pflegten. So aber werden wir stutzig und wagen die Frage, ob nicht auch hier immer ein verborgener Sinn, ein vernunftähnlicher Zusammenhang, ein planvoll-geistiges Bilden zugrunde liege. Grenzen also jene hypnotischen und verwandte Phänomene ans Wunderbare für den, der sich bei den Krankheiten der Klinik (die doch oft dasselbe produzieren) nicht zu wundern pflegte, so wird dies nur daran liegen, daß wir uns über Unverstandenes zu wenig, über vom Geiste her sichtbar und offenbar Geschaffenes zu viel gewundert haben. Wir täten also besser daran, das geistig Unverständliche durch Forschung verständlicher zu machen, als in den »Wundern« der Stigmatisierung, Hysterie und Hypnose die Ausnahme von der Regel zu erblicken, die als Ausnahme uns von der Konsequenz entbindet, Analoges bei jedem Symptom der Pathologie zu vermuten.

Bleiben wir aber bei den Neurosen, weil sie dieser Forderung mit dem bisher größten Erfolg unterworfen worden sind, so sind wir mit den letzten Überlegungen an den ersten Hauptpunkt der Lehre gelangt: *neurotische Symptome sind von ihrem sinnvollen Ursprung abgerissene Erscheinungen*; wir lassen noch dahingestellt, wieweit der Satz über neurotische Symptome hinaus gilt; gewiß ist, *daß* er es tut. Der Satz fordert sogleich die Frage heraus: *welche Macht* hat das Symptom vom Ursprung abgerissen und, im Hin-

blick auf Therapie, welche Macht kann Leistungen und Sinnzusammenhang wieder verbinden?
Bei den Neurosen des Menschen antwortet auf diese Frage nach der Macht eine Einsicht, die für viele Fälle als ziemlich elegante Lösung des Problems gelten darf. Es ist die Einsicht, daß die meisten seiner äußeren motorischen Leistungen das Ergebnis einer *Erziehung* sind, also einer Summe von Eingriffen in die Funktion, die wir zur scharfen Charakterisierung als *»Traumen«* auffassen können. Eine Kette von Traumata ist es, wodurch die erziehende Macht, dargestellt durch Eltern, Pflege, Lehrer usw., eingreift in den Ablauf und die Richtung der Innervationen.
Lassen wir die Angst der Neurose, von der ja der Blick sich leicht auf die frühesten Traumen, das der Befruchtung und das der Geburt, lenken ließe, hier beiseite, so sind das erste Frieren und Hungern sowie das erste Schlafbedürfnis die Sphäre, in der auch die ersten erziehlichen Gewöhnungen durch die Mutter herausgefordert werden. Gegen Widerstand muß und soll sie die begrenzte Zahl regelmäßiger Mahlzeiten, den festen Rhythmus von Schlafen und Wachen durchsetzen. Ist dann die Zeit gekommen, so folgen die Forderungen des Abstillens, die Gewöhnung an den Löffel sowie ans Nachtgeschirr. Mit Lockung und Strafe wird der Eingriff in den Automatismus des Saugens an der gewohnten Brust, den Automatismus von Blase und Mastdarm durchgesetzt. Aber auch Stehen und Gehen, Singen und Sprechen sind durch Erziehung und Lernen beim Menschen erworbene motorische Leistungen. Und nachdem diese Erziehung sich durch längere Jahre immer weiter auf mehr vernünftig als triebhaft geforderte Bereiche ausgedehnt hat, kommt noch einmal die machtvolle Erziehung der gleich machtvollen Geschlechtshandlung. Übereinstimmend aber ist überall die durch Gewalt oder Gebote erfolgte Durchsetzung von neuen Ordnungen gegen ältere physiologische Abläufe und Rhythmen der Innervationen bestimmter Muskulaturen. Neue Assoziationen werden gefordert, neue, durch Konvention oder Sitte, Interesse oder Kultur bestimmte Ordnungen eingeführt und dann mehr oder weniger in Gewohnheiten übergeleitet oder in immer neuem Kampf entschieden. Jede solche Ordnung der Innervationen ist nicht hinreichend als eine feste Koordination im Sinne der Reflexsynthese zu beschreiben, sondern sie enthält ein bei verschiedenen Koordinationen sich gleichbleibendes Schema, das wir als *»kategoriales Verhalten«* bezeichnen wollen. Ein solches

kategoriales Verhalten also entsteht durch eine Macht. Funktionsweisen werden so gleichbedeutend mit Geboterfüllungen.
War also die Stiftung solcher neuer Funktionsweisen geknüpft an bestimmte Machtverhältnisse bei den Erziehungsakten, so ist dies auch bei ihrer *Beseitigung* zu erwarten. War das Resultat ein pathologisches, so wird auch die Therapie eine *Machtfrage* sein. Daß nun pathologische Symptome auf dem Wege über Gewalteingriffe zustandekommen, zeigt die Klinik am handgreiflichsten bei den traumatischen Hysterien. Da ist ein junger Soldat, der nach einem Hufschlag auf die Symphyse eine hysterische Harnverhaltung hat; ein Industrieller, der in der Jugend einmal über den Kopf überfahren, noch nach Jahrzehnten bei schwierigen Verhandlungen einen tortikollisartigen Tic bekommt, der durch Katharsis beseitigt werden kann; ein Versicherungsbeamter, der auf einem Verladeplatz von einer großen Kiste am Gesicht gestreift wird und eine Fazialis-Kontraktur behält, die nach der Abfindung prompt verschwindet; ein Bauer, der mit seinem Wagen auf dem Eisenbahnübergang von einer Lokomotive erfaßt wird und dem der Kopf in Seitenwendung stehen bleibt usw. – So bequem uns hier das Verständnis der Symptomwahl aus der traumatischen Situation gemacht ist, so wenig lernen wir gerade aus solchen Fällen über die tieferen Gründe der Beibehaltung und Fixierung der primären Reaktion durch Wochen oder Jahre; fragen wir danach, so sind wir nicht besser gestellt als bei der anderen Gruppe von Neurosen, in denen kein grobmechanisches Trauma vorliegt und bei denen die Forschung tief in die innere Lebensgeschichte und hier bis zu den der Erinnerung verlorenen Ereignissen vordringen mußte. Und dieser Weg lehrte nun so viel mit Sicherheit: *frühere und allerfrüheste Traumen haben in uns Spuren hinterlassen, welche Dispositionen zur Anknüpfung bilden, wenn neue Gewalteinwirkung zur Symptombildung neue Kräfte liefert.* Bekümmern wir uns dem Vorsatz gemäß hier hauptsächlich um die psychophysischen Symptome, und lassen wir die sogenannte reine Psychoneurose noch aus dem Spiel, so finden wir in der Tat gerade dort Funktionsstörungen, wo die Erziehung und die Macht der Gebote einmal wirksam und umordnend eingegriffen haben muß. Betrachten wir die folgenden häufigen Symptome der Neurosen, so begegnen wir allen jenen Leistungen wieder, von denen vorhin bei der summarischen Aufzählung der Erziehungstraumen schon die Rede war: Schlafstörung (zu wenig oder zu viel Schlaf), Miktionsstörung

(Enurese, Pollakisurie, Harnverhaltung), Obstipation und Durchfälle, Schluckstörungen, Erbrechen, Anorexie, Gangstörungen, Stottern und Sprachhemmungen, die Sexualneurosen (Onanie, sogenannte Perversionen, Impotenz und Frigidität, Vaginismus, Spermatorrhoe und vieles andere), Beschäftigungsneurosen. Ausnahmslos erfolgen diese Symptombildungen an dem Ort der Funktion, an welchem das Gebot einer erziehenden Macht einmal eingegriffen und ein kategoriales Verhalten zu erzwingen versucht hat – sei es mit vollem, halbem oder gar keinem Erfolg. Es gibt ja Neurosen, die gleichsam ein unverändertes Fortbestehen der *vor*erziehlichen Epoche und ihrer Funktionsweise darstellen, wie gewisse Stotterfälle oder Enuresefälle, deren Symptome immer bestanden haben.

Die *Traumalehre* der Neurosen nähert zwar dieses Gebiet gewissen Teilen der chirurgischen und internen Heilkunde merklich an; mit den Infekten, den exo- und endogenen Vergiftungen gestattet sie eine Analogie herzustellen. Aber um eine falsche Gleichsetzung zu vermeiden, müssen wir größeren Nachdruck doch darauf legen: Die *Gebotlehre* der Neurosen ist mit nichts in der anatomisch-physiologisch begründeten Medizin zu vergleichen; sie führt mit dem subjektiven Prinzip eine *Macht* ein, die einer physikalisch definierbaren *Kraft* niemals gleichzusetzen ist. Vermeiden wir es also, durch biologisierende Zwischenbegriffe den idealistischen Charakter, der mit der Neurosenlehre in die Medizin kommt, zu verwischen. Es hilft nichts, ihn zu verbergen, man muß sich doch zu ihm bekennen. Klarer als in der begrifflichen Definition wird dies an einer praktischen Konsequenz, die wir hier wieder an den Schluß setzen. Die Trauma- und Gebotlehre der Neurose bedeutet, daß ihre Symptome erworbene und auf sinnvoll verstehbarem Wege entstandene Verhaltungsweisen, nicht Eigenschaften des Organismus sind; sie ist also eine genetische Theorie. Sie entreißt daher der Zufallstheorie und der Konstitutionslehre ein Stück Land. Soweit wir die Neurosenanalyse vortragen können, soweit ist auch die Sinnlosigkeit des groben physikalischen »Trauma«, die trübe Resignation in konstitutionelle Erbbestimmtheit dieser Leiden zurückgedrängt. Wir verstehen, wie solche Voraussetzungen einen Enthusiasmus der Therapie beflügeln konnten, der trotz mancher Enttäuschung, in einer skeptischen Zeit, Großes gefördert hat.

Eine zweite Folgerung verspricht noch wichtiger zu werden. Wenn in der Neurose ein Erziehungsmißerfolg steckt, so verschiebt sich ein Teil Ursache und ein Teil Verantwortung vom Kranken zum Erzieher. Die Übernahme eines Stückes Ätiologie durch den Erzieher, sei er nun Vater, Mutter oder »Umwelt« in einem weiten völkischen und kulturellen Sinn, entlastet den Kranken von der Minderwertigkeit, die eine verständnislose und selbstsüchtige Umgebung auf ihn, den angeblich Wertlosen, anhäufen möchte. Eine solche Gemeinschaftsbetrachtung stellt der Therapie und Prophylaxe die wichtigsten und interessantesten Aufgaben und klärt auch die Schuldfragen, die hier unvermeidlich immer auftauchen.

5. Über die ärztliche Grundhaltung

Es wäre für uns zu bequem gewesen, zu sagen: die inneren Organe arbeiten unwillkürlich und unabhängig vom Ich, die Skelettmuskeln dagegen sind der Willkür unterworfen. Art und Grenze des therapeutischen Eingriffes wäre bei dieser Einteilung freilich leichter zu bestimmen; wir wüßten dann im voraus, daß wir Psychotherapie, diese so besonders schwere Kunst, bei inneren Erkrankungen unbedenklich sparen können. Aber Fehlleistungen, Hysterien, Neurosen und sogenannte Organneurosen, ja die scharf und unvoreingenommen beobachteten organischen Fälle werfen jene Trennung über den Haufen. Entstehung und Verlauf innerer, nervöser und organischer Leiden sind von Affekten stark bedingt, und Affekte sind wieder vom Ich, vom Willen nicht unabhängig. Für die angeblich unwillkürlichen Vorgänge in inneren Organen sind wir verantwortlicher, als wir vermutet, und unsere sogenannten Willkürbewegungen sind von unbeherrschten und unbekannten Mächten abhängiger, als wir gedacht. Der Schluß ist unvermeidlich: es gibt im Grunde nur *eine* Art von Leistungen und *jede Leistung ist sowohl »willkürlich« als »unwillkürlich«.* Wie aber sollen wir diese beiden Anteile bestimmen lassen?

Wir finden die richtige Verteilung überhaupt erst dann, wenn wir eine jede Leistung als eine gewordene und damit als Stück eines größeren und meist zunächst wenig bekannten lebensgeschichtlichen Zusammenhanges betrachten lernen. Im Werden und Vergehen entdeckten wir die Befreiung von Automatismen und den Erwerb von Verfügungsfreiheiten im Sinne kategorialer Verhaltungsweisen; aber auch den Untergang von freier Verfügung und die Auferlegung von zwanghafter Nötigung zu bestimmten Abläufen. So ist es, als ob neben einer Entwicklung zu Freiheiten auch deren Abnahme, gleichsam eine Entropie der Willkür, einherliefe.

Machtverhältnisse aber sind es, welche diesen Weg bestimmen. Traumatische Katastrophen zerreißen die Einheit von bewußtem und physiologischem Geschehen in einer Ordnung; Funktionen emanzipieren sich und werden pathologische Symptome der Störung. Diese sind dann die Leichensteine der Aufgaben, welche das Individuum im Konflikt nicht lösen konnte. Denn in der Neurose erledigt ein Mensch eine schwere Aufgabe auf einer niedrigeren vitalen Ebene als der, worauf sie gestellt war. Rückkehr zum früheren Zustande war ihm ebenso unmöglich wie Fortschritt zu einem neuen unter Gefahr und Opfer. Die Angst, die in der Neurose so sinnlos und oft so bar jeden realen Grundes scheint, ist es doch nicht in dem Maße, wenn wir begreifen, daß im Werden beide, das Vergangene und das Zukünftige, gefährlich sind. Enthält die neurotische Angst somit mehr Realität, als es zuerst schien, so ist die Neurose auch ein machtvollerer Zustand eines Menschen, als ihr klägliches Schauspiel zuerst verrät. Sie leistet ihm den Dienst, gewisse Dinge nicht tun zu müssen; sie nötigt andere Menschen, sich um ihn zu kümmern und ihm zu helfen; und sie beweist, da die meisten von uns nicht willkürlich Neurosen machen können, sogar eine spezifische Begabung zu dieser Art von Machtübung. Die Hysterie verdient, ein Analogon der Machtbegabung genannt zu werden. Angst sowohl wie Machtäußerung symbolisieren also den Ursprung der Neurose aus dem Kräftespiel realer Verhältnisse. Der Eindruck der Subjektivität und Irrealität der Neurosen erweist sich so doch als nur teilweise gerechtfertigt.

Wir haben damit eine Deutung der Neurosen, die auf andere Krankheiten zu übertragen nicht aussichtslos erscheint. Die Deutung lautet: in der Neurose hat ein Mensch sich einer größeren Aufgabe zwar nicht gewachsen gezeigt, aber er hat sich ihr wenigstens gestellt. Darauf beruht wohl auch der so häufige Eindruck, man könne einen neurotischen Menschen nicht eigentlich und restlos heilen; denn er kann zum alten Zustand nicht zurück, und stürzt er sich in den neuen, so kann der noch gefährlicher sein. Ist diese Deutung also richtig, so ist die Überwindung einer Neurose mehr als nur eine restitutio ad integrum. Sie bedeutet, der Mensch leiste nun die Aufgabe, an der er vorher gescheitert, sein »stirb und werde« sei ihm jetzt gelungen. Machen wir uns demnach die Einsicht zu eigen: gesund sein heiße nicht normal sein, sondern es heiße: *sich in der Zeit verändern, wachsen, reifen, sterben können.*

Wie soll der Arzt aber die Macht gewinnen, in jene Fehlentwicklung einzugreifen? Es gilt mit Recht als besonders schwierig, und wird von vielen als Naturgeschenk betrachtet, Macht über Menschen zu besitzen. Im Falle der Neurose ist dies nicht ganz zutreffend, denn wir werden lernen, daß im Wesen dieser Leiden etwas liegt, was der Machtergreifung des Therapeuten beträchtli-

chen Vorschub leistet. Eine methodische Ausbildung wäre in der Psychotherapie nicht möglich gewesen ohne diese objektive Bereitschaft im Kranken zu einer zwangsläufigen Unterwerfung.
Wir setzen uns hier aber nicht die Aufgabe, die so oft und gut beschriebene Technik von Persuasion, Suggestion, Hypnose, Training, Analyse und Psychagogik geschichtlich oder systematisch vorzutragen. Bietet doch die Ausbildung darin ein Studium und eine Praxis für sich. Wir wollen hier eine Orientierung über die wichtigsten Prinzipien und eine Anleitung zum praktischen Verhalten eines jeden Arztes gegenüber jedem Kranken, der sein Sprechzimmer betritt, versuchen. Wir haben es hier mit den so wichtigen ersten Unterredungen zu tun, welche vor der Entscheidung über die einzuschlagende Behandlung stattfinden müssen.
Lassen Sie mich damit beginnen zu sagen, daß Sie sich hier von dem in unseren Kliniken gebräuchlichen *Schema der Anamnese* völlig abwenden müssen. Dieses Schema, welches mit der Frage nach den Sterbefällen der Verwandten beginnt, zu den Kinderkrankheiten und den späteren Krankheiten fortgeht und mit dem Verhör über sexuelle Infektion, Nikotin- und Alkoholabusus endet, ist geeignet, aus einer Krankengeschichte ein statistisches Formular zu machen und die freie Erschließung des Kranken zu vernichten. Die Begegnung mit ihm beginne vielmehr in der ungezwungensten Weise mit den sparsamsten Fragen nach Begehr und Beschwerde, und sie soll ein freies Ausströmen der Gedanken des Kranken erlauben. Man unterbreche ihn darum so wenig als möglich, auch wenn er abzuschweifen scheint, man höre ihm bis zu Ende aufmerksam zu, beachte unterdessen seine Geste, seine Haltung, seine Muskelspannungen, seinen Anzug, seinen Sprachstil und die Komposition seiner Erzählung. Es ist wichtig, ob er zu früh, pünktlich oder verspätet erscheint, ob und wie, besonders bei Frauen, sich Farbe und Helligkeit der Kleidung bei wiederholter Beratung ändert, ob der Kranke Schirm oder Tasche mitzunehmen vergißt, ob er stolpert, hängenbleibt und bei welcher Gelegenheit. Die Krankheit soll dem Arzt zuerst so erscheinen, wie sie dem Kranken selbst erscheint, nicht wie sie nach bekannten klinischen Bildern und nach Gesetzen der Pathologie vermutlich *»ist«*. Die Darstellung der Entstehung und des Wesens der Krankheit, wie sie ihm erscheinen, darf nicht gestört werden, weil dieses subjektive Bild des Kranken etwas zeigt, was in ihm vor sich geht: es hat somit einen objektiven Wert; ihm entspricht eine Realität im

Kranken. Stellen wir dagegen Fragen, die sich der Kranke selbst nicht stellt, so verstummt diese Realität in ihm: er fängt an, auf unsere Frage zu reagieren wie eine Sehne bei der Reflexprüfung, also auf eine künstliche, in der Natur sonst nicht vorkommende Weise; so verscheuchen wir ein Stück Natur.

Die Art, wie der Kranke in seiner Selbstdarstellung z. B. sein *kausales Bedürfnis* befriedigt, hat mehr als nur psychologischen Wert, da ja sein psychologisches Verhalten ein Teil des Geschehens seiner Natur ist. Er betont nämlich in seiner Erzählung solche »Ursachen« der Krankheit, welche in seinem Lebenssystem entweder wichtig sind oder geeignet sind, andere Ursachen zu verdecken und deren Verbergung für ihn wichtig ist. Seine Kausalurteile vermögen also den *Aufbau dieses Lebenssystems* zu enthüllen. Ein anderer Hinweis ergibt sich, wenn der Kranke auf Fragen des Arztes Antworten über etwas gibt, wonach er gar nicht gefragt war. Häufiger als auf Unaufmerksamkeit beruht dies wieder entweder auf Tendenzen, etwas zu *verbergen*, oder auf überstarkem Einfluß eines bestimmten Leitgedankens in ihm.

Der Aufbau des Lebenssystems erhellt dann überhaupt aus der *Auswahl*, die der Kranke in seinem Vortrag trifft. Der eine verrät die Systematisierung seines Lebens im Sinne des Krankseins, indem er mehr von seinen bisherigen Ärzten und Kuren als von wirklichen Störungen redet. Ein anderer unterschlägt offenkundig eine Anzahl von Symptomen und Beschwerden, weil er zur Ausschaltung der Krankheit aus seinem Bewußtsein neigt. Wieder andere Menschen werden, von der Zurückhaltung des ruhig Zuhörenden weitergetrieben, aus der Beschreibung ihrer Symptome plötzlich zur Erörterung ihrer persönlichen Verhältnisse, ja zu leidenschaftlichen Bekenntnissen übergehen und damit unwillkürlich einen psychophysischen Zusammenhang in der Krankheit nahelegen, den sie theoretisch vielleicht ablehnen möchten. Überall aber müssen uns die Stellen, wo Scham, Erinnerungsunvermögen, Verwirrung, Unlogik, Widerspruch in der Mitteilung der Kranken Lücken hervorrufen und Grenzen setzen, ebenso oder noch mehr interessieren als das, was er an Positivem ausspricht. Diese »Lötstellen« seiner Erzählung, die aber wie Unterbrechungen wirken, zeigen entweder den Widerstand aus unbewußten Kräften oder den Bruch in der Harmonie seiner Leistungen, den wir erkennen wollen.

Sind dies alles unter Umständen wertvolle Fingerzeige, so hieße es doch die Schwierigkeiten verschleiern, wollte man sie als wirklich wegweisende Methode bezeichnen. Diese Anzeichen sind kein schlechter Kompaß – eine Wegkarte ersetzen sie nicht. Die Situation ist für den Arzt nach einigen Unterredungen gewöhnlich die: das Gesprächsthema ist nach der Erzählung der konventionellen biographischen Daten und der zur Hand liegenden Erinnerungen erschöpft und der aus der modernen Psychologie auf interessante Zusammenhänge vorbereitete Arzt und Anfänger sieht sich vergeblich nach solchen um: der Kranke weiß nichts mehr zu berichten, der Arzt nichts weiter zu fragen. Der »Komplex« läßt auf sich warten, Zweifel an der »Psychogenie« tauchen auf; Rückfragen an die somatische Medizin, der Wunsch, doch noch eine Magenuntersuchung, Durchleuchtungen, Punktionen vorzunehmen, beleuchtet die keimende Unsicherheit deutlich genug; der Kurs der Untersuchung gleicht bald dem Zickzack, bald der Springprozession. Es zeigt sich: es gehört Mut dazu, die bestimmte Erwartung eines Krankheitssinnes und den Glauben an eine solche Theorie festzuhalten. Die Gefahr, einen großen Apparat von objektiven internistischen Untersuchungsmethoden in die gähnende Leere des Nichtverstehenkönnens zu werfen, um das Loch zu verstopfen, ist schon bei der offenbar neurotischen Störung so groß, daß wenige Ärzte ihr entgehen. In dieser Phase der Unsicherheit verliert der Kranke Geld, der Arzt Zeit und beide ihr ehrliches Vertrauen in das Unternehmen. Man muß behaupten, daß die Schäden, welche durch das Übersehen oder Mißachten einer neurotischen Dynamik der Symptombildung gesetzt werden, auch heute noch verbreiteter und folgenschwerer sind als die anderen, welche (darum nicht weniger schlimm) durch Übersehen eines organischen Prozesses erfolgen.

Versuchen wir demnach einige Regeln der ärztlichen Grundhaltung in der *»Phase der Unsicherheit«* anzusprechen; wir wollen damit aber nicht diese Unsicherheit zu verhindern suchen, sondern sie richtig nutzen: sie ist die Quelle der Erkenntnis, die Waffe gegen die so gefährliche vorgefaßte Meinung. Man darf aber sagen, es gebe doch nur eine endliche und nicht zu große Anzahl von typischen konkreten Zusammenhängen, die den Menschen immer wieder in typischer Weise verstricken und die als krankheitsauslösende mit hoher Wahrscheinlichkeit zu vermuten sind. Es sind die folgenden: *Sexus, Familie, Beruf, Geld, Politik und Religion.* Es ist eine Regel, trivial genug, um praktisch brauchbar zu sein, daß die

Szenen aus diesen Lebensbereichen, die Variationen auf diese ewig wiederkehrenden Themen, das meiste enthalten, was wir bei den Kranken zu finden pflegen, wenn wir geduldig genug nach dem pathogenen Konflikt fahnden. Jene sechs Themen sind Möglichkeiten, nicht mehr; aber sie sind das Naheliegende. Von ihnen bringt der selbst im Leben nicht ganz unerfahrene Arzt ein ungelehrtes und ungelerntes *Wissen* mit, das durch Wissen*schaft* niemals aus dem Felde zu schlagen wäre. Vergessen wir es nie, halten wir es stets bereit, indem wir *konkret* darauf eingehen. Intellektuelle Kranke neigen dazu, in abstrakten Reflexionen und Verallgemeinerungen von ihren konkreten Erlebnissen zu sprechen; man muß sie zur wörtlichen Erzählung und Beschreibung des Vorgefallenen zwingen. Nicht intellektuelle Kranke verschweigen das Konkrete überhaupt, aus Schlauheit, geistiger Trägheit oder auch aus einer bestimmten Haltung des Stolzes im Sinne »das geht niemand etwas an«. Es gilt auch diesen Widerstand zu überwinden. Es ist aber streng verboten, die Kranken durch ein formularmäßiges Abfragen jener wichtigen Gegenstände zu verwunden. Ein solcher Fragebogen, ja schon der Bleistift in der Hand des Arztes kann das Aufkommen wesentlichster, aber zarter Äußerungen auf Nimmerwiedersehen verscheuchen. Halten Sie sich an nichts anderes als an Ihr *menschliches Interesse am Menschlichen des Kranken* – nicht in sentimentalem Sinne, sondern im Sinne des GOETHEschen: »Wo ihr es packt, da ist es interessant.«

Eine zweite Regel, die in der Phase der Unsicherheit uns führen darf, ist die, daß wir in der Besprechung mit dem Kranken die größte Unbefangenheit und *Natürlichkeit* brauchen müssen. Sie ist wertvoller als ein individualisierendes Eingehen auf die besonderen Bedingungen seiner Erziehung, Klasse oder ständischen Bindung. Man soll nicht gegenüber dem Bauern den Bauer, gegenüber dem Offizier den Offizier, gegenüber dem Kinde das Kind mimen. Über Körperfunktionen nun kann man als Arzt mit jedem Kranken ohne Reserve sprechen, und dies ist der von der Natur selbst gewiesene Weg, um den Zugang zu den psychischen Abhängigkeiten dieser Funktionen zu eröffnen. Körperfunktionen und intimste, ja persönliche Regungen des Gefühls gehören ja eng zusammen. Bei der Frau zumal kann man in wichtigen Bereichen sagen, sie seien identisch. Ihre Enthüllung trifft Leib und Seele zugleich; aber die seelische Enthüllung braucht nicht peinlicher zu sein als die körperliche Entkleidung, und es gibt einen Weg, die Gesetze der Scham nicht zu brechen. Die Verletzung der Scham erfolgt ja nicht dadurch, daß das Natürliche enthüllt wird, sondern dadurch, daß es in unnatürlicher Weise enthüllt wird, also etwa durch Gewalt oder durch Neugier, mithin auf kränkende Art. Eigentlich aber liegt das Kränkende nun in der materialistischen Auffassung der Natur, als sei sie »nur« Mechanismus oder »nur« Funktion. Insofern hatte die rein physikalisch-chemisch orientierte Medizin den Charakter einer Beleidigung der Natur, die den Kranken nur dort nicht mehr verletzte, wo er diesen Physikalismus selbst bereits in den Dienst einer zivilisatorischen Neurose gestellt hatte, also brauchte.

Daher ist nun die Befangenheit, Hemmung und vor allem die Verlogenheit des Neurotischen nicht echte Scham, sondern Resultat eines Verlustes an Naivität und einer Selbstkränkung im Natürlichen; sie ist eigentlich nur ein Ausdruck der Schamlosigkeit, die im Geheimnis seiner Neurose steckt und dort verborgen werden muß. Die Natürlichkeit, mit der sein Geheimnis in der ärztlichen Beratung aufgedeckt wird, ist viel wichtiger als das, was hier aufgedeckt wird. Wir verhelfen mit ihr dem Kranken, sich zu *»entschämen«*, und dieser Vorgang allein hat für ihn schon eine wohltätige Wirkung. Es ist dasselbe, was das Glück von Freundschaft und Liebe ausmacht. Diese Entschämung verhindert die Schamlosigkeit, die im krampfhaften und so verräterischen Verbergenmüssen lag.

Sind das Konkretsein und das Natürlichsein die beiden aktiven Merkmale der richtigen ärztlichen Grundhaltung, so können die beiden folgenden Regeln als die passiven ihnen zur Seite gestellt werden. Sie werden vielleicht nicht gerne verstehen wollen, daß die Passivität ein entscheidendes Merkmal ärztlicher Grundhaltung sein soll. Bevor wir darauf eingehen, muß jetzt klar werden, daß mit der konkreten und natürlichen Aufdeckung intimer und persönlicher Symptome und Beschwerden eine Auslieferung und eine Bindung an den Arzt eintritt, welche diesem eine Macht über den Kranken überträgt. Unvermerkt hat sich diese magische Übertragung vollzogen, ob die Beteiligten es wollen oder nicht. Damit entsteht Verantwortung und in ihr ein gegenseitiges Schuldverhältnis: der Kranke schuldet dem Arzte etwas für sein Tragen der Verantwortung, der Arzt schuldet dem Kranken deren Erfüllung nach dem Maße seiner Kräfte. Wir haben kein Bedenken, der Stiftung neuer Machtverhältnisse den Namen »magischer« Übertragung zu geben, da ja dies Wort Macht bedeutet und deren irrationalen Wert noch betont. Nur sollte beachtet werden, daß es ein natürlicher Vorgang ist, der unsere Lebensbeziehungen auch sonst in jedem Augenblick bestimmt, alltägliche wie außerordentliche. Naturheilkunde und rationale Medizin unterscheiden sich darin nicht. Während jene die Naturkräfte in unmittelbarer Weise in den Dienst der Behandlung stellen möchte, versucht diese, sie erst zu reinigen, zu isolieren und dem Mechanismus unserer Zivilisation einzugliedern. Das magische Grundverhältnis in der Therapie aber bleibt doch immer dasselbe; immer geht die Person des Kranken und des Arztes darin ein. Hieraus ergibt sich wieder eine wichtige praktische Folgerung. Wenn die richtige ärztliche Grundhaltung in erster Linie Besitz von Macht bedeutet, so kann die Kritik der Therapie der Frage nicht ausweichen: müssen wir diese Bindung, die wir nicht verhindern können, auf ein Minimum reduzieren und wieder auszulöschen suchen, oder müssen wir sie pflegen, fördern, benutzen? Ist die Bindung unvermeidlich, so ist die Entscheidung soweit klar: sie leugnen hieße nur die Verantwortung abwälzen auf unkontrollierbare Momente. Diese Abwälzung wäre nicht nur eine Illusion, sondern auch eine Flucht. Keiner aus meiner Generation der Psychotherapeuten hat der Therapie eine so prägnante Frage vorgehalten wie der uns erst kürzlich entrissene Hans PRINZHORN (1929) mit der Formel: *in wessen Namen* der Therapeut diese seine Macht verwalte.

Es gibt eine einfache Antwort: *Im Namen des ärztlichen Amtes.* Aber ihre Einfachheit ist scheinbar, und wir bemerken bei weiterem Nachdenken bald: wir haben dies Amt kraft mindestens zweier Voraussetzungen: kraft ärztlicher Approbation, die der Staat erteilt, und kraft Wissenschaft, die sich allein aus der Wahrheit legitimiert. *Staat und Wahrheit,* dies wären also die Auftraggeber, und wie zwischen zwei Polen muß sich die einzelne ärztliche Handlung nach ihnen beiden orientieren. Die im Ärztlichen zu verwaltende Machtübertragung führt hier aber unentrinnbar wieder auf ein praktisches Postulat. Wir sagten früher: es muß eine freie Arztwahl geben, weil freie Anerkennung der Krankheit Voraussetzung der Behandlung ist. Wir sehen jetzt, daß dies noch nicht genügt. Denn es wird Fälle geben, in denen die Forderungen des Staates und seine Machtübung mit dem, was der Kranke und sein Arzt als das Notwendige erkennen, in einen Konflikt geraten. Zweifellos wird in nächster Zukunft der Staat den Umfang seiner

Forderungen noch ausdehnen, zweifellos auch der Umkreis der Konflikte mit dem Eigenwohl, auf das die medizinische Wissenschaft bisher weit überwiegend eingestellt war, sich erweitern. Und dies, so behaupten wir, muß auch innerhalb des Ärztestandes zu einer Teilung der Gewalten führen, denn *es wird Ärzte geben müssen, welche die Forderung des Staates, und solche, welche die des Einzelnen verwirklichen können.*

Kehren wir danach zur *Grundhaltung* zurück, so hieße das: die seelische Bindung, welche dem Arzt Macht verleiht, muß genutzt werden im Dienste am Kranken und im Dienste des Amtes. Wir sollen diese Bindung aber nicht auszulöschen, sondern zu lenken suchen, und dies muß sowohl nach persönlichem wie überpersönlichem Dienstverhältnis geschehen: ist es aber ein Dienst, so ist es keine Herrschaft. Der Dienst am Kranken wäre gewiß nicht ohne jene Macht über ihn möglich; aber man dürfte diese Macht nicht der mechanischen eines schweren Gewichtes über ein leichtes, eines harten Körpers über einen weichen vergleichen. Vielmehr müßte man dafür Gleichnisse brauchen, wie sie die geistige Physiologie des Paracelsus uns in den Mund legt, wenn er sagt: Die Kraft des Mannes liege im Weibe, die Kraft der Kuh im Grase, die des Hammers im Amboß. *So läge die Kraft des Arztes im Kranken.* Es ist nicht ein ethisches Postulat, es ist eine Einsicht in unverrückbare Wesenszusammenhänge, wenn wir sagen, es sei die Findung der richtigen Behandlungsweise nicht von einer verstandes- oder willensmäßigen *Vor*entscheidung des Arztes zu erwarten. Die Natur selbst verbietet dem Arzt, daß er »voluntaristisch« vorgehe, und sie fordert von ihm, daß er dem *Gegebenen* diene. Als Naturforscher muß er Ehrfurcht vor der Krankheit beweisen, als handelnder Praktiker eine bewahrende, eine *konservative* Grundhaltung einnehmen. Diese dienende Haltung spricht zuerst daraus, daß er sehen, horchen, befühlen, also sinnlicher Mensch sein muß; dann daraus, daß er Geduld, Ruhe, Schweigsamkeit haben, also geistiger Mensch sein muß.

Wir fassen diese Passivität hier als eine ganz allgemeine ärztliche Haltungsregel, der Krehl einmal den schönen Vergleich gab: die Nachtigall verstummt sofort, wenn wir in ihrer Nähe selbst singen. Die konservative Grundhaltung entspricht also einer Naturordnung und überdies dem Geiste des Arzttums überhaupt. *Wer Arzt wird, will nicht zerstören, sondern bewahren – sonst wäre er kein Arzt.*

Es ist nun zuletzt neben der Naturordnung auch noch eine Ordnung der Geschichte zu betrachten, genauer vielleicht, ein natürliches Element in aller Geschichtsordnung: nämlich, daß in ihr die Zukunft unbekannt ist. Dies bedeutet nicht nur, daß eine Vorhersage ungewiß, höchstens mit Wahrscheinlichkeit möglich sei. Es bedeutet, daß das Urteil über Vergangenes in einer anderen Seins- und Wesensordnung geschieht wie das Urteil über Zukünftiges. Geschehenes müssen wir als notwendig anerkennen, Künftiges als unentschieden. Die konservative Haltung entscheidet sich nach ihrem Wesen lieber für Bestehendes. In einer psychotherapeutischen Behandlung neurotischer Folgen eines Zerwürfnisses muß die Haltung unvermeidlich der Erhaltung der bestehenden Bindung sich zuneigen. Es kann aber geschehen, daß die Bindung im Gefolge der Behandlung sich doch auflöst und die weiteren Folgen zeigen dann im günstigsten Falle, daß dies zum Glücke aller Beteiligten ausschlägt: die in einer Psychotherapie liegende Forderung zur Wahrhaftigkeit konnte eine Bedingung der Heilung bloßlegen, die aus dem konservativen Postulate allein nicht abzuleiten wäre. Umgekehrt: gerade eine solche Behandlung kann in eine Wahrhaftigkeitsbesessenheit entarten, welche der Zukunft vorgreifen will. Die Ermäßigung und Begrenzung der Psychoanalyse zu Psychotherapie war daher eine nötige Entwicklung in ihrer Anwendung. Wir erkennen hierin einen Respekt vor dem *zeitlichen* Element aller Geschichte: der Erfolg ist, eben weil er nicht vorherzusehen ist, ein zu respektierendes Geheimnis. Praktisch gesagt: wir müssen eine Ungewißheit in Rechnung stellen und dürfen kein Idealbild des Endergebnisses vorschreiben wollen. Theoretisch gesagt: wir dürfen eine ärztliche Handlung nicht idealistisch, wir müssen sie realistisch vornehmen. Sachlich und abwartend, realistisch und exspektativ können wir diesen vierten Anteil der ärztlichen Grundhaltung nennen. Es wird auch ein wesentlicher Unterschied der ärztlichen gegenüber der erzieherischen und geistlichen *Führung* sein, daß sie in diesem Sinne nicht von einer Idee abgeleitet werden darf; wir würden der natürlichen und zeitlichen Ordnung sonst zu nahe treten. *Wir haben nicht Menschen zu bilden, sondern zu ermöglichen.*

6. Über die ärztliche Grunderfahrung

Es ist keine schlechte Regel, daß eine gute Beratung ungefähr *eine kleine Stunde* dauern sollte. Auch Vorlesungen, Schulstunden, aber auch Arbeitsleistungen und Lohnberechnungen gliedert man nach dieser Zeitspanne. Was bedeutet dies? Es soll heißen, die ärztliche Beratung empfange ihr Maß und Gewicht nicht aus der Menge dessen, was man alles untersucht, besprochen und verordnet hat, sondern aus einem völlig anderen Gesetz. Zu einem vollständigen Nervenstatus würde man länger als eine Stunde, zu einem Überblick über den Zustand der inneren Organe kürzer brauchen; am schnellsten sah ich Chirurgen fertig werden. Ich weiß wohl, daß der beschäftigte Arzt meist keine Stunde hat; aber einmal wenigstens in der Behandlung eines Patienten sollte er sich eine kleine Stunde nehmen; und wenn wir zuviel Ärzte haben, so sollten diese auch genug Zeit haben.

Die entscheidende Erfahrung der Stunde ist aber die folgende: nach Überschreitung der 30., 40. oder 50. Minute pflegt in uns vom Kranken ein *anderes Bild* zu entstehen. Es geht etwas vor sich wie bei jenen Abziehbildchen der Kinder, bei denen unter dem ersten ein neues Bild zum Vorschein kommt, doch nicht ohne Beziehung auf das erste, so als ob ein Rätsel gelöst oder ein Märchen forterzählt würde. Betrachten wir genau, was sich hier abspielt. Wir setzen voraus, daß das, was wir die ärztliche Grundhaltung nannten, beachtet worden sei. Dann allein allerdings wird das Zeitgesetz der Stunde wirksam werden. Waren wir konkret, natürlich, abwartend und sachlich, so erleben wir unfehlbar etwas, was sonst verscheucht werden kann: Wir können trotz allen Bemühens nach außen diese Grundhaltung innerlich *nicht* festhalten, denn wir bekommen eine *Reaktion* auf sie. Sie kommt hauptsächlich aus zwei Quellen.

Die erste ist dieselbe, aus der alle *Sympathie und Antipathie* überhaupt entstammt; aber wir können ein paar Einzelmomente aussondern. Wichtig ist, ob wir den eintretenden Kranken früher schon einmal gesehen haben. Ein tiefes Moment der Geborgenheit (auch für ihn) entstammt aus solcher Verankerung im Schoße der Zeit. Wichtig ist dann unser eigenes Bedürfnis nach etwas *Typischem* in den Menschen – sei es aus der Regel der Verwandtschaft oder des Gegensatzes. Diese Macht des Typischen wurzelt in der schon berührten Geborgenheit im Wiederbegegnenden. Wichtig ist ferner ein Zwiespalt in der Natur selbst, als ob sie als Gegensatz geschaffen sei, wie der von schön und häßlich, gut und schlecht. Denken wir dabei an die alte Kirchenlehre von einer gesegneten und einer verfluchten Schöpfung oder an die Empfindungen von Adler und Geier, von Marienkäfer und Mistkäfer, von Vogel und Wurm, so wird das Unumstößliche in der Gegebenheit des Gegensatzes deutlich, der auch die Menschheit nicht verschont. Wichtig ist endlich Geschlecht und Sinnlichkeit, die noch weniger als alles andere von unserem Sein zu lösen sind.

Die zweite Gruppe der Reaktionen entstammt nun den *Haltungen des Kranken*, die auf uns wirken müssen. Sie sind Ergebnisse seines Lebenssystems, kommen aus der Erziehung, dem Beruf, der inneren Lebensgeschichte mit ihren Verdrängungen oder Verlogenheiten, sie sind von ästhetischen oder moralischen Regeln abhängig und stellen überhaupt etwas Gewordenes und auch wieder Vernichtbares dar. Die Haltung des Kranken ist so wichtig, weil sie ja das ist, was sich in der Therapie ändern kann. Ihr begegnet nun eine Haltung des Arztes und eine Einstellung seiner Wahrnehmung. Seine Wahrnehmungsfähigkeit ist organisiert, sein Auge sammelt nur bestimmtes und übersieht anderes an der Körperlichkeit und nicht dasselbe, was der Schneider, Plastiker oder Sportlehrer jeweils sehen und übersehen. Pupillendifferenzen, Narben, Venenfüllungen, leichte Schwellungen, Schattierungen von Geruch, Geräusch, Farbe und Geste treffen seine vorbereitete Empfänglichkeit wie der Blitz – ein Beweis für die auswählende Arbeitsweise unserer schweifenden Sinne überhaupt. Ja, diese leisten noch Höheres: sie bringen dem Bewußtsein als Beute ihres Streifzuges nicht nur diese Summe der Abnormitäten, nein, sie bringen sogar das einem bestimmten Menschen als Person Unangemessene zur Kenntnis. Sprechen wir etwa von weiblichen Formen eines Mannes, von männlichen Bewegungen einer Frau, von übermäßiger Rötung eines Gesichtes, oder abnormem Glanz eines Auges, so sind dies alles innere Proportionsverschiebungen einer individuellen oder persönlichen Harmonie, die nicht auf einen allgemeinen Maßstab zu reduzieren wären. Darüber merkt unser Sinn aber auch noch: »Nein, das paßt nicht zu dir.« Auch solches wirft uns die primäre Sinneswahrnehmung zu, ohne unsere Reflexion und unser denkendes Vergleichen vorher zu bemühen.

Der Arzt findet im Organ seiner Wahrnehmung also nicht nur ein

»Instrument« vor – nein er besitzt in ihm einen Gehilfen aus Fleisch und Blut – einen Menschen im Menschen. Dieser zwingt ihn nun, sich dem Krankhaften, wovon der Gesunde sich am liebsten abwenden möchte, zuzuwenden. So entsteht im gesunden Arzt jener Widerspruch von seelischer Abwendung und Zuwendung, jene Ambivalenz des Gefühls als Zwang, und ich möchte sagen, daß diese innere Spannung es ist, welche Gewohnheit und Routine niemals vernichten dürften. Routiniert werden heißt eigentlich, sich dem Schmerz dieser Spannung weigern und damit die Wurzel und Kraft wahrhafter ärztlicher Leistung verkümmern lassen. Das Pathologische dürfte nie bis zu dem Grade objektiviert werden, daß es das Gefühl nicht mehr erreicht, daß es den gesunden Instinkt der Abwendung nicht mehr aufreizt gegen die interessierte Zuwendung. Gibt es im Menschen, wie man sich vielleicht mißverständlich ausgedrückt hat, einen Heiltrieb, so wäre dieser gewiß als Kräfte*paar* und demnach als Kraft eines Widerspruchs aufzufassen.
Die Krankheit hat eine unergründliche Tiefe, und wir sagen damit nichts anderes, als wenn wir dafür setzen: der Widerspruch in der ärztlichen Beziehung ist unendlich. Der Zweifel an der Diagnose darf nie ganz einschlafen. Man beende die Beratung auch womöglich nie, ohne noch einmal zu fragen, ob der Kranke alles gesagt, was er möchte, ob er alles gehört, was er brauche. Man stütze sich nie auf eine Diagnose. Die Zurückhaltung in der ärztlichen Haltung verlängert den Weg nur scheinbar, die überrumpelnde Frage wie: Haben Sie Syphilis gehabt? Haben Sie schlechte Gewohnheiten? verkürzt ihn nur scheinbar. Das Trauma solcher Fragen kann die Diagnose beschleunigen, die Therapie aber zerstören. Entscheidend ist, daß die Äußerung, die Beschwerde an richtiger Stelle aufkomme, und dies zu ermöglichen ist eigentlich, was den ärztlichen Takt ausmacht; nur der hat ihn aber, der die schmerzliche Spannung zur krankhaften Erscheinung nicht in einer völlig routinierten objektiven Distanz hat untergehen lassen.
Wir haben jetzt gelernt, daß die ruhige Grundhaltung sich stören lassen muß, daß wir Reaktionen gegen diese Ruhe bekommen müssen und daß der Zeitpunkt und der Ort, an dem sie auftreten, von hoher Bedeutung sein wird. Wir können von einer *aufgelokkerten* Haltung als der wesentlich ärztlichen sprechen; sie ist die Bedingung für ein weiteres Erfordernis: daß wir den *Widerstand* in der Therapie richtig fühlen.
Ebenso wie z. B. eine schlechte Atembewegung von einer Thorax-

starre, von einem pleuritischen Schmerz und einer neurotischen Verkrampftheit herrühren kann, und wie also der Widerstand durch die Therapie jedesmal auf ganz verschiedenem Wege zu brechen wäre – ebenso muß jede Therapie nicht sofort eine sogenannte Kausalwirkung entfalten, sondern zuerst an den richtigen Ort der Entscheidung gebracht werden. Was soll dies heißen? Ein Beispiel aus der Jurisdiktion mag es verdeutlichen. Ein guter Richter kann sein Urteil nicht finden, wenn er sich begnügt, den Fall nach seiner Besonderheit den Allgemeinbegriffen der Gesetzesparagraphen unterzuordnen; eine Urteilsfindung nach dem abstrakten Schema logischer Subsumption wäre noch kein Richten. Sondern er muß den Widerstand, welchen das individuelle Leben dieser bloßen Subsumption leistet und der nie auf sich warten läßt, aufsuchen. In diesem Aufbäumen lebendiger Wirklichkeit gegen die Vergewaltigung durch Logik erschließt sich ja erst die Not der Wirklichkeit und nun auch die Not des Richters: die Not des Angeklagten oder Streitenden entzündet eine Not in ihm, in der allein das reifen wird, was nicht nur Urteil, sondern Entscheidung enthält. Nicht anders in der Therapie, welche statt Paragraphen eine Kenntnis wissenschaftlicher Kausalitäten mitbringt (Insulin-Zuckerverwertung; Digitalis-Herzleistung), deren Anwendung aber nach Maß, Zeitpunkt und Situation doch jedesmal neue Entscheidung, und oft gefährliche, bedeutet.

Die Kranken haben selbst den Instinkt der Abneigung gegen eine nackte Kausaltherapie; aber er ist in vielen von der technischen Zivilisation Überwältigten verschüttet. Er meldet sich etwa in der Äußerung: Ich habe Widerwillen gegen alle Arzneien. Die wachsende Abneigung weiter Kreise gegen uferlose Einspritzungen von Präparaten – ist sie nicht aufs höchste zu begrüßen? Die entsprechende Aussage vieler Behandelter lautet dann: Seit der Behandlung mit dem Mittel X. durch Dr. Y. habe ich das Symptom Z. Die Krankheit kommt jetzt vom Arzt, weil der Arzt die Stelle des entscheidenden Widerstandes verfehlte, trotz vielleicht richtiger Wahl des Mittels. Wir dürfen nicht zweifeln, daß der erfolgreichere Kurpfuscher trotz Wahl falscher Mittel diese Stelle oft zu treffen gewußt hat. Arzt und Kurpfuscher sind beide unter ein Gesetz gestellt, welches die theoretische Pathologie wieder entdecken muß: es ist das der lebensgeschichtlichen Unterordnung, der lebensgeschichtlichen Abhängigkeit aller Funktionen. Kein Mittel kann wirken, wenn es nicht mit einer Bereitschaft zusammentrifft;

diese oft glückhafte Bereitschaft ist flüchtig wie das Wild. Die Schwierigkeit liegt aber im Grunde darin, daß in jedem Kranken ein Widerstand gegen Gesundung wohnt; daher die Flüchtigkeit der günstigen Konstellation und die Häufigkeit des Mißerfolges der Therapie. In der Neurose vor allem ist er leicht erkennbar als »Gegenwille« oder widerspruchsvolle Gleichzeitigkeit unvereinbarer Haltungen. Hier ist der Widerstand gleichsam dem »Ich« oder dem »Selbst« sehr nahe gerückt. Aber hier protestieren die Kranken seltener gegen Medikamente oder Operationen, sondern sie fordern sie im Gegenteil, um dem Angriff auf Ich oder Selbst ins Objektivere auszuweichen, der unumgänglich ist; um keinen Preis wünschen sie mit ihrem Ich in den Bereich der Veränderung zu treten. Hier ist die Regel der Psychotherapie zu befolgen: man zweifle systematisch an der Selbstverständlichkeit des Bewußtseins, damit sich das »Abziehbild« enthülle. Hat uns früher die Forderung gegolten, die Selbstdarstellung des Kranken ernst zu nehmen, weil es eine Realität in ihm zeigt, so müssen wir jetzt ergänzen: es zeigt aber eine Realität, die, sofern sie einer Verdekkung diente, nicht eindeutig ist. Wahr ist das Bild nur für sich, falsch, sofern es eine Funktion der Verhüllung ausübt.
Die Selbstgewißheit im Bewußtsein der Kranken ist nicht unerschütterlich. Während sie uns erzählen, wie sie sich die Zusammenhänge denken, wie sie sich das Wesentliche zurechtgelegt, kann der Einbruch an einer schwachen Stelle erfolgen. Eine Träne in einem bestimmten Augenblick verrät das Maskenhafte dieser Darstellung und erleichtert den Zugang zum Innenraum des Gebäudes. Kommt uns das Weinen, das Lachen, das Erröten oder die Fehlleistung nicht zu Hilfe, so entwickelt sich gar leicht ein anderes Bild der ärztlichen Beziehung: der Arzt fängt an mit dem Kranken zu *streiten*. Sein Erlebnis wird: der Kranke sei eine unangenehme Person, er sei halsstarrig, faul, ungehorsam, verlogen oder tauge nicht viel. Der neurotische Kranke (und Arzt!) ist dazu besonders geeignet: die Bindung hat eingesetzt und mit ihr die unbewußte Identifizierung des Partners mit den alten Gegnern eines pathogenen Konfliktes. Ein leichtes Verweilen in diesem Geplänkel schadet nichts, wenn es im Dienste der Erkenntnis steht, wenn es sofort begriffen wird als Spiel, als Vorspiel des eigentlichen therapeutischen Kampfes. Der Erfahrene weiß, daß dieser Streit aussichtslos ist und daß der Versuch zur Überwältigung keinen Schritt nach vorne bedeuten würde, wohl aber eine

Gefahr des Rückschrittes oder Bruches. In der Fähigkeit und Neigung des Kranken zu streiten, oder monoton immer dasselbe zu klagen, stereotyp dieselben Worte dafür zu brauchen, dem Arzt das niederschmetternde Gefühl seines therapeutischen Unvermögens einzuflößen und ihn doch nicht zu entlassen, in all dem sogenannten Egoismus der Kranken liegt ja der Anspruch auf höchsten Einsatz, die Aufforderung, vom Streiten zum Kampfe überzugehen. Er wird zu Erschütterung, Krise und Wandlung, im günstigen Falle zur Heilung führen.

Vorlesung und Buch sind nicht imstande, diese Epoche der Therapie, und ich behaupte aller Therapie, darzustellen. Es liegt im Wesen der Krise, daß sie nicht gestaltet werden kann, weil sie selbst das Gestaltende ist. Begnügen wir uns hier, sie als die *ärztliche Grunderfahrung* der Grundhaltung gegenüberzustellen. Wir haben hier die Merkmale der Entscheidung, des Kampfes und des persönlichen Einsatzes in der Therapie stärker betont, als es in den Darstellungen der Therapeuten meist geschieht. Die Besten wissen davon zu schweigen, andere scheinen nicht viel davon zu wissen. Ist auch das eine zu achten, das andere zu verstehen, so besteht doch die Gefahr, daß der Lernende die Aufgabe nicht genug sieht. Diese Gefahr ist um so größer, wenn seine Ausbildung, wie heute meist, in der *Klinik,* im Krankensaal erfolgt. BOERHAAVES Genialität, Behandlung mit Forschung und Lehre zu verknüpfen, hat die Klinik zur klassischen Form des ärztlichen Dienstes werden lassen. Aber der Krankensaal mit Visite, Fiebertafel und Krankenblatt bedeutet eine unübersehbare Gefahr der Zerstörung für die nur in der ärztlichen Beziehung sich bildende Haltung und Erfahrung des Arztes. Wo immer Ihnen hier die wichtigen Vorgänge dieser Beziehung lebendig und deutlich wurden, da bedarf es nur eines Gedankens an den »Stationsbetrieb« des Krankenhauses, um sich der Schwierigkeit oder Unmöglichkeit ihrer Verwirklichung in der Klinik bewußt zu werden. Der Zug unserer Zeit zum *Hausarzt* sollte nicht nur damit begründet werden, daß das Spezialistentum die Erfassung der »Ganzheit« verhindere. Entscheidender (und auch dem Spezialisten zuzumuten) ist die Forderung, daß die *ärztliche Beziehung zum Kranken die objektive, wissenschaftlich begründbare Bedingung wirksamer Therapie ist,* und daß Schwindeltherapien viel häufiger aus diesem Beziehungsmangel als aus der theoretisch einsehbaren Unwirksamkeit der Mittel hervorgehen.

Dies einzusehen ist in vollem Umfange erst nach der umfassenderen Vergleichung der verschiedenen ärztlichen Situationen möglich. Bisher waren drei Dinge aus der von uns sogenannten Grunderfahrung zu lernen. Die Vermutung, das Wesen der Krankheitsentstehung sei das Wesen eines *Kampfes*, früher theoretisch behauptet, jetzt in der Therapie nacherfahren, wird so bestätigt. Was durch Kampf entsteht, kann nur durch Kampf beseitigt werden – vielleicht die einzige ganz berechtigte Anwendung des homöopathischen »similia similibus«. – Das zweite wäre, daß dem eigenen Einsatz nicht zu entrinnen ist durch distanzierte, objektive, methodische oder wissenschaftliche ärztliche Haltung. Freilich, es pflegt mehr Mut, Kraft, Beharrlichkeit und Einsatz zu bedeuten, die *passive* Grundhaltung durchzuhalten, als die Kranken durch Verordnung, Belehrung, Ermahnung und ferner durch Gewalt, Drohung oder Zwang, durch »Erziehung« oder »Erlösung« aus dem ärztlichen Bereiche herauszutreiben oder zu -locken. Für die Erkenntnis aber vermerken wir, daß in Erkrankung und Gesundung die Lebensbewegung über einen Bildwandel geht, bei dem nicht nur Symptome erscheinen und verschwinden, sondern in dem das Bild der menschlichen Eigenschaften, ja des Charakters, der Haltungen und mit alledem das *Wertbild* der Person sich wandeln muß. Jeder dieser Punkte wird wichtige neue Anknüpfungen erfordern. Das Flüssige und der natürliche Umfang des Vorgangs »Krankheit« kann unsere Zuversicht auf Erfolg nur erhöhen; die Unübersehbarkeit der Zusammenhänge aber muß unseren Aktivismus und allzu große Zielstrebigkeit dringend zur Ordnung rufen – zur Ordnung der Natur zurückrufen. Führung, so dürfen wir der Frage der letzten Vorlesung antworten, *Führung bedeutet beim Arzt, daß er dem Kranken einen neuen Spielraum für seine Freiheit gibt – nicht mehr.*

7. Ich und Umwelt in der Erkrankung

Das Allgemeine aller Therapie war das Thema dieser Vorlesungen, und es ist mit dem bisher Vorgetragenen im Prinzip abgeschlossen. Die Lehre muß sich nun bewähren, sonst ist sie falsch. Für eine gute Sache wäre, nach altem guten Rat, nur *ein* Grund anzuführen, nicht viele. Eine lange Apologie kann Schwäche verraten; Verteidigung ist nur ein Kampfmittel – nicht selbst der Kampf. Man möchte heute wünschen, es würde um die Grundlagen der Inneren Medizin oder der Chirurgie ebenso hart gekämpft wie einstmals um die Psychoanalyse und um ihre zur ärztlichen Handlung ermäßigte Form, um Psychotherapie. Der Ideenkampf erlangte hier die Härte des sonst geübten um nackte Existenz. Warum nicht ebenso in der übrigen Medizin? Das Versäumnis wird bald offenbar werden. Wo die revolutionäre Frage nach dem Erhaltungswürdigen gestellt ist, da geht sie den operativen und den konservativen Kliniker nicht minder an als den Psychotherapeuten. Nicht mehr nur, wie bisher, ihre Methoden, nein die *Idee* der Medizin erweist sich jetzt als Entscheidung über Tod und Leben. Die Frage: *was* ist erhaltungswürdig? wird dann abgelöst von der Frage: *wer* ist erhaltungswürdig?

Wenn es wahr ist, daß Krankheiten aus Krisen der Wahrheit, d. h. aus Existenzkrisen eines Menschen hervorgehen, so kann uns diese Konsequenz nicht überraschen. Aber sind Sie auch überzeugt? Noch einmal: dies müßte sich erst bewähren. Alles Bisherige hätte sich aus einem einzigen praktischen Fall einer Therapie ableiten lassen. Wie steht es aber mit anderen Fällen?

Die Anknüpfung an das *innere* Phänomen der *Angst* hatte einen Vorteil. Es ist so einheitlich und so vielfach vorkommend, daß wir unsere Einsichten fast wie ein Schema überall anwenden und probieren können. Und um das *äußere* Moment, den *Konflikt in der Umwelt,* sind wir gleichfalls nicht verlegen. Er fehlt niemals. So ruht das Ganze wie auf zwei Pfeilern: auf der Physiologie der Angst, als biologischem Tatsachenbereich, und auf der Konfliktlehre in der Welt, als soziologischer Wirklichkeit. Wir konnten die beiden auch vermitteln und am besten, wenn auch vorläufig, durch *Psychologie.* Aber diese Mittlerrolle kann Psychologie gewiß nicht darum spielen, weil auch sie einen Erfahrungsbereich von sicheren Tatsachen darböte, sondern weil sie uns einen *Sinn* des Geschehens vermittelt. Das Mechanische der Physiologie und das Äußerliche der Soziologie kann durch Psychologie zu sinnvoller Berührung gebracht werden – dafür dürfen wir der *medizinischen* Psychologie dankbarer sein als *jeder* anderen, die sich dem Kampfe mit der seelischen Not der Kranken nicht entgegenzuwerfen gewagt hat.

Das Einheitlich-Allgemeine dieser Grundlegung kann sich nur in der *Mannigfaltigkeit* der Fälle bewähren, und diese wieder tritt auf zweifache Art an den Arzt heran. Eine Mannigfaltigkeit *unpersönlicher* Art sehen wir in der Fülle der Symptome, eine von ganz *persönlicher* Art in der Fülle der menschlichen Gestalten.

Die biologischen Symptome haben sich, soweit wir feststellen können, in geschichtlicher Zeit wohl wenig verändert. Sie sind auch nicht sehr grundlegend nach Epoche, Rasse, Geschlecht, Klima oder Erdteil verschieden; kaum daß das Lebensalter ihr Gesicht sehr beeinflußt. Das biologische Unpersönliche des Menschen tritt hier so schroff in Erscheinung wie in allem Soziologisch-Geschichtlichen das Persönliche.

Aber um so interessanter ist wieder, daß im Krankwerden der Mensch sich sein Symptom, ja seine Krankheit zu wählen scheint. Die *Symptomwahl* ist es, welche wir bald durch Konstitution, genauer: durch Erbanlage, bald durch Trauma, Infekt usw., genauer: durch Zufall erklären möchten. Beides, Erbanlage und Zufall, würde sich aber der sinnvollen und gar der psychologischen Deutung entziehen. Wieder war es zunächst die Symptomwahl der Neurose, welche demjenigen einige Befriedigung bringt, der sich mit dem unpsychologisch-naturwissenschaftlichen Erfassen nicht gerne begnügt. Die Analyse der Neurose vermochte die bequemere Deutung durch Konstitution und durch Trauma ein gutes Stück zurückzudrängen und dafür den Sinn eines Werdens aufzudecken. Ist und bleibt dieser Erfolg auf die Neurosen beschränkt, oder ist nicht vielmehr ein Stück neurotischer Struktur mit jeder Krankheit, ein Stück Krankheit (im Sinne der anatomisch-physiologischen Pathologie) mit jeder Neurose gegeben? Freilich, wieweit uns gerade die Psychologie als Vermittler des Sinnlos-Kausalen mit dem Sinnhaft-Begreiflichen helfen wird, ist nicht gewiß. Hier, wo wir Vielfalt und Wahl der Symptome betrachten, käme es jetzt weniger auf einen allgemeinen Psychologismus in der Medizin als auf eine *richtige Erkenntnis der Zusammenhänge zwischen Ich, Umwelt und Symptom* an. Die Wahl des Symptoms kann, von außen nach innen fortschreitend, 1. aus der Umwelt, 2. aus der

Grenzzone, 3. aus dem Binnenraum bestimmt sein. Dies aber wird von der größten Bedeutung für die Therapie, denn sie erfährt dabei, an welchem Ort ihr Werkzeug ansetzen, wie es beschaffen sein muß. Versuchen wir daher eine solche Gliederung in dem Bewußtsein, daß sie ein Provisorium ist.

1. Bei den Hysterien und Sozialneurosen haben wir gelernt, daß eine überwiegende Symptombildung am »willkürlichen« Muskelapparat und an den Außensinnen, wie Auge, Ohr, Sensibilität der Haut, erfolgt. Motorische Anfälle, Kontrakturen und Lähmungen, Sehstörungen und Analgesien sind aber demonstrierbare und demonstrative Bilder für die anderen. Es ist der Zusammenstoß mit Personen der Umwelt und mit den unpersönlicheren Mächten in Staat oder Institution, an denen der Konflikt entzündet, auf die hingerichtet das Symptom gebildet wurde. Wir haben erfahren, daß aktuelle Umweltkonflikte die Bildung und die Lösung dieser Symptome mächtig beherrschen.

2. An den anatomischen Übergangszonen von »willkürlicher« und »unwillkürlicher« Muskulatur, von zerebrospinaler allonomer und von autonomer Innervation, an den Sphinkteren des oralen und des urogenitoanalen Poles der Körperachse lokalisiert sich gern eine zweite Gruppe von Symptomen. Wir sind ihnen in der 4. Vorlesung begegnet und erkannten in ihnen die Wahlstatt der Früherziehung des Kindes und des Heranwachsenden. Der alte Kampf scheint in diesen Symptombildungen neu aufzuleben, aber was einmal Außenkonflikt war, ist hier zum Innenkonflikt des Ich mit sich selbst, freilich um neue Abhängigkeit in neuer Umwelt geworden. Indem wir, bewußt geworden, mit uns selbst um neue Freiheiten und neue Bindungen in der Welt kämpfen, bietet sich uns als Ausweg eine symbolische Flucht in jene Frühzeit noch einmal an: Schlucken und Atmen, Sprechen, Miktion, Defäkation, Geschlechtsfunktion sind einige der am häufigsten in dieser Situation sich anbietenden Bereiche. 3. Auch dort, wohin weder Frühzeit noch spätere Zeit erziehenden (also besonders elterlichen) Zugriff haben gelangen lassen, hört die psychologische Abhängigkeit der Funktion nicht auf. Niemals ist auf dem Willenswege die Änderung der Herzfrequenz oder der Magenperistaltik erziehlich von uns gefordert worden (wiewohl dies vielleicht möglich wäre), und doch ist dieses sogenannte vegetative Binnenreich nicht autonom gegenüber Affekt und Erlebnis. Herz, Vasomotorium, Intestinaltrakt, Leber, Niere usw. erkranken nachweislich nicht selten

in der *psycho*traumatischen Situation. Die Erfahrung lehrt hier nur einiges wenige über die *spezifische seelische Bedeutung* der einzelnen Organgebiete. Herz und Liebe, Kopf und Verstand, Darm und Besitz gehören gewiß zusammen.

Aber deutlicher ist, daß die innere Organerkrankung und der psychische Konflikt einander ablösen und vertreten können. Viele Fälle haben z. B. gelehrt, daß eine in der Konfliktneurose hohe Immunität gegen Infektionen mit dem Verschwinden der Neurose sinkt: eine infektiöse Erkrankung tritt ein. Konflikterledigung »durch« organische Erkrankung hat uns ja schon in der 3. Vorlesung beschäftigt; hier machen wir den Zusatz, die organische Erledigung ersetze nicht nur, sondern übertreffe die neurotische; sie ist entscheidender, unwiderruflicher, vernichtender und schöpferischer als diese. Mit einem modernen Ausdruck: sie hat noch mehr existentielle als psychologische Bedeutung. 4. Am fernsten der Psychologie scheinen aber die Konflikte von Ich und Umwelt in jenen chemischen und physikalischen Bereichen von Stoffwechsel, innerer Sekretion, Immunität, Wachstum, Reifen, Altern gerückt zu sein. Hier müßten wir uns wohl freier von den selbstsüchtigen Kategorien »Zweck«, »Sinn« oder »Wert« machen, als es irgendeiner Psychologie oder Biologie bisher gelang, um bis zum reinen und verbindlichen Gesetze aufzusteigen, ohne dabei doch den Menschen selbst preiszugeben. Und doch sind Morbus Basedow, Myxödem, die Sklerosen, die Epilepsie, die Psychosen und die Intoxikationen gerade die stärksten Argumente dafür, daß das Innere dem Äußeren und auch wiederum daß das Persönliche dem Unpersönlichen verhaftet ist. Bestimmte Temperamente, Talente und Charaktere, Gefühle und Gedanken sollen hier lediglich Symptome sein, Wirkungen einer chemischen Veränderung. Gern hört der Kranke allerdings, an seinen persönlichen Mängeln seien solche unpersönliche Körpervorgänge schuld. Schwerlich aber kann die Wissenschaft sich den Weg derart abkürzen, daß sie das Feinste aus dem Gröbsten erklärt. Kann man den Rausch nicht einmal psychologisch verstehen, wie sollte man ihn, noch viel primitiver, aus einer chemischen Formel erklären. Läßt uns die verstehende Psychiatrie im Stich, wenn wir dem Wahnsinnigen dahin folgen wollen, wo er *mehr* weiß als der Normale, wie soll uns die erklärende Hirnforschung und Giftforschung dorthin helfen. Schon die Bezeichnungen und Begriffsbildungen der beschreibenden und der analysierenden Psychopathologie bedeuten so oft eine

Sinnenteignung für den Kranken, daß er uns dafür auslacht oder haßt. Hat sich hier die Psychiatrie nicht am persönlichen Menschen vergangen? Nur dann nicht, wenn ihre Feststellung uns zur Entdeckung großherzigeren menschlichen Begreifens und wahrer Gerechtigkeit vorbereitete. Es ist nun ganz und gar nicht moralische Sentimentalität, wenn die lebendige menschliche Einordnung der psychopathologischen Personen in die Gemeinschaft erstrebt wird, was freilich nicht durch den Glanz der Anstalten, sondern durch die Entdeckung des möglichen Lebensraumes und Arbeitsfeldes dieser Menschen geschieht. Und aus diesem Begriffe der *Ermöglichung* läßt sich allerdings auch das relative Recht der naturwissenschaftlichen »Erklärung« der psychischen und der sozialen Krankheiten ableiten. Chemische und physikalische Faktoren sind niemals primäre Ursachen von solchen Zuständen, deren Reichtum und Bedeutung vielmehr das Wesen des Menschen selbst offenbart. Der besondere lebensgeschichtliche Zusammenhang trägt ja doch die Tendenz zum Niedergang in sich, welche jene groben Faktoren zur Wirkung zuläßt, und wenn z. B. Rauschgifte so wirksam bis zur Zerstörung werden, so ist dies selbst nicht Ursache, sondern *Folge* einer Ablenkung des Menschen von seiner menschlichen Bestimmung. Können wir dies für die Rauschgifte ohne Schwierigkeit einsehen, so ist es für endogene Störungen vorerst nur eine Hypothese. Auch hier ist der Mut zu solcher Hypothese dem Einzelnen überlassen. Die Deutung des körperlichen Vorgangs aus einem seelischen wird dann vorläufig und gewissermaßen *symbolisch vertreten* durch die Erklärung des Seelischen aus einer physiologischen oder anatomischen Störung. Dieser Satz soll heißen: auch für dies endogene Gift, für dies Hormon, für diese Stoffwechsel- oder Reflexanomalie, für diese Degeneration nervöser Systeme, für diese dysplastische Histogenese ist eine Entstehung anzunehmen, welche in die psychophysische Lebensgeschichte des Menschen zurückführt – nicht nur in die Wirkungsbereiche chemischer oder physikalischer Gesetze.
Hier gelangen wir also gewiß an die *Grenze* einer Betrachtung, wonach kein Symptom als psychisch unabhängig, keine Funktionserkrankung als subjektlos gelten könne. Aber *bis* zu dieser Grenze, das behaupten wir, ist es nicht möglich, eine Funktion, die psychisch unabhängig wäre, zu erweisen. Formen wir also ruhig als unwiderlegte Erfahrungssätze diese: *Nichts Organisches hat keinen Sinn; nichts Psychisches hat keinen Leib.*

Pawlow und Freud, die entgegengesetzten großen lebenden Vertreter von Physiologie und Psychologie, bringen dies beide zum Ausdruck. Der erste, indem er nie müde wird, zu zeigen, ein Reflex habe keine eigene Existenz, sondern sei nur »bedingt« vorhanden, nämlich im Dienste einer gelernten, dem Organe erst zugewachsenen Ausbildung von Zusammenhängen; zuletzt also ist der Reflex einem Soll, keiner blinden Kausalität, einem Befehl, keiner Mechanik entsprungen. Nichts Organisches hat keinen Sinn. – Der zweite, indem er unerbittlich die sinnreich deutende Erklärung zuletzt doch immer auf den Trieb verweist und damit dem blinden Vorstoß unterstellt, der aus dem angrenzenden Leiblichen komme. Nichts Psychisches hat keinen Leib.
Beide aber wissen nicht dem jenseits der Grenze Liegenden den voll ausgeschriebenen Namen zu geben. »Bedingt« heißt für Pawlow noch nicht Sinn, und »Sinn« besagte auch noch nicht: welcher Sinn und wessen Sinn. Der Reflex ist immer bedingt, gewiß, aber was ist das Wesen der Bedingung? Anderseits: libido heißt für Freud noch nicht Liebe, und »Liebe« hieße noch nicht, welche Liebe und zu wem? Es überstiege aber die Grenze der Forschung bei weitem, aus ihr solche Antworten geben zu wollen. Diese wissenschaftliche Zurückhaltung der Forscher, die ihre Bescheidenheit und Demut beweist, ist dem Arzte aus der Hand geschlagen. Er wird überrannt von den konkreten Abhängigkeiten und den Zielen, welche den Kranken umgeben und fortreißen. Wo die Wissenschaft sich begnügen kann, die Form der Zusammenhänge als gültige festzulegen, von Deutung und Wesen, Zweck, Sinn oder Wert aber sich fernzuhalten, da muß die Therapie gerade inhaltlich und nicht formal sich einstellen. Beim Kranken sind die »Bedingungen« konkrete, benannte Menschen, mit denen er lebt, Nahrung und Klima bestimmter Art, seine »Reize« sind Lebewesen und dingliche Gegenstände; die Situation, in der er erkrankt, ist keine Experimentalsituation, sondern geschichtlich werdende Wirklichkeit. Er ist kein Versuchstier, sondern Bauer oder Arbeiter, Angestellter oder Beamter, Kaufmann oder Schriftsteller, Soldat oder Professor. Er steht vor dem Arzte als Zwangsversicherter, Privatversicherter oder Privatpatient.
Wir stehen bei der *zweiten* Gruppe der Mannigfaltigkeiten: zur biologischen der Symptome tritt jetzt die soziologische der Gestalten. Benannte Bedingungen und Ziele sind es, deren pathogenetische Bedeutung wir suchen müssen. Wir suchen sie in Gesellschaft

und Geschichte und wählen ohne Umweg einen einzelnen Fall als Beispiel: Es ist ein Arbeiter; auf dem Heimweg von der Arbeitsstätte, den er mit dem Fahrrad zurücklegt, überrennt ihn unter Verletzung der Fahrvorschrift ein Automobilist, ein Gasthofbesitzer. Die Verletzung ist gering, aber sie fesselt ihn ans Haus. Die Beschwerden, statt zu schwinden, nehmen zu; es bilden sich Steifigkeit des Kopfes und Rumpfes, eine grobe Dysbasie und allgemeine schwere Neurose aus. Der Arbeitsplatz geht verloren, der Prozeß um die gewiß allzu hohe Entschädigungsforderung wird nicht gewonnen. Der Automobilist erklärt dazu (lügnerisch, wie sein Gegner glaubt) im Offenbarungseide seine Insolvenz. Unser Kranker, nun schwerer Neurose verfallen, bringt folgende Geschichte seines Lebens in *einem* Ausbruch des verborgenen Gemüts. Große Armut war sein Teil in dem kinderreichen Elternhause. Der Vater trank, und es reichte kaum zu Kartoffeln. In der Schule sprach man dem kleinen 7jährigen vom »gütigen Gott«; da man ihn nicht sah, fragte er; der käme, so war die Antwort, vielleicht eines Tages in Gestalt eines armen Bettlers an die Tür. Der Kleine legte sich wochenlang auf die Lauer, aber der »arme Gott« kam nicht. Warum ließ der »gütige« dies Elend im Hause zu? Mit 17 Jahren kam es zum Kampf mit dem Vater; der zog das Messer. Der Sohn wollte die Mutter schützen, aber er unterlag und mußte fort. Er war überhaupt ein Schwächling. Da fand er sein Weib und heiratete. Nach wenigen Wochen brach der Krieg aus. So verlor er sein eigenes Haus zum zweiten Male. Der Krieg war ein Unrecht, die Völker hätten ihn nicht zulassen dürfen. Nach der Heimkehr blieb das Leben schwer. Und doch hat er 10 Jahre lang sich Brot wacker verdient, die Familie erhalten. Da kam der Unfall und die Krankheit. Jetzt ist keine Hoffnung, keine Aussicht. Er hätte Anspruch auf Rente. Aber man gibt sie ihm nicht. Die Richter sprechen kein Recht, die sind ja gegen ihn. Es gibt überhaupt kein Recht mehr. Auch der Arzt glaubt ihm nicht und arbeitet für die anderen. – Die Therapie war erfolglos. So verlor er zuerst die *Geborgenheit* im Raume der Kirche, dann die im Vaterhause, dann die im Raume des Volkes und schließlich das Vertrauen im Raume des Rechts. Unwiderbringliche Verluste an Lebensraum reihen sich in 30 Jahren seiner Lebenserfahrung aneinander und häufen die Bitterkeit und die Niederlagen bis zur Katastrophe. In der Gedrängtheit einer biographischen Erzählung scheint ein säkularer Ablauf sich zu wiederholen: die Krise der

Kirche, die Krise des Patriarchats im Elternhause, die Krise der europäischen Völkergemeinschaft und die Krise von Humanität und Menschenrecht – so scheinen 1517, 1789, 1914 und 1932 noch einmal an uns vorüberzuziehen in den geistig-seelischen Stufen und Niederlagen unseres Kranken. Sicher hat er keine »objektive« Würdigung der Geschichte, aber ebenso sicher sind es Wirklichkeiten historischen Erbgutes, die in ihm noch einmal untergehen. Die Ontogenie seines Lebenslaufes enthält wirklich noch einmal die Phylogenie der Geschichte mit den tragischen Formeln einer 400jährigen Epoche. Und es endet in einer psychischen wie physischen Katastrophe.

Die Physiologie der Angst läßt sich so ohne Mühe einsetzen in die soziale Psychologie der untergehenden Sekuritäten. Wo ihm die Geborgenheiten im Lebensraum entzogen werden, da sinkt und stürzt zuletzt der Mensch ins Leere. Die Selbstbehauptung in einer Welt ist also gewiß sein Teil. In der Reibung zwischen Ich und Umwelt empfängt er seine Wunden. Aber wenn das Ich von der Umwelt verletzt wird, so ist es auch in ihr geborgen. Und wo es nicht die Kraft hat, der Umwelt *seine* Form aufzuzwingen, muß es nicht undankbar sein, ein Stück Formung *von ihr* zu empfangen. Die gegenseitige Durchdringung von Ich und Umwelt wäre so ein Bild des Lebens. Was aber fürs Leben gilt, muß auch die Krankheit betreffen. Wir dürfen erwarten, daß wo die Durchdringung in einer Ordnung mißlingt, die Krankheit entsteht. Unsere Betrachtung von Symptomwahl und Lebensgeschichte hat uns diese Erwartung bestätigt. Indem ein Mensch seine Bestimmung verfehlt, mißlingt die gegenseitige Durchdringung. »Reaktiv«, d. h. wörtlich: zuwiderhandelnd bildet er ein Symptom und wird asozial; wird er krank und macht das Symptom ihn krank; macht die Gemeinschaft ihn krank und macht er die Gemeinschaft krank. Die individuelle Krankheit ist hier nichts als das Spiegelbild der sozialen Krankheit. Die beiden sind eigentlich dasselbe. Bis ins Kosmische erweitert ist dies aber die Grundform aller Krankheit.

8. Die soziale Krankheit

Der Staat ist es, welcher die *Frage nach dem Erhaltungswürdigen* stellt und welcher seiner eigenen Entscheidung Geltung verschafft. Er hat diese Frage aber nicht erst jetzt in die Hand genommen, sondern er schickt sich jetzt an, sie nach einem Prinzip der Totalität in die Hand zu nehmen. Denn eine Auslese traf er auch früher. Ebenso wie die Medizin selbst sich in den verschiedenen geschichtlichen Epochen nur um bestimmte Leidenszustände bekümmert, um andere nicht, ebenso der mit ihr immer mehr zusammenarbeitende Staat. Sein Hauptinstrument dafür war im Deutschland der letzten 50 Jahre das der *Sozialpolitik*. Mit ihrer Hilfe traf er eine Auslese; positiv, indem er gewisse Sekuritäten unter bestimmten Titeln schuf, negativ, indem er andere Dinge vernachlässigte und dem freien Spiel der gesellschaftlichen Kräfte überließ.

Welches waren die *Gegenstände seiner Sekuritäten in der Sozialversicherung?* Krankheit, Invalidität durch Krankheit oder Alter, Schäden durch Krieg und Unfall. Schutz gegen diese Notstände garantierte er durch Krankenkassen, Landesversicherungsanstalten, Kriegsversorgung und Berufsgenossenschaft; daneben lief die Fürsorge für Sieche, Krüppel, Geisteskranke usw., die Seuchenbekämpfung, die Gewerbeaufsicht, die allgemeine Hygiene und Gesundheitspolizei. Welches Gebiet wurde von ihm nicht berücksichtigt? Das System scheint fast lückenlos; nur weniges kann noch, so scheint es, den enggeknüpften Maschen dieses Netzes entgehen. Und doch erweist es sich im Laufe der Zeit als eine Halbheit. Es macht einen scharfen Unterschied zwischen Gesundheit und Krankheit und setzt dann Gesundheit gleich Erwerbsfähigkeit, Krankheit gleich Erwerbsunfähigkeit. *Wie aber, wenn jemand »gesund« im Sinne der Pathologie und doch erwerbsunfähig, wenn jemand krank und doch erwerbsfähig ist?* Und wie weiterhin, wenn dieser Fall ein häufiger, und wenn Arbeitslosigkeit eine beherrschende Form des Notstandes, wenn Notstand eine Ursache der Erwerbsunfähigkeit, ja Krankheit wird? Wenn die Grenzen zwischen Gesundheit und Krankheit zweifelhaft werden, wenn Neurose, Entmutigung, Arbeitsinsuffizienz, Arbeitslosigkeit sich als ein untrennbarer Komplex, als *die* neue Krankheit des Volkskörpers erweisen?

Nachdem dies alles Wirklichkeit und als Einheit deutlich wurde, zeigte sich auch, daß Ansatz und Aufbau der Sozialversicherung der Idee der Solidarität des Volksganzen nicht mehr genügen konnten; denn sie betätigt eine Solidarität der Gesinnung und des Zwecks, aber sie erfaßt nicht die Volksgesamtheit. Ihre Gesinnung hieß: Einstehen der Gruppen für den vom Notstand betroffenen Einzelnen, ursprünglich der Arbeiterschaft für den Arbeiter, und im Falle des Betriebsunfalles der Arbeitgeberschaft für den Arbeiter. Aber ihr politischer Zweck war: Eingliederung der Arbeiter in den monarchisch-bürgerlichen Staat. Diese Sozialpolitik diente so – mit unbestreitbarem Erfolge – der Erhaltung des Einzelnen in diesem Staat: so ist sie Erhaltungspolitik mehr als Gestaltungspolitik; ihr Grundzug war ein konservativer. Die Erwartung, daß diese Sozialpolitik um dieser Gesinnung und dieses Zwecks willen auch eine dauerhafte Gefühls-Gemeinschaft zwischen Arbeiter und Staat erzeugen würde, erwies sich als Irrtum. Bemühen wir uns, den Nachweis dafür auf dem Beobachtungsfelde der ärztlichen Berufsarbeit zu führen.

1. Es war Sache der Ärzte, zu bemerken, daß die *Institutionen der Sozialversicherung* bei den ausgezeichneten Diensten, die sie ihrer Epoche leisteten, doch Erscheinungen zeitigten, die Bedenken gegen ihre Form, ihren Grundgedanken weckten: z. B. die sogenannte Simulation oder die sogenannten Rentenneurosen. Die Frage war zu entscheiden, ob es sich dabei um »Schäden« handelte, die mit der Unvollkommenheit alles Menschlichen unvermeidlich und überall entstehen, oder um eine durch das System der Institution selbst gesetzte Krankheit: wir haben uns entscheiden müssen, das Institut als möglichen Krankheitserzeuger zu beurteilen. Dabei wehren wir aber von vornherein drei Auffassungen oberflächlicher und inhumaner Art ab: die, es handle sich darum, daß die Versicherung zur Simulation anreize, die, daß sie zum Rentenbegehren, zum Leben ohne Arbeit verführe und verweichliche, und die, daß Unsicherheit des Lebens schlechtweg gesünder sei als Sicherheit. Wir können zeigen, daß diese Behauptungen, sieht man auf das Gesamtverhalten und die größte Mehrheit der Versicherten, unhaltbar sind, und daß die Vorwürfe dieser Form eigensüchtigen Instinkten entspringen. Vielmehr sind es mit den Institutionen und der Gesellschaftsordnung gegebene *spezifische Gemeinschaftsstörungen,* welche die *»soziale Krankheit«* im Versicherungssystem hervorrufen. Wesentliche solche Störungen sind unter anderen die

folgenden: die Versicherung gegen Krankheitsfall usw. wurde im liberalen sozialistischen Rechtsstaat als Rechtsanspruch aus gesetzlichen Titeln konstruiert, nach der Analogie privatrechtlicher Ansprüche auf Haftpflicht und prozessuale Rechtsprechung. Da nun die Gesundheit kein Sachgut ist, mußte sie unvermerkt eine Behandlung erfahren, als ob sie ein solches wäre, und da der Rechtsanspruch aus Krankheit und Leiden zu begründen war (und noch ist), wurden auch diese ein zu verteidigender Sachwert. *Wie Arbeit, so bekam auch Krankheit den Charakter eines Sach- und Handelswertes im Kampf ums Dasein.* Darin steckt eine Verletzung des Natursinnes von Gesundheit und Krankheit. Nicht durch Anreiz zum Betrug, sondern durch innere Notwendigkeit ebnet sie den Weg in die Krankheit: man kann den Einzelnen nicht dafür verantwortlich erkennen. Die Verbiegung der biologischen Werte zu Sachwerten äußert sich dann auch in einer Verbiegung des Rechtssinnes zu einem gegenstandslosen Rechtstrieb; da der im Notstand Befindliche um sein Dasein kämpfen muß wie um ein sachliches Recht, tritt an Stelle des Rechtes auf gewisse Güter ein Kampf ums Recht an sich. Da die Existenz keine mögliche Rechtsfrage ist, so wird der Rechtskampf gegenstandslos: er geht um das Recht auf Recht – um das leere Rechthaben und -behalten. Dies ist es, was wir *Rechtsneurose* nannten, um es als soziale Krankheit abzugrenzen gegen die nur persönliche Eigenschaft gewisser Querulanten. Zur Rechtsneurose, als dem puren Rechthaben wollen ohne Rechtserkenntnis, gesellt sich noch ein anderes Merkmal, nämlich die Beziehungslosigkeit zwischen dem Versicherten und seinem Prozeßgegner, der Kasse oder dem sogenannten Versicherungsträger, der ja eigentlich sein Helfer sein sollte. Nicht wie im Zivilprozeß steht ihm sein Gegner leibhaftig als Person gegenüber, sondern als ein abstrakter, für ihn so gut wie anonymer Feind, zu dem ihm nun einmal die Institution und auf dem Wege über sie auch die Staatsmacht wurde.

2. Ist dieses Bild also auf dem Boden des Formalismus innerhalb der Versicherungen und als Gemeinschaftsstörung in ihr entstanden, so sind die folgenden *Ursachen sozialer Krankheit als Störungen im Klassenaufbau und in der Wohlstandsverteilung* zu verstehen. Wir sahen immer wieder, wie der Aufstieg der Individuen zu »höheren« Klassen oder Ständen, durch Glücksfall oder durch staatliche Maßnahmen erzielt, zu schweren inneren Krisen und Konflikten führen kann: der *soziale Klimawechsel* wäre ein Thema

für manches Kapitel der Sozial-Pathologie. Bekannter und häufiger ist derselbe Vorgang im Abstieg. Wie der Aufstieg 1923-1928, so hat der Abstieg von 1929 bis 1933 sein bezeichnendes Krankheitsbild mit sich geführt: wir haben uns gewöhnt, von *Aufstiegsneurosen* und von *Abstiegsneurosen* zu sprechen. In ihnen ist das Gemeinsame das Mißverhältnis von natürlichen Ansprüchen und Mitteln zu deren Befriedigung. Nicht als ob die Spannung zwischen Anspruch und Befriedigung nicht die gesunde Wurzel der Lebensbewegung enthielte. Aber wir erinnern uns hier unserer Deutung der Neurose: sie entsteht gerade dort, wo sich ein Mensch der größeren Aufgabe nicht gewachsen zeigte, aber ihr doch auch nicht ausgewichen war.
An der Grenze dieses Umkreises sozialer Krankheiten stehen aber die Fälle, in denen die Spannungen im Klassen- oder Standesaufbau, in der Verteilung des Wohlstandes und in seinem sozialen Gefälle nicht mehr als wesentlich wirksam zu bezeichnen sind, weil die äußerste Not auf dem Gebiete der Ernährung, Wärme und Wohnung sowie der Unbeschäftigtheit erreicht ist. Man hat von *Notneurose* gesprochen und damit wohl einen Grenzbegriff geschaffen, der gewiß zugleich die Grenze einer nur soziologischen Analyse bezeichnet und zu den biologischen Krankheits- und Todesursachen zurückleitet. Die Versicherungsform der Sozialpolitik ist nun gewiß nicht verantwortlich für die pathologischen Erscheinungen im Rechts- und Klassenstaat. Eine Ständeordnung wäre gleichfalls nicht immun gegen solche Fehler. Auch soll man nicht die bedenklichen Nebenerscheinungen als Argumente gegen eine Staatsform brauchen, ehe man ihre wahre Ursache kennt. Vielmehr gilt es zu erkennen, wie die spezifischen Formen sozialer Krankheit gewisse spezifische Eigenschaften und Wirkungsgesetze der staatlich-gesellschaftlichen Form bloßlegen, die sonst nicht so leicht zu erkennen wären. Und in diesem Sinne hat doch die besondere Auswirkung in der Sozialversicherung mit dem politischen System von Rechtsstaatlichkeit, Kapitalismus und Klassenstaat eine Form gemein, die naturrechtliche Grundform der Verrechtung und Versachung von Arbeit und Gesundheit. Die Grundfrage ist: kann die neuentstehende Welt diese beiden Verbiegungen beseitigen? Dies führt nun dazu, zwei weitere Charakteristika der Versicherungsform der bisherigen (und formell noch bestehenden!) Sozialpolitik zu bezeichnen.
3. Mit unbedeutenden Ausnahmen erfolgte in ihr der *Akt des*

Ausgleichs und der Bekämpfung der Notstände auf dem Wege der Geldzuschüsse. Krankengelder, Renten und Abfindungen erfolgten zur Behebung der Notstände, die im Versicherungsgesetz benannt waren und zur Betätigung der Solidarität. Dieser monetarische Ausgleich setzt voraus, daß, wenn die Welt der Wirtschaft und die der Sozialversicherung jede für sich im Gleichgewicht sind, sie auch miteinander im Gleichgewicht sein werden. Die *Arbeitslosigkeit* zerbricht aber diese stillschweigende Voraussetzung und zeigt dem erschreckten Blick die ungeheure Lücke in der Reihe der in der älteren Sozialversicherung genannten Notstände. Und nun erfolgte auch hier der sozialpolitische Ausgleich monetarisch durch einen Versuch der Versicherung. Statt Arbeitsbeschaffung – monetarische Sicherung des »Existenzminimums«. So wurde statt einer Existenz eine »Sekurität« geschaffen. Und wieder setzt der Einwand gegen die Sicherung in der Versicherung ein: die Sekurität sei schädlich an sich. Und wieder ist zu verwerfen der Vorwurf gegen den Einzelnen, aber berechtigt der gegen die Institution und ihr Mittel: statt Ausgleich der Arbeit den Ausgleich durch Geld zu benutzen. Die neue Form des Ausgleichs, an deren Anfang wir stehen, und an deren Verwirklichung mitzuarbeiten höchste Verpflichtung ist, heißt: *statt Sozialpolitik soziale Nationalpolitik.* Das heißt: soziale Politik ist solange nicht gemeinschaftsbildend, als sie die nationale Totalität nur durch einen monetarischen Ausgleich und nicht durch Teilhaberschaft an der Arbeit selbst herbeizuführen vermag. Der Begriff der Arbeit erfährt dabei selbst eine tiefgreifende Wandlung. Und damit wird klar, daß die Versicherungsform kein vollständiges, kein ausreichendes Instrument dieser Politik sein kann. Die soziale Krankheit im Versicherungssystem, so werden wir jetzt folgern, ist nichts anderes als eben der Unterschied zwischen einer *unvollständigen Sozialpolitik* und der *Idee einer vollständigen sozialen Nationalpolitik* – die soziale Krankheit ist *dasselbe* wie dieser Unterschied.

Von dieser Feststellung aus läßt sich einheitlicher betrachten, was wir bis jetzt aufgesplittert erkannt haben. Rechtsneurose, das ist die Unangemessenheit des Rechtsanspruchs an mögliche Rechtsobjekte; Aufstiegs- und Abstiegsneurose, das ist die Unangemessenheit des Güteranspruchs und Wertanspruchs an möglichen Besitz und Wert der Person. Existenzneurose, das ist die Unangemessenheit des rechts- und geldmäßig ausgedrückten Existenzanspruchs an mögliche Existenz überhaupt. Das Gemeinsame dieser

Sonderformen, die wir ja auch klinisch immer gemischt und oft zugleich auftreten sehen, ist in der Tat der Defekt im Zusammenleben, die organwidrige Nichteingliederung des Einzelnen in die Gesamtheit – letzthin die Widersprüchlichkeit von Einzelleben und Gesamtleben. Wir dürfen schließen, daß wir für das Verständnis der sozialen Krankheit stets dann zu falschen Schlüssen gekommen sind, wenn wir ein einzelnes Moment als das wesentliche und alleinentscheidende voranstellten, wie die materielle Not als solche, das Fehlen des Gemeinsinnes als solches, die verirrten Rechtsgefühle als solche usw. Die Gesamtheit schlechthin und ohne jede Rücksicht auf die Einzelnen zu erhalten, wäre ebenso sinnlos wie das Umgekehrte. Der Vorrang der Gesamtheit ist keine Abstraktion, sondern er gilt dort und nur dort, wo er um der Einzelnen willen gelten muß, sollen die Einzelnen nicht untergehen. Das Opfer des Einzelnen verlöre seinen Sinn, wenn es dort gebracht würde, wo es zur Erhaltung des Ganzen unnütz ist, und der gefährliche Einsatz des Ganzen verlöre seinen Sinn, wo er nicht den Einzelnen zu retten vermag. Diese allgemeinen Regeln aber werden selbst sinnlos, wenn sie im Allgemeinen schweben und so der verpflichtende und zu verantwortende Fall ewig unbenannt bleibt. Denn in der konkreten Entscheidung erst zeigt sich, daß eine Sozialpolitik, die nur Erhaltungspolitik treiben will, sich einer Illusion ausliefert. Sie übernimmt vom Arzte eine Haltung, die nicht einmal dieser selbst durchzuhalten vermag: die des Erhaltens um jeden Preis. Auch als Ärzte sind wir verantwortlich beteiligt an der Aufopferung des Individuums für die Gesamtheit. Es wäre illusionär, ja es wäre nicht einmal fair, wenn der deutsche Arzt seinen verantwortlichen Anteil an der notgeborenen Vernichtungspolitik glaubte nicht beitragen zu müssen.

An der Vernichtung unwerten Lebens oder unwerter Zeugungsfähigkeit, an der Ausschaltung des Unwerten durch Internierung, an der staatspolitischen Vernichtungspolitik war er auch früher beteiligt. Jedes Gutachten läuft in einem strengsten Sinne entweder auf Erhaltung oder auf Opferung eines individuellen Lebensinteresses hinaus. Aber man darf sagen, diese Beteiligung an der Vernichtung sei als ein pudendum nicht offen und darum auch nicht wissenschaftlich und nicht systematisch behandelt worden: es gab (und gibt heute noch) keine vollständige Vernichtungslehre, welche die rein als Erhaltungslehre aufgebaute Heilkunde ergänzt. Die Berufung auf angeblich rein naturwissenschaftlich-objektive Kriterien verhüllte die geheim auch in ihnen enthaltenen Wertmaßstäbe, anstatt sie zu offenbaren. Das Ergebnis ist, daß wir eine Art von versteckter und überdies an entscheidenden Punkten lückenhafter Vernichtungslehre besitzen. Um diese Lückenhaftigkeit aufzuzeigen, werden drei übrigens recht bekannte Beispiele genügen.

Das *erste* betrifft *§ 51 des StGB.*, wonach eine Handlung nicht strafbar ist, wenn der Täter bewußtlos oder im Zustande krankhafter Störung der Geistestätigkeit handelte. Es ist nun offenkundig, daß zahllose Straftaten durch eine zwar gleichfalls in der Natur begründete, aber darum durchaus noch nicht als Geisteskrankheit zu bezeichnende seelische Abwegigkeit zustande kommen. Nicht als aufgehobene oder qualitativ verminderte, sondern als *veränderte Zurechnungsfähigkeit* müßte man ihre Ursache bezeichnen. In diesem breiten Grenzgebiet ist es der freie ärztliche Entscheid, welcher über das Ausmaß staatlicher Gewaltanwendung mitverfügt, ohne daß nun in dieser formalen Entscheidung der volkspolitische Sinn klar und deutlich zum Ausdruck käme: der Freispruch verändert nichts an der Bedrohung, welche von diesen Personen ausgeht; die Bestrafung läßt die Bedingungen der Tat ebenfalls unangetastet. Der sogenannte Psychopath bleibt eine ungelöste Aufgabe der Volkspolitik. Dies ist eine der Lücken.

Nicht besser steht es mit der Frage der *Abtreibung*, deren Bestrafung gemäß *§ 218* und deren Zulassung im Falle der ärztlichen Vitalanzeige ein Stück Vernichtungspolitik darstellt, welches noch lückenhafter ist. Denn, wo die Kindererzeugung in einer sozialen Verelendung erfolgt, die das geborene Kind durch physische und moralische Not ebenso schwer bedroht wie die Abtreibung das noch ungeborene, da ist solche Zerstörung des schon geborenen Lebens kein weniger schlimmer Zustand wie die des ungeborenen. Kollektive Verantwortung ist nicht ein Geringeres als individuelle. Wenn das Volk den sozial bedingten Untergang nicht verhüten kann, wird die Bestrafung des individuell durch Abtreibung Herbeigeführten ihm nichts helfen. Das kleine Stück Vernichtungspolitik, welches legale (weil vital indizierte) Unterbrechung, Sterilisierung und Strafvollzug nach § 218 vollziehen, wäre also ebenfalls eine gleichsam verschämte Stückpolitik, wenn sie nur individualmoralisch oder nur staatsökonomisch begründet würde – noch nicht Volkspolitik. Erst eine volkspolitisch zu Ende gedachte Vernichtungspolitik bewiese sich als nicht nur erhaltend, sondern auch als gestaltend.

Unser *drittes Beispiel* entnehmen wir der *Sozialversicherung*, nämlich jener grundsätzlichen Entscheidung des Reichsversicherungsamtes vom 24. IX. 1926, wonach ein Versicherter keinen Anspruch auf Entschädigung hat, wenn seine *an den Unfall sich anschließende Erwerbsunfähigkeit auf der Vorstellung oder dem Wunsche, krank zu sein,* beruht. Hier wird also, nachdem Krankheit, wie wir oben sahen, mit Erwerbsunfähigkeit ungefähr gleichgesetzt war, das umgekehrte nicht zugelassen: daß Erwerbsunfähigkeit unter allen Umständen auch Krankheit bzw. den ihr anhaftenden Rechtsanspruch begründet. Das Mittel, diese Inkonsequenz durchzuhalten, ist der Kausalbegriff in der Versicherungsmedizin. Im Erfolg aber heißt dies: in der Versicherung ist der theoretische Begriff der Erwerbsunfähigkeit und Krankheit nicht vorwärts auf die Folge praktischer Erwerbsfähigkeit und -möglichkeit ausgerichtet, sondern rückwärts auf die Ursachen der Störung; deshalb muß das Verfahren in einer Selbstbewegung des Formalismus münden, wenn in der sozialen Wirklichkeit nun eine wachsende Zahl von Fällen auftaucht, die, weil sie in den theoretischen Ursachbegriffen der Versicherung nicht vorkommen, entweder unstet und flüchtig von einem Rechtstitel zum anderen getrieben werden oder, ebenfalls zu Unrecht, unter einen derselben subsumiert werden.

Die soziale Krankheit besteht auch in diesem Abwälzen des einen Versicherungszweiges auf den andern, wobei jedesmal eine Scheinentscheidung fällt, welche das Rechtsverfahren des Gutachters und Richters ebensosehr demoralisiert wie das Rechtsgefühl des beurteilten Versicherten. Auch hier gibt es eine Art von notwendiger Vernichtungspolitik, nämlich die Zerstörung der subjektiven Ansprüche im Falle der Ablehnung der Rente. Die Grenze, bis zu der diese notwendige Härte um des Ganzen wie um des Einzelnen willen gehen muß, ist aber, wie sich jetzt zeigt, wiederum ganz lückenhaft gezogen und darum auch falsch. Denn welchen Sinn könnte es haben, den durch Nervosität Erwerbsunfähigen von der Sicherung auszuschließen, dem durch Kriegsverletzung oder Betriebsunfall verstümmelten Erwerbsfähigen aber eine Rente zu zahlen? Denn die allzu einfache Entscheidung, der Nervöse sei eben der Minderwertige, der Kriegsverletzte usw. der volkspolitisch Wertvolle – diese Entscheidung wäre ebenso irrig wie in den Wirkungen unerziehlich. *Die nervöse Arbeitsunfähigkeit ist eine viel ernstere Anklage gegen die soziale Ordnung als die groborga-*

nische. Die letztere bedeutet nur: eine technische Unvollkommenheit des Produktionsapparates erlaubt nicht, jeden Einarmigen oder Lungenkranken nach seiner Restfähigkeit an der Arbeit teilnehmen zu lassen. Die nervöse Arbeitsunfähigkeit aber bedeutet: die seelische Gemeinschaft ist für diesen Menschen zerstört worden, und dieser Fall ist politisch, ethisch und religiös der Entscheidende. Ja man darf sagen: der groborganische Defekt ist überhaupt durch die Bedrohung der seelischen Gemeinschaftsstörung, welche auch er bewirken kann, zugleich von volkspolitischer Bedeutung.

Wir haben die vom Arzte mitzubeurteilende, mitzuentscheidende *Vernichtungspolitik* auf dem Gebiete der *Vergehen und Verbrechen,* auf dem Gebiete der *Fortpflanzung* und auf dem Gebiete der *Arbeitsleistung* betrachtet. Rechtsordnung, Zeugung und Arbeit sind gewiß Gebiete, deren staatliche Gestaltung durch die Funktionen der Erhaltung und Vernichtung höchste Verantwortung bedeutet. Wir haben angedeutet, daß die Gesetzbücher und die nach ihnen ausgerichtete Praxis trotz ihrer juristischen Durchdachtheit und Gewissenhaftigkeit, ja logischen Geschlossenheit sich in volkspolitischer Beleuchtung als lückenhaft erweisen. Was juristisch und formal sich als »komplizierter« oder als »Grenzfall« darstellt, das kann von der Existenz des Einzelnen und des Volkes aus als scharf umschriebene und genau zu beschreibende Lücke in der volkspolitischen Ordnung erkannt werden. Es ist selbstverständlich, daß diese Ordnungsstörung sich nicht nur als soziale Krankheit äußert. Vielmehr ist diese lediglich einer der möglichen Auswege. Sie tritt genau an der Stelle auf, wo der Mensch als biologisches, als psychophysisches Wesen auf die ihm auferlegte Not biologisch, psychophysisch reagiert. An dieser Stelle nun fügt sich die Pathologie der Angst und die Lehre von der individuellen Krankheit, wie sie im ersten Teil dieser Vorlesungen entwickelt wurde, mühelos dem Rahmen der sozialen Krankheit, den wir jetzt ausgespannt sehen, ein. Die individuelle Krankheit ist die soziale im Raume der einzelmenschlichen Körperlichkeit. Die *individuelle Therapie* aber können wir jetzt nicht mehr anders vorstellen denn als den individualisierten Teil der sozialen; die unvermeidliche, wesenhafte Zuordnung der individuellen und sozialen Therapie darzustellen, dies erkennen wir jetzt als die eigentliche Aufgabe einer *»Allgemeinen Therapie«*.

9. Die Verflechtung der Therapieformen

Die deutsche Sozialversicherung ist nicht der entscheidende Grund, daß der Ärztestand einbezogen wurde in die vielfachen Verantwortungen des Arbeits- und Rechtslebens der Nation. Auch wenn diese besondere Versicherungsform wegfiele, so bliebe jene Eingliederung des Arztes bestehen. Die körperlichen Voraussetzungen der Arbeitsfähigkeit, die seelischen der Willensbildung können in einer Kultur, welche so hochdifferenzierte Arbeitsleistungen, so fein abschattierte Handlungen und Entschlüsse fordert, nicht nach primitiven Methoden beurteilt werden. Ist doch die urtümliche Triebnatur des Menschen hier den verwickeltsten Situationen gegenübergestellt. Daraus folgt, es müsse zwischen die instinktmäßig-primitive Einschätzung und seine endgültig verbindliche Beurteilung eine *Sachkunde* eingeschaltet werden. Bis heute ist es fast ganz der Arzt, welchem diese Sachkunde von den psychophysischen Zusammenhängen eines Menschen zugemutet wird. Denn auf diese kommt es an, wenn wir Willensfähigkeit und Arbeitsfähigkeit beurteilen sollen. Doch sei im Vorbeigehen gesagt: es ist erwünscht und durchführbar, daß in der Beurteilung der Arbeitsfähigkeit künftig auch der den Arbeitenden an der Arbeitsstelle beobachtende Vorgesetzte ein verantwortliches Gutachten abgebe, wenn dies die Lage erfordert. Denn der Arzt ist oft nicht imstande, die *Anforderung* zu kennen, für welche die Fähigkeit zu prüfen ist.

Eine kurze Betrachtung kann uns nun lehren, daß wohl auch heute noch diese in der Sozialversicherung durchgeführte Eingliederung des ärztlichen Urteils in den großen Bereich der Arbeit an Bedeutung alle anderen volkshygienischen Verpflichtungen überragt. Denn gerade dadurch, daß die ärztliche Tätigkeit sich im Rahmen der Sozialversicherung abspielt, besorgt sie ein Ausleseverfahren, dessen Wirkungen überdies tief in die ökonomische und politische Wirklichkeit einstrahlen. Es ist keine Spitzfindigkeit, wenn Sie sich klarmachen: indem Sie z. B. dem Antragsteller die Arbeitsfähigkeit ab- und die Rente zusprechen, geben Sie indirekt aus der Kasse der öffentlichen Hand Mittel aus; wenn die Erschöpfung der Kasse sich dann in neuer Not, zuletzt aber in hochpolitischem Existenzkampf ausdrückt, der ohne Vernichtung einzelner nicht zu führen ist, so ist es nur ein Tropfen gewesen, aber es ist doch ohne den

Tropfen die Flut nicht denkbar. Sprechen Sie dagegen einem Antragsteller die Krankheit und damit die Unterstützung ab, so kann das gleichfalls Vernichtung bedeuten. Wir handeln dann zwar pflichtgemäß nach Wortlaut und Geist der Krankenversicherung, aber de facto ist die Entziehung der Unterstützung nicht selten ein wesentlicher Schritt auf dem Marsch in die Not; Not bedeutet aber für einige auch Tod.
Will man leugnen, daß die Handlung des Arztes genau wie die jedes anderen Berufstätigen ein Glied in der Kette der Erhaltungsmaßnahmen *und* der Vernichtungsmaßnahmen ist? Wir sagen nicht, es sei dies wünschenswert, sondern es sei unentrinnbar, und der Zusammenhang müsse ganz ins Bewußtsein erhoben werden. Helfen heißt zugleich: wählen *wem* man hilft und *was* man rettet – dies gilt überall, auch da, wo wir die Wahl, weil sie in allzu gewohnter Richtung läuft, nicht spüren. Gewiß ist der Arzt nicht persönlich verantwortlich für die Institution und ihre Schädlichkeit oder Geldknappheit; aber die kollektive Blindheit gegenüber den sozialen und volkspolitischen Zusammenhängen bedeutet doch eine Abwälzung und hat eine Wirkung: irgend jemand wird zuletzt ihr Opfer sein. Korrektes Verhalten in der bestehenden Ordnung entlastet nicht von der Verantwortung für diese Ordnung selbst. Es ist gewiß unangenehm, daß der Arzt sich nicht von dem Gesetz des Vernichtens emanzipieren kann, aber es ist ein Glück, wenn er durch diese Verstrickung Gelegenheit bekommt, der blinden Vernichtung Einhalt zu tun und das Handeln *aus dem Geiste* zu lenken, auch wo es Vernichtung heischt. So wird der Arzt *politischer* Arzt; so nimmt er auch sein Teil Gefahr auf sich.
Dies und nichts anderes muß der Übergang von lückenhafter Sozialpolitik zu umfassender, also »allgemeiner Therapie« auch der sozialen Krankheit bedeuten. Was dies heißt, kann nur eine umfassende Anschauung zeigen. Eine vollständige Lehre aufzubauen wird Aufgabe einer ganzen Generation sein. Politik und Medizin, bisher nur durch Gelegenheitsursachen aneinanderstoßend, treten dann in eine breite Berührung. Die Lehre von den notwendigen und legalen Gewaltanwendungen kann hier immer nur einen kleinen Teil ausmachen. Das Mittel des Gesetzes, als ultima ratio, wird immer nur dort einsetzen, wo Erziehung und Hilfe versagt haben, weil sie ohnmächtig gegen die Natur waren oder weil sie am falschen Ort, in falscher Art verwendet wurden. Leicht ist zu erkennen, daß der wirksamere und zugleich größere Teil der

sozialen Therapie oder Rassenhygiene immer in Erziehung und Hilfe, nicht in der Vernichtung von Organen und Aufhebung der Bewegungsfreiheiten bestehen kann. Eheverbot, Sterilisierung, Internierung lassen sich als vernichtungspolitische Maßnahmen in der Regel nur aus biologischen oder vernünftig-ökonomischen Gesichtspunkten, aus Gründen der Sicherung und Erhaltung anderer Personen u. dgl. hinreichend ableiten, wobei die Erbbiologie für sehr weitgehende Maßnahmen noch ungenügend vorbereitet ist.

Eine idealistische Politik, nach deren Geist eine materialistische Begründung (sei sie erbbiologischer, ökonomischer oder formaljuristischer Art) zweiten Ranges ist, stützt sich auch hier nicht nur auf solche Argumente. Ihr ist auch die Leistung des Kopfes und der Hand gleich wertvoll, und leicht ist zu erkennen, daß gerade die Pathologie sie darin bestätigt: der körperlich Schwache kann der geistig Starke sein und umgekehrt. Und die körperlichen und die geistigen Minderwerte sind oft nicht erbbiologisch gekoppelt, sondern gehen viel häufiger ihre eigenen Wege. Einer erbbiologisch begründeten Medizin der Auslese und zugleich der Vernichtung fällt daher ein überaus wichtiger, aber schmaler Raum im Gesamtaufbau sozialer Therapie zu. Ein erbbiologisch entstandener Minderwert ist ja erst dann auch ein Minderwert im Volke, wenn er der Idee dieses Volkes widerspricht. Ob dies der Fall ist, kann aber nicht medizinische Biologie entscheiden, sondern der führende Träger dieser Idee ist es, welcher aus freier Leidenschaft der Verantwortung das letzte Wort hier spricht. Er kann dann Tatsachenforschung und materielle Vererbungswissenschaft in seinen Dienst nehmen – nicht umgekehrt. Dabei kann es geschehen, daß führende Staatspolitik Fragen stellt, welche die Wissenschaft gar nicht beantworten kann, weil sie nach ihren Begriffen die Frage nicht versteht oder weil Frage und Antwort nicht in demselben Sinne sich bewegen.

Hier hat die Wissenschaft die Pflicht, auch diesen Fall mit derselben Schärfe festzustellen wie den anderen, in dem sie Antwort geben kann. Sie würde sonst Sklavendienst, nicht Herrendienst leisten. Der Wissenschaft, welche der Staatsmacht dient, ist eben um dieses Dienstes willen auferlegt, nicht gegen ihre Bindung an ihre eigene Wahrheit untreu zu werden, denn sie würde den politischen Führer täuschen, wo immer sie von ihrem Gewissen abwiche.

Wir haben nun gesehen, daß der Begriff des Minderwertes z. B. bei Schizophrenie auch erbmäßig (im Sinne MENDELS) zu fassen ist. Hier ist ein Feld der rationalen Vernichtungspolitik. Aber der nicht durch Mendelismus zu fassende Minderwert ist noch verbreiteter und wichtiger, und der nicht durch rationale Züchtung zu erzielende Hochwert, die »Mutation«, ist nicht planmäßig zu erzielen. Der biologisch-rational verfahrenden Erbforschung, d. h. der Anwendung von MENDELS und GOLDSCHMIDTS großen Entdeckungen, ist also volkshygienisch ein bestimmter, aber schmaler Raum zugewiesen, und dies ist ein hoffnungsvoller Umstand. Denn er ermutigt zu der Erwartung, daß diesen blind und mechanisch waltenden Gesetzen doch nicht die Übermacht über die seelischen und geistigen Werte zukomme, die ihrem Wesen nach in Verstandesformen nicht einzufangen wären, und welche nicht die Erb*masse*, sondern das Erb*gut* des Volkes ausmachen. Hoffnungsvoll stimmt diese Feststellung, weil wir daraus erkennen können, das Erbgut sei überhaupt nicht etwas Fixes, sondern etwas unendlich Bewegtes: es *ist*, sofern es sich eben im Wandel erneut – es hört auf zu sein, wo es erstarrt. Wenn die Erhaltung des Volkes den erneuerungsfähigen Eigenschaften zu danken ist, dann gerade jenen, die wir besser in der Seelenkunde und der Geisteswissenschaft zu erkennen vermögen.
Die berühmte Frage nach der Vererbung erworbener Eigenschaften, also z. B. nach der Dauerhaftigkeit eines Züchtungserfolges, ist falsch gestellt, wenn sie nur nach Einzelqualitäten fragt. Kann doch auch der Züchter nur dann die Gesamtqualität halten, wenn er den Schematismus der Auslese immer wieder unterbricht und neue Mischungen zuläßt. Für die Medizin vor volksgesundheitlichen Aufgaben heißt dies, daß für Züchtung und Auslese die rein negativen und vernichtungspolitischen Maßnahmen ihre eigene Grenze bedeuten, nicht den Inhalt selbst. Ebenso wie sich erwies, daß der rationalistische Beherrschungsversuch von Recht und Arbeit scheitert, ebenso zeigt sich hier, daß die rationalistische Beherrschung von Zeugung und Tod nicht durchführbar wäre.
Im Grenzlande der Not versagt auch die Erhaltungspolitik, aber eben da Zeugung und Tod die Grenzen des individuellen Lebens sind, bedeutet ihre Rationalisierung nicht mehr als eine Grenzlinie, nicht den Kern der Volks- und Rassenhygiene, die überindividuell sein müssen. Zeugung und Tod können von ihr also so wenig nur mit dem »Kopf« in die Hand genommen werden wie Recht und

Arbeit. Im Gegenteil: jede Maßnahme muß hier den Sinn haben: Zeugung und Tod den Klauen der Gesetzesverordnung zu entreißen und ihnen den Raum im seelischen Reiche zu geben, in welchen sie gehören. Nun ist die Überschätzung der nur materiellen Merkmale der Krankheit, des nur schematischen Wirkungsbereichs der Verordnungen ausgeschlossen.

Ein Überblick wird jetzt möglich über das Ganze der Therapieformen. Einbettung und Verstrickung der individuellen Behandlung des einzelnen Kranken in die Abhängigkeiten seines Ich in einer Gemeinschaft sind in Umrissen deutlich geworden. So übermächtig sind diese Abhängigkeiten, daß die Situation am Krankenbett und in der Sprechstunde den Arzt fortreißen konnte zum psychischen und zum sozialen Beeinflussungsversuch – bis zu dem Grade, daß ihm die bis zu hoher Stufe entwickelte Schulmedizin auf anatomisch-physiologischer Grundlage als kostbarer Luxus erscheinen konnte – bestimmt für gepflegte Häuser und Ärzte. Dabei konnte der einheitliche Geist der Medizin sich auflösen, der feste Boden verlorengehen. Eine Rückkehr zu den klaren und einfachen Forderungen naturwissenschaftlicher Forschung und zu einer auf sie und nur sie gegründeten Therapie, eine Ausscheidung der offenbar moralischen und politischen Übel aus dem Bereiche der ärztlichen Zuständigkeit scheint daher vielen heute die einzig gesunde Parole. Aber ein Geist der Reaktion ist hier wach und fordert eine Abwehr.

Kein Vernünftiger will bestreiten, daß Erbfaktoren und Konstitution der Krankheit Vorschub leisten oder ihr ein besonderes Gepräge geben, daß Verletzungen, Gifte, Allergene, Bakterien, vom Zufall herangeführt, die Ursache von Krankheiten sind. Auch daß viele Ursachen solcher greifbaren Art unentdeckt sind und noch gefunden werden müssen, darf nicht bezweifelt werden. Art und Ort der vorbeugenden Hygiene und der bekämpfenden Therapie ergeben sich aus dieser *»Speziellen Pathologie«* logisch und sind wirksam. Aber man sagt uns: warum soll diese Form der Medizin eigentlich nicht genügen? Können Psychotherapie und soziale Therapie sich ernsthaft als Mitbewerber um den Preis: helfen zu können und zu dürfen, anmelden? Was haben sie vorzuweisen als Erkenntnisgrundlage und was an überzeugenden Erfolgen? Sicher sehr viel. Aber bloß die Gewißheit und Unbestrittenheit einer Erkenntnis beweist noch nicht, daß sie wert ist, gewußt zu werden. Irgendein praktischer Erfolg legitimiert eine Therapie noch nicht, als Wesensbestandteil der Lehre zu gelten und als Voraussetzung der Approbation in einen Lehrplan aufgenommen zu werden. Soll dies geschehen, so muß der Beweis erbracht sein, daß Psychotherapie und soziale Therapie etwas enthalten, ohne das die Medizin nicht Medizin wäre: sie müssen zu ihrem Wesen unentbehrlich gehören.

Wir antworten: beide sind, wenn sie in radikaler Form und isoliert geübt werden, historisch notwendige Exzesse der Medizin. Der Exzeß geht nach verschiedener Richtung. Psychotherapie überschlägt sich, wenn bis zu äußerster Konsequenz getrieben, in Seelenführung oder persönliche Liebe; soziale Therapie muß, wenn folgerichtig zu Ende geführt, Fürsorge oder Politik werden. Aber die Pfarrer, Liebhaber, Fürsorger und Politiker sind nicht Ärzte. Der Psychotherapie und der sozialen Therapie muß also, um Medizin zu sein, etwas Begrenzendes, eine Besonnenheit, zukommen; eben was ihnen fehlt, können sie durch den Rückgriff auf die »Spezielle Pathologie« bekommen: in der Verbindung läge dann das Wesen der »Allgemeinen Therapie«.

Wir fragten aber: fehlt auch der »Speziellen Pathologie und Therapie« etwas, und sollten es vielleicht Psychotherapie und soziale Therapie sein, welche dies Fehlende geben können? Und wie hat man sich dann dies wechselseitige Ergänzungsverhältnis eigentlich vorzustellen?

Halten wir uns das Ganze gegenwärtig, so können wir zunächst einige Vorstellungen von diesem Verhältnis ausschließen. Alles zeigt, daß alles mit allem zusammenhängt; es ist nicht so, daß es drei scharf getrennte Arten von Krankheitsfällen gibt: Organkranke, psychisch Kranke (Neurosen) und sozial Kranke. Diese Gruppierung hat ihren praktischen Wert, aber einen Artunterschied enthält sie nicht. Denn die organische Krankheit ist auch etwas, was ein Ich hat (»ich bin krank«) und auch eingebettet in seine gesellschaftliche Verstrickung ist. Der Neurotische wiederum ist auch in seinem Körper, bildet Symptome in demselben und ist anderseits kräftiges Störungselement der Gesellschaft. Und die soziale Krankheit endlich ist ja nur der Inbegriff der sozialen Störung um den kranken Menschen herum: er ist der Störer der sozialen Gesundheit, und in dem gestörten Gemeinwesen wird auch der Mensch krank.

Jeder Kranke also hat teil an all diesen Verflechtungen oder besser: *Umfassungen* oder *Einschließungen.* Wir haben mit jenen drei

Gruppen also nicht Krankheitsfälle, sondern drei Formen der Einschließung unterschieden, welchen jeder Kranke unterworfen ist. Die Frage ist dann, was hier Einschließung heißt. Sicher (auch diese Vorstellung dürfen wir abweisen) heißt Einschließung nicht ein Zusammenwirken von Bedingungen oder Ursachen, so als ob eine Abkühlung, ein Bazillus, eine Konstitution, eine Angst und ein anderer Mensch, der die Angst hervorgerufen hat, zusammenwirken müßten, um die so eindeutig abgegrenzte Krankheit, Cholera oder Cholangitis, zu bewirken. Wir lehnen diese Vorstellung ab, weil diese kausalen »Faktoren« zwar objektiv feststellbar sind, weil aber dieser Begriff des Zusammenwirkens nichts ist als ein einziges Asyl der Unwissenheit und Willkür. *Wie* denn eigentlich das alles zusammenwirken soll, das allein ist ja die Frage, mit deren wenn auch noch so bescheidenen Beantwortung so etwas wie Erkenntnis oder Wissenschaft begänne. Jeder hysterische Anfall, jede psychogene Gallensteinkolik, jede Kriegsseuche, jede reaktive oder Infektionspsychose bedeutet, wenn sie vorzüglich untersucht ist und (ohne jede Kausalidee) genauestens beschrieben ist, rein als *Erzählung* einen Schatz der Erkenntnis gegenüber jener unverbindlichen Redeweise vom Zusammen*wirken* so vieler Faktoren. Wäre doch gerade durch dies »Wirken« ein Problem nicht gelöst, sondern gestellt: warum bei einer solchen unbestimmten Vielfalt der Krankheitsursachen immer wieder so relativ einfache, eindeutige und scharf umrissene Krankheitsbilder entstehen sollen, wie sie nun einmal in der speziellen Pathologie gegeben sind. Eine solche Konvergenz aus dem Vielfachen und Vieldeutigen zu dem Einfachen und Typischen ist so unverständlich wie unwahrscheinlich. Wir haben also einen guten Grund, diesen Gedanken überhaupt abzulehnen.

Es ist danach vorzuziehen, daß man den weiteren Weg entlang jenen Einzelbeispielen einer spezifischen Einschließung zwischen psychischem, sozialem und organpathologischem Geschehen sucht. Hat man hier eine kasuistische Grundlage, so wäre der zweite Schritt, an solchen Fällen das Wesen der Zusammenhänge abzulesen, anstatt die diversen Faktoren immer weiter zu summieren. Das Beispiel nun, welches wir hier zunächst in den Mittelpunkt stellten, war das psychische Ereignis der *Angst* und das soziale Geschehen der *Not.* Angst und Not wiederum verhalten sich wie die subjektive und die objektive Ereignisseite derselben Welt, in der ein Mensch ist. Auf diese Weise bekommen wir dann die Symptombildung im Organismus als *Ausdruck*, zunächst der Angst, und über sie, als Mittler, auch als Ausdruck der objektiven Not zu fassen. Es wäre also der Begriff »Ausdruck«, mit dem wir vorerst einmal das Wesen der Einschließung zu fassen suchen. Die ganze neuere Biologie und Psychologie gleicht einer einzigen Bemühung, mit »Symbol«, »Ausdruck«, »Triebbestimmtheit«, »Gestalt« usw. dieser Einschließung intellektuell Herr zu werden. Unmöglich, ihr darin nicht folgen zu wollen und diesen Gewinn zu verschmähen. Der Standpunkt ist dem der Kausalbetrachtung gewaltig überlegen. Während nämlich das unverbindliche Zusammensetzen aller möglicher aufgegriffener Faktoren eine ebenso große Vieldeutigkeit des Geschehens bestehen läßt – man kann dann schließlich immer in die »Erklärung« ausweichen, die aus irgendwelchen Gründen die bequemere ist –, zeigt sich, daß die Frage: was drückt das Symptom aus? überhaupt erst dazu zwingt, wesenhaft bestimmte und nicht nur kausal-mechanische Gegebenheiten völlig ernst zu nehmen. Es ist ein grundlegender Unterschied, ob man sagt, der Gallensteinanfall »kommt von Aufregungen«, oder ob ich sage: dieser bestimmte Anfall ist Ausdruck der durch jenen Mißerfolg geschehenen Kränkung des Berufsehrgeizes, weil bei diesem Manne das System der Gallenwege Ausdrucksorgan dieses und nur dieses ganz bestimmten seelischen Inhaltes ist. Diesen aber richtig und eindeutig zu entdecken wird jetzt die Aufgabe.

Wenn also der Versuch gewagt wird, die Physiologie der Angst als Ausdruck zu erfassen, so nicht, um einen allgemeinen Einfluß der Affekte auf Körperfunktionen zu belegen, sondern um eine ausdrucks*spezifische* Dynamik an einem zwar verbreiteten, aber durchaus nicht irgendwie veränderbaren Beispiel zu zeigen. Es ist also z. B. nicht möglich, bei demselben physiologischen Syndrom statt Angst etwa Freude, oder Wollust, oder Schwindel zu setzen, denn jede dieser Regungen hat ihren eigenen spezifischen Ausdruck. Aber auch dies wäre nur eine erste grobe Annäherung an die Spezifität klinischer Symptom- und Krankheitswahl.

Fassen wir das bisher Gesagte zusammen, so lautet die These: Psychotherapie und soziale Therapie erzwingen durch den in ihnen enthaltenen Gesichtspunkt der Ausdrucksdeutung den Arzt, in der speziellen Pathologie und Therapie die mehr als kausale Wesensart der Krankheit ernst zu nehmen und nicht in einer unverbindlichen Faktorenanalyse zu zerstäuben. Das Thema der psychischen Angst und der sozialen Not wäre demnach nur ein Beispiel aus einer konkreten Krankheitslehre nach diesem Prinzip gewesen. Allgemeine Therapie aber ist der Charakter, durch den jede besondere Therapie sich unter das Gesetz dieses größeren Gesichtspunktes der Einschließung stellt.

Lösen wir zuletzt diese Feststellung aus dem Panzer erkenntnistheoretischer Bestimmungen, so dürfen wir sagen: Erfahrung zwang den Arzt zu der Einsicht, krankhafte Erscheinungen des Patienten seien eingeschlossen in Ereignisse seiner seelischen Geschichte und ein Ausdruck dieser Ereignisse; ferner: auch dies Seelische sei eingeschlossen in Ereignisse der Gemeinschaftsgeschichte, der er zugehört, und ein Ausdruck derselben. Und Erfahrung zwang ihn weiter zu der zweiten Einsicht: bestimmte Erscheinungen in der Geschichte der Seele und in der Geschichte der Gemeinschaft seien wiederum ein Bote aus jenem umfassenderen und schwer zugänglichen Bereiche der Natur – auch sie seien eingeschlossen in etwas, was mehr enthält, als die Erscheinung für sich allein ablesen läßt; und auch sie seien Ausdruck eines Umfassenderen.

Ist nun diese Einsicht doppelter Umfassung festgeworden und nicht zu widerrufen, dann ist von ihr aus die Aufgabe nicht mehr so schwer, der Medizin wieder die neuen Grenzen zu ziehen, innerhalb deren sie weder überzufließen noch zu verkümmern braucht. Denn was für die wesenhafte Umfassung der Pathogenese gilt, das muß auch für eine Verflechtung der Therapieformen gelten. Auch sie muß in einer Ordnung des Einschließens, aber auch des Ausschließens bestehen.

10. Natura naturans

Der Mensch kann nicht in den reinen Naturzustand zurückkehren; er versucht es in der Epoche, die wir die geschichtliche nennen, immer mit demselben Mißerfolg. Die Natur ist seine Heimat nicht geblieben, sie wurde seine Sehnsucht. So sucht er, was er nicht mehr ist. Er sucht es zu ergreifen, zu begreifen. Auch als Arzt in der Medizin. Aber den Sinn der Krankheit auszusprechen, würden wir nicht wagen. Wir können viel, wenn es uns gelingt, krankhaftes Geschehen in gewissen Grenzen, in bestimmten Bahnen zu halten. So kommt es dann, daß die Frage nach der Natur für ihn gerade eine Frage der Kultur wird: die nach der wissenschaftlichen Grundlage der Medizin.

Auch wir haben teil an dem geheimnisvollen Instinkt der Ameise, die unermüdlich ihren zerwühlten Bau wieder herstellt. Auch in uns ist ein derartiges Vermögen der Wiederherstellung, aber es genügt uns nicht. Selbst das Natürlichste ist uns noch ein Problem, und die Naturwissenschaften sind ein Zeichen dieses Ungenügens, dieser Sehnsucht; und wiederum: diese Naturwissenschaft hat uns auch nicht genügt. Sie ist ungeduldig und macht ungeduldig. Sie dient uns zur Reparation, aber dann wollen wir wissen, was wir eigentlich reparieren. Und indem wir dies wollen, greifen wir wieder in das organische Leben ein und stören es mit unseren Fragen, unserem Experiment.

Solchen Zwiespalt finden wir in der Beziehung zur Wissenschaft, aber auch in der Beziehung zum Kranken. Sein Vertrauen schafft die beruhigende Bindung, aber auch eine Übertragung von Macht auf den Arzt. Diese Macht, vermehrt um jene geliehene, welche Wissenschaft, Approbation und Rechtsordnung des Staates ihm gibt, schenkt ihm ein Übergewicht über den Kranken, das mit dem Dienstcharakter seines Amtes schwer zu vereinen scheint. Es hat uns hier nicht ohne Grund so viel zu denken gegeben, daß aus der schlichten Sorge und Hilfe des Arztes am Einzelnen ein wertendes Wählen, ein Dienst und ein Wirken in einer staatlichen Ordnung hervorwächst – ob wir es wollen oder nicht. Es sei denn, der Arzt stelle sich auf eigene Gefahr mit seinem Kranken außerhalb dieser Ordnung oder gegen sie; sonst muß er von Fall zu Fall ein oft nicht geringes Stück des schlichten Einsatzes für den Kranken opfern zugunsten der Einordnung in ein soziales Ganzes.

Es zeigt sich: die wissenschaftliche Haltung läßt sich nicht rein und ausschließend durchhalten, denn wir haben es mit Menschen zu tun; und wenn wir dann die reine menschliche Haltung einnehmen möchten, so stößt die an ihre Grenzen in einer Staatsordnung. Spricht man aber die Grenzen ärztlichen Tuns in dieser Form als ein Ungenügen, ja als schmerzliches Versagen aus, so kommt doch nur die eine Seite der Sache zum Bewußtsein. Wir haben ja nicht vergessen, daß die Wissenschaft es war, welche der Medizin der Dämonen und Zaubereien Schranken setzte; und auch nicht, daß die Gemeinschaftsordnungen es sind, welche dem primitiven Wählen und Verwerfen der Leidenschaften ein geistiges Ziel abringen. Naturordnung nun und Gemeinschaftsordnung haben eines übereinstimmend: die Kraft beider spricht durch *Gesetze.* Wir haben früher in der Lehre der Symptombildung gesehen, wie Naturbereich und Soll-Bereich, Funktion und Erziehung nicht getrennte Welten sind, sondern kraft eines Machtverhältnisses einander bestimmen. Konflikte entstehen, Symptome sind Formen ihrer Erledigung durch Krankheit. Naturwissenschaft ist nun nicht nur Erkenntnis von Gesetzen, als von etwas, was gelten soll, aber darum noch nicht ist; sie ist zugleich Erkenntnis von etwas, was wirkt und erzeugt. Der Ursprungsinn des Wortes Natur, von Gebären genommen, bewährt sich auch noch in der zur Gesetzeswissenschaft gewordenen Erkenntnisweise. Diese Weise des *Hervorbringens* finden wir darin, daß ein Experiment, also ein aktives Wirken, nötig ist, um der Natur ihr Geheimnis zu entlocken, aber auch darin, daß eine Notwendigkeit es ist, welche die Vorgänge – auch die organischen – zu der Ordnung zwingt, wo sonst Chaos bliebe. Die Forschungsweise, nämlich die experimentelle, und die Geschehensweise, nämlich die der Gesetzesbefolgung, haben diesen Charaker der Aktivität gemeinsam. Daher kommt es auch, daß in dem Siege der modernen Naturwissenschaft über die Bilderwelt magischer und philosophischer Natursicht, die *Verbindlichkeit der Aussage* entschied, wie sie aus *sinnlicher* Berührung und *aktiver* Handlung abgeleitet war. Jene Bilderwelt wurde überboten durch die Ausbildung der Kunst sinnlicher Wahrnehmung. Die einzelne Wahrnehmung aber ist einmalig und unersetzlich und bekommt so geradezu den Rang einer Glaubenswahrheit. So ist empirische Naturforschung. In ihr wirkt daher auch ein ethischer Wert, der bereit ist, andere, etwa den der Harmonie des Naturbildes, aus dem Felde zu schlagen. Der Sieg NEWTONS über GOETHE, der der modernen Medizin über PARACELSUS, ist in diesem Sinne noch nicht ausgelöscht.

Neben der Sinnlichkeit ist es dann die *sachliche Objektivität*, welche den Symbolismus magischer und religiöser Medizinen verdrängen konnte. Auch in diesem Punkte bedeutet die naturwissenschaftliche Haltung der Medizin mehr als einen Selbstzweck: sie bedeutet die Überwindung des bloßen Affektes. Zwar haben auch wir in der ärztlichen Grunderfahrung das Element des Kampfes entdeckt, als ein unumgehbares. Aber nicht so, als ob er allein das Wesen der Therapie, der »Vater« aller Dinge wäre. Im Gegenteil, nie hat Erkenntnis einen Schritt vorwärts getan, wenn sie nicht auch das enthielt, was einen Streit zur Ruhe bringen kann, was Frieden bedeutet. Nicht die Bilder des Rausches, des Traumes, der Antilogik, nicht diese wilden Zustände der Erkenntnis, sondern *Maß*, und das ist: *Besonnenheit* macht Erkenntnis aus, und die ist auch die Quelle der sachlichen Objektivität im Denken, der objektiven Sachlichkeit im Handeln. Dies und nur dies war auch der meist unterschlagene Sinn des neuerdings viel berufenen Dialogs, in dem PLATO so etwas wie Psychotherapie entwickelt hat, des Charmides. So bedeutet die sachliche Objektivität Maß, Besonnenheit, Friede. Wissenschaft bändigt, sie ist Grenze.

Die *wissenschaftliche* Bemächtigung der Natur bedeutet also weit mehr als den Erwerb von Wissen, und nicht nur, weil Wissen in der Hand des Arztes Macht wird, weil keine ärztliche Technik der Wissenschaft entraten kann. Auch dies ist gewiß der Fall. Sondern die naturforschende Grundlegung bedeutet: statt eines philosophischen Kreisens um einen Mittelpunkt das rastlos vorwärtsdrängende Bemühen; statt einer ruhend duldenden Betrachtung eine immer neue, durch den Schmerz der Kreatur immer erneuerte Zuwendung zum besonderen Einzelnen; statt eines Glaubens an eine unsichtbare Welt eine glaubensähnliche Bindung an die (nur in tätiger Begegnung erfahrbare) Sinnenwelt; statt eines Hinblickes auf erlösende Wandlung eine Richtung auf befriedende Objektivität, gesetzliche Begrenzung, auf jene Mittellage des Daseins, die wir Gesundheit nennen. Mit solchen Trabanten hält die naturwissenschaftliche Grundlegung ihren Einzug in den Geist der Medizin. Wissenschaft wird in ihr zur Helferin, weil sie die Elemente des Kampfes und die Übungen der Macht überwinden lehrt – sonst wäre wissenschaftliche Medizin nicht Heilkunde.

Ihre Wertordnungen, das heißt ihre Möglichkeiten heilsamen Handelns, darf Medizin, so können wir jetzt erkennen, niemals aus andern Fakultäten und auch nicht aus andern Ordnungen menschlichen Zusammenlebens übernehmen. Sondern sie muß ihre eigenen Wertstufen finden aus ihrer Ausrichtung auf Herstellung und Erhaltung der *Gesundheit*, und das ist: der naturgeborenen Möglichkeit, menschliche Bestimmung zu erfüllen. Betrachten wir demnach zum letzten Male die beiden Einschließungen, in welche uns spezielle Pathologie und Therapie verstrickt erschien: die soziale und die psychische. Dann wird jetzt deutlich, welchen Dienst die naturwissenschaftliche Bindung der Medizin leistet: sie muß jene beiden großen neuen Themen auf ihren medizinischen Begriff bringen und zu ihrer wahrhaft ärztlichen Lösung zwingen. Nicht darum handelt es sich, Soziologie und Psychologie in die Medizin »einzuführen«, was oft genug nur ein schlechtes Anheften bedeutet hat. Denn der Mensch in seiner Gemeinschaft und der Mensch mit seinem Ich ist kein anderer wie der Mensch mit seinem Leib; man kann ihn nicht aufteilen. Sondern das neue Wissen um Krankheitsentstehung aus den Konflikten der Gemeinschaft und aus den Kämpfen des Ich war, wie geschichtlich unvermeidlich, zuerst mit soziologischen, psychologischen, mit kultur- und geisteswissenschaftlichen Hilfsmitteln entdeckt und vorläufig geordnet worden; nun soll es tiefer begriffen und neu geschildert werden nach Sinn und Geist einer anthropologischen, das ist vom Menschen zum Menschen gerichteten Medizin mit dem Ziel einer Heilkunst.

Wagen wir es also, eine einfachste Ordnungslehre der Pathologie und eine ebenso einfache Gliederung der Ausbildung des Arztes hier an den Schluß zu setzen. Versucht man zuerst, das mannigfaltige Gesehene zu überschauen, so erblickt man, wie die Natur sich auf *drei* Weisen in der Krankheit verhält. In der größten Freiheit bewegt sie sich noch dort, wo sie Herr geblieben ist über ein Mehr oder Weniger der physiologischen *Funktionen*, über Tempo, Richtung, Ausmaß von Resorption, Sekretion, Chemismus und Bewegung. Die heute meist sogenannte »funktionelle« Störung, ein wesentliches Merkmal auch der *Neurose*, zeigt den Freiheitsgrad physiologischen Geschehens, das noch nicht durch organische Veränderung der Strukturen beschränkt und erstarrt erscheint. Von einem Augenblick zum andern – also *zeitlos* – ist es veränderlich und wiederherstellbar.

Die *zweite Stufe* in unserer Ordnung einer Pathologie wird dort

erreicht, wo die meist sogenannte *organische* und in der Regel auch dem Auge erreichbare *Struktur* zum Kampfe angetreten ist. Nennen wir diese Stufe die der *Biosen.* Zellige Elemente erfahren produktive Wandlungen, Mehrung und Untergang, Neubildung oder Umbau. Der sogenannten organischen Krankheit als einer zugleich physiologischen wie anatomischen Verhaltungsweise der Natur eignet eine viel größere Trägheit. Sie ist nicht im Augenblicke geworden oder vergangen, und auf Herstellung ist nur in den Schranken gewisser Zeitgesetze organischen Strukturgeschehens zu rechnen. Nicht unwiderruflich zwar, aber eben *zeitgebunden* ist die organische Störung dem Unerbittlichen der anorganischen Seinsweise schon verwandter als die funktionelle Störung; wohingegen diese, so zeigte besonders deutlich die Neurose, mit ihrem quasi-moralischen Charakter der Zeitlosigkeit angrenzt.
Auf der *dritten Stufe* wird die Grenze des organischen Geschehens selbst überschritten: es ist der Bereich der unwiderruflichen Veränderungen erreicht, den wir vielleicht am besten unter dem Namen der *Sklerosen* sammeln können. Mit ihrer Nichtumkehrbarkeit und ihrem einsinnigen Gerichtetsein weisen sie zum Tode hin. Mit der Endgültigkeit der Veränderung tritt an bestimmtem Ort und unverschieblich von seiner Stelle das *Geschichtliche* der Krankheit in die Wirklichkeit.
So müssen wir die drei Weisen des natürlichen Verhaltens in der Krankheit nach der *Zeit* ordnen. Zeitlos, zeitlich und geschichtlich ist dies Verhalten auf den drei Stufen. Nun müssen diese Stufen auch *örtlich* darstellbar sein, da im Raume die Zeit sich darstellt. Das Verhalten, das wir als funktionelle Störung beschrieben haben und das sich als Energieverschiebung durch die Krise gut fassen läßt, ist eigentlich in der Welt der Gemeinschaften entstanden. Man kann es nicht vom Individuum her verstehen, als ob man von diesem Leben miteinander abstrahieren könnte. Der Raum der sozialen Krankheit ist auch der, in welchem die Funktionsstörung zuerst entsteht.
Das Geschehen der organischen Krankheit dagegen ist durchaus beschlossen in dem Raume, den unsere Haut umschließt und der das Ich zu seiner Natur zwingt. Dies Verhalten in der Krankheit ist daher das individuale. Wir haben aber begriffen, daß man es nicht verstehen könnte, wollte man von der Subjektivität absehen, so, als ob man es im allgemeinen, biologischen, beliebigen Raume darstellen könnte. Die Sklerosen endlich, das natürliche Geschehen zum

Tode hin, vollziehen sich an Ort und Stelle; es wäre gleichgültig, ob sich der Kranke mit ihnen in eine andere Gemeinschaft, in ein anderes Klima begäbe; es würde sich nichts ändern, wenn er seine Individualität zu ändern vermöchte: dies Sein zum Tode hin nähme er unverändert mit, dieses Geschehen im Raume bliebe mit *ihm* und damit immer und unverschieblich auf der Stelle.
Mit diesen natürlichen Ordnungen der Zeit und des Raumes ist nun das soziale und das psychologische Thema zu dem medizinischen Begriff einer Natur und damit zu dem ärztlichen Ziel zurückgezwungen. Grenzüberschreitungen sind dann sicherer zu bemerken, wirksamer zu bekämpfen. Ein kritisches Instrument kann ausgebildet werden. Besser aber als Kritik wäre Erziehung, besser als Therapie ist Prophylaxe. Im Aufbau der ärztlichen *Erziehung* müssen sich diese Ordnungen bewähren, wenn sie richtig sind. Auch sie müssen dann zeitlich und örtlich geordnet sein.
Am Anfang einer ärztlichen Ausbildung muß ein Lernen von Wissenschaften stehen; in ihrer Mitte eine Begegnung am Krankenbett; an ihrem Schluß die Umwandlung des ersten Wissens durch diese erste Erfahrung in ein zweites Wissen, welches als ein nicht nur gelerntes, sondern schon gewordenes auch in einer Prüfung bestanden werden kann. Wir sollten also die praktische Ausbildung in die Mitte zweier Lernzeiten setzen.
Der Ort der ersten Stufe kann nur die Vorlesung sein im Hörsaal, neben dem Laboratorium, neben der Klinik. Die Begegnung mit dem Kranken fordert dann die Zerstreuung der Praktizierenden in die Krankenzimmer zu Pflege, Untersuchung, Behandlung. Die ganze verfügbare Menge von Kranken muß sie für sich haben. Diese erste Erfahrung am Krankenbett muß jetzt zurückgebracht werden an den Ort der Forschung und der Lehre, um dort ins volle Bewußtsein eines zweiten Wissens, also einer Wissenschaft gehoben zu werden. Zum Hörsaal kann jetzt das Seminar, zum Monolog der Vorlesung der Dialog des Unterrichtes treten. Gewußte Begriffe müssen sich dann in könnendes Erkennen, in das Bewußtsein der Prinzipien, ja der Ideen erheben.
Gelingt dies Vorspiel der ärztlichen Berufsarbeit, dann hat die Ausbildung alles geleistet, was ein Vorspiel für das ernste Spiel selbst überhaupt zu leisten vermag. Ist dieser Weg vom ersten Wissen über eine erste Erfahrung zu einem zweiten Wissen ein Rückweg zur Natur, dann kann auch im künftigen Arzte die Natur

erwachen. Denn nur wenn die Natur *in ihm* von der Krankheit berührt, angesteckt, erregt, erschreckt, erschüttert wird; nur wenn die Krankheit auf ihn übertragen, in ihm fortgesetzt, über sein Bewußtsein zu sich selbst zurückgeführt wird – nur dann und nur so weit, als dies geschieht, ist ihre Überwindung durch ihn möglich und wird in ihm: natura naturans.

Anhang

Zur Edition

Die Schriften Viktor von Weizsäckers werden in einer Werkausgabe vorgelegt, die die meisten Publikationen enthält. Die nicht aufgenommenen Texte – fremdsprachige Aufsätze, einige Vorworte, Rezensionen, Diskussionsbeiträge u. a. – sind in der Bibliographie nachgewiesen. Die Bände sind unter Leitbegriffen geordnet, mit denen von Weizsäcker selbst »seines Lebens hauptsächliches Bemühen« formuliert hat. In den einzelnen Bänden wurden die Beiträge chronologisch zusammengestellt. Am Ende jedes Bandes steht ein biographischer Abriß. Band 1 enthält eine chronologisch geordnete Bibliographie.

Editorische Notiz

Alle Texte wurden unverändert abgedruckt. Korrigierende Zusätze sind durch Kursivdruck und ⟨ ⟩ gekennzeichnet. Fehler in Zitaten wurden stillschweigend korrigiert. Mit der Ausnahme von Band 1 sind Namen – außer in den Fällen von historischen und literarischen Beispielen sowie unbekannten Personen – in Kapitälchen gesetzt; kleingedruckte Passagen sind in Normaltype gesetzt. Rechtschreibung und Interpunktion wurden behutsam heute gültigen Regeln angepaßt.
Die gewählte Textfassung ist im »Anhang« zusammen mit bibliographischen Angaben und Bemerkungen zur Entstehung des Textes aufgeführt.

Der »Anhang« enthält neben der »Literatur« erläuternde »Anmerkungen« sowie ein »Personen-« und »Sachverzeichnis«. Die Literaturangaben wurden ergänzt und für die jeweiligen Texte gesondert im Anhang zusammengestellt. Ergänzungen sind mit * gekennzeichnet. Das in Klammern hinter die Autorennamen im Text gedruckte Erscheinungsjahr verweist auf das Literaturverzeichnis.
Mehrfach aufgeführte Werkausgaben sind als WW zitiert.

Literatur, Anmerkungen

Stücke einer medizinischen Anthropologie

Viktor von Weizsäcker veröffentlichte die Aufsätze »Der Arzt und der Kranke« (1926), »Die Schmerzen« (1926) und »Krankengeschichte« (1928) in der Zeitschrift »Die Kreatur« (s bibliographische Angaben zu den Texten), die er mit Martin Buber und Joseph Wittig herausgab. Die beiden ersten Aufsätze haben den Untertitel »Stücke einer medizinischen Anthropologie«; beim dritten Aufsatz wird mit einer Anmerkung auf diesen Untertitel zurückverwiesen. In dem Sammelband »Arzt und Kranker I« (1941, ²1947, ³1949) sind diese Aufsätze als »Stücke einer medizinischen Anthropologie I, II, III« zusammengefaßt.
Dieser Band enthält die meisten Texte aus »Arzt und Kranker I« (s Bd I, Bibliographie: 1941, 4). Die Vorworte zur 1. u 2., 3. Aufl erläutern V von Weizsäckers Verständnis des Titels »Stücke einer medizinischen Anthropologie«.

(Vorwort zur ersten Auflage) S 5-6 in: von Weizsäcker V (1941) Arzt und Kranker I:
Die meisten Vorträge oder Aufsätze dieser kleinen Sammlung sind an Stellen erschienen, welche nur schwer zugänglich sind. Dies und der Zuspruch der Herren Verleger bestimmten mich, die Scheu zu überwinden, welche man vor der Erweckung des Vergangenen hat, solange die Arbeit fortgeht und man dies Vergangene nicht als abgeschlossen, sondern als noch immer im Werden betrachtet.
Vielleicht ist dabei eine Selbsttäuschung im Spiele. Vielleicht ist mehr davon ohne Aussicht auf Verbesserung und Erfüllung, als seine Unvollkommenheit mich wünschen läßt. Mein Rückblick auf diese Parerga eines in Laboratorium, Klinik und Sprechstunde verbrachten Lebens zeigt mir viel denkerische Unruhe, viel Planen und viel Umfassen-Wollen, über welches die stürmischen Revolutionen der Epoche eilend hinwegschritten. Die Forderung des Tages, der Zwang des Gegenwärtigen scheint viele quälende Problematik zu verscheuchen, und mancher jüngere Leser mag sich wundern, warum meine Generation sich die Dinge so schwer gemacht hat. Zur Erklärung müßte ich auf Persönliches eingehen, wie etwa eine mir aus der schwäbischen Heimat angeborene Veranlagung zu Rückfragen an philosophisch denkende Selbstbesinnung; auf eine geschichtlich bestimmte Gärung im geistigen Erbe des 19. Jahrhunderts; auf eine dem früheren Akademiker unbekannte beständige Kreuzung von vita contemplativa und vita activa – und vieles andere. Auch möchte diese Auswahl absichtlich etwas von den vorbereitenden schwierigen Überlegungen zeigen – einzelne Ergebnisse wären in anderen, leichter zugänglichen Schriften zu suchen[1].

1 Seelenbehandlung und Seelenführung. 1926. – Soziale Krankheit und soziale Gesundung. 1930. – Ärztliche Fragen. 2. Aufl. 1935. – Studien zur Pathogenese. 1935. – Der Gestaltkreis. 1940. – Klinische Vorstellungen. 1941.

Wenn so eine gewisse gedankliche Umständlichkeit oder Vielverflochtenheit einiger dieser Stücke erklärbar ist, so soll das keineswegs eine Entschuldigung bedeuten. Ich bestehe auf der Pflicht, das Schwierige genau ebenso schwierig zu zeigen, wie es ist. Eine andere Frage ist, ob die Mittel zur Bearbeitung und zur Lösung der Probleme die richtigen sind. An ihrer Unausweichlichkeit ist nichts zu ändern. Und da steht im Mittelpunkt ein jeder Anstrengung würdiges Problem: wie sich Wahrheit und Gesundheit verhalten. Weil ich mich darum mein Lebtag bemüht habe, übergebe ich einige dieser Betrachtungen nochmals dem Leser, der vielleicht von ganz anderen Erfahrungen her auf dieselbe Frage gestoßen ist. Dieser wird auch spüren, daß hier Denken ein Kämpfen, daß Kämpfen aber auch Denken sein muß.

Breslau, den 31. Mai 1941 *Viktor v. Weizsäcker*

(Vorwort zur 2. und 3. Auflage) S 5–6 in: von Weizsäcker V (^{2}1947, ^{3}1949) Arzt und Kranker I:

Die Vorträge und Aufsätze dieser Sammlung erscheinen nun in zwei Bänden und sie erstrecken sich über 25 Jahre. Auch diesmal mußte der treue Zuspruch der Verleger manche Scheu des Autors überwinden. Während es früher, beim ersten hier unverändert neugedruckten Bande, hauptsächlich die Besorgnis war, zwischen den zwei Weltkriegen sei zu viel Vergebliches, Überholtes und nur Persönliches hervorgetreten, ist es heute der Blick auf die Gräber, der den Überlebenden mahnt, wie leicht doch Geredetes und Geschriebenes ins Wesenlose zerrinnt. Wenn jedoch Worte wirksam sind (und der Tat darin gleich kommen), dann waren auch sie beteiligt an dem, was sich nach ihnen – oft im Trotz gegen sie – begeben hat. Dies mag ein triftiger Grund sein, die Erinnerung zu wecken, Rechenschaft abzulegen, zu unterscheiden, welche Fäden abgerissen und welche weitergesponnen wurden. Das bringt dann der zweite Band. –

Trotzdem würde das alles mich nicht bewogen haben, meine Gelegenheitsäußerungen einem breiteren Leserkreis anzubieten. Wie vieles und viel Wichtigeres bleibt ungesagt und verschwindet in den Elementen der Natur, um auf andere geheime Weise die geschichtliche Zukunft hervorzubringen!

Mein eigenes Bemühen, an der Inneren Medizin, an der Beziehung von Arzt und Krankem, an den wissenschaftlichen Grundlagen ein Stück zu verändern, hat sich unterdessen als Teilstreben in einer viel größeren Bewegung der ganzen Medizin herausgestellt. Und dieses Reformstreben der Medizin wiederum ist erstarkt, ist zu erneutem Kampf angetreten und findet sich jetzt einig mit künstlerischen, politischen, philosophischen Suchbewegungen, welche der schweren Geburt einer neuen Weltepoche vorangehen. Und in diesem Rahmen sollen Erinnerung, Rechenschaftsbericht und Unterscheidung einen nützlichen Dienst erweisen – mehr nicht.

Während also der I. Band von »Arzt und Kranker« eine oft einsam scheinende Entwicklung zeigt, kann der folgende II. Band das Bild einer Verbreiterung geben. Aber in beiden Fällen sind es nur auf äußere Anregung entstandene

gelegentliche Verlautbarungen, die nie den Mittelpunkt meiner Arbeit bildeten. Laboratorium, Klinik und Sprechstunde blieben immer die Hauptsache. Diese Anmerkung soll wohl eine Kritik an der uneinheitlichen Form, der systemlosen Zusammenstellung mildern. Auch diesmal wird daher zur Information auf andere Veröffentlichungen von mehr wissenschaftlichem Charakter besonders hingewiesen. Die Publikationen in der eigentlichen Fachliteratur dagegen mußten auch diesmal völlig wegfallen.
Anmerkung: Der zweite Band ist: V von Weizsäcker (1950) Diesseits und jenseits der Medizin. Arzt und Kranker/Neue Folge.

Quellentexte zur Entstehung und Geschichte der Zeitschrift »Die Kreatur«:
Kap: »›Die Kreatur‹, Martin Buber, Joseph Wittig« S 25-31 in: von Weizsäcker V (²1951) Begegnungen und Entscheidungen. (Bd 1, S 212-8); M Buber (1956) Die Kreatur. In: Viktor von Weizsäcker. Arzt im Irrsal der Zeit. Eine Freundesgabe zum Siebzigsten Geburtstag am 21.04.1956, hrsg v P Vogel, Göttingen: Vandenhoeck & Ruprecht; E Rosenstock-Huessy (1968) Rückblick auf »Die Kreatur«. In: Ja und Nein. Autobiographische Fragmente. Aus Anlaß des Achtzigsten Geburtstages des Autors im Auftrag der seinen Namen tragenden Gesellschaft hrsg v G Müller, Heidelberg: Schneider; M Buber (1972-1975) Briefwechsel aus sieben Jahrzehnten. In 3 Bänden hrsg u eingel v G Schaeder in Beratung mit E Simon u unter Mitwirkung v R Buber, M Cohn u G Stern, Heidelberg: Schneider; F Rosenzweig (1979) Briefe und Tagebücher. Hrsg v R Rosenzweig u E Rosenzweig-Scheinmann unter Mitwirkung v B Casper, 2 Bde, Haag: Nijhoff.

Briefwechsel von Viktor von Weizsäcker mit Martin Buber:
Der Briefwechsel ist veröffentlicht in: M Buber. Briefwechsel aus sieben Jahrzehnten. Hrsg u eingel v G Schaeder. (1973) Bd II: 1918-1938; (1975) Bd III: 1938-1965, Heidelberg: Schneider.
Bd II enthält Briefe V von Weizsäckers vom 12. 07. 1925, 5. 04. 1926, 31.05.1926, 20.06.1927, eine Antwort M Bubers vom 1.06.1926 sowie ein Zitat aus einem Brief V von Weizsäckers in einem Brief von M Buber an F Rosenzweig vom 19.06.1926.
Bd III enthält den Brief V von Weizsäckers vom 26.01.1951 (ferner Brief von Olympia von Weizsäcker vom 8.12.1953 mit Antwort von M Buber vom 16.12.1953).
Die Briefe sind unverändert der Ausgabe von G Schaeder entnommen. Die Anmerkungen sind teilweise an denen der Herausgeberin orientiert.

Sehr verehrter Herr Dr. Buber, Heidelberg, 12.7.1925
ich darf nicht länger zögern, Ihnen zu sagen, wie ich unser Problem heute ansehe, und will es so aufrichtig tun, als das große Vertrauen, das Sie mit Ihrem Vorschlage mir zubringen, fordert. Lassen Sie mich gleich aussprechen, daß ich

mich im Augenblick vor Übereilung scheue und daß ich noch keinen festen Entschluß fassen konnte. Für ein so ernstes Unternehmen, das, als Unternehmen, gar nicht aus meiner Art und Richtung organisch hervorgewachsen ist, wie aus der Ihren, bin ich nicht reif und fühle ich auch die Beziehung zu Ihnen nicht so reif, als nötig wäre, wenn man mit so höchstpersönlichem Bekenntnis vor die Welt treten will. Übereinstimmende Ansichten sind ja nicht das, was uns verbinden muß. Dazu kommt dann in mehr sachlicher Hinsicht, daß ich ein recht lebendiges Bild von Ihrem Plan noch nicht gewinnen kann. Ich vermag den Glauben an die Schöpfungstat heute weniger als vor 5 Jahren in dem auszusprechen, was ich die »großen« Probleme nennen möchte, also in einem dialektischen Ringen um den Formenschatz der Philosophie und philosophischen Theologie. Sondern ich finde meine wesentlichen Aufgaben und vielleicht einmal Lösungen im Speziellen, in Regionen, die wirklich nur den Fachleuten und Spezialisten zugänglich sind: dort im Zentrum meines eigenen Berufs suche ich die Ordnungen zu vollziehen, die Theokratie des Denkens und Erkennens zu bestätigen, welche mir damals in einem Impuls, einer Entscheidung, doch nicht in einer menschlichen Leistung oder Arbeit gegenwärtig wurde.
So weiß ich schwer, wie ich den Weg zu dem schattenhaften Publikum finden kann, da meine Studenten und Patienten mein einziges wesentliches Publikum sind. Ich fürchte, mit etwas auf eine literarische Ebene zu entgleiten, was als »Kreatur« *bezeichnet*, darum gerade zwischen sich und dem Schöpfer nichts duldet (keinen »Herausgeber«), als Kreatur *begriffen* mir nur als Inhalt konkreter und ganzer Berufsarbeit begreiflich wird, doch nicht auf der Ebene der literarischen Mitteilung.
Ich habe die Negativa vorangestellt. Dies liegt an meinem geringen Verständnis für Literatur. Ich unterschätze wahrscheinlich, wie sehr gerade die Deutschen, die Viellesenden, in und mit der Literatur leben, wozu sie schließlich ihr eigenes Recht haben mögen. Und andererseits habe ich eine gewisse Abneigung gegen Gründungen. Können Sie, können wir das, was wir sagen wollen, nicht im »Hochland«, in »Zwischen den Zeiten« aussprechen? Gerade wenn wir »Kreatur« denken, müßten wir als eigene Personen nach Möglichkeit verschwinden. Mir fällt das leichter, weil ich noch gar nicht als aufgetaucht in einer so beschaffenen Öffentlichkeit gelten kann. Ein weiteres Mittel wäre eben die Zuziehung des Katholiken, vielleicht überhaupt einer größeren Anzahl von Mitherausgebern?
So ist also für mich jedenfalls eine Reihe von Momenten noch nicht recht klar. Da Sie nun schon Oktober beginnen wollten, so darf ich Sie jedenfalls nicht hinhalten, mit dem möglichen Enderfolg, daß ich mich zuletzt ausschließen, wenigstens als Herausgeber ausschließen müßte. Ich möchte nun gerne am Mittwoch Nachmittag zu Ihnen herausfahren, wo ja auch Hans Ehrenberg kommt. Eine endgültige Antwort bitte ich Sie aber nicht zu erwarten. Aber ich hoffe Ihnen im Gespräch noch das deutlicher machen zu können, was dieser Brief nur andeuten kann und vielleicht ganz unverständlich läßt.

Heidelberg, 5.4.1926

Lieber Herr Buber, in diesen kreatürlichen Ostertagen erfahre ich einmal wieder, daß ein schreibender Mensch kein altruistischer Mensch ist. Unsere »Kreatur« wird mir zur Herzensangelegenheit in dem Maße, als es mir gelingt, *meine* Velleitäten in ihr abzuladen; alte, zerstreute, *eigene* Herzensangelegenheiten durch sie an den Mann zu bringen und die Dinge, für die mir das »Organ« bisher wirklich fehlte, die zu einem »Buch« zu formen mir nie gelang, nun einmal publik zu machen. Ob diese Dinge nun auch für andere wichtig sind, ob hier der Platz aufs rechte Loch kommt, dies überzeugt zu bejahen habe ich keinen Mut; ich merke derzeit mehr, daß ich selbst hier schreibend einen Teil meiner Person nach außen wenden kann, der bislang versteckt und ebendarum natürlich doch publik aber allzu vieldeutig deutbar blieb. So ist mir die Aussicht, eine Zeitlang fortlaufend mich aussprechen zu können, in letzter Zeit immer sympathischer und deutlicher geworden. In diesem Sinn wollen Sie bitte auch den Untertitel, den ich dem Aufsatz gab, akzeptieren. [...]

Um diesen Ich-Brief nicht nur als solchen zu beschließen, möchte ich Ihnen aber noch mein Entzücken über die Persönlichkeit Wittigs bekennen. Wittig ist ein kritikentwaffnender Mensch und er beschäftigt mich fortwährend. Er ist nur zu weit fort und dann ist mir bang bei dem Gedanken, er möchte auf einem Dorf immerfort sitzen. Er muß vom Bauer bis zum Papst wirken. [...]

Heidelberg, 31.5.1926

Lieber Herr Buber, es scheint, daß wir aus den Katastrophen nicht herauskommen. Heute erhielt ich von Wittig die erschütternde Nachricht seines Ultimatums. Er schreibt nicht wie die Entscheidung fallen wird. Sie wissen, daß mir seinerzeit »ein Katholik« entscheidend war. Was, wenn Wittig ausgeschlossen wird von seiner Kirche? Ich schrieb ihm sogleich, daß es mir ein unerträglicher Gedanke wäre, wenn die »Kreatur« auch nur ein Atom-Gewicht zugunsten seiner Trennung von der Kirche bedeutete. Es wäre ja gar kein in Betracht kommendes, ich meine ein sehr leichtes Opfer, die »Kreatur« zu suspendieren, wenn sie im gegenwärtigen Moment für Wittig ein Hindernis der Versöhnung oder eine seine freie Entschließung hemmende Verpflichtung wäre. Wiewohl ich mir dies eigentlich nicht denken kann, fühlte ich doch das Bedürfnis, ihn von meiner Seite völlig zu entlasten und das weitere, Ihnen davon sogleich Kenntnis zu geben. Wittigs Schritt ist jetzt einmalig und unersetzlich beispielhaft; *wir* können noch manche andere Wege zu wirken finden.

Ich hoffe, daß dies auch Ihre Meinung ist und daß auch Sie sich entschließen können, Wittig ausdrücklich frei zu machen. Sein Schicksal bewegt mich sehr.

Lieber Herr von Weizsäcker – Heppenheim, 1.6.1926

Ich habe schon vor Empfang Ihres Briefes an Wittig geschrieben, die »Kreatur« dürfe für ihn auf keinen Fall und nach keiner Richtung eine Hemmung bedeuten, eine Verpflichtung seinerseits brauche nicht als bestehend angesehn zu werden und es bedürfe nur einer Weisung von ihm, damit dies öffentlich

kenntlich gemacht werde. Nun scheinen Sie aber, wenn ich Sie recht verstehe, die Situation auch von der andern Seite her zu erwägen, also von uns aus. Es ist mir aus Ihrem Brief nicht ganz klar geworden, wie Sie da empfinden. Für mich muß ich sagen, daß ich, wenn Wittig bei der »Kreatur« bleiben *will*, unter allen Umständen an ihm festhalten werde. Sachlich: weil er auch im Fall der excommunicatio major (die übrigens meiner Kenntnis nach gegenwärtig nicht in Betracht kommt) nicht aufhört Katholik zu sein; ein solches Aufhören läßt sich doch nicht einmal von Döllinger behaupten, bei dem die Differenz unvergleichlich tiefer ging, da er einem Dogma die Zustimmung versagte, was Wittig gewiß nie tun wird. Persönlich: weil Wittig, wie er mir sagte, in der Entstehung dieser Gemeinsamkeit eine providentiell gefügte Zuflucht erblickt hat und darin, soweit es auf Menschenwillen ankommt, nicht enttäuscht werden soll. Die Möglichkeit, ja Wahrscheinlichkeit dieser Entwicklung hatten wir ja seinerzeit vorgesehn und es daraufhin gewagt, eben weil wir wußten und aussprachen, daß gerade Wittig nie aufhören kann Katholik zu sein.
Macht Wittig aber von der Freiheit, die wir ihm zugebilligt haben, Gebrauch, indem er auf »Die Kreatur« verzichtet, dann wird die Sache, an die ich glaube und die ich in keiner Eventualität, die nicht die Ausführung selber betrifft, aufzugeben gedenke, eine andre Person suchen müssen. Suspendiert soll die »Kreatur«, soweit es von mir abhängt, nicht werden. *Wir* können freilich, darin haben Sie vollkommen recht, noch manche andere Wege zu wirken finden; aber die Sache, die sich unser bedient, verweist uns (ich darf doch diesen Plural beibehalten?) auf diesen.

Lieber Herr Buber, Heidelberg, 20. 6. 1927
[...] Ihr Ruf nach »Fragen« hat mich ein wenig bekümmert und erschreckt. Denn ich fühle in mir nicht die Kraft, in diesem Sinne die »Kreatur« jetzt zu tragen, allein zu tragen möchte ich beinahe sagen, wenn ich nicht an Wittig dächte. Ihr selbstgesetztes Schweigegebot – denn was ist leichter als immerzu reden – beschäftigt mich immerzu in Gedanken. Natürlich muß die »Kreatur« sofort aufhören, wenn sie der *Kreatur*, ohne »–«, im Wege steht, die eine Frage, beinahe *nur* eine Frage *ist*. Und sie steht ihr im Wege, wenn sie das Fragen verlernt. Aber da ist nun das Verlangen, daß *ich Sie* fragen soll. Können *Sie mir* antworten? Der Druck, die Kraft muß vom Fragenden kommen oder die Frage ist keine. Nicht daß Sie schweigen ist mir verwunderlich – ich verehre dieses Schweigen von Ihnen. Aber eine Problem-Konversation ist zu billig und würde uns deswegen zu teuer zu stehen kommen.
Ich meine, eines dürfen wir jedenfalls immer, wenn es uns auch zeitweise nicht gelingt, wir dürfen die Schöpfung loben, preisen, singen, dichten, lieben. Und wo uns selbst die Worte nicht kommen, da dürfen wir sie borgen. Sind Sie nicht, nach Ihrer individuellen Lage, der berufenste und gerufenste Mensch und, ich weiß es nicht, nach Ihrer gegenwärtigen Lage auch beinahe angewiesene und verpflichtete Mensch, in den Schatz des Gesungenen, Gedichteten, Geredeten hineinzugreifen und uns das Beispielhafte zusammenzutragen und

damit die Sünde des Produzierenwollens, die doch die Todsünde der »Kreatur« wäre, zu meiden? [...]

Lieber Verehrter, Heidelberg, 26. 1. 1951
die Sendung Ihrer 2 Bücher habe ich erhalten, und ich beeile mich, Ihnen dafür, für Ihren Besuch und für Ihr Hiersein zu danken. Einer gewissen Schadenfreude konnte ich mich nicht erwehren, daß Sie in Heidelberg auch in die Gesellschaft der altmodischen Leute gerieten, die glauben, sie könnten herumsitzen und sich besinnen, was die Welt eigentlich ist. Aufrichtige Teilnahme empfand ich, als Sie schließlich auch noch mit einer theologischen Indiskretion belästigt wurden. Im übrigen fiel mir die Antwort Gundolfs auf die Frage, was Soziologie sei, ein: »Soziologie ist die Kunst, das, was jedermann weiß und wofür sich niemand interessiert, so auszudrücken, daß es niemand versteht und sich jeder dafür interessiert.«
Bei Ihrem Besuch wurde mir klar, daß im Alter man mit Altersgenossen sich am leichtesten versteht und Urdistanz und Beziehung am leichtesten verbinden kann. Allerdings ist das Leichteste darum noch nicht das Beste. Aber Sie haben mir Tröstung und Ermutigung gespendet und dafür danke ich Ihnen.

Anmerkungen

mit ihrem Vorschlage: scil Mitherausgeber der Kreatur zu werden.
vor 5 Jahren: Anspielung auf die Vorlesung »Am Anfang schuf Gott Himmel und Erde. Grundfragen der Naturphilosophie.« Gehalten 1919/20. Veröffentlicht 1954.
Hans Ehrenberg: (1883–1958) Freund Viktor von Weizsäckers. Zunächst Studium der Philosophie und Lehrtätigkeit in Heidelberg. Wendung vom Judentum zum Christentum, Studium der Evangelischen Theologie und z. Zt. des Briefes Pfarrer in Bochum. Später Konzentrationslager und Auswanderung nach England. Tätigkeit in deutschen Kriegsgefangenenlagern in England. Rückkehr nach Deutschland.
der Platz: mundartlich: Flicken.
Untertitel, den ich dem Aufsatz gab: »Der Arzt und der Kranke. Stücke einer medizinischen Anthropologie.«
Ultimatum: Dokumente zu J Wittigs Auseinandersetzung mit der Kirche sind veröffentlicht in: E Rosenstock, J Wittig (1927) Das Alter der Kirche. Aufsätze, Kapitel und Akten. Bd 3: Anhang. Berlin: Schneider.
Heppenheim 1. 06. 1926: Der Brief ist als Abschrift oder Entwurf erhalten.
excommunicatio maior: Großer Bann, Ausschluß aus der kirchlichen Gemeinschaft im Unterschied zur excummunicatio minor, dem Ausschluß von Sakramenten und Ämtern.
Döllinger: Ignaz von Döllinger (1799–1890) katholischer Theologe und Historiker, er trat gegen das Dogma von der Unfehlbarkeit des Papstes auf und wurde 1871 exkommuniziert.

Gundolf: Friedrich Gundolf (eigentlich: Gundelfinger, 1880-1931) Literaturhistoriker, Professor in Heidelberg seit 1920, gehörte zum Kreis um Stefan George.
Urdistanz und Beziehung: M Buber (1951, ⁴1978) Urdistanz und Beziehung. Heidelberg: Schneider. Wahrscheinlich eines der zwei übersandten Bücher.

Die drei Herausgeber stellten der Zeitschrift »Die Kreatur« das folgende gemeinsam unterzeichnete Vorwort voran (1926, Die Kreatur 1, 1-2):
Religionhafte Sonderungen, aus denen es keine andere Befreiung gibt als die messianische, haben die Not und die Zucht von Exilen. Sie sind uns nicht Imaginationen, wolkige verrückbare Gestaltungen, sondern sinnvoll beständige Wahrheitssphären, die nicht eher als in der Wirklichkeit des Reiches aufschmelzen dürfen. Erlaubt aber und an diesem Tag der Geschichte geboten ist das Gespräch: der grüßende Zuruf hinüber und herüber, das Sich-einander-Auftun in der Strenge und Klarheit des eignen Beschlossenseins, die Unterredung über die gemeinsame Sorge um die Kreatur. Es gibt ein Zusammengehen ohne Zusammenkommen. Es gibt ein Zusammenwirken ohne Zusammenleben. Es gibt eine Einung der Gebete ohne Einung der Beter. Parallelen, die sich in der Unendlichkeit schneiden, gehen einander nichts an; aber Intentionen, die sich am Ziel begegnen werden, haben ihr namenloses Bündnis an der von ihren Wahrheiten aus verschiedenen, aber von der Wirklichkeit der Erfüllung aus gemeinsamen Richtung. Wir dürfen nicht vorwegnehmen, aber wir sollen bereiten.
Florens Christian Rang war es, der den Plan faßte, aber nicht mehr verwirklichen konnte, eine Zeitschrift herauszugeben des Namens »Grüße aus den Exilen«. Ein Jude, ein Katholik und ein Protestant sollten sich dazu vereinen. So tun es nun die drei Herausgeber. Aber nicht die Personen nur, sondern die Aufgabe und ihr Zeichen wurden für sie andere. Nicht etwa, weil sie ihrer Arbeit überhaupt einen persönlichen Eigen-Sinn einprägen wollten – dies gerade wünschen sie zu meiden. Vielmehr weil sie dem Gruß aus den Exilen die Begegnung in dem Raum folgen lassen mußten, der einem jeden von ihnen angewiesen war. So heißt diese Zeitschrift nun nicht mehr nach der gemeinsamen Bedürftigkeit, sondern nach dem, was dieser Bedürftigkeit schon heute die endliche Stillung verbürgt. Was uns drei Herausgeber verbündet, ist ein Ja zur Verbundenheit der geschöpflichen Welt, der Welt als Kreatur. Der unseren drei Lehr- und Dienstgemeinschaften gemeinsame Glaube an den Ursprung wird sinnlich präsent in der Gewißheit des eigenen Erschaffenseins und dem daraus wachsenden Leben mit allem Erschaffnen. Diese Zeitschrift will von der Welt – von allen Wesen, von allen Dingen, von allen Begebenheiten dieser gegenwärtigen Welt – so reden, daß ihre Geschöpflichkeit erkennbar wird. Sie will nicht etwa Theologie treiben, eher, in geistiger Demut, Kosmologie. Wenn sie stets der Kreation eingedenk bleibt, muß ihr jede Kreatur denkwürdig werden, der sie sich zuwendet. Steht sie im Vertrauen zum Wirkenden, so darf sie der Wirklichkeit vertrauen.

Vertrauen auch dem wachsenden Geschlecht, dem aus der Verborgenheit steigenden Säkulum.

M. B *J. W.* *V. v. W.*

Anmerkung: Florens Christian Rang (1864-1924) Jurist, Philosoph, Theologe, Freund Bubers und Rosenzweigs; wurde nach einer Tätigkeit im Verwaltungsbereich Pfarrer, gab aus Gewissensgründen das Pfarramt auf und arbeitete als Leiter ländlicher Genossenschaften im Raiffeisenverband, Teilnahme am Forte-Kreis, im Ersten Weltkrieg deutscher Patriot, trat dann nach einer Wandlung für die Aussöhnung der Kriegsgegner ein: (1924) Deutsche Bauhütte; s Kreatur 1 (1926/27) 131-4, 3 (1929/30) 424.

Der Arzt und der Kranke

a) Die Kreatur 1, 69-86 (1926)
b) In: Arzt und Kranker 1. Leipzig: Koehler & Amelang, 62-88 (1941, ²1947, ³1949)
c) Die Kreatur 1, 69-86, Nendeln/Liechtenstein: Kraus Reprint (1969)
d) In: (1975) Was ist Krankheit? Erscheinung, Erklärung, Sinngebung. Hrsg K. E. Rothschuh, Wege der Forschung Bd. CCLXII 214-32, Darmstadt: Wissenschaftliche Buchgesellschaft (1975)
Der Untertitel »Stücke einer medizinischen Anthropologie« wurde in diesem Band weggelassen.

Literatur

*Descartes R (1644)
Principia philosophiae. (1964) Œuvres de Descartes. Publ par Ch Adam, P Tannery, Tom 8, 1, Paris: Vrin; (³1911) Die Prinzipien der Philosophie. In: René Descartes. Philosophische Werke. Übers u hrsg v A Buchenau, Bd 2, 3. Abt, Philosophische Bibliothek Bd 28, Leipzig: Meiner

*Kant I (1781)
Kritik der reinen Vernunft. (⁴1975) Immanuel Kant. Werke in sechs Bänden. Hrsg v W Weischedel, Bd II, Darmstadt: Wissenschaftliche Buchgesellschaft

*Kant I (1788)
Kritik der praktischen Vernunft. (⁴1975) WW IV

*Kraus F (1919)
Die allgemeine und spezielle Pathologie der Person. Klinische Syzygiologie. Nach gehaltenen Vorlesungen. Allgemeiner Teil. (1926) Besonderer Teil 1: Tiefenperson. Leipzig: Thieme

*Platon (1971)
Πολιτεία. Der Staat. Bearb v D Kurz, Griech Text v E Chambry, übers v F Schleiermacher; Platon. Werke in acht Bänden. Griechisch und deutsch. Hrsg v G Eigler, Bd 4, Darmstadt: Wissenschaftliche Buchgesellschaft

*Planck M (1926)
Physikalische Gesetzlichkeit im Lichte neuerer Forschung. Die Naturwissenschaften 14, 249-61; (1958) in: Physikalische Abhandlungen und Vorträge. Aus Anlaß seines 100. Geburtstages (23. April 1958) hrsg v d Verband Deutscher Physikalischer Gesellschaften u d Max-Planck-Gesellschaft zur Förderung der Wissenschaften, Bd III, Braunschweig: Vieweg

Anmerkungen

9 *Der Arzt und der Kranke*
Vgl S 30, 178 in: von Weizsäcker V (^{2}1951) Begegnungen und Entscheidungen. (Bd I, S 217, 357).

Platon seine Politeia
Buch I, Einleitung: 3. Das Gespräch mit dem Sophisten Thrasymachos, 336b-354c in: Platon (1971).

Dikaiosyne
Gerechtigkeit – griech: δικαιοσύνη.

von einem Gemeinwohl aus
Plato geht im Zusammenhang des ganzen Werkes von der Idee des Guten aus. V von Weizsäcker gibt hier auf Grund seiner Fragestellung nur einen Teil des platonischen Gedankenganges wieder.

10 τέχνη
Kunst, Wissenschaft, Beruf, Fertigkeit, Einsicht.

11 *Ort der »Kreatur«*
Vgl oben: Hinweise zur Entstehung und Geschichte der Zeitschrift »Die Kreatur«.

12 *»Pathologie der Person«*
Anspielung auf: F Kraus (1919). – Vgl die Besprechung: V von Weizsäcker (1919) Zum Begriff der Krankheit. Dtsch Arch klin Med 129, 359-68 (Bd I).

»Vitalreihen«
Kap: »Vitalreihen und Ketten von solchen« S 408 ff in: F Kraus (1919).

13 *Persona ... Per-sonare*
persona: die Maske; personare: hindurchtönen.

Urphänomen
JW von Goethe: Maximen und Reflexionen 412, 433, 434, 577, 1369.
S 366 f (vgl S 710, Anm 15-20) in: (1953) Goethes Werke. Hamburger Ausgabe in 14 Bänden. Hrsg E Trunz, Bd XII, Hamburg: Wegner. (Die Zählung weicht in dieser Ausgabe ab von der chronologischen Zählung nach den Handschriften von Max Hecker 15 = 1369, 16 = 433, 17 = 412, 19 = 434, 20 = 577).
S 368, 483 (Nr. 177, 720) in: von Goethe JW (1955) Zur Farbenlehre. Didaktischer Teil. In: Goethes Werke. Hamburger Ausgabe in 14 Bänden. Hrsg E Trunz, Bd XIII: Naturwissenschaftliche Schriften. Hamburg: Wegner.

14 *Primat der praktischen Vernunft*
Vgl 2. Buch, 2. Hauptstück »III. Von dem Primat der reinen praktischen Vernunft in ihrer Verbindung mit der spekulativen« in: Kant I (1788).

15 *Reinheit*
Anspielung auf Kants transzendentalphilosophische Begründung der Erkenntnis, bes in: I Kant (1781).

Fiktionalismus
Der Fiktionalismus wurde vor allem von Hans Vaihinger (1833-1906) vertreten. Vgl sein Hauptwerk: H Vaihinger (1911) Die Philosophie des Als Ob. System der theoretischen, praktischen und religiösen Fiktionen der Menschheit auf Grund eines idealistischen Positivismus. Mit einem Anhang über Kant und Nietzsche. Berlin: Reuther & Reichard; (^{3}1919, ^{10}1927) Leipzig: Meiner
Vgl auch die Selbstdarstellung in: (1921, ^{2}1923) Die Philosophie der Gegenwart in Selbstdarstellungen. Hrsg v R Schmidt, Bd 2, Leipzig: Meiner.

16 *»sofern sie nach Gesetzen bestimmt ist«*
»Natur ist das Dasein der Dinge, sofern es nach allgemeinen Gesetzen bestimmt ist.« § 14, S 159 in: Kant I (1783) Prolegomena zu einer jeden künftigen Metaphysik, die als Wissenschaft wird auftreten können. (^{3}1971) Immanuel Kant. Werke in sechs Bänden. Hrsg v W Weischedel, Bd III: Schriften zur Metaphysik und Logik. Darmstadt: Wissenschaftliche Buchgesellschaft.

17 *Apollon... Dionysos*
Nietzsche unterschied das »Dionysische« und das »Apollinische« in: (1871) Die Geburt der Tragödie aus dem Geiste der Musik. (1955) Friedrich Nietzsche. Werke in drei Bänden. Hrsg v K Schlechta, Bd 1, München: Hanser.

18 *(Methodos)*
Weg, um etwas zu erreichen, Methode – griech: μέϑοδος.

19 *»Ich denke, also bin ich«*
Cogito, ergo sum. – 1,7 u 10 in: Descartes R (1644).
Vgl auch die zweite Meditation in: (1641) Meditationes de prima philosophia, in qua dei existentiae et animae immortalis demonstratur. (1960) Meditationen über die Grundlagen der Philosophie. Auf Grund der Ausgaben v A Buchenau neu hrsg v L Gäbe, Philosophische Bibliothek Bd 271, Hamburg: Meiner.

20 *Max Planck*
S 167 in: Planck M (1958). – Das Zitat beginnt dort: »Aber nach der Relativitätstheorie darf er es nicht als selbstverständlich voraussetzen...«.

25 *genetische Methode*
Konnte als Terminus nicht nachgewiesen werden. Die logischen und erkenntnistheoretischen Voraussetzungen des Wissens wurden von Kant mit Hilfe der analytischen und synthetischen Methode untersucht (§ 5 in: 1783, Prolegomena zu einer jeden zukünftigen Metaphysik, die als Wissenschaft wird auftreten können. WW III) In der Beantwortung der Frage, wie die Kategorien des Verstandes Erfahrung möglich machen, ist für Kant »gleichsam ein System der

Epigenesis der reinen Vernunft« enthalten. (S 158, B 167 in: [2]1787, Kritik der reinen Vernunft. WW II) Die transzendentalphilosophische Untersuchung der Bedingungen der Möglichkeit von Erkenntnis muß von der psychologischen Genese der Erkenntnis unterschieden werden. (Reflexion 58 64 in: 1926, Kant's Gesammelte Schriften. Hrsg von der Königlich Preußischen Akademie der Wissenschaften. 3. Abt: Handschriftlicher Nachlaß Bd 17. Berlin; de Gruyter.)

Urphänomen

s Anm zu S 13.

Die Schmerzen

a) Die Kreatur 1, 315-35 (1926)
b) In: Arzt und Kranker 1, Leipzig: Koehler & Amelang, 89-119 (1941, [2]1947, [3]1949)
c) Die Kreatur 1, 315-35, Nendeln/Liechtenstein: Kraus Reprint (1969)
Der Untertitel »Stücke einer medizinischen Anthropologie« wurde in diesem Band weggelassen

Literatur

Marc Aurel (1913)
Selbstbetrachtungen. Nach der Übersetzung v FC Schneider hrsg u eingel v A von Gleichen-Rußwurm, Deutsche Bibliothek, Berlin; Kaiser Marc Aurel ([2]1974) Wege zu sich selbst (τὰ εἰς ἑαυτόν) Hrsg u übertr v W Theiler, die Bibliothek der alten Welt MCMLXXIV, griechische Reihe; Zürich, München: Artemis

*Nietzsche F (1887)
Also sprach Zarathustra. Ein Buch für Alle und Keinen. (1955) Friedrich Nietzsche. Werke in drei Bänden. Hrsg v K Schlechta, Bd 2, München: Hanser

Anmerkungen

27 *Die Schmerzen*
Vgl S 30 in: von Weizsäcker V ([2]1951) Begegnungen und Entscheidungen. (Bd 1, S 217).

kleine Samariterin
Luk 10,25 ff.

29 *zum marmornen Bildwerke des Laokoon*
Anspielung auf die berühmte Darstellung der Laokoon-Sage in der Marmorgruppe der rhodischen Bildhauer Agesandros Polydoros und Athenadoros aus dem 1. Jh v Chr (jetzt in Rom, Vatikan).

32 *Urphänomen*
s Anm zu S 13.

3 *»Organdialekt«*
A Adler (1912) Organdialekt. In: Adler A, Furthmüller C ([3]1928) Heilen und Bilden. Ein Buch der Erziehungskunst für Ärzte und Pädagogen. 3. Neubearb Aufl, Red v E Wexberg, München: Bergmann.

36 *Nietzsches Wort*
»Die Zukunft und das Fernste sei dir die Ursache deines Heute: in deinem Freunde sollst du den Übermenschen als deine Ursache lieben. Meine Brüder, zur Nächstenliebe rate ich euch nicht: ich rate euch zur Fernsten-Liebe.«
»Von der Nächstenliebe«, S 325 in: Nietzsche F (1955).

40 *Mark Aurel*
7. Buch, Abschn 33, S 111 in: Marc Aurel (1913). – Der Text ist teilweise frei übersetzt, vgl S 160 f in: Kaiser Marc Aurel ([2]1974).

42 *status generandi*
Gleichbedeutend mit in statu nascendi, s Anm zu S 172.

sinnlicher Zweifel
Wahrscheinlich Anspielung auf die Formulierung einer Patientin. S 69 in: von Weizsäcker V ([2]1947) Körpergeschehen und Neurose. (Bd 6, S 172).

45 *»endlich allein«*
Titel eines Schwanks, angeregt durch ein Bild von E Tofano (Enfin seuls 1880): R Matthes (1907) Endlich allein. Conrad Glasers Theater-Bibliothek, Bd 101, Leipzig: Glaser.

Kant . . . das Nichtwirkliche
Kant bezieht den Begriff der Wirklichkeit eines Dinges auf die Erfahrung, nicht allein auf die Verstandeserkenntnis durch Begriffe. V von Weizsäcker will hier sagen, daß das In-Geboten-Stehen der Menschen eine in Erfahrung begründete Wirklichkeit ist.
Vgl S 253 (A 225, B 273) in: Kant I (1781) Die Kritik der reinen Vernunft. ([4]1975) Immanuel Kant. Werke in sechs Bänden. Hrsg v W Weischedel, Bd II, Darmstadt: Wissenschaftliche Buchgesellschaft.

wenn Natur
s Anm zu S 16.

Krankengeschichte

a) Die Kreatur 2, 455-73 (1928)
b) In: Arzt und Kranker 1. Leipzig: Koehler & Amelang, 120-48 (1941, [2]1947, [3]1949)
c) Die Kreatur 2, 455-73, Nendeln/Liechtenstein: Kraus Reprint (1969)
d) In: Medizinisch-psychologische Anthropologie. Hrsg W Bräutigam, Wege der Forschung, Bd CCXXVIII, 11-31, Darmstadt: Wissenschaftliche Buchgesellschaft (1980)
b: geringfügige Textveränderungen, in diesem Band: a

Literatur

*Platon (1971)
Πολιτεία. Der Staat. Bearb v D Kurz, griech Text v E Chambry, übers v F Schleiermacher; Platon. Werke in acht Bänden. Griechisch und deutsch. Hrsg v G Eigler, Bd 4, Darmstadt: Wissenschaftliche Buchgesellschaft

Anmerkungen

48 *Krankengeschichte*
Vgl S 30 in: von Weizsäcker V ([2]1951) Begegnungen und Entscheidungen. (Bd 1, S 217).
Auf den Untertitel der beiden vorhergehenden Aufsätze: »Stücke einer medizinischen Anthropologie« wurde in der Textvorlage durch eine Anmerkung zum Titel zurückverwiesen (Kreatur 2, 455). Diese Anmerkung ist hier weggelassen.

54 *»So ihr nicht werdet wie die Kinder«*
Matth 18,3.

64 *Plato*
S 247 (407c-408b) in: Platon (1971).

via regia
Königlicher Weg, ausgezeichneter Zugang; Anspielung auf Freuds Formulierung: »Die Traumdeutung aber ist die Via regia zur Kenntnis des Unbewußten im Seelenleben.« S 613 in: Freud S (1900) Die Traumdeutung. (1940 ff) Gesammelte Werke. A Freud (eds) Bd II/III, Frankfurt/M: Fischer.

65 *Wie auch sie vielleicht*
In Textfassung b, S 146: »So ist der Mensch zwischen Fleisch und Geist ...«.

Urphänomen
s Anm zu S 13.

»Seufzen der Kreatur«
Wahrscheinlich auf dem Hintergrund von Röm 8,19 u 26.
Vgl: »Die Religion ist der Seufzer der bedrängten Kreatur, das Gemüt einer herzlosen Welt, wie sie der Geist geistloser Zustände ist.« S 17 in: Marx K ([14]1982) Zur Kritik der Hegelschen Rechtsphilosophie. In: Karl Marx, Friedrich Engels. Studienausgabe. Hrsg I Fetscher, Bd 1, Frankfurt/M: Fischer Taschenbuch Verlag.

Frucht vom Erkenntnisbaum
Gen (1. Mos) 2,17.

Seelenbehandlung und Seelenführung

Nach ihren biologischen und metaphysischen Grundlagen betrachtet

a) Studien des Apologetischen Seminars, H. 16, Gütersloh: Bertelsmann (1926)
b) Menschenführung. Nach ihren biologischen und metaphysischen Grundlagen betrachtet. Kleine Vandenhoeck-Reihe, Bd. 8, Göttingen: Vandenhoeck & Ruprecht (1955, ²1955, ³1957, ⁴1959, ⁵1964, ⁶1970)
c) Grundlagen der Seelentherapie. Gedanken zur Menschenführung. Deutsche Zeitung- und Wirtschaftszeitung (Stuttgart) 16.04.1955
d) Der Irrtum der Degenerationslehre. Neue Lebensordnung 6, 134-6 (1955)
Vorträge. Hochschulwochen des Apologetischen Seminars in Helmstedt, 6.-14.10.1925
b: Geringfügige Textveränderungen, c: Auszug, d: Auszug; in diesem Band: a

Anmerkungen

67 *Seelenbehandlung und Seelenführung*
Entsprechend der »Vorbemerkung« (S 68) wird auf Literaturhinweise im Text und ein Literaturverzeichnis verzichtet.
Vgl Abschn »Helmstedter Tage«, S 138-42 in: von Weizsäcker V (²1951) Begegnungen und Entscheidungen. (Bd 1, S 318-22).

69 *Blumhardt*
Gemeint ist Johann Christoph Blumhardt (1805-1880). s Anm zu S 113.

70 *»guten Willens«*
Anspielung auf das Gloria der römisch-katholischen Messe: Gloria in excelsis Deo et in terra pax hominibus bonae voluntatis. – Geht auf eine falsche Übersetzung von Luk 2,14 zurück.

71 *Geben ist auch hier*
Acta (Apg) 20,35.

72 *urphänomenal*
s Anm zu S 13.

73 *Goethe*
JW von Goethes Roman »Die Wahlverwandtschaften« (1809) wurde angeregt durch die auf den schwedischen Chemiker Torbern Bergmann (De attractionibus electivis 1775) zurückgehende Vorstellung von den Wahlverwandtschaften chemischer Stoffe: ein Element löst sich in der Anwesenheit eines anderen Stoffes aus einer Verbindung, um sich mit diesem zu verbinden. – Vgl Tl 1, Kap 4: von Goethe JW (1951) Die Wahlverwandtschaften. In: Goethes Werke. Hamburger Ausgabe in vierzehn Bänden. Hrsg v E Trunz, Bd VI: Romane und Novellen 1. Bd, Hamburg: Wegner.

74 *dem darwinistischen Gedankenkreis*
Freud nimmt in »Totem und Tabu« Bezug auf Darwins Theorie der Urhorde in: (1871) The descent of man and selection in relation to sex. Dtsch (²1872) Die

Abstammung des Menschen und die geschlechtliche Zuchtwahl. Übers JV Carus, Stuttgart: Schweizerbart.
S 152 f, 171 f in: Freud S (1913) Totem und Tabu. (1940 ff) Gesammelte Werke. A Freud (eds), Bd IX, Frankfurt/M: Fischer.

Sexualleben des Kindes
Bes: S Freud (1905) Drei Abhandlungen zur Sexualtheorie. WW V.

auch Geistliche
Vor allem Oskar Pfister (1873-1956).

75 *Kritik der praktischen Vernunft*
V von Weizsäcker bezeichnet die Kritik der praktischen Vernunft deshalb als Kritik der Moralbegriffe, weil die praktischen Gebote (Moralbegriffe) auf Grund des kategorischen Imperativs geprüft werden können. – I Kant (1788) Kritik der praktischen Vernunft. ([4]1975) Immanuel Kant. Werke in sechs Bänden, Hrsg v W Weischedel, Bd IV: Schriften zur Ethik und Religionsphilosophie. Darmstadt: Wissenschaftliche Buchgesellschaft.

77 *»Herr im eigenen Hause« ... Kopernikus ... Darwin*
S 7 ff, 11 in: Freud S (1917) Eine Schwierigkeit der Psychoanalyse. WW XII.

78 *an die französischen Nervenärzte anknüpfende Wiener Schule*
Die wichtigsten Theoretiker der Degeneration waren Bénédict Auguste Morel (1809-1873) und Valentin Magnan (1853-1857). Morel vertrat in (1857) »Traité des Dégénérescences physiques, intellectuelles et morales de l'espèce humaine et de ses causes qui produisent ces variétés maladives« eine religiös begründete Degenerationslehre. Seiner ätiologischen Betrachtungsweise schloß sich Magnan an, er lehnte aber die religiöse Degenerationslehre ab und orientierte sich an Darwin und Comte. (V Magnan, MP Legrain, 1895, Les dégénérés, état mental et syndromes épisodiques) Beide beeinflußten die Auffassung der Hysterie bei Charcot und seinen Schülern.
Zur Wiener Schule vgl »III. Die zweite Wiener Schule«, »G. Psychiatrie und Neurologie« S 175-91 in: Lesky E (1965) Die Wiener medizinische Schule im 19. Jahrhundert. Graz-Köln: Böhlau.

J.J. Rousseau
JJ Rousseau (1782/1789) Les confessios. (1985) Bekenntnisse. Einl W Kraus, übers E Hardt, Frankfurt/M: Insel.

Werther
JW von Goethe (1774) Die Leiden des jungen Werthers; (2. Fassung 1787) Die Leiden des jungen Werther; (1951) Goethes Werke. Hamburger Ausgabe in vierzehn Bänden. Hrsg E Trunz, Bd. VI: Romane und Novellen 1. Bd, Hamburg Wegner.

79 *Buddenbrooks*
Th Mann (1901) Buddenbrooks. Verfall einer Familie. Berlin: Fischer.

Hartmann
Gemeint ist Eduard von Hartmann (1842-1906).

80 *moral insanity*
Der englische Psychiater JC Prichard (1786-1848) bezeichnete das Fehlen von ethischen und sozialen Einstellungen und Gefühlen bei normaler Intelligenz als moral insanity im Sinne einer selbständigen Krankheitseinheit. (1835 A treatise on insanity and other disorders affecting the mind).

84 *Worte des Neuen Testaments*
Vgl den unrevidierten Text: M Luther (1972) Biblia. Die gantze Heilige Schrifft deudsch. Wittenberg 1545. Letzte zu Luthers Lebzeiten erschienene Ausgabe. Hrsg v H Volz unter Mitarbeit v H Planke. Textred F Kur, 2 Bde, München: Rogner & Bernhard.

85 *körperlicher Züchtigung, Überrumpelung*
Gemeint ist wahrscheinlich besonders die von E Kretschmer so genannte »Protreptik«. – Vgl: W Kretschmer (1959) Protreptik. In: Handbuch der Neurosenlehre und Psychotherapie unter Einschluß wichtiger Grenzgebiete. Hrsg v VE Frankl, VE Freiherr von Gebsattel, IH Schultz, Bd 4: Spezielle Psychotherapie II und Neurosenprophylaxe; München, Berlin: Urban & Schwarzenberg.
Vgl auch die Beschreibung einer »Übungstherapie« bei einer hysterischen Lähmung, S 63 ff in: von Weizsäcker V (²1946) Studien zur Pathogenese. (Bd 6, S 308 ff).

88 *Platon ... Spinoza*
Bes: Platon (1974) Φαίδων. Phaidon in: Platon. Werke in acht Bänden. Hrsg v G Eigler, Bd III, Übers F Schleiermacher, bearb v D Kurz, Darmstadt: Wissenschaftliche Buchgesellschaft. – 4. Buch in: (1971) Πολιτεὶα. Der Staat. Platon. Werke in acht Bänden. Hrsg v G Eigler, Bd IV, übers v F Schleiermacher, bearb v D Kurz. Darmstadt: Wissenschaftliche Buchgesellschaft.
de Spinoza B (1677) Ethica ordine geometrico demonstrata. (1955) Die Ethik. Nach geometrischer Methode dargestellt. Übers O Baensch, Einl R Schottlaender, Philosophische Bibliothek Bd 92, Hamburg: Meiner.

»logique du coeur«
Logik (Vernunft) des Herzens. – Nachträglich zusammenfassendes Stichwort für Pascals Sicht des menschlichen Herzens. Bes Fragmente 275, 277, 278, 281, 282, 283 in: (1670) Pensées de M Pascal sur la religion et sur quelques autres sujets qui ont esté trouvés après sa mort parmy ses papiers. Paris; (1904, ⁴1948) Pensées. Hrsg L Brunschwicg. Paris: Garnier; (⁶1963) Über die Religion und über einige andere Gegenstände (Pensées). Hrsg u übertr v E Wasmuth, Heidelberg: Schneider.

89 *Nietzsche*
Vgl Abschn »Was den Deutschen abgeht« in: (1955) Götzen-Dämmerung. In: Friedrich Nietzsche. Werke in drei Bänden. Hrsg v K Schlechta, Bd 2, München: Hanser.

89 *Goethes Ablehnen*
Vgl Maximen und Reflexionen 442: »Wie kann man sich selbst kennenlernen? Durch Betrachten niemals, wohl aber durch Handeln. Versuche, deine Pflicht zu tun, und du weißt gleich, was an dir ist.«
S 517 (nach der Zählung dieser Ausgabe Nr. 1087) in: von Goethe JW (1953) Maximen und Reflexionen. In: Goethes Werke. Hamburger Ausgabe in vierzehn Bänden. Hrsg E Trunz, Bd XII, Hamburg: Wegner.

90 *Werther* s Anm zu S 78.

95 *er selbst nackt*
Gen (1. Mos) 3,7.

Baum der Erkenntnis
Gen (1. Mos) 2,17.

97 *Dostojewskijs Roman*
Gemeint ist: FM Dostojewskij (1875) Podrostok. Bekannt als: »Der Jüngling«, früher auch unter dem Titel »Ein Werdender«, zB (1925) Leipzig: Hesse & Becker.

Freud urteilt
Konnte nicht nachgewiesen werden.

98 *Gratia supponit naturam*
Die Gnade unterstützt die Natur. – D h Gnade und Mensch wirken bei der Rechtfertigung des Menschen zusammen. Zentrale Aussage der katholischen Gnadenlehre, besonders seit Thomas von Aquin (»cum enim gratia non tollat naturam, set perficiat« – da nämlich die Gnade die Natur nicht aufhebt, sondern vollendet; in: Summa theologiae I, quaestio 1a, 8 ad 2). Auf dem Konzil von Trient (Tridentinum 1547) wurde die Gnadenlehre im »Decretum de iustificatione« gegen die reformatorische Rechtfertigungslehre als kirchliche Lehrentscheidung fixiert: Nr. 792 ff in: Denzinger H ([31]1957) Enchiridion symbolorum, Freiburg: Herder, S 399 ff in: Neuner J, Roos H ([7]1965) Der Glaube der Kirche in den Urkunden der Lehrverkündigung. Hrsg v K Rahner, Regensburg: Pustet.

99 *Shakespeare*
Wahrscheinlich ist gemeint: »He that complies against his will is of his own opinion still.«
3. Part, Canto III, Z 547 in: Butler S (1663-1678) Hudibras. (1967) Ed J Wilders, Oxford: Clarendon Press; dtsch (1845) Hudibras, ein schalkhaftes Heldengedicht. Zum ersten Mal vollständig im Versmasse des Originals frei verdeutschet und neu mit Commentar ausgestattet v J Eiselen, Freiburg: Lippe.

100 *Logos*
Das Wort – Anspielung auf Joh 1,14: καὶ ὁ λόγος σὰρξ ἐγένετο.

102 *Katharsis*
1449b, 24-28; 1453b, 11-12; 1456a, 38-39 in: (1934) Aristoteles. Περὶ Ποιητικῆς. Hrsg A Gudemann. Berlin, Leipzig: de Gruyter; (1964) Poietik. Übers v O Gigon, Stuttgart: Reclam.

Ausgangspunkt der Psychoanalyse

Freud übernahm zunächst die kathartische Methode Breuers. J Breuer, S Freud (1895, [4]1922) Studien über Hysterie. Leipzig, Wien: Deuticke; S Freud (1940ff) WW I (ohne Breuers Beitrag). – S Freud (1904) Die Freud'sche psychoanalytische Methode. WW V.

106 *»ama et fac quod vis«*

Liebe und tu was du willst. – Ursprünglich: Dilige, et quod vis fac.

Tract VII Abschn VIII in: Augustin, In Epistolam Joannis ad Parthos tractatus decem.

108 *Vater und Mutter hasse*

Luk 14,26.

Metabasis

Vollständig: μετάβασις εἰς ἄλλο γένος – Übergang in ein anderes Gebiet, das nicht zur jeweiligen Erörterung gehört.

1,7, 75a, 30ff in: Aristoteles, Analytica priora;

1,1, 268b, 11ff in: Aristoteles, De caelo.

Reicher schwer ins Himmelreich

Luk 18,24f; Matth 19,23f; Mark 10,23ff.

bei den Menschen unmöglich

Matth 19,26.

109 *Heraklits ... Behauptung*

Die Fragmente von Heraklit sind enthalten in: H Diels ([6]1951) Die Fragmente der Vorsokratiker. Griechisch und deutsch. Hrsg v W Kranz, 3 Bde, Berlin: Weidmann.

im objektiven Geist

Vgl »C. Die Philosophie des Geistes. II. Der objektive Geist« S 281-300 in: Hegel GWF (1956) Enzyclopädie der Philosophischen Wissenschaften im Grundrisse. In: Georg Wilhelm Friedrich Hegel. Sämtliche Werke. Jubiläumsausgabe in zwanzig Bänden. Hrsg v H Glockner, Bd 6, Stuttgart: Frommann.

110 *des vierten Gebotes*

Ex (2.Mos) 20,12; Dtn (5.Mos) 5,16.

113 *Blumhardt ... Zündel*

Blumhardt hielt die Gottliebin Dittus für besessen.

JCh Blumhardt (1979) Gesammelte Werke. Schriften, Verkündigung, Briefe; Reihe I: Schriften, hrsg v G Schäfer, Bd I: Der Kampf in Möttlingen, Texte, Bd II: Der Kampf in Möttlingen, Anmerkungen. Göttingen: Vandenhoeck & Ruprecht.

F Zündel (1880) Johann Christoph Blumhardt, ein Lebensbild; ([17]1962) neu bearb v H Schneider, Gießen, Basel: Brunnen-Verlag.

115 *omne vivum ex vivo*

Alles Lebendige entsteht aus Lebendigem. – Die Formulierung wendet sich gegen die Annahme einer Urzeugung. Sie geht zurück auf Francesco Redi

(1626-1697), der sich in seiner Arbeit als Parasitologe, Embryologe, Helminthologe als erster mit der Theorie der Urzeugung auseinandersetzte. Ähnlich auch William Harvey: Omne vivum ex ovo – alles Leben stammt aus dem Ei (1651, Exercitationes de generationibus animalium).

(Pasteur)

Louis Pasteur (1822-1895) widerlegte die Theorie der Urzeugung, indem er bei Gärungsversuchen nachwies, daß in sterilen Nährflüssigkeiten keine Mikroorganismen entstehen (daher das sog. Pasteurisieren).
(1922) Œuvres de Pasteur. Réunis par Pasteur Valery-Rodat, Tom II: Fermentations et générations dites spontanés. Paris: Masson.

120 *Nietzsches Definition*

»Wollen befreit: das ist die wahre Lehre von Wille und Freiheit – so lehrt sie euch Zarathustra.«
S 345 in: Nietzsche F (1897) Also sprach Zarathustra, ein Buch für Alle und Keinen. In: (1955) Friedrich Nietzsche. Werke in drei Bänden. Hrsg v K Schlechta, Bd 2, München: Hanser.

Freiheit des Christenmenschen

M Luther (1520) Von der Freiheit eines Christenmenschen. ([6]1967) Martin Luther. Werke in Auswahl. Hrsg v O Clemen, Bd II, Berlin: de Gruyter.

121 *causa sui*

Ursache seiner selbst. – Vor allem: in der Scholastik und bei Spinoza (Ethik, 1. Teil, 1. Definition) eine Wesensdefinition Gottes.

nominalistische Spekulation

Im Sinne des nominalistischen Verständnisses der Begriffe als bloße nomina (Namen) sind auch »Selbstbestimmung« und »Causa sui« keine Realitäten.

Zustand des kultivierten Menschen

Zusammenfassend: S Freud (1930) Das Unbehagen in der Kultur. WW XIV.

Anangke

Griech: ἀνάγκη – Not, Notwendigkeit, Zwang, Verhängnis.
S 460, 499 in: Freud S (1930) Das Unbehagen in der Kultur. WW XIV.

122 *dem Ich das Über-Ich*

Bes S Freud (1923) Das Ich und das Es. WW XIII.

dem Lustprinzip einen Todestrieb

S Freud (1920) Jenseits des Lustprinzips. WW XIII.

123 *zehn Gebote*

Ex (2. Mos) 20; Dtn (5. Mos) 5.

124 *Der Meister kann*

Aus Friedrich von Schiller (1800) Das Lied von der Glocke. S 487 in: (1980) Schiller. Sämtliche Werke in zehn Bänden. Berliner Ausgabe. Hrsg v HG Thalheim (et al) Bd 1: Gedichte; Berlin, Weimar: Aufbau-Verlag.

127 *Platon*

s Anm zu S 149.

130 *Richtet nicht*
Matth 7,1.

Metabasis
s Anm zu S 108.

131 *Metaphysik der Sitte*
Anspielung auf: I Kant (1785) Grundlegung zur Metaphysik der Sitten. ([2]1798) Die Metaphysik der Sitten, WW IV.

132 *Vaterunser*
Matth 6,9 ff; Luk 11,2 ff.

133 *Pastoralmedizin*
Seit Beginn des 18. Jh gibt es in der katholischen Theologie die Disziplin der »Pastoralmedizin«. Ihr Gegenstand waren zunächst medizinische Kenntnisse, die der Seelsorger benötigte. In diesem Sinne zB: N Leuthner (1781) Praktische Pastoral-Arzney-Kunde für Seelsorger zuhause. 2 Tle, Ulm: Stettin. Ein inhaltlicher Zusammenhang von Medizin und Theologie wird für die Pastoralmedizin erstmals von dem evangelischen Arzt de Valenti erarbeitet: (1831) Medicina clerica, oder Handbuch der Pastoralmedizin für Seelsorger, Pädagogen und Ärzte, nebst einer Diätetik für Geistliche. 2 Tle, Leipzig: Koehler. In der katholischen Theologie zB: A Niedermeyer (1954/55) Allgemeine Pastoralmedizin. 2 Bde, Wien: Herder; (1951-1953) Handbuch der speziellen Pastoralmedizin. 6 Bde, Wien: Herder. In der evangelischen Theologie entwickelte sich kein Fach Pastoralmedizin. Neuere Ansätze (zB: A Allwohn, 1970, Evangelische Pastoralmedizin. Grundlegung der heilenden Seelsorge. Stuttgart: Evangelisches Verlagswerk) wurden von verschiedenen Konzepten therapeutischer Seelsorge (Poimenik) abgelöst.

135 *more geometrico*
In geometrischer Weise, d. h. nach mathematischer Methode. – Descartes bezog vor allem in den (1701) »Regulae ad directionem ingenii« die Methode der Erkenntnis auf das Vorgehen der Geometrie. In Anlehnung an Descartes verwandte auch Spinoza die geometrische Methode.
R Descartes (1972) Regeln zur Ausrichtung der Erkenntniskraft. Übers v L Gäbe. Philosophische Bibliothek Bd 262b, Hamburg: Meiner.
de Spinoza B (1677) Ethica ordine geometrico demonstrata. (1955) Die Ethik. Nach geometrischer Methode dargestellt. Übers O Baensch, Einl R Schottlaender, Philosophische Bibliothek Bd 92, Hamburg: Meiner.

136 *sapere aude*
»Sapere aude! Habe Mut, dich deines eigenen Verstandes zu bedienen! ist also der Wahlspruch der Aufklärung.« S 53 in: Kant I (1783) Beantwortung der Frage: Was ist Aufklärung? In: ([3]1975) Immanuel Kant. Werke in sechs Bänden. Hrsg v W Weischedel, Bd VI: Schriften zur Anthropologie, Geschichtsphilosophie, Politik und Pädagogik. Darmstadt: Wissenschaftliche Buchgesellschaft.

138 *des objektiven Geistes*
s Anm zu S 109.

139 *veritates aeternae*
Ewige Wahrheiten.

Haeckelzeit
Ernst Haeckel (1834-1909) vertrat den Darwinismus in Deutschland und entwickelte in seinem Buch »Welträthsel, gemeinverständliche Studien über monistische Philosophie« (1899) seine Weltanschauung. Mit dem 1906 gegründeten »Deutschen Monistenbund« bekam er auch politische Bedeutung.

Bilden und Helfen
(Hippokrates und Paracelsus)

a) Die Schildgenossen 6,474-94 (1926)
b) Der Leuchter 9,75-92 (1930)
c) In: Arzt und Kranker 1, 7-34 (1941, ²1947, ³1949)
Leuchter-Vortrag. Darmstadt 1923. b: geringfügige Textveränderungen, c: Abdruck von b. In diesem Band: a

Literatur

*Hippokrates
Das Gesetz (für Ärzte). In: (1930-1940) Die Werke des Hippokrates. Die Hippokratische Schriftensammlung in neuer deutscher Übersetzung. Hrsg v R Kapferer unter Mitwirkung v G Sticker, Bd I, Teil 1, Stuttgart: Hippokrates (Νόμος. Littré Bd IV)

*Hippokrates
Der Arzt. WW 1, Teil 1 (Περὶ ἰητροῦ. Littré Bd IX)

*Hippokrates
Das ehrbare (ärztliche) Verhalten: WW 1, Teil 1 (Littré Bd III)

*Hippokrates
Die Kunst. WW 1, Teil 2 (Περὶ τέχνης. Littré Bd VI)

*Hippokrates
Die Natur (Konstitution) des Menschen. WW 1, Teil 7 (Περὶ φύσιος ἀνθρώπου. Littré Bd VI)

*Hippokrates
Die Lehrsätze des Hippokrates (Aphorismoi) WW III, Teil 14 (Αφορίσμοι. Littré Bd IV)

*Littré E (Hrsg) (1839-1861)
Œuvres complètes d'Hippocrate. 10 Bde, Paris; (1961/62) Amsterdam: Hakkert

*Molière JB (1673)
Le malade imaginaire. (1946) Œuvres complètes de Molière. Nouv ed par MF Lemaistre, Tom 3, Paris: Garnier; (1967) Der eingebildete Kranke. In: Molière, Werke. Darmstadt: Wissenschaftliche Buchgesellschaft

*Paracelsus (Theophrast von Hohenheim) (1922 ff)
Sämtliche Werke. 1. Abt: Medizinische, naturwissenschaftliche und philosophische Schriften. Hrsg v K Sudhoff, 14 Bde; München, Berlin: Oldenbourg. (1960) Registerband. Bearb v M Müller †, im Auftrag der Schweizerischen Paracelsus-Gesellschaft, red v R Blaser, Nova acta paracelsica, Suppl 1960, Einsiedeln: Häberle

*Paracelsus (1926 ff)
Sämtliche Werke. Nach der zehnbändigen Huserschen Gesamtausgabe (1589-1591) zum ersten Mal in neuzeitliches Deutsch übersetzt, mit Einleitung, Biographie, Literaturangaben und erklärenden Anmerkungen versehen v B Aschner, 4 Bde, Jena: Fischer

*Paracelsus (1537/38)
Sieben Defensiones, Verantwortung über etliche Verunglimpfungen seiner Mißgönner. (1928) WW XI

*Paracelsus (1574)
Testamentum Philippi Theophrasti Paracelsi, des hocherfahrenen teutschen Philosophie und baider Artzney doctoris. Straßburg: Müller. Anhang in: Netzhammer R (1901) Theophrastus Paracelsus. Das Wissenswerteste über dessen Leben, Lehre und Schriften. Nach seinen Schriften und den neuesten Paracelsus-Forschungen. Einsiedeln-Waldshut-Köln: Benziger

*Paracelsus (1923)
Krankheit und Glaube. 5 Bücher über die unsichtbaren Krankheiten. Eingel u Hrsg v R Koch u E Rosenstock, Frommanns Philosophische Taschenbücher, Hrsg u eingel v H Ehrenberg, 4. Gruppe: Natur und Mensch Bd 1, Stuttgart: Frommann

*Platon (1971)
Πολιτεία. Der Staat. Bearb v D Kurz, griech Text v E Chambry, übers v F Schleiermacher; Platon. Werke in acht Bänden. Griechisch und deutsch, Hrsg v G Eigler, Bd 4, Darmstadt: Wissenschaftliche Buchgesellschaft

*Schelling FWJ (1954)
Philosophie der Offenbarung. 1. und 2. Buch 1858. In: Schellings Werke. Nach der Originalausgabe in neuer Anordnung. Hrsg v M Schröter, 6. Ergbd, München: Beck u Oldenbourg

*Sudhoff K (1898)
Versuch einer Kritik der Echtheit der Paracelsischen Schriften. II. Theil: Paracelsus-Handschriften, 1. Hälfte, Berlin: Reimer

143 *Bilden und Helfen (Hippokrates und Paracelsus)*
Die Paracelsus-Zitate weichen immer von der Sudhoff-Ausgabe ab. Von einer Berichtigung der Zitate wurde abgesehen, da Weizsäcker wahrscheinlich aus einer anderen, nicht aufgefundenen Quelle zitiert. Der Inhalt der referierenden Passagen sowie historische und biographische Einzelheiten wurden nicht verifiziert.

Kunst ist lang
»Das Leben ist kurz, die Kunst ist lang, die Gelegenheit flüchtig, die Erfahrung unsicher, das Urteil schwierig.« Aus Aph 1,1 S 23 in: Hippokrates. Die Lehrsätze des Hippokrates (Aphorismoi) WW III, Teil 14.

144 *heute wieder verstanden*
Vgl zur zeitgenössischen Literatur (bis 1932):
K Sudhoff (1932) Nachweise zur Paracelsus-Literatur Nr. 1-1089. Beilage zu: Acta paracelsica, H 1-5, München: Paracelsus-Gesellschaft.

145 *Amerbach*
Gemeint ist Bonifatius Amerbach (1495-1562), Jurist, Professor an der Universität Basel. – V von Weizsäcker orientiert sich hier an: E Rosenstock (1925) Paracelsus in Basel. Ein »Neuwerk«-Geschehen. Neuwerk 4, 379-94.

Bachalaureus
Troisième intermède, première entrée de ballet, S 532 in: Molière (1946); Schlußspiel, erster Ballettauftritt, S 1075 in: Molière (1967).

146 *Eukrasie ... Dyskrasie*
Griech: εὐκρασία-δυσκρασία, richtige Mischung – schlechte Mischung.
Kap 4, S 20 f in: Hippokrates. Die Natur (Konstitution) des Menschen. WW I, Teil 7; S 402 in: Littré Bd VI.

147 *muß das Messer heilen*
»Was Arzneien nicht heilen, heilt das Eisen, was das Eisen nicht heilt, heilt das Feuer, was das Feuer nicht heilt, das muß für unheilbar gelten.« Aph 8, 6 S in: Hippokrates. Die Lehrsätze des Hippokrates (Aphorismoi) WW III, Teil 14; Aph 7,87 S 608 f in: Littré Bd IV.

die τέχνη des Hippokrates
Hippokrates. Die Kunst. WW I, Teil 2; (περὶ τέχνης. Littré Bd VI).

vom unheilbar Kranken
zB Kap 3, S 48 in: Hippokrates. Die Kunst. WW I, Teil 2; (πρεὶ τέχνη Littré Bd VI). – Zweites Buch, Kap 48, S 61 in: Die Krankheiten, WW III, Teil 18; (Περὶ νούσων τὸ δεύτερον. Littré Bd VII). – Zweites Buch, Kap 12, S 81 in: Die Vorhersagungen. WW III, Teil IX (Προῤῥητικον βιβλίον τὸ δεύτερον. Littré Bd II).

148 Πόλις
Stadt, Staat.

auf Platon gewirkt

Platon erwähnt Hippokrates im Protagoras (311bc) und im Phaidros (270b-e) – Platon (1977, 1983) Werke in acht Bänden. Hrsg v G Eigler, Bd I u V, Darmstadt: Wissenschaftliche Buchgesellschaft.

gottgleich der Arzt

Kap 5, S 34 in: Hippokrates. Das ehrbare (ärztliche) Verhalten. WW I, Teil I (Littré Bd III).

Schelling

»... also noch jetzt liegt die letzte Wahrheit der ganzen Natur im Selbstbewußtseyn des Menschen. Die wahrscheinlichste Herleitung des Worts σοφόσ, σοφία bleibt noch immer von dem Wort σόος, ganz, heil, unversehrt. Die wahre Philosophie geht nur auf das Ganze, und will das Bewußtseyn in seiner Ganzheit, Integrität wiederherstellen. Der Philosoph, der seinen Beruf erkennt, ist der Arzt, der die tiefen Wunden des menschlichen Bewußtseyns wieder verbindet und mit sanfter,. langsamer Hand zu heilen sucht.« S 364f in: Schelling FWJ (1954)

149 *mehrfach gegebene Vorschrift*

s Anm zu S 147.

In dem platonischen Idealstaat

S 247 (407c-408b) in: Platon (1971).

dégénérés

s Anm zu S 78.

Asklepiaden

S 246 (405c-406c) in: Platon (1971).

150 *Kalokagathie*

Griech: καλοκαγαθία – Verbindung von durch Übung erworbener körperlicher Schönheit und Gutsein auch im Sinne von geistiger Tüchtigkeit.

diese Forderungen

S 27f Hippokrates. Das Gesetz (für Ärzte). WW I, Teil I (Littré Bd IV). – Der Arzt. WW I, Teil I (Littré Bd IX). – S 31 ff in: Das ehrbare (ärztliche) Verhalten. WW I, Teil I (Littré Bd III).

»so seyn die Künst... und ein Philosophus«

Vgl »Die vierte Defension von wegen meines Lantfahrens« S 141-6 in: Paracelsus (1537/38).

151 *»des Luthers und Zwinglers Fölscherey«*

Anscheinend ein Zitat aus einem Kommentar zu Matth 23 u 24 aus den Leidener Theologischen Sammelhandschriften (Universitätsbibliothek Leiden: Codex Fossianus Chymicus in Folio Nr. 24), referiert und teilweise zitiert S 411 in: Sudhoff K (1898). Vgl S 131 in: Netzhammer R (1901). – S 152 in: Schubert E, Sudhoff K (1889) Handschriftliche Documente zur Lebensgeschichte Theophrasts von Hohenheim. Paracelsus-Forschungen H 2, Frankfurt/M: Reitz & Koehler.

153 *»Und wie der Teufel*
Wahrscheinlich eine Vermischung von Referat und Zitat: »Denn alle Krankheiten kommen durch ein Wort Gottvaters Schöpfung, durch seine Schöpfung müssen sie wieder geheilt werden...« S 87f in: Paracelsus (1923).
Zum Verständnis des Teufels vgl S 93 ff u S 97, Anm 2: aaO.

»liebet eure Feinde«
Matth 5,44; Luk 6,27.
V von Weizsäcker orientiert sich hier an S 93 in: Paracelsus (1923): »Denn Glück und Heil soll gehen von unseren Feinden und von den Händen all derer, die uns hassen.«
Dazu Anm 2: »Bei Lukas 1,71 steht nur: ›daß er uns errettet von unsern Feinden und von der Hand aller, die uns hassen.‹ Hohenheim lebt so in diesen Bibelworten, daß sie in ihm weiterwachsen und z.B. hier eine erstaunlich positive und sachliche Formulierung des »Liebet eure Feinde« daraus reift. Er hat erkannt, daß das Lebendige nur verstanden werden kann, wenn man das Tötende mitbetrachtet.«

154 *»Denn das will ich bezeugen*
S 145 f in: Paracelsus (1537/38).

»die da romanische Stuhlbesitzer Konnte nicht ermittelt werden.

»arm, elend, dürfftig Leuth
Wahrscheinlich aus dem Testament von Paracelsus. S 165 in: Paracelsus (1574), Netzhammer R (1901).

157 *zu Häupten*
Anspielung auf das Märchen: »Der Gevatter Tod«. S 173-6 in: Brüder Grimm (1969) Kinder- und Hausmärchen. Hrsg v F von der Leyen, Bd 2, Düsseldorf, Köln: Diederichs.

159 *Helmont*
Gemeint ist Johan Baptista von Helmont (1577-1644). Im Zentrum seiner mystischen Krankheitsauffassung stand der von Paracelsus übernommene Begriff des »Archeus«.

160 *was Gottes ist*
Matth 22,21.

»So Ihr nicht werdet«
Matth 18,3.

Psychotherapie und Klinik

a) Die Therapie der Gegenwart 67, 241-8 (1926)
b) In: Psychotherapie. Bericht über den 1. Allgemeinen Ärztlichen Kongreß für Psychotherapie in Baden-Baden, 17.-19. April 1926. Hrsg. von W. Eliasberg, Halle a. d. S.: Marhold, 226-41 (1927)

Vortrag. 1. Allgemeiner Ärztlicher Kongreß für Psychotherapie in Baden-Baden, 19. 04. 1926

Literatur

Burckhardt J (1860)
Die Cultur der Renaissance in Italien. Ein Versuch. Basel: Schweighauser, (1955) Jacob Burckhardt. Gesammelte Werke. Bd 3, Darmstadt: Wissenschaftliche Buchgesellschaft

*Grünthal N (1927)
Kurpfuscherei, Psychotherapie, Kassenwesen. In: Psychotherapie. Bericht über den 1. Allgemeinen Ärztlichen Kongreß für Psychotherapie in Baden-Baden, 17.-19. April 1926. Hrsg v W Eliasberg, Halle a. d. S.: Marhold

Hansen K (1927)
Innere Medizin und Psychotherapie. In: Psychotherapie. Bericht über den 1. Allgemeinen Ärztlichen Kongreß für Psychotherapie in Baden-Baden, 17.-19. April 1926. Hrsg v W Eliasberg, Halle: Marhold

*Kehrer F (1927)
Psychotherapie und Psychiatrie. In: Psychotherapie. Bericht über den 1. Allgemeinen Ärztlichen Kongreß für Psychotherapie in Baden-Baden, 17.-19. April 1926. Hrsg v W Eliasberg, Halle: Marhold

*Krehl L (1922)
Die Bedeutung der medizinischen Klinik für Forschung und Unterricht der Hochschule. Ansprache bei der Einweihung der neuen Medizinischen Klinik in Heidelberg, 22. Juli 1922. Heidelberg: Ehrig

Schilder P (1927)
Die Psychotherapie der Psychosen. In: Psychotherapie. Bericht über den 1. Allgemeinen Ärztlichen Kongreß für Psychotherapie in Baden-Baden, 17.-19. April 1926. Hrsg v W Eliasberg, Halle: Marhold

*Seif L (1927)
Psychotherapie und Kurpfuscherei. In: Psychotherapie. Bericht über den 1. Allgemeinen Ärztlichen Kongreß für Psychotherapie in Baden-Baden, 17.-19. April 1926, Hrsg v W Eliasberg, Halle: Marhold

Anmerkungen

161 *Psychotherapie und Klinik*
Vgl S 152 f in: von Weizsäcker V (1954, [2]1955) Natur und Geist. (Bd 1, S 122 f). Es läßt sich nicht mehr ermitteln, wieweit der vorliegende Text die »neukonzipierte frei gesprochene Rede« wiedergibt. Wahrscheinlich wurde sie nachträglich bearbeitet.

Krehl
S 9 f in: Krehl L (1922).

162 *Epilepsie*
O Foerster (1925) Zur Pathogenese und chirurgischen Behandlung der Epilepsie. Zentralbl Chir 52, 531-49; (1926) Zur operativen Behandlung der Epilepsie. Dtsch Z Nervenheilk 89, 137-47.
Kap XIII. »Die Epilepsie« in: Schilder P (1925) Entwurf zu einer Psychiatrie auf psychoanalytischer Grundlage. Wien: Internationaler Psychoanalytischer Verlag; (1973) Vorw v H Stierlin, Literatur der Psychoanalyse, hrsg v A Mitscherlich, Frankfurt/M: Suhrkamp.
Stekel W (1924) Der epileptische Symptomenkomplex und seine analytische Behandlung. Fortschr Sexualwiss Psychoanal 1,17 ff.

Hippokrates oder Hufeland
S 26, 30 in: Kehrer F (1927).

163 *Überwindung des cartesischen Dualismus*
Descartes unterschied res extensa (ausgedehnte Substanz) und res cogitans (denkende Substanz). 6. Meditation in: Descartes R (1641) Meditationes de prima philosophia in qua dei existentiae et animae immortalis demonstratur. (1964) Œuvres de Descartes, publ par Ch Adam, P Tannery, nouv prés Tom 7, Paris: Vrin; (1960) Meditationen über die Grundlagen der Philosophie. Auf Grund der Ausgaben v A Buchenau neu hrsg v L Gäbe. Philosophische Bibliothek 271, Hamburg: Meiner.
Vgl auch die Darstellung des Verhältnisses von Leib und Seele in: (1662) De homine; (1969) Über den Menschen, sowie Beschreibung des menschlichen Körpers. Nach der ersten französischen Ausgabe von 1664. Übers u mit einer hist Einl u Anm vers v KE Rothschuh, Heidelberg: Schneider.

Lösungsversuch Koehlers
Gemeint ist Koehlers Begriff der Isomorphie. Er besagt, daß die Ordnung der Erlebnisse den Ordnungen der Hirnprozesse gleichgestaltet ist. Seit: W Koehler (1920) Die physischen Gestalten in Ruhe und im stationären Zustand. Eine naturphilosophische Untersuchung. Braunschweig: Vieweg.

Babinskisches Phänomen
Nach dem französischen Neurologen JFF Babinski (1857-1932) benannte Reflexanomalie am Fuß (Dorsalflexion der Großzehe statt Plantarflexion bei lateraler Reizung der Fußsohle). Das Babinskische Phänomen erlaubt Rückschlüsse auf Schädigungen der Pyramidenbahn.

164 *Metabasis*
s Anm zu S 108.

Leben als Gleichnis
Vgl Schlußverse von JW von Goethes (1832) Faust II (Chorus mysticus, V 12100 f).

167 *Kehrer*
S 34 in: Kehrer F (1927).

169 *Kraus, von Krehl, von Bergmann*
Vgl die Hauptwerke: F Kraus (1919) Die allgemeine und spezielle Pathologie der Person. Klinische Syzygiologie. Nach gehaltenen Vorlesungen. Allgemeiner Teil. (1926) Besonderer Teil 1: Tiefenperson. Leipzig: Thieme; G von Bergmann (1932, ^{2}1936) Funktionelle Pathologie. Eine klinische Sammlung von Ergebnissen und Anschauungen einer Arbeitsrichtung. Berlin: Springer; L von Krehl (1930-1933) Entstehung, Erkennung und Behandlung innerer Krankheiten. 3 Bde, Leipzig, Berlin: Vogel.

171 *Madame de Staël*
Konnte nicht nachgewiesen werden.

172 *Mohr*
Vgl S 164 in: von Weizsäcker V (1954, ^{2}1955) Natur und Geist. (Bd 1, S 131 f). F Mohr (1925) Psychophysische Behandlungsmethoden. Leipzig: Hirzel.

status nascendi
Entstehungszustand – Chemie: Besonders reaktionsfähiger Zustand von Stoffen zum Zeitpunkt ihrer Freisetzung während chemischer Reaktionen.

173 *ad integrum*
Restitutio ad integrum – Medizinische Terminologie: Wiederherstellung des unversehrten Zustandes.

174 *in der neueren Psychiatrie*
Vgl: 4. Tl, 1. Kap: »§ 1 Forschung unter der Idee der Krankheitseinheit« S 471 ff in: Jaspers K (^{8}1965) Allgemeine Psychopathologie. Berlin, Heidelberg, New York: Springer.

l'art pour l'art
Die Kunst um der Kunst willen. – Eine von dem französischen Philosophen und Politiker V Cousin (1836) stammende Formel, die die Kunst als Selbstzweck kennzeichnet.

Velleitäten des akademischen Kothurns
Velleität, von mittellateinisch velleitas: kraftloser Wunsch, der nicht in Handeln umgesetzt wird, Anwandlung. – Kothurn: Schuhe mit blockartig dicker Sohle, wurden von den Schauspielern der griechischen Tragödie getragen, die dadurch größer erschienen. – Sinn der ganzen Wendung: praxisferne Bestrebungen, die mit akademischer Überheblichkeit vorgetragen werden.

175 *Kant*
Vgl: I Kant (1786) Metaphysische Anfangsgründe der Naturwissenschaft. (^{4}1975) Immanuel Kant Werke in sechs Bänden. Hrsg v W Weischedel, Bd v: Kritik der Urteilskraft und Schriften zur Naturphilosophie. Darmstadt: Wissenschaftliche Buchgesellschaft.
Die Schrift ist ein Versuch, die klassische Naturwissenschaft Newtons in die Prinzipienlehre der Transzendentalphilosophie einzubetten. Der Neukantianismus (Marburger und Südwestdeutsche Schule) beschäftigte sich mit der Theorie naturwissenschaftlicher Erkenntnis.

Über medizinische Anthropologie

a) Philosophischer Anzeiger 2, 236-54 (1927)
b) In: Arzt und Kranker 1, Leipzig: Koehler & Amelang, 35-61 (1941, ^{2}1947, ^{3}1949)
c) In: von Weizsäcker, V., Wyss, D.: Zwischen Medizin und Philosophie. Mit einer Gedächtnisrede von Wilhelm Kütemeyer. Göttingen: Vandenhoeck & Ruprecht, 97-116 (1957)
d) (japanisch) Übersetzt von T. Hamanaka, mit einem Exkurs über die Geschichte der medizinischen Anthropologie. Psychiatrie (Tokio) 17, 1209-31 (1975)
e) (japanisch) Übersetzt von T. Hamanaka, mit einer Bemerkung zu Leben und Werk Viktor von Weizsäckers. In: Sonderband zu: Die Wissenschaften der Seele, hrsg. von Iida (et al.) Tokio: Iwanamishoten, 274-77 (1984)
Vortrag. Kölner Kant-Gesellschaft, Februar 1927. b: an wenigen Stellen gekürzt, c: Abdruck von a; in diesem Band: a

Literatur

*Carnot NLS (1824)
Réflexions sur la puissance motrice du feu et sur les machines propres à développer cette puissance. (1953) Nouv éd Paris: Blanchard; (^{2}1909) Betrachtungen über die bewegende Kraft des Feuers und die zur Entwicklung dieser Kraft geeigneten Maschinen. Übers u hrsg v W Ostwald, Ostwalds Klassiker der exakten Wissenschaften Bd 37, Leipzig: Engelmann

*Descartes R (1662)
De homine. (1664) Traité de l'homme. (1963) Le monde et le traité de l'homme. In: René Descartes. Œuvres philosophiques. Tom I, Ed F Alquié, Paris: Garnier. (1969) Über den Menschen. Sowie Beschreibung des menschlichen Körpers. Nach der ersten Französischen Ausgabe von 1664, übers u mit einer hist Einl u Anm vers v KE Rothschuh. Heidelberg: Schneider

*Freud S (1914)
Zur Geschichte der psychoanalytischen Bewegung. In: Gesammelte Werke. A Freud (eds) Bd X, Frankfurt/M: Fischer

*von Haller A (1753)
De partibus corporis humani sensilibus et irritabilibus. Commentarii societatis regiae scientiarum Gottingensis, Tom II ad annum MDCCLII, Gottingae: Vandenhoeck; (1922) Von den empfindlichen und reizbaren Teilen des menschlichen Körpers. Dtsch hrsg u eingel v K Sudhoff, Klassiker der Medizin Bd 27, Leipzig: Barth

*Kant I (1781)
Kritik der reinen Vernunft. (^{4}1975) I Kant. Werke in sechs Bänden. Hrsg v W Weischedel, Bd II, Darmstadt: Wissenschaftliche Buchgesellschaft

*Kant I (1790)
Kritik der Urteilskraft. ([4]1975) Immanuel Kant. Werke in sechs Bänden. Hrsg v W Weischedel, Bd v: Kritik der Urteilskraft und Schriften zur Naturphilosophie. Darmstadt: Wissenschaftliche Buchgesellschaft
*Köhler W (1920)
Die physischen Gestalten in Ruhe und im stationären Zustand. Eine naturphilosophische Untersuchung. Braunschweig: Vieweg
*Lipps Th ([2]1906)
Leitfaden der Psychologie. Leipzig: Engelmann
von Weizsäcker V (1923)
Das Antilogische. Psychologische Forschung 3, 295-318

Anmerkungen

177 *Über medizinische Anthropologie*
Vgl S 31 in: von Weizsäcker V (1954, [2]1955) Natur und Geist. (Bd 1, S 30f).
character indelebilis
Katholische Theologie: Unzerstörbares Merkmal, das bei den unwiederholbaren Sakramenten (zB Taufe, Priesterweihe) empfangen wird.
Zeitfrage der Persönlichkeitsmedizin
s Anm zu S 169.
Sigmund Freud erzählt ... zu sprengen droht
In der Textfassung b fortgelassen.
S 51 in: Freud S (1914) WW x.
Freud sagte ... zu mir
Bezieht sich auf die einzige Begegnung mit Freud im Jahre 1926. S 180 in: von Weizsäcker V (1954, [2]1955) Natur und Geist. (Bd 1, S 143).
180 *Austreibung aus dem Paradies*
Gen (1. Mos) 3.
Similia similibus
Vollständig: Similia similibus curantur – Gleiches wird durch Gleiches geheilt. Grundsatz der von Samuel Hahnemann (1755-1843) begründeten Homöopathie (1810, Organon der rationalen Heilkunde).
181 *Max Scheler*
Max Scheler wirkte von 1919-1928 als Direktor des Instituts für Sozialwissenschaften und als Professor für Soziologie und Philosophie in Köln.
182 *Stufe des Descartes*
Descartes kannte den Begriff des Reflexes noch nicht, er beschrieb aber unwillkürliche Schutzbewegungen. Obwohl diese komplexen Bewegungen nicht als Reflexe im Sinne der Neurophysiologie aufgefaßt werden können, gelten die Beobachtungen von Descartes als Beginn der Reflexforschung. Von Weizsäcker verweist auf (1662) »De homine«, S 54f in: von Weizsäcker V (1950) Die Grundlagen der Medizin. In: Diesseits und jenseits der Medizin. (Bd 7).

s S 405 in: Descartes R (1963). – Der lateinische Text »De homine« (1662) ist eine Übersetzung des erst 1664 erschienenen »Traité de l'homme«.

Hippokrates
s Anm zu S 147, s auch S 149, 155.

183 *Köhler*
Zu Köhlers Haltung zum Vitalismus vgl die »Einleitung für Philosophen und Biologen« S IX-XVI in: Köhler W (1920).

184 *Vitalismus*
Vgl V von Weizsäcker (1911) Neovitalismus. (Bd 2) – (1923) Über Gesinnungsvitalismus. (Bd 2).

causa sui
Ursache seiner selbst. Meist als Kennzeichnung Gottes gebraucht (z. B. Spinoza: Ethik, erster Teil, erste Definition).
Der Begriff der causa sui ist bei Kant im Zusammenhang mit dem Organismusbegriff nicht nachweisbar. Vgl aber: »... ein Ding existiert als Naturzweck, wenn es von sich selbst Ursache und Wirkung ist...« »Ein organisiertes Produkt der Natur ist das, in welchem alles Zweck und wechselseitig auch Mittel ist.« § 64, S 482; § 66, S 488 in: Kant I (1790).

186 *Wort vom sinnlichen Zweifel*
s Anm zu S 42.

Lipps
Vgl S 50 in: Lipps Th (1906).

187 *künstliche Erzeugung*
Julius Wagner Ritter von Jauregg (1857-1940) führte die Fiebertherapie als Behandlungsmethode in die Psychiatrie ein. – (1936) Fieber- und Infektionstherapie. Ausgewählte Beiträge 1887-1935, mit verknüpfenden und abschließenden Bemerkungen. Wien-Leipzig-Bern: Weidmann.
In der inneren Medizin verwandte man Fiebertherapie bei rheumatischen und allergischen Erkrankungen.

Müßigkeit aller vernünftelnden Teleologie
Vgl 2. Tl: »Kritik der teleologischen Urteilskraft« in: Kant I (1790).
Anfangs ist die Rede von einer »Vernünftelei«, »die nur den Begriff des Zwecks in die Natur der Dinge hineinspielt, aber ihn nicht von den Objekten und ihrer Erfahrungserkenntnis hernimmt, denselben also mehr braucht, die Natur nach der Analogie mit einem subjektiven Grunde der Verknüpfung der Vorstellungen in uns begreiflich zu machen, als sie aus objektiven Gründen zu erkennen.«
S 469 (A 264) in: Kant I (1790, [5]1975).
V von Weizsäcker hatte eine Auswahl aus der »Kritik der teleologischen Urteilskraft« herausgegeben: V von Weizsäcker (1923) (Einleitung zu:) I Kant: Der Organismus. (Bd 1).

Arbeits- und Genußfähigkeit
Nach Freud sind »Leistungs- und Genußfähigkeit« Ziele der analytischen Behandlung. ZB S 8 in: (1904) Die Freud'sche psychoanalytische Methode. WW v. – S 385 in: (1912) Ratschläge für den Arzt bei der psychoanalytischen Behandlung. WW VIII.

188 *Paracelsus*
Konnte nicht ermittelt werden.

189 *bipersoneller Mensch*
Zum Begriff der Bipersonalität vgl S 71, 114 f in diesem Band: (1926) Seelenbehandlung und Seelenführung.

der Kantschen Tafel
§ 10. S 118 in: Kant I (1781).

190 *und von Freud*
In der Textfassung b ist gestrichen: »und von Freud als negative Übertragung bezeichnet wurde.«

Kanon ... Novelle
Wahrscheinlich: Gesetzeswerk ... neue (nachträgliche) Einzelverordnung.

Figur ... Hintergrund
V von Weizsäcker überträgt hier das zuerst von E Rubin formulierte wahrnehmungspsychologische Figur-Hintergrund-Prinzip der Gestaltpsychologie auf die Beziehung von Arzt und Patient, also auf interpersonales und organismisches Geschehen. (So auch später K Goldstein, 1934, Der Aufbau des Organismus. Einführung in die Biologie unter besonderer Berücksichtigung der Erfahrungen am kranken Menschen. Haag: Nijhoff).
E Rubin (1921) Visuell wahrgenommene Figuren. Studien in psychologischer Analyse. Aus d Dän übers v P Collett. Berlin: Universitas.

Auge um Auge
Das sogenannte ius talionis: Ex (2. Mos) 21,1; Lev (3. Mos) 24,10.

Spekulation
Lateinisch: speculari – auskundschaften, von ferne betrachten; Speculum – der Spiegel.

192 *Hippokrates*
s Anm zu S 147, s auch S 149, 155.

als exoterische
Für Außenstehende, für die Öffentlichkeit bestimmt, allgemein verständlich; Gegensatz zu esoterisch.

daß ein Widerstand
Vgl S 12 in: Freud S (1917) Eine Schwierigkeit der Psychoanalyse. WW XII. – Vgl auch: (1925) Die Widerstände gegen die Psychoanalyse. WW XIV.

194 *Entkräftung des Immanenzsatzes*
Mit der Immanenz des Bewußtseins ist gemeint, daß das absolute Ich der idealistischen Philosophie sich selbst »setzt«, d.h. seine Ursache in sich selbst

hat. Vgl: »das letzte Prinzip der Philosophie kann also schlechterdings nichts außer dem absoluten Ich liegendes ... sein.« »Wenn außer dem Ich nichts ist, so muß das Ich alles in sich d.h. sich gleichsetzen ... Wollen wir das Setzende, weil wir kein anderes Wort haben, Ursache, und eine Ursache, die nichts außer sich, alles in sich selbst, sich gleichsetzt, immanente Ursache nennen, so ist das Ich immanente Ursache alles dessen was ist.«
S 101, 119 in: Schelling FWJ (1795) Vom Ich als Prinzip der Philosophie. In: (1958) Schellings Werke. Nach der Originalausgabe in neuer Anordnung hrsg v M Schröter. 1. Hauptbd: Jugendschriften 1793-1798, München: Beck.
IH Fichte redet vom »gegenwärtig herrschenden Standpunkt der Immanenz« und meint damit JG Fichte, den frühen Schelling und Hegel. S 436, 537 in: Fichte IH ([2]1841) Beiträge zur Charakteristik der neueren Philosophie oder kritische Geschichte derselben von Descartes und Locke bis auf Hegel. Sulzbach: Seidel.

194 *Von der dynamischen Bilanz*
Der Schlußsatz ist in Textfassung b gestrichen.

Medizin, Klinik und Psychoanalyse

a) In: Auswirkungen der Psychoanalyse in Wissenschaft und Leben. Unter Mitwirkung vieler Fachgelehrter hrsg. von H. Prinzhorn, Krisis der Psychoanalyse, systematische Diskussion der Lehre Freuds, hrsg. von H. Prinzhorn und K. Mittenzwey, Bd. 1, 262-82, Leipzig: Der neue Geist (1928)
b) In: von Weizsäcker, V., Wyss, D.: Zwischen Medizin und Philosophie. Mit einer Gedächtnisrede von Wilhelm Kütemeyer. Göttingen: Vandenhoeck & Ruprecht, 23-50 (1957)

Literatur

Flexner A (1925)
Medical education. A comparative study. New York: Macmillan. (1927) Die Ausbildung des Mediziners. Eine vergleichende Untersuchung. Übertr v W Fischer, Berlin: Springer

*Freud S (1940ff)
Gesammelte Werke. A Freud (eds), Frankfurt/M: Fischer

Freud S (1913)
Totem und Tabu. WW IX
Freud S (1917)
Eine Schwierigkeit der Psychoanalyse. WW XII

von Weizsäcker V (1927)
Über medizinische Anthropologie. Philosophischer Anzeiger 2, 236-54 (In diesem Band)

195 *daß Medizin und Psychoanalyse*
Vgl S 283 in: Freud S (1926) Die Frage der Laienanalyse. Unterredungen mit einem Unparteiischen. WW XIV. – Vgl auch Freuds spätere briefliche Stellungnahme zu V von Weizsäckers »Körpergeschehen und Neurose«: S 182 ff in: von Weizsäcker V (1954, [2]1955) Natur und Geist (Bd 1, S 45 ff); S 5 ff in: (1947) Körpergeschehen und Neurose. (Bd 6, S 121 ff).
Der Wunsch, daß Psychoanalyse und Medizin sich »völlig« trennen, kann aus diesen Formulierungen nicht abgeleitet werden.

Flexner
S 5 in: Flexner A (1925).
Das Zitat lautet in der deutschen Übersetzung: »Der Geist Sydenhams, der sich für ein krankes Kind interessierte und human auf seine Heilung bedacht war, verfuhr – soweit er wissenschaftlich arbeitete – nicht anders als der Geist Galileis, der sich für kosmische Physik interessierte.« S 4 in: Flexner A (1927). Die gekürzte Fassung im vorliegenden Aufsatz ist identisch mit dem Zitat in von Krehls Besprechung der deutschen Übersetzung. S 360 in: Krehl L (1927) Besprechung des Buches von A. Flexner über die Ausbildung des Mediziners mit eigenen Bemerkungen dazu. Dtsch Arch klin Med 155, 360-71.

Paul Schilder
Möglicherweise ist folgende Stelle gemeint: »Man hat der Psychoanalyse Mechanisierung des Seelenlebens vorgeworfen. In der Tat ist sie eine kausale Betrachtung des Seelenlebens, gerade hierdurch gewinnt sie unmittelbaren Anschluß an die körperliche Medizin und an die Pathophysiologie, gerade hierdurch wird sie Naturwissenschaft.« S 56 in: Schilder P (1928) Psychiatrie. 1. Die praktische Bedeutung der Psychoanalyse. Z Ärztl Fortbild 19, 28-58.

1905
Einstein begründete 1905 die spezielle Relativitätstheorie: A Einstein (1905) Zur Elektrodynamik bewegter Körper. Annalen der Physik 17, 891-921.

Einführung des Ödipuskomplexes
Der Ödipuskomplex wurde von Freud erstmals in der Traumdeutung (1900) dargestellt (WW II/III).

197 *»die Psychoanalyse ist«*
s Anm zu S 195.

daß die Ablehnung der Lehre
s Anm zu S 193.

200 *in Freuds metapsychologischen Werken*
Zum Begriff der Metapsychologie zB S 281 in: Freud S (1913) Das Unbewußte. WW X.
In den 1924-33 veröffentlichten »Gesammelte Schriften« (hrsg unt Mitw d Verf v A Freud, O Rank, J Storfer, Wien: Internationaler Psychoanalytischer Verlag) finden sich in Band 5 (1925) unter dem Zwischentitel »Metapsychologie«

eine Reihe von Arbeiten, die ursprünglich mit dem Titel »Zur Vorbereitung einer Metapsychologie« in Buchform veröffentlicht werden sollten: (1913) Einige Bemerkungen über den Begriff des Unbewußten in der Psychoanalyse. WW VIII; (1915) Triebe und Triebschicksale. WW X; (1915) Die Verdrängung. WW X; (1915) Das Unbewußte. WW X; (1916) Metapsychologische Ergänzung zur Traumlehre. WW X; (1916) Trauer und Melancholie. WW X.

vom Mythos über Religion zur Wissenschaft
S 96 in: Freud S (1913).

202 *bei tief einsichtigen Geistlichen*
Wahrscheinlich ist vor allem Oskar Pfister (1873-1956) gemeint.

»von dieser Welt ist«
Joh 10,36.

Anm 4 *im Jahre 1926*
Psychotherapie. Bericht über den 1. Allgemeinen Ärztlichen Kongreß für Psychotherapie in Baden-Baden, 17.-19. April 1926. Hrsg v W Eliasberg, Halle: Marhold. Darin: von Weizsäcker V: (1927) Psychotherapie und Klinik. (In diesem Band).

203 *Werther*
s Anm zu S 78.

Rousseau
V von Weizsäcker meint vor allem die »Confessions« (1781) von Rousseau. Vgl S 78 u Anm.

»eine Naturwissenschaft ist«
s Anm zu S 195.

tant de bruit
Vollständig: Tant de bruit pour une omelette. Das Wort wird dem Dichter Desparreaux (gest 1675) zugeschrieben. Er soll es gesagt haben, als beim Auftragen eines Speckpfannkuchens am Fasttag ein Donnerschlag ertönte.

204 *mikrologisch*
dh: kleinkrämerisch.

der antilogische Begriff des Unbewußten
Nach Freud gelten im Unbewußten die Gesetze der Logik nicht. Vgl zB S 285 f in: Freud S (1913) Das Unbewußte. WW X; S 80 in: (1933) Neue Folge der Vorlesungen zur Einführung in die Psychoanalyse. WW XV; Vgl auch Freuds briefliche Stellungnahme zu V von Weizsäckers »Körpergeschehen und Neurose« S 184 in: von Weizsäcker V (1954, [2]1955) Natur und Geist (Bd 1, S 147), S 6 in: (1947) Körpergeschehen und Neurose. (Bd 6, S 122).

205 *nach Pawlows berühmten Untersuchungen*
Zusammenfassend: IP Pawlow (1936) Der bedingte Reflex. ([2]1953) Sämtliche Werke. Bd III/2, 542-49, Berlin: Akademie-Verlag.

208 *prima causa*
Erste Ursache – In der Scholastik wird Gott in Anknüpfung an Aristoteles als causa prima von der Schöpfung als causa secunda unterschieden.

210 *Homiletik*
Griechisch: ὁμιλία – Umgang, Verkehr, Unterhaltung, Gespräch. Theologie: Predigtlehre.

213, Anm 6 *Nähere Ausführungen*
S 248 f in von Weizsäcker V (1927) (In diesem Band S 188 ff).

215 *»im eigenen Hause«*
S 11 in: Freud S (1917).

des Fechnerschen Gesetzes
Das Fechnersche Gesetz besagt, daß die Empfindungsstärke (S) proportional dem Logarithmus der Reizstärke (R) wächst: $S = K \times \log R$.
GTh Fechner (1860) Elemente der Psychophysik. 2 Bde, Leipzig: Breitkopf & Hertel; Reprint (1964) Amsterdam: Bonset.
Vgl Kap »Empfindung und Reizstärke« S 28 ff in: von Weizsäcker V (1926) Einleitung zur Physiologie der Sinne. (Bd 3).

Immanenz des Bewußtseins
s Anm zu S 194.

216 *wie die Vernunft*
Anspielung auf I Kants (1781) Kritik der reinen Vernunft.

216, Anm 7 *Hegels Einwand*
Hegels Äußerungen zu Kant sind zusammengestellt S 1194-1222 in: Glockner H (1937) Hegel-Lexikon Bd 2, Georg Wilhelm Friedrich Hegel. Sämtliche Werke. Jubiläumsausgabe in zwanzig Bänden. Hrsg v H Glockner, Bd 24, Stuttgart: Frommann.

218 *Metapsychologie*
s Anm zu S 200.

»Arbeits- und Genußfähigkeit«
s Anm S 187.

Kranker und Arzt

a) In: Philosophie der Gemeinschaft. 7 Vorträge, gehalten auf der Tagung der Deutschen Philosophischen Gesellschaft vom 1.-4. Okt. 1928 in Leipzig. Hrsg. von F. Krueger, Sonderhefte der Deutschen Philosophischen Gesellschaft (1929) H. 2, 99-119, Berlin: Junker und Dünnhaupt
b) Berlin: Junker und Dünnhaupt (1929)
c) In: Arzt und Kranker 1, 149-79, Leipzig: Koehler & Amelang (1941, ²1947, ³1949)
Vortrag. Tagung der Deutschen Philosophischen Gesellschaft, 1.-4. 10. 1928; a: im Inhaltsverzeichnis Untertitel: »Eine Wirklichkeit der Gemeinschaft«, c: mehrfach gekürzt; in diesem Band: a

Herrigel H (1928)
Das neue Denken. Berlin: Schneider

*Lévi-Bruhl (1921)
La mentalité primitive. Paris: Alcan; (1927) Die geistige Welt der Primitiven. Übers M Hamburger, München: Bruggmann; (1959) Unveränd Fotomech Nachdr, Düsseldorf-Köln: Dieterichs

*Scheler M (1928)
Die Stellung des Menschen im Kosmos. Darmstadt: Reichl; ([6]1962) Bern, München. Francke; (1976) Max Scheler. Gesammelte Werke. Bd 9: Späte Schriften. Hrsg v MS Frings; Bern, München: Francke

*Schweitzer A (1929)
Mitteilungen aus Lambarene. H 3: Herbst 1925-Sommer 1927, München: Beck

von Weizsäcker V (1926a)
Der Arzt und der Kranke. Stücke einer medizinischen Anthropologie. Kreatur 1, 69-86 (In diesem Band)

von Weizsäcker V (1926b)
Seelenbehandlung und Seelenführung. Nach ihren theologischen und metaphysischen Grundlagen betrachtet. Studien des apologetischen Seminars, H 16, Gütersloh: Bertelsmann (In diesem Band)

von Weizsäcker V (1927)
Über medizinische Anthropologie. Philosophischer Anzeiger 2, 236-54 (In diesem Band)

von Weizsäcker V (1928a)
Krankengeschichte. Kreatur 2, 455-73 (In diesem Band)

von Weizsäcker V (1928b)
Medizin, Klinik und Psychoanalyse. In: Auswirkungen der Psychoanalyse in Wissenschaft und Leben. Unt Mitw vieler Fachgelehrter hrsg v H Prinzhorn, Krisis der Psychoanalyse, systematische Diskussion der Lehre Freuds, hrsg v H Prinzhorn u K Mittenzwey, Bd 1, Leipzig: Der neue Geist (In diesem Band)

Anmerkungen

221 *quaestio iuris… quaestio facti*
§ 13 S 125-7 (A 84-7) in: Kant I (1781) Kritik der reinen Vernunft. ([4]1975) Immanuel Kant. Werke in sechs Bänden. Hrsg v W Weischedel, Bd II.

224 *ultima ratio*
Vollständig: Ultima ratio regis – Das letzte Beweismittel des Königs. Auf Calderón zurückgehende sprichwörtlich gewordene Inschrift, die Ludwig XIV. seit 1650 auf französischen und Friedrich II. seit 1742 auf preußischen Kanonen anbringen ließ.

Sozialgesetze
1881 kündigte Bismarck in einer Botschaft von Wilhelm I. die Sozialgesetzgebung der kommenden Jahre an: 1883 Krankenversicherung, 1884 Unfallversicherung, 1889 Invaliditäts- und Altersversicherung. Die Sozialgesetze wurden nach mehrfachen Änderungen 1911 in der Reichsversicherungsordnung zusammengefaßt.

225 *Theodizee*
Problem der Rechtfertigung Gottes wegen des Leidens in der Welt.

226 *Technische Hochschule*
1794 Gründung der Pariser École polytechnique; 1899 wurden die polytechnischen Schulen in Deutschland durch königlichen Erlaß zu technischen Hochschulen.

ältere Klinik
Der Vitalismus in der Medizin geht aus von Paracelsus und JB van Helmont. Er findet sich in verschiedenen Formen bei GE Stahl, A von Haller, F Hoffmann, W Cullen, J Brown u a, sowie in der Schule von Montpellier: Th de Bordeu, PJ Barthez, MFX Bichat. Er wirkte fort in der romantischen Medizin.

Einbruch der Physiologie in die Klinik
Vor allem der französische Physiologe François Magendie (1783-1855) schuf die Grundlagen für die naturwissenschaftliche Physiologie und experimentelle Medizin. Er verstand die Pathologie als pathologische Physiologie und bekämpfte den Vitalismus.

227 *Anangke*
Griechisch: ἀνάγκη – Not, Notwendigkeit, Zwang, Verhängnis.

(Arbeits- und Genußfähigkeit)
s Anm zu S 187.

228 *Naturwissenschaft mit Max Scheler*
Vgl zB S 114 in: Scheler M (1925) Die Formen des Wissens und der Bildung. (1976) Max Scheler. Gesammelte Werke. Bd 9: Späte Schriften. Hrsg v MS Frings; Bern, München: Francke.

229 *Scheler hat … dahin zielender Ansätze*
In Textfassung b gestrichen.

in seiner letzten Rede
Gemeint ist Schelers Schrift »Die Stellung des Menschen im Kosmos« (1928), die auf den Vortrag »Die Sonderstellung des Menschen« (1927) zurückgeht. Es handelt sich dabei nicht um die letzte Rede.

»Vergeistigung«
Vgl S 55f in: Scheler M (1976).

Verstandeskategorien
Vgl S 39-42 in: Scheler M (1976). Scheler erläutert seinen Geistbegriff mit Kants Einheit der transzendentalen Apperzeption, versteht aber im Unterschied zu Kant die »Verstandesorganisation« als geschichtlich wandelbar.

229 *»umgestürzt«*
Anspielung auf: M Scheler (^{4}1955) Gesammelte Werke. Bd 3: Vom Umsturz der Werte. Abhandlungen und Aufsätze. Hrsg v M Scheler; Bern, München: Francke. Scheler nannte seine »Abhandlungen und Aufsätze« (Leipzig 1915) in der 2. Auflage »Vom Umsturz der Werte« (Leipzig 1919, ^{3}1923). Zum Verständnis des Titels vgl die »Vorrede zur 2. Auflage« S 8-10 in: (^{4}1955).

Gegenüber Schelers erster Epoche
Wahrscheinlich ist mit der zweiten Epoche die Zeit nach dem Beginn der Lehrtätigkeit in Köln 1919 gemeint.

229, Anm 1 *Figur und Hintergrund*
s Anm zu S 190.

231, Anm 2 *Herrigel*
Bes Kap »Das prinzipielle Denken« S 166-206 in: Herrigel H (1928).

Werthers Leiden
s Anm zu S 78.

Immanenzprinzip der Bewußtseinslehre
s Anm zu S 194.

234 *Gesetzgebende Vernunft*
»... der Verstand schöpft seine Gesetze (a priori) nicht aus der Natur, sondern schreibt sie dieser zu. »§ 36 S 189 (A 113) in: Kant I (1783) Prolegomena zu einer jeden künftigen Metaphysik, die als Wissenschaft wird auftreten können. (^{3}1971) Immanuel Kant. Werke in sechs Bänden. Hrsg v W Weischedel, Bd III: Schriften zur Metaphysik und Logik. Darmstadt: Wissenschaftliche Buchgesellschaft.

234, Anm 3 *Wir können dieses Verhalten*
Anm 3 ist in Textfassung b gestrichen.

234, Anm 3 *transjektiv*
S 380 in: von Weizsäcker V (1926a) (In diesem Band, S 20).

235 *Seelischer Wahlverwandtschaft*
s Anm zu S 73.

235, Anm 4 *von Weizsäcker*
Anm 4 ist in Textfassung b gestrichen.

Ich sagte vorhin ... mit der Auffindung von Tatsachen begnügt
In Textfassung b gestrichen (S 236-9).

237 *Lévy-Bruhl*
11. Kap »Die Naturvölker und die europäischen Ärzte« S 312-36 in: Lévy-Bruhl L (1959).

Albert Schweitzer
S 45 in: Schweitzer A (1929).

238, Anm 5 *von Weizsäcker*
Anm 5 ist in der Textfassung b gestrichen.
s S 248 ff in: von Weizsäcker V (1927) (In diesem Band, S 188 ff).

s S 263 f in: von Weizsäcker V (1928b) (In diesem Band, S 196 f).
239 *Wir sind jetzt... Spieler und Organisatoren.*
In Textfassung b gestrichen.

Erkenntnis »des Bösen und des Guten«
Gen (1. Mos) 3,5.

242 *Urphänomen* s Anm zu S 13.

Gesetz der unaufhebbaren Gemeinschaft
Vgl bes S 55 f in: von Weizsäcker V (1926b) (In diesem Band, S 115).

242, Anm 6 *von Weizsäcker*
Anm 6 ist in Textfassung b gestrichen.

243 *kantische Ethik*
Anspielung auf den kategorischen Imperativ: § 7 »Grundgesetz der reinen praktischen Vernunft« S 140 (A 54) in: Kant I (1788) Kritik der praktischen Vernunft. (^{4}1975) Immanuel Kant. Werke in sechs Bänden. Hrsg v W Weischedel, Bd IV: Schriften zur Ethik und Religionsphilosophie. Darmstadt: Wissenschaftliche Buchgesellschaft.

244 *Krug, der zum Brunnen geht*
Der Krug geht so lange zum Brunnen, bis er bricht. Deutsches Sprichwort.

solange der Denker
In der Textvorlage stand hier: Redner. Nach dem Kontext ist die Konjektur »Denker« wahrscheinlich richtig.

Sokrates
Schluß (118c) von: Platon (1974) Φαίδων. Phaidon. In: Platon. Werke in acht Bänden. Hrsg v G Eigler, Bd III, bearb v D Kurz, Darmstadt: Wissenschaftliche Buchgesellschaft.

Medizin und Seelsorge

a) Zwischen den Zeiten 8, 120-33 (1930)
b) Die Schildgenossen 11, 31-42 (1930)
Vortrag. Theologische Fachschaft der Universität Heidelberg

Literatur

*Thurneysen E (1928)
Rechtfertigung und Seelsorge. Zwischen den Zeiten 6, 197-218

*Weizsäcker C (Übers) (^{12}1937)
Das Neue Testament. Tübingen: Mohr

245 *Medizin und Seelsorge*
Vgl S 22 in: von Weizsäcker V (1949, [2]1951) Begegnungen und Entscheidungen. (Bd 1, S 209 f).
Vgl auch als spätere Äußerung von E Thurneysen: (1959) Arzt und Seelsorger in der Begegnung mit dem leidenden Menschen. In: Medicus viator. Fragen und Gedanken am Wege Richard Siebecks. Eine Festgabe seiner Freunde und Schüler zum 75. Geburtstag. Tübingen: Mohr, Stuttgart: Thieme.

247 *nil nocere und quieta non movere*
Nicht schaden und das Ruhige nicht bewegen – nil nocere ursprünglich griech: μὴ βλάπτειν. S 634 in: (1839 ff) Œuvres complètes d'Hippocrate. Hrsg E Littré, Bd II, PARIS ('Επιδημιῶν τὸ πρῶτον: Epidemische Krankheiten, 1. Buch).

Thurneysen
S 211 in: Thurneysen E (1828).

248 *Not kein Gebot*
Not kennt kein Gebot. Deutsches Sprichwort.

250 *Abhängigkeit vom Gesetz*
Gemeint ist der theologische Begriff des Gesetzes im Unterschied zum Evangelium.

253 *tua res agitur*
Tua res agitur, paries cum proximus ardet – es geht um deine Sache, wenn das Nachbarhaus brennt. Sprichwörtliche Wendung aus den Episteln (1, 18, 84) des Horaz (65-8 v Chr).

Adler
Vgl: von Weizsäcker V (1925) (Besprechung von) Adler A: Praxis und Theorie der Individualpsychologie. (München: Bergmann 1924) Dtsch Z Nervenheilk 85, 282-5 (Bd 1, S 525-9).

254 *Paulus*
Nach der neueren Exegese bezeichnet Paulus mit σάρξ (Sarx) und πνεῦμα (Pneuma) keine im Widerspruch stehenden Teilbereiche menschlichen Lebens sondern Seinsweisen die den ganzen Menschen ergreifen. Vgl S 336 in: Bultmann R, ([9]1984) Theologie des Neuen Testaments, Tübingen: Mohr.
Von Weizsäcker zitiert 1. Kor 15,46. In der Übersetzung von C Weizsäcker ([12]1937): »Nicht das Geistliche kommt zuerst, sondern das Seelische ...« Die Stelle meint keine Stufenfolge von Psychischem und Geistigem in einem Wandlungsprozeß, sondern den Gegensatz von irdischem, sarkischem und pneumatischem Leben in einer spezifischen Leiblichkeit nach der Auferstehung. ψυχή (Seele) ist an dieser Stelle abwertend im Gegensatz zu πνεῦμα, also ähnlich wie σάρξ gebraucht. (Vgl S 205 in: Bultmann R: aaO).
Vgl S 116 in: von Weizsäcker V (1947) Von den seelischen Ursachen der Krankheit. (Bd 6, S 399 f).

255 *Römer 7,7*
Nach: Weizsäcker C ([12]1937).

257 *»Liebe in jedem Sinne«*
Anspielung auf eine anekdotische Erinnerung: S 142 in: Von Weizsäcker V (1946) Der Begriff des Lebens. Über das Erforschliche und das Unerforschliche. (S 95 in: 1950, Diesseits und jenseits der Medizin) (Bd 7).

felix culpa
O felix culpa quae talem ac tantum meruit habere redemptorem: O glückselige Schuld, die einen so großen Erlöser verdient hat. – Aus dem »Exsultet«. Katholische Liturgie: Lobpreis der Osterkerze in der Osternachtsfeier.

Ärztliche Fragen

Vorlesungen über Allgemeine Therapie

a) Vorlesungen über Allgemeine Therapie. Deutsche Medizinische Wochenschrift 59 (1933):
I. Begriff der Therapie. 1168-70
II. Angst, Symptom und Krankheit. 1204-6
III. Gesundheit und Wahrheit. 1284-5
IV. Symptom und Erziehung. 1322-4
V. Über die ärztliche Grundhaltung. 1360-3
VI. Über die ärztliche Grunderfahrung. 1431-3
VII. Ich und Umwelt in der Erkrankung. 1503-5
VIII. Die soziale Krankheit. 1567-70
IX. Verflechtung der Therapieformen. 1605-7
X. Natura naturans. 1701-3
b) Ärztliche Fragen. Vorlesungen über Allgemeine Therapie. Leipzig: Thieme (1934)
c) 2. durchges. Aufl. Leipzig: Thieme (1935)
d) Über die ärztliche Grunderfahrung. Psychotherapeutische Vierteljahresschrift 2, 106-10 (1935)
Die Vorlesungen wurden im Sommersemester 1933 gehalten
b: an wenigen Stellen geändert und erweitert; c: Vorwort zur 2. Aufl hinzugefügt, nochmals an wenigen Stellen geändert und erweitert; d: Abdruck aus c; in diesem Band: c

Literatur

*Cannon WB (1915)
Bodily changes in pain, hunger, fear and rage; an account of recent researches into the functions of emotional excitement. New York, London: Appleton; dtsch (1975) Wut, Hunger, Angst und Schmerz. Eine Physiologie der Emotio-

nen. Übers v H Junker, hrsg v Th von Uexküll, München-Berlin-Wien: Urban & Schwarzenberg

*Cannon WB (1928)
Die Notfallfunktionen des sympathico-adrenalen Systems. Ergebn Physiol 27, 380-406

*Cannon WB (1932)
The wisdom of the body. New York: Norton

*Hegel GWF (1837, [2]1840)
Vorlesungen über die Philosophie der Geschichte. Hrsg v E Gans, Berlin: Duncker & Humblot; (1949) mit einem Vorwort v E Gans u K Hegel, 3. Aufl, in: Georg Wilhelm Friedrich Hegel. Sämtliche Werke. Jubiläumsausgabe in zwanzig Bänden, hrsg v H Glockner, Bd 11, Stuttgart: Frommann

*Hippokrates
Das ehrbare (ärztliche) Verhalten. In: (1933-1940) Die Werke des Hippokrates. Die Hippokratische Schriftensammlung in neuer deutscher Übersetzung, hrsg v R Kapferer unt Mitw v G Sticker, Bd 1, Teil 1. Stuttgart: Hippokrates

Krupskaja NK (1933)
Erinnerungen an Lenin. Übers S Jachnin, 2 Bde, Zürich: Ring-Verlag; ([2]1960) Berlin: Dietz

Platon (1977)
Χαρμίδης. Charmides. In: Platon. Werke in acht Bänden. Griechisch und deutsch. Hrsg v G Eigler, Bd 1, bearb v H Hoffmann, Darmstadt: Wissenschaftliche Buchgesellschaft

*Prinzhorn H (1929)
Psychotherapie. Voraussetzungen – Wesen – Grenzen. Ein Versuch zur Klärung der Grundlagen. Leipzig: Thieme

Trotzki L (1930)
Mein Leben. Versuch einer Autobiographie. Übers A Ramm, Berlin: Fischer; (1961) Frankfurt/M: Fischer

Vallentin A (1930)
Stresemann. Vom Werden einer Staatsidee. Leipzig: List

Anmerkungen

259 *Ärztliche Fragen*
Die Vorlesungen sind »O. C. zugeeignet«. Gemeint ist V von Weizsäckers Ehefrau Olympia geb Curtius.

263 *Das griechische Wort*
Griech: θεραπεύειν.

268 *Was hier nun ... überhaupt.*
In Textfassung c (2. Aufl) hinzugefügt.

270 *In den ersten klinischen Vorlesungen*
Diese Vorlesungen sind nicht erhalten.

272 *Orbeli*
S 402 in: Cannon WB (1928). – Cannon weist auf folgende Arbeit Orbelis hin: (1923) Journ Petrograd med inst 6, 8ff (der Titel konnte nicht ermittelt werden).
Über die Arbeiten des russischen Physiologen informiert: ETh Brügge (1927) L. A. Orbelis Untersuchungen über die sympathische Innervation nicht vegetativer Organe. Klin Wschr 6, 703-4.

278 *Nachdem einmal begriffen ist ... verleugnen könnte.*
Die Passage steht in Textfassung b (1. Aufl) an Stelle von Fassung a, S 1284: »Die Forderung, der Arzt dürfe z. B. dem Kranken die Wahrheit über sein unabweislich nahe bevorstehendes Ende nicht verbergen, taucht nicht von ungefähr auf, nachdem einmal die Gleichartigkeit von Verbergen und Erkranken in der Neurose zugestanden war. Eine Erziehung des Bewußtseins zum Tode hin ergab sich als unabweisliche Voraussetzung, da die brutalste Eröffnung des Todesurteils dem Kranken das Sterben seines eigenen Todes eher unmöglich machen würde. Diese Einsicht wiederum zwang, die Aufgabe der Erziehung von der des Arztes abzuheben, mag auch noch so sehr die kulturgeschichtliche Situation mit ihrer Entfremdung von Kirche, Staat oder anderer Gemeinschaft dem Arzt in der Praxis auferlegt haben, erziehliche Aufgaben im Nebenamte zu übernehmen.«

279 *Hippokrates*
s Anm zu S 147, s auch S 149, 155.

280 *Es ist überhaupt nicht so ... dämonisch und geistig.*
In Textfassung c (2. Aufl) hinzugefügt.

281 *»Briand kam müde*
S 257f in: Vallentin A (1930).

»Gustav Stresemann wundert sich
S 271 in: Vallentin A (1930).

»Wladimir Iljitsch war so
S 96f in: Krupskaja N ([2]1960).

»Allgemein gesprochen
S 454 in: Trotzki L (1961).

282 *Wir sehen: ... zu finden sind.*
In der Textfassung b (1. Aufl) auf S 24 hinzugefügt.

Hegels und Niebuhrs Tod
Wahrscheinlich starb Hegel an einer Magenerkrankung: S 21, Anm 3 in: Glockner H (1931) Hegel und seine Philosophie. Gedächtnisrede zu seinem 100. Todestage am 14. Nov. 1931. Heidelberger Universitätsreden 16, Heidelberg: Winters Universitätsbuchhandlung.
Niebuhr starb an Lungenentzündung (2. 01. 1831): S 132-7 in: Classen J (1876)

Bartholdt Georg Niebuhr. Eine Gedächtnisschrift zu seinem hundertjährigen Geburtstage den 27. Aug. 1876. Gotha: Perthes.

Klinik der Angina

s von Weizsäcker V (1933, 1947) Körpergeschehen und Neurose. Analytische Studie über somatische Symptombildungen. (Bd 6); (1935, 1946) Studien zur Pathogenese. (Bd 6).

284 *via regia*

s Anm zu S 64.

285 *Hippokrates*

Kap 5 S 34 in: Hippokrates (1933-1940) WW I, Teil I.

Sokrates

Wichtigster Beleg: »Socrates autem primus philosophiam devocavit a caelo et in urbibus collocavit et in domus etiam retroduxit ...« – Sokrates hat als erster die Philosophie vom Himmel herabgerufen und in den Städten angesiedelt und hat sie auch in die Häuser zurückgebracht ...«
Cicero: Tusculanae disputationes 5, 10.

Hegel

»Denn die Weltgeschichte bewegt sich auf einem höheren Boden, als der ist, auf dem die Moralität ihre eigentliche Stätte hat, welche die Privatgesinnung, das Gewissen der Individuen, ihr eigenthümlicher Wille und ihre Handlungsweise ist ...« S 105 in: Hegel GWF (1949).

286 *nach dem Vorgange Freuds*

Bes Freud S (1901) Zur Psychopathologie des Alltagslebens. (1940 ff) Gesammelte Werke. A Freud (eds) Bd IV, Frankfurt/M: Fischer.

294 *restitutio ad integrum*

s Anm zu S 173.

»Stirb und werde«

Aus JW von Goethes Gedicht: Selige Sehnsucht (West-östlicher Divan) S 18 in: ([6]1962) Goethes Werke. Hamburger Ausgabe in vierzehn Bänden. Hrsg E Trunz, Bd II: Gedichte und Epen, 2. Bd, Hamburg: Wegner.

298 *»Wo ihr es packt*

»Greift nur hinein ins volle Menschenleben! Ein jeder lebts, nicht vielen ists bekannt, und wo ihrs packt, da ists interessant.« Vorspiel auf dem Theater V 168-70 in: von Goethe (1801) Faust I. ([6]1962) Goethes Werke. Hamburger Ausgabe in vierzehn Bänden. Hrsg E Trunz, Bd III: Dramatische Dichtungen 1. Bd, Hamburg: Wegner.

300 *Prinzhorn*

»Als unlösbares Problem aller Einwirkung von Mensch zu Mensch schwebt auch über dem Psychotherapeuten die Frage: im Namen welcher Instanz geschieht dies? Nur geschlossene kulturelle Gemeinschaften kirchlicher, staatlicher, parteipolitischer Art haben darauf eine feste Antwort. Die Entpersönlichung – Vorbedingung zur Lösung einer ›Übertragung‹ – kann nur bei Berufung auf eine höhere Macht gelingen, in deren Namen der Therapeut handelt.« S 19 in: Prinzhorn H (1929).

301 *Paracelsus*
Konnte nicht nachgewiesen werden.

304 *die alte Kirchenlehre*
Vgl Gen (1. Mos) 1,28, 31; 3,14, 17-24. – Der alttestamentliche Gegensatz von Segen und Fluch hatte in der kirchlichen Lehrentwicklung keine Bedeutung. Es bleibt unklar, ob V von Weizsäcker sich hier über die Genesis hinaus auf gnostische Abwertungen der Schöpfung (Marcion, Origenes) oder auf Lehren vom Urstand und Fall bezieht.

307 *»Gegenwille«*
S Freud (1892/93) Ein Fall von hypnotischer Heilung nebst Bemerkungen über die Entstehung hysterischer Symptome durch den »Gegenwillen«. WW 1.

308 *Epoche der Therapie*
von griech: ἐποχή – das Anhalten, Zurückhaltung eines philosophischen Urteils. In der phänomenologischen Philosophie: das Ausklammern aller Meinungen über einen Gegenstand, um zu seinem Wesen zu gelangen (phänomenologische Reduktion). Bes in: E Husserl (1913) Ideen zu einer reinen Phänomenologie und phänomenologischen Philosophie. (1950/52) Husserliana. Gesammelte Werke. Hrsg HL van Breda, Bd 3-5, Haag: Nijhoff.

309 *»similia similibus«* s Anm zu S 180.

311 *Die Wahl des Symptoms*
Vgl: von Weizsäcker V (1926) Über neurotischen Aufbau bei inneren Krankheiten. (Bd 6) – (1926) Der neurotische Aufbau bei den Magen- und Darmerkrankungen. (Bd 6).

313 *Bestimmte Temperamente ... physikalischer Gesetze.*
In Textfassung b (1. Aufl) S 58-60 eingefügt, an Stelle von Fassung a S 1504: »Bestimmte Temperamente, Talente und Charaktere, Gefühle und Gedanken sollen hier organisch bedingte ›Symptome‹ werden! Hat sich hier die Psychiatrie nicht am persönlichen Menschen vergangen? Nur dann nicht, wenn ihre Feststellung uns zur Entdeckung großherzigeren menschlichen Begreifens und wahrerer Gerechtigkeit vorbereitete. Wir sind an dem Punkte, wo sich die Deutung des Körperlichen aus dem Psychischen völlig überschlägt und zur Deutung des Psychischen aus dem Körperlichen wird.«

317 *1517*
In allen Textfassungen steht 1518. Aus dem Zusammenhang mit den Zahlen 1789 und 1914, darf man schließen, daß 1517 gemeint ist.

Ontogenie ... Phylogenie
Das vor allem von Ernst Haeckel aufgestellte biogenetische Grundgesetz besagt, daß die Entwicklungsformen eines Lebewesens aus der Eizelle (Ontogenese) in gedrängter Form die stammesgeschichtliche Entwicklung (Phylogenese) wiederholen.

E Haeckel (1866) Generelle Morphologie der Organismen. 2 Bde, Berlin: Reimer.

323 *Vernichtungslehre*
Vgl V von Weizsäckers Verweis auf diese Stelle S 8, Anm in: (1947) »Euthanasie« und Menschenversuche. (Bd 7).

325 *Entscheidung des Reichsversicherungsamtes*
S 480, Ziffer 3238 in: Amtliche Nachrichten des Reichsversicherungsamtes (1926) Nr 32/33.

328 *Ultima ratio*
s Anm zu S 224.

330 *Goldschmidt*
Gemeint ist der Zoologe Richard Goldschmidt (1878-1958). Er beschäftigte sich mit der Genphysiologie und der genetischen Interpretation der Evolution.

336 *Natura naturans*
Die hervorbringende Natur, im Gegensatz zu natura naturata – die hervorgebrachte Natur. 1. Tl, Lehrsatz 29, Anm, 27 f in: de Spinoza B (1955) Ethik. Übers v O Baensch, Einl v R Schottlaender, Philosophische Bibliothek Bd 92, Hamburg: Meiner.

337 *Natur, von gebären*
lat: natura, ist verwandt mit dem Verb nascor: geboren werden, entstehen, entspringen.

Sieg Newtons über Goethe
Vgl: V von Weizsäcker (1949) Zur Farbenlehre. (Bd 1).

338 *»Vater« aller Dinge*
Anspielung auf Heraklit: »Krieg ist der Vater aller Dinge ...« Fragment 51 in: Diels H ([6]1951) Die Fragmente der Vorsokratiker. Griechisch und deutsch. Hrsg v W Kranz, Berlin: Weidmann.

339 *Ordnungslehre der Pathologie*
Zur Unterscheidung von Neurose, Biose und Sklerose vgl Kap 19 »Neurose, Biose, Sklerose« S 103-18 in: von Weizsäcker V (1956, [2]1967) Pathosophie. (Bd 10).

341 *einer ärztlichen Ausbildung*
Vgl: V von Weizsäcker (1949) Zur Studienreform. (Bd 6). – (1950) Studienreform der Medizin. Eine Reform des Studiums hat nur Sinn, wenn sie aus einer Reform der Lehre erfließt. (Bd 6).

Biographische Stationen

1886

Viktor von Weizsäcker, Enkel und Urenkel schwäbischer Theologen, wurde am 21. April als Sohn des späteren württembergischen Ministerpräsidenten Karl Weizsäcker (1916 in den erblichen Freiherrenstand erhoben) und seiner Frau Paula, geb. von Meibom in Stuttgart geboren.

1904

Militärzeit und Beginn des Medizinstudiums in Tübingen.

1906

Fortsetzung des Studiums in Freiburg, Arbeit am Physiologischen Institut bei Johannes von Kries über die Fortpflanzung der Erregung in den Nerven. Beginn der Freundschaft mit Franz Rosenzweig.

1908

Wintersemester in Berlin, Famulatur im Krankenhaus Am Urban, verstärkte Auseinandersetzung mit sozialen Fragen.
Fortsetzung des Studiums in Heidelberg.
Begegnung mit der südwestdeutschen Philosophie, Teilnahme an den Seminaren von Wilhelm Windelband. Freundschaft mit Hans Ehrenberg.

1909

Medizinisches Staatsexamen.

1910

Dissertation: *Beitrag zur Frage der Blutgeschwindigkeit bei Anämie.*
Assistent an der Medizinischen Klinik in Heidelberg bei Ludolf von Krehl. Zunächst ein Jahr (1910) am Physiologischen Institut in Freiburg bei J. von Kries. Experimentelle Arbeiten zur Herzphysiologie.

1914

Beschäftigung mit physikalischer Chemie bei R. Zsigmondy in Göttingen und physiologische Arbeiten in Cambridge bei A. V. Hill und J. N. Langley.
Mit Beginn des Ersten Weltkrieges Truppenarzt in Frankreich und Polen.

1915

Arzt in einem Seuchenlazarett an der Maas.

1916

Kritischer und spekulativer Naturbegriff.

1917

Versetzung in ein Lazarett in Montmédy unter der Leitung von L. von Krehl.
Habilitation für Innere Medizin: *Über die Energetik der Muskeln und insbesondere des Herzmuskels sowie ihre Beziehung zur Pathologie des Herzens.*
Erste neurologische Untersuchungen zur Entwicklung einer pathologischen Physiologie der Sinne.

1918

Französische und amerikanische Kriegsgefangenschaft in Virton (Belgien).

1919

Wieder Assistent an der Medizinischen Klinik in Heidelberg.
Vorlesung: *Am Anfang schuf Gott Himmel und Erde.*
Über einige Täuschungen in der Raumwahrnehmung bei Erkrankung des Vestibularapparates.

1920

Hospitation bei M. Nonne und A. Jakob an der Nervenklinik der Universität Hamburg.
Leiter der Nervenabteilung der Medizinischen Klinik in Heidelberg.
Heirat mit Olympia Curtius, geb. am 26. 12. 1887 als Tochter von Friedrich Curtius, Jurist, Präsident der evangelischen Kirche Augsburgischer Konfession im Elsaß, und Louise, geb. Gräfin von Erlach in Thann im Elsaß.

1921

Geburt des Sohnes Robert.

1922

Außerordentlicher Professor für Neurologie.
Erste Begegnung mit Max Scheler.
Das Antilogische.

1923

Über den Funktionswandel, besonders des Drucksinnes bei organisch Nervenkranken und über Beziehungen zur Ataxie.
Geburt der Tochter Ulrike.

1924

Über eine systematische Raumsinnstörung.

1925

Randbemerkungen über Aufgabe und Begriff der Nervenheilkunde.
Geburt des Sohnes Eckhart.

1926

Besuch bei Sigmund Freud in Wien.
Über neurotischen Aufbau bei inneren Krankheiten.
Der neurotische Aufbau bei den Magen- und Darmerkrankungen.
Psychotherapie und Klinik.
Gründung der Zeitschrift »Die Kreatur« mit Martin Buber und Josef Wittig.
Darin: *Stücke einer medizinischen Anthropologie.*
Seelenbehandlung und Seelenführung.

1928

Auseinandersetzung mit sozialmedizinischen und sozialpolitischen Fragen.
Einrichtung von arbeitstherapeutischen Abteilungen in Heidelberg und Schlierbach.
Weitere Untersuchungen zur Physiologie und Pathologie der Sensibilität und Motilität.

1929

Über Rechtsneurosen.
Geburt der Tochter Cora.

1930

Persönlicher ordentlicher Professor für Neurologie.
Auseinandersetzung mit der dialektischen Theologie.
Medizin und Seelsorge.
Soziale Krankheit und soziale Gesundung.

1931

Ärztliche Gedanken zur Versicherungsreform.

1932

Der Gestaltkreis, dargestellt als psychophysiologische Analyse des optischen Drehversuchs.
Körpergeschehen und Neurose.
Was lehrt die neuere Pathologie der Sinnesorgane für die Physiologie der Sinnesleistungen?

1934

Ärztliche Fragen.

1935

Studien zur Pathogenese.

1936

Verleihung der Wilhelm-Erb-Denkmünze.

1939

Das Nervensystem und seine Korrelationen.

1940

Der Gestaltkreis. Theorie der Einheit von Wahrnehmen und Bewegen.

1941

Berufung auf das Ordinariat für Neurologie und Bestellung zum Direktor des neurologischen Forschungsinstituts in Breslau in der Nachfolge von Otfried Foerster.
Als Sanitätsoffizier Leitung und Beratung von Lazaretten während des Krieges, Einrichtung eines arbeitstherapeutischen Lazaretts für Hirnverletzte in Breslau.
Klinische Vorstellungen.
Arzt und Kranker I.

1942

Gestalt und Zeit.

1943

Wahrheit und Wahrnehmung. Über das Nervensystem.
Sohn Robert vermißt.

1944

Niederschrift von *Natur und Geist* und *Anonyma.*

1945

Verläßt Breslau auf militärischen Befehl, kommt in amerikanische Gefangenschaft in Heiligenstadt, Göttingen, Heidelberg. Niederschrift von *Begegnungen und Entscheidungen.* Verlust seiner Stellung, seines Besitzes sowie zahlreicher wissenschaftlicher Arbeiten. Rückkehr nach Heidelberg.
Sohn Eckhart gefallen.
Im Wintersemester 1945/46 Vertretung des Lehrstuhls für Physiologie an der Universität Heidelberg mit Hauptvorlesung, physiologischem Praktikum und einer Sondervorlesung über »Sigmund Freuds Psychoanalyse«.

1946

Berufung auf ein unter Mitwirkung des Freundes Richard Siebeck (Nachfolger L. von Krehls) eingerichtetes Ordinariat für Allgemeine klinische Medizin an der Medizinischen Universitätsklinik in Heidelberg.

1947

Euthanasie und Menschenversuche.
Fälle und Probleme.
Zum Begriff der Allgemeinen Medizin.
Die Medizin im Streite der Fakultäten.

1948

Zum Begriff der Arbeit.
Tod der Tochter Ulrike.

1949

Der Widerstand bei der Behandlung von Organkranken.
Psychosomatische Medizin.

1950

Funktionswandel und Gestaltkreis.
Diesseits und jenseits der Medizin. Arzt und Kranker, Neue Folge.

1951

Medizin und Logik.
Der kranke Mensch.

1952

Emeritierung nach Parkinsonscher Erkrankung.
Ehrenmitglied der Deutschen Gesellschaft für Neurologie.

1955

Meines Lebens hauptsächliches Bemühen.

1956

Pathosophie.

1957

Am 8. Januar in Heidelberg gestorben.

Personenverzeichnis

Sachverzeichnis

Viktor von Weizsäcker
Gesammelte Schriften in 10 Bänden
Inhaltsübersicht

Band 1
Natur und Geist
Begegnungen und Entscheidungen

Erinnerungen

Band 2
Empirie und Philosophie
Herzarbeit/Naturbegriff

Herzphysiologie

Naturphilosophie

Kritische Wende

Rezensionen

Band 3
Wahrnehmen und Bewegen
Die Tätigkeit des Nervensystems

Neurologische Arbeiten

Neuere Forschungen und Anschauungen über Reflexe und ihre physiologische Bedeutung 1922
Über das Verhalten von Reflex- und Willkürbewegungen bei der Einwirkung äußerer, die Bewegungen störender Kräfte (mit O. Clauss) 1922
Über den Funktionswandel, besonders des Drucksinnes, bei organisch Nervenkranken und über Beziehungen zur Ataxie 1923
Untersuchungen des Drucksinnes mit Flächenreizen bei Nervenkranken. (Phänomen der Verstärkung) 1924
Über eine systematische Raumsinnstörung. (Der Fall H. B.) 1924
Über die raumsinnlichen Leistungen im Gebiete des Drucksinnes der Haut. (mit F. Kronenberger) 1925
Randbemerkungen über Aufgabe und Begriff der Nervenheilkunde 1925
Einleitung zur Physiologie der Sinne 1926
Die Analyse pathologischer Bewegungen 1926
Der Abbau der sensiblen Funktionen. Eine sinnesphysiologische Analyse der Hypästhesie. (mit H. Stein) 1927
Kasuistische Beiträge zur Lehre vom Funktionswandel bei stato-opto-sensiblen Syndromen 1931
Ataxie und Funktionswandel. (mit Bemerkungen zur Frage der Eigenreflexe) 1931
Leitung, Form und Menge in der Lehre von den nervösen Funktionen 1931
Was lehrt die neuere Pathologie der Sinnesorgane für die Physiologie der Sinnesleistungen? 1933
Zur Klinik der Schmerzen 1936
Das Nervensystem und seine Korrelationen 1939
Funktionswandel der Sinne 1940
Otfried Foerster 1873-1941 1942

Über die Hirnverletzten 1948

Rezensionen

Besprechungen von: E. Kretschmer: Über Hysterie 1923
Besprechung von: J. von Kries: Allgemeine Sinnesphysiologie 1924
Besprechung von: P. Schröder: Bauplan und Verrichtungen der Großhirnrinde des Menschen 1925
Besprechung von: D. Katz: Der Aufbau der Tastwelt 1926
Besprechung von: J. H. Jackson: Eine Studie über Krämpfe 1926

Band 4
Der Gestaltkreis
Theorie der Einheit von Wahrnehmen und Bewegen

Biologischer Akt, Symptom und Krankheit — 1931
Der Gestaltkreis, dargestellt als psychophysiologische Analyse des optischen Drehversuchs — 1933
Zum Begriffswandel der Biologie. (mit Prinz A. von Auersperg) — 1935
Geleitwort zur nachstehenden Abhandlung von Ernst Marx (E. Marx: Die Entwicklung der Reflexlehre seit Albrecht von Haller bis zur 2. Hälfte des 19. Jahrhunderts.) — 1939
Der Gestaltkreis. Theorie der Einheit von Wahrnehmen und Bewegen — ^{4}1950
Gestalt und Zeit — 1942
Über das Sehen figurierter Bewegungen von Lichtpunkten. (mit P. Christian) — 1943
Wahrheit und Wahrnehmung — 1943
Über das Nervensystem — 1943
Über Psychophysik — 1943
Über ein Farbenphänomen. (Polyphäne Farben). (mit P. Christian, R. Haas) — 1948

Band 5
Der Arzt und der Kranke
Stücke einer medizinischen Anthropologie

Stücke einer medizinischen Anthropologie

Der Arzt und der Kranke — 1926
Die Schmerzen — 1926
Krankengeschichte — 1928

Seelenbehandlung und Seelenführung. Nach ihren biologischen und metaphysischen Grundlagen betrachtet — 1926
Bilden und Helfen. (Hippokrates und Paracelsus) — 1926
Psychotherapie und Klinik — 1926

Über medizinische Anthropologie 1927
Medizin, Klinik und Psychoanalyse 1928
Kranker und Arzt. Eine Wirklichkeit der Gemeinschaft 1929
Medizin und Seelsorge 1930
Ärztliche Fragen. Vorlesungen über allgemeine Theorie [2]1935

Band 6
Körpergeschehen und Neurose
Psychosomatische Medizin

Über neurotischen Aufbau bei inneren Krankheiten 1926
Der neurotische Aufbau bei den Magen- und Darmerkrankungen 1927
Epileptische Erkrankungen, Organneurosen des Nervensystems und allgemeine Neurosenlehre 1929
Kreislauf und Herzneurose 1932
Körpergeschehen und Neurose. Analytische Studie über somatische Symptombildung [2]1947
Wege psychophysischer Forschung 1934
Studien zur Pathogenese 1935
Entstehung und psychophysische Behandlung sogenannter Organneurosen 1937
Über Träume bei sogenannter endogener Magersucht 1937
Über seelische Einflüsse auf den Ablauf der Kreislaufkrankheiten 1938
Individualität und Subjektivität 1939
Der Schlaf 1942
Von den seelischen Ursachen der Krankheit 1947
Geleitwort. Zu: E. Gadow: Irrenpflege. F. Schilling: Selbstbeobachtungen im Hungerzustand 1948
Der Widerstand bei der Behandlung von Organkranken. Mit Bemerkungen über Werke von Jean-Paul Sartre 1949
Psychosomatische Medizin 1949
Umgang mit der Hysterie 1950
Zwei Arten des Widerstandes 1950
Was fangen wir mit unseren Träumen an? 1950
Das Mißliche am Schmerz 1951
Über Traumdeutung 1951
Über psychosomatische Medizin 1952

Zur Studienreform 1949
Studienreform der Medizin. Eine Reform des Studiums hat nur Sinn, wenn sie aus einer Reform der Lehre erfließt 1950

Band 7
Allgemeine Medizin
Grundfragen medizinischer Anthropologie

Die Grundlagen der Medizin	1944
Der Begriff des Lebens. Über das Erforschliche und das Unerforschliche	1946
Anonyma	1946
»Euthanasie« und Menschenversuche	1947
Der Begriff der Allgemeinen Medizin	1947
Die Medizin im Streite der Fakultäten	1947
Über das Wesen des Arzttums	1947
Zur Frage der »christlichen« Medizin	1948
Der Begriff sittlicher Wissenschaft	1948
Grundfragen medizinischer Anthropologie	1948
An Leib, Seele und Ehre krank	1949
Wert und Unwert der Psychoanalyse	1949
Der Mensch und seine Krankheiten	1949
Das Antilogische	1950
Die Bestimmtheit und Unbestimmtheit in der Medizin	1950
Medizin und Logik	1951
Das Problem des Menschen in der Medizin. »Versuch einer neuen Medizin«	1953
Meines Lebens hauptsächliches Bemühen	1955

Band 8
Soziale Krankheit und soziale Gesundung
Soziale Medizin

Über Rechtsneurosen	1929
Soziale Krankheit und soziale Gesundung	1930
Über den Begriff der Arbeitsfähigkeit	1931
Ärztliche Gedanken zur Versicherungsreform	1931
Versicherung oder Sicherung?	1932
Geleitwort zu: E. Hollmann: Die ärztliche Begutachtung in der Sozialversicherung. Beitrag zu ihrer Reform	1934
Ärztliche Aufgaben	1934

Soziologische Bedeutung der nervösen Krankheiten und der Psychotherapie 1935
Geleitwort zu: K. Hebel: Arbeitstherapeutische Erfahrungen. Eine Studie zur Fragestellung der Leistungspathologie 1940
Über sogenannte Unfallneurosen 1940
Arbeitstherapie bei Hirnverletzten 1943
Zum Begriff der Arbeit. Eine Habeas-Corpus-Akte der Medizin? 1948

Band 9
Fälle und Probleme
Klinische Vorstellungen

Fälle und Probleme. Anthropologische Vorlesungen in der medizinischen Klinik 1947
Vorwort zu: Klinische Vorstellungen 1947
Klinische Vorstellungen VII-X 1948
Der kranke Mensch. Eine Einführung in die medizinische Anthropologie 1951

Band 10
Pathosophie

Pathosophie 1956
Ontisches und Pathisches
Das Pathische
Entwurf einer allgemeinen Krankheitslehre
Entwurf einer Speziellen Krankheitslehre
Versuch einer Enzyklopädie